国家出版基金项目
NATIONAL PUBLICATION FOUNDATION

"十四五"时期国家重点出版物出版专项规划项目

# 悟空传

## 暗物质空间探索的中国方案

韦大明　主编
中国科学院紫金山天文台　编著

江苏凤凰科学技术出版社 · 南京

**图书在版编目（CIP）数据**

悟空传 ： 暗物质空间探索的中国方案 / 韦大明主编 ； 中国科学院紫金山天文台编著. -- 南京 ： 江苏凤凰科学技术出版社， 2025. 4. -- ISBN 978-7-5713-4845-8

Ⅰ. P145.9-49

中国国家版本馆 CIP 数据核字第 2024WC4906 号

**悟空传：暗物质空间探索的中国方案**

| | |
|---|---|
| **主　　编** | 韦大明 |
| **编　　著** | 中国科学院紫金山天文台 |
| **总 策 划** | 毛瑞青　傅　梅 |
| **项目管理** | 陈卫春　郁宝平　黄　山 |
| **责任编辑** | 谷建亚　沙玲玲　杨嘉庚 |
| **责任设计** | 蒋佳佳 |
| **责任校对** | 金　磊 |
| **责任监制** | 刘文洋 |
| **出版发行** | 江苏凤凰科学技术出版社 |
| **出版社地址** | 南京市湖南路 1 号 A 楼，邮编：210009 |
| **出版社网址** | http://www.pspress.cn |
| **印　　刷** | 南京新世纪联盟印务有限公司 |
| **开　　本** | 718 mm × 1 000 mm　1/16 |
| **印　　张** | 19 |
| **字　　数** | 250 000 |
| **插　　页** | 5 |
| **版　　次** | 2025 年 4 月第 1 版 |
| **印　　次** | 2025 年 4 月第 1 次印刷 |
| **标准书号** | ISBN 978-7-5713-4845-8 |
| **定　　价** | 98.00 元（精） |

# 编写委员会

主　编：韦大明

编　委：（以姓氏笔画为序）

丁　佳　马　涛　王珏玢　冯　磊　李　翔

张　岩　陈灯意　岳　川　胡一鸣　袁　强

郭建华　彭晓艳　蒋　芳

# 序 1

## 锻造“火眼金睛”，在太空中寻找暗物质踪迹

蔡荣根

现代天文观测表明，宇宙的主要成分是暗物质和暗能量，前者约占当今宇宙的 27%，后者约占 68%，而发光的普通物质只占约 5%，它们共同主宰着宇宙的命运。遗憾的是，目前暗物质和暗能量的主要观测证据几乎全部来自引力观测效应，在没有厘清暗物质与暗能量的本质之前，无法断言这些观测效应是目前的主流引力理论——广义相对论不完善所导致的。事实上，确实有科学家构造了新的引力理论来直接解释现有的天文观测现象，但这方面的努力尚未取得成功。相反，目前的主流观点认为，暗物质可能是由超越粒子物理标准模型的新基本粒子构成的，因此可以通过非引力探测实验来探测暗物质。

国际上暗物质的探测在 20 世纪下半叶已经开始受到重视，但国内该领域的研究在当时几乎处于空白状态。1998 年，情况有了改变，当时中国科学院紫金山天文台的青年学者常进提出了一种新的方法，可以利用比较薄的量能器到太空中可靠地探测电子宇宙线。理论上，暗物质粒子可能通过湮灭或者衰变产生高能电子宇宙线，它们在能谱和空间分布上与普通天体源加速出的电子宇宙线有一定的区别，如果这些电子宇宙线能够被合理地证认出来，就可以测得暗物质的质量、湮灭截面等关键物理参数。因此，精确测量电子宇宙线为探测暗物质提供了一条新途径。常进在 1998 年取得的数据分析方法的突破，奠定了悟空号暗物质粒子探测卫星（Dark Matter Particle Explorer，DAMPE）的物理设计基础。

那时的常进单枪匹马，在国内还没有什么影响力，更没有平台，因此他把目光投向了国际合作。当时美国在南极利用一个名为先进薄电离量能器（Advanced Thin Ionization Calorimeter, ATIC）的长周期气球实验项目探测核素宇宙线，由于探测器较薄，项目原来的科学目标中并不包含电子宇宙线。常进认为，该探测器完全可以探测电子宇宙线，并利用束流试验数据的分析结果说服了该实验组。2008 年，ATIC 项目组发表了研究论文，发现电子宇宙线能谱与宇宙线传播模型相比存在显著的超出，这种超出被认为可能是暗物质湮灭的信号。这篇论文在国际上产生了巨大反响，作为论文第一作者的常进也成为国际上电子宇宙线探测的权威专家。由于 ATIC 项目并不是为探测电子宇宙线设计的，而且当时我国已经在考虑发展自主的天文卫星，因此常进及时地提出了暗物质粒子探测卫星计划。该项目于 2011 年底正式立项，2015 年卫星被正式命名为悟空号，并在当年底顺利发射，实现了我国天文卫星以及空间高能粒子探测零的突破。

作为我国首颗天文卫星，悟空号受到了社会各界的高度关注，几乎是家喻户晓。《悟空传：暗物质空间探索的中国方案》一书从悟空号团队工程技术人员和科学研究人员的实际经历出发，从多个角度讲述了一支主要由青年人组成的科研队伍在缺经验、缺人手、时间紧、任务重的窘迫环境下，如何团结协作、攻坚克难、共同成长的动人故事，充分展示了中国科学家勇于创新、不畏困难、敢于挑战、协同攻坚的科学精神。我长期从事引力理论和宇宙学的研究，也一直关注着暗物质领域的研究进展。我对悟空号团队的深入了解始于 2009 年，当时吴岳良院士组织国内的暗物质与暗能量研究团队成功申请到了 973 计划（国家重点基础研究发展计划）项目——“暗物质、暗能量的理论研究及实验预研项目”，常进作为课题组长领衔“暗物质的空间探测实验研究”，我负责暗能量的理论研究课题。2010—2014 年的这几年，是 973 计划项目的执行期，也是暗物质粒子探测卫星工程的关键研发期，我目睹了暗物质粒子探测卫星项目组的蓬勃发展和所经历的种种艰辛。阅读这本书，我眼前又浮现出常进带领团队披荆斩棘、不懈奋斗的感人场景，耳畔又响起他夹杂着泰州方言却激情飞扬的学术讨论。通过上述

973 计划项目的合作交流，我与常进也成了好朋友。当悟空号取得第一批科学数据后，我们在国家自然科学基金委领导的支持下，一起推动了一个重点项目群的立项。

现在，悟空号已经 9 岁多了，但探测器性能依然良好，依然奋战在寻找暗物质粒子的征程上。暗物质的本质属性作为当代基础物理领域最具挑战性的难题之一，何时能得到彻底解决应该说难以有明确的时间表。但悟空号以我国科学家的原创方法为基础，以国际重大科学问题为导向，作为我国首颗天文卫星，就在部分关键性能指标上国际领先，为搜寻暗物质粒子打开了一个新窗口，也为我国空间科学的发展留下了浓墨重彩的印记。我真诚地祝愿悟空号未来取得更多科学成果，为早日解开暗物质之谜做出重大贡献。

蔡荣根

中国科学院院士　宁波大学校长

2025 年 3 月 18 日

# 序 2

## 悟空号开启中国空间科学新时代

王 赤

人类探索太空的脚步从未停歇。自 1957 年第一颗人造卫星上天之后，空间技术的发展催生了人类认知宇宙的“大爆发”时代。人类不但发射了卫星、宇宙飞船、空间站，还登上了月球。航天科技不仅使人们的日常生活发生了翻天覆地的变化，也催生了空间科学，极大地拓展了人类认知的边界，带来了范艾伦辐射带、日冕物质抛射、X 射线源、γ 射线暴等一系列突破性的科学发现。不过，早期的这些科学探索是由欧美主导的。1997 年，由中国科学院空间科学与应用研究中心（现更名为中国科学院国家空间科学中心）提议的国际合作项目——“地球空间双星探测计划”正式立项，这是我国首个以明确科学问题为导向的卫星工程。2003—2004 年，该项目的 2 颗探测卫星相继成功发射，有力地促进了中国空间物理学科的发展，更激发了我国科学家自主创新、研发空间科学卫星的热情。

2011 年，中国科学院空间科学先导专项正式立项，开启了我国科学卫星系列的新时代。专项一期包含 4 颗卫星，其中之一就是中国科学院紫金山天文台常进研究员基于其自主数据处理方法而提出的暗物质粒子探测卫星。天文学家观测发现，宇宙中存在着大量暗物质，但并不清楚它们究竟是什么。暗物质粒子探测卫星的主要科学目标，就是在电子宇宙线和 γ 射线中寻找暗物质粒子的信号。

暗物质粒子探测卫星工程于 2011 年 12 月正式立项，我被任命为暗物质粒子探测卫星工程的副总指挥，在 4 年里见证了这颗卫星从原理样机到在天遨游的整个研制历程。立项之初，研发经验和人手奇缺，常进所在的中国科学院紫金山天文台研发团队成员尚不足 10 人，绝大部分都是新手。载荷参研单位中，除了中国科学院高能物理研究所有少数同志具备航天工程经验，中国科学技术大学、中国科学院近代物理研究所的团队都是航天新兵。常进积极发挥少数几位有航天工程经验骨干的传、帮、带作用，在载荷研制中充分信任青年技术骨干，在关键技术节点勇担责任、敢于拍板，用 4 年时间就顺利完成了所有载荷的研制，并且在欧洲核子研究中心进行了系统的试验，验证了探测器的性能。这个研发效率，即使在今天来看也是让人惊叹的，更让国际同行惊叹于“东方速度”。

2015 年，暗物质粒子探测卫星被正式命名为悟空号，并于当年 12 月 17 日成功发射。悟空号实现了我国天文卫星零的突破，开启了中国空间科学新时代。得益于项目总体单位中国科学院国家空间科学中心的精心组织和所有参研单位的出色工作，悟空号不仅研发效率高，而且质量过硬，在在轨测试验收中获得“满分”的殊荣。作为我国首颗天文卫星，悟空号成功运行后受到了社会各界的高度关注，在国内家喻户晓。通读了《悟空传：暗物质空间探索的中国方案》，作为亲历者之一，我认为该书高度写实，撰述者们从自身的实际经历出发，多维度讲述了悟空号载荷研发以及后续科学研究中的忙与累、苦和乐，全方位地展示了新时代中国空间科学工作者敢为天下先的精神风貌和不折不挠的奋斗精神。

时光如白驹过隙，一转眼，悟空号将在今年迎来 10 周岁生日。对悟空号的状态监测结果表明，现在所有探测器工作正常，正持续产出高质量的数据。悟空号已经在电子宇宙线、核素宇宙线的直接测量方面取得了举世瞩目的成果，当我们凝视探测器传回的宇宙线图谱时，看见的不仅是微观粒子的跃动，更是中国科学家勇攀科学高峰的壮美征程。我殷切地期待悟空号这艘承载着民族智慧的科学方舟在浩瀚星海中继续遨游，为人类解开暗物质之谜续写新的传奇。

王赤

中国科学院院士　中国科学院国家空间科学中心主任

2025 年 3 月 22 日

# 目　录 | Contents

## 第 1 章　探秘宇宙的黑暗面　1

1.1　何为暗物质　4
1.2　为什么相信暗物质存在　16
1.3　科学竞争：寻找暗物质还是修改引力理论　27
1.4　暗物质是冷的、温的还是热的　31
1.5　暗物质会引发新一轮物理学变革吗　36

## 第 2 章　上天入地追捕“幽灵”　43

2.1　捕捉暗物质粒子的方法　45
2.2　探测暗物质的国际大科学装置　56
2.3　上天入地去南极——中国的暗物质探索路线　70
2.4　研究暗物质究竟有什么用　82

## 第 3 章　“火眼金睛”炼成记　87

3.1　要想看得更清楚，只有到太空去　89
3.2　“火眼金睛”长啥样　109
3.3　看得远又看得准，核心载荷攻坚记　124
3.4　打破顽冥须“悟空”：暗物质粒子探测卫星的命名　146
3.5　“悟空”发射记　150
3.6　100 分的“优等生”　157

第 4 章 太空悟道 163
4.1 “悟空”是怎样工作的 166
4.2 一鸣惊人的首秀 174
4.3 “悟空”眨了眨眼 181
4.4 太空新收获 188
4.5 “悟空”的“师父”和“师兄”们 194
4.6 未来的暗物质探测 213
4.7 八年悟道，惊喜不断 226

第 5 章 暗物质“大家”说 239
5.1 暗物质研究新进展与前景展望 240
5.2 粒子暗物质与宇宙演化 251
5.3 悟空号的“史前史”及对科研创新的思考 265
5.4 深渊里的呼唤：触碰隐藏的暗物质文明（科幻） 275
5.5 暗物质引擎：你们是远航一代！（科幻） 285

参考文献 292

# 第1章

# 探秘宇宙的黑暗面

仰望星空，是人类最极致的浪漫。每当夜幕降临，满天的繁星常常让人感叹宇宙的浩瀚。可事实上，你能看到的星星只是银河系中的沧海一粟，而银河系也只是宇宙中无数星系的普通一员。通过观测，我们现在知道，我们能够用肉眼看到的普通物质，加起来才占宇宙的约 5%。那么，剩下的 95% 到底是什么？

天文学家认为，藏在黑暗森林里的那 95% 是由看不见的暗物质和暗能量组成的（图 1-1）。可暗物质和暗能量到底是什么，我们今天还所知甚少。

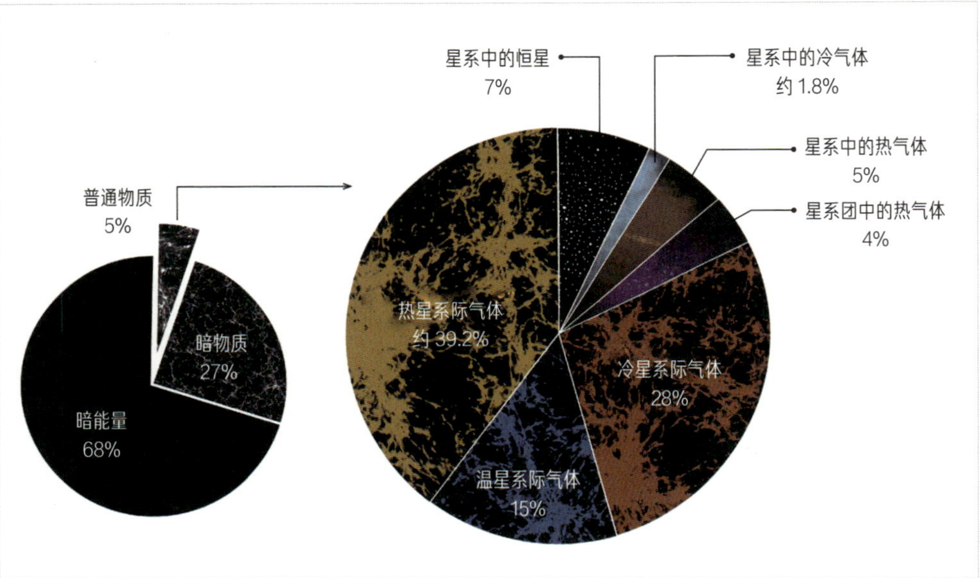


图 1-1　宇宙质量占比：普通物质 5%，暗物质 27%，暗能量 68%

20 世纪最伟大的物理学家爱因斯坦（Albert Einstein）说过这样一句名言："宇宙中最不可理解的事情，就是宇宙是可以被理解的。"人类虽然身处浩瀚宇宙的一隅，却在数千年的时间里，不断发现并谱写着关于头顶这片星空的新故事。

图 1-2　这 2 幅图展示了同一个星系团 Cl 0024+17 (ZwCl 0024+1652)。图 1-2a 是可见光波段下的景象，在淡黄色的星系中出现了奇怪的蓝色弧线，这些弧线是位于星系团后方的星系的图像，这些星系发出的光被星系团的巨大引力弯曲和放大。该星系团中大约有数十个大型星系和上千个小型星系，但看不见的暗物质——图 1-2b 中的蓝色部分，才是星系团中的真正“主角”（主要组成部分）

1915 年，爱因斯坦提出了广义相对论，以为用它就可以解释整个宇宙，人类也自信地认为已经搞清楚了整个宇宙的物理学基础。可就在人类几乎要宣告自己认识宇宙的伟大胜利时，20 世纪末的观测结果却让人大跌眼镜——原来，我们一直以来所“参透的宇宙”，在整个宇宙中所占的比例竟是如此微不足道。

诚然，要承认这一事实实在令人尴尬。大自然似乎有意把宇宙的绝大部分巧妙地隐藏了起来（图 1-2），令我们不得不重新审视自己对宇宙的认知。

就这样，暗物质成了飘在 21 世纪科学界上空的一朵“乌云”，让人为之困惑，也为之着迷。在好奇心的驱动下，过去的 80 多年里，全世界科学家不懈地探究，暗物质的面目终于逐渐清晰起来。

# 1.1 何为暗物质

暗物质是天文学家观测宇宙时，通过计算推导出的一种物质。所谓“暗”，是指人们无法观测到这种物质发出的任何电磁辐射。我们知道，天文学家观测宇宙所依赖的主要媒介是不同波段的电磁波，如图 1-3 所示，电磁波按波长从长到短依次为无线电波、微波、红外线、可见光、紫外线、X 射线和 γ 射线（波长最短，能量最高）。现代天文观测技术发展迅速，在各个波段都有非常强有力的观测仪器。然而，所有这些强大的观测仪器都没有观测到暗物质所发射的电磁辐射，“暗物质”因此得名。

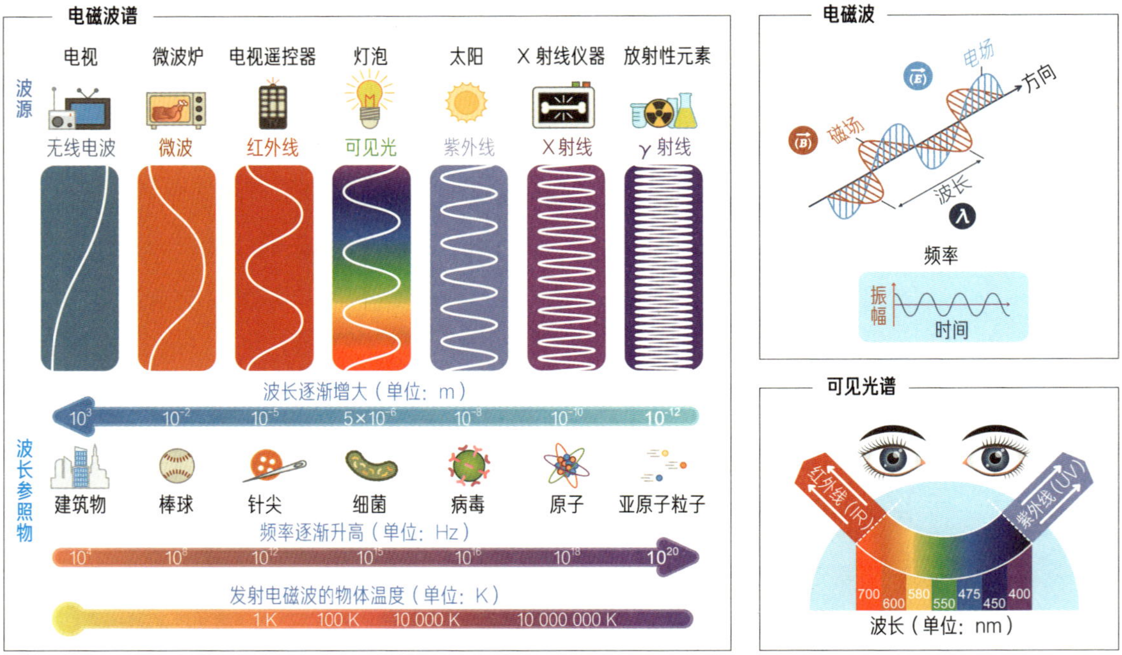


图 1-3　不同波长的电磁波

### 1.1.1 暗物质概念的提出——怪人兹威基的“狂想”

图 1-4 早期人们所知的太阳系七大行星

既然人类的观测仪器至今都尚未探测到暗物质，那么早期的科学家是怎样推断出暗物质存在并提出暗物质概念的呢？其实这还要归功于物理学中的 2 个基本定律——牛顿（Isaac Newton）提出的万有引力定律和牛顿第二定律。科学家可以根据这 2 个定律计算遥远天体的质量。

海王星的发现便是一个著名的例子。早在 18 世纪后期，人们就知道太阳系有七大行星（图 1-4），行星绕着太阳做椭圆轨道运动。根据万有引力定律，人们可以精确地计算出每颗行星如何运动，包括行星之间的相互影响。当时对行星运动的观测也达到了相当精确的程度，而且观测结果和理论预期相当符合，一切看起来都很合理。

然而，轮到最外围的行星——天王星时，意外出现了。天王星的运动轨迹似乎不那么完美，和理论预期比起来，总有那么一些偏差。因此有人提出猜测，在天王星外围可能还存在着一颗行星，它的引力影响了天王星的运动。

1845—1846 年，英国天文学家亚当斯（John Adams）和法国天文学家勒维耶（Urbain Le Verrier）根据天王星的轨道计算出了这颗未知行星的轨道。随即，德国天文学家伽勒（Johann Galle）果然在他们预测的位置上发现了这颗新的行星——海王星（图 1-5）。

图 1-5 从海王星向太阳系内回望的景象

图 1-6 银河系结构图，其中的旋臂主要由年轻亮星和星际介质构成

海王星的发现是牛顿力学的一次伟大胜利，也让通过天体运动来研究未知天体并测量它们的质量成为天文学家的“常规操作”。19 世纪末至 20 世纪初，天文学家广泛使用这种办法来估测银河系内星体（图 1-6）的质量。这些天文学家中的代表人物包括奥匹克（Ernst Öpik）、卡普坦（Jacobus Kapteyn）和奥尔特（Jan Oort）等。

1884 年，威廉 · 汤姆森（William Thomson，也就是大名鼎鼎的开尔文勋爵）尝试根据银河系中心的恒星运动速度估计银河系的总质量。他意外地发现，估算出来的质量比银河系内所有可观测恒星的质量还要大，于是他提出，很多星体可能是看不见的“暗星体”。在此之后，通过测量恒星运动速度的办法，卡普坦和奥尔特分别在 1922 年和 1932 年得到了同样的结论，银河系中存在比可见星体质量更大的“不可见的物质”。

暗物质的英文名称 Dark matter 是美国加州理工学院的一名天文学家在 20 世纪 30 年代创造的，他的名字叫兹威基（Fritz Zwicky，图 1-7）。他以粗暴的性格和卓越的才华而闻名遐迩，他在讨论问题的时候经常咄咄逼人，甚至气势汹汹，连最亲密的合作伙伴都不愿意和他单独相处。

图 1-7 兹威基

然而，这位脾气古怪的天体物理学教授有着敏锐的洞察力，他极富创造力地提出了宇宙中存在“暗物质”的假设。兹威基针对由数千个星系组成的后发星系团（图 1-8）开展了研究，他在计算了该星系团中所有能够被观测到的物质的总质量（基本上就是把能看到的星系的质量加起来）后，惊讶地发现：这些物质的总质量所能产生的引力强度，根本不足以让整个星系团聚集在一起。也就是说这些星系都“跑得太快了”，如此之大的逃逸速度，应该早就让这些星系跑出这个集团，这样的话后发星系团就会分崩离析而不复存在。

图 1-8　后发星系团中的星系，中心区的亮成员星系超过 1 000 个

可是，星系团还是好端端地在宇宙里待着，到底是何方“妖孽”，把这些星系牢牢地黏在一起呢？兹威基左思右想，提出了一个大胆的主张：星系团里必定还存在着某种神秘的“黑暗”物质！这些物质无法被直接观察到，却同样能够产生引力作用，让这些星系一直聚集在一起，而不是飞得到处都是。不幸的是，臭脾气的兹威基在当时被同行们当成怪人，并且也因为当时的测量精度不是很高，在差不多 40 年的时间里，他有关暗物质的推论并没有被人们认真对待。

尽管暗物质的话题今天已经为科学家和公众津津乐道，但在 1933 年，几乎没有人愿意相信宇宙中的大部分物质是观测不到的，人们还是普遍信奉“眼见为实”。兹威基的想法已经超越了他的时代，他的伟大洞察和前沿理论就像暗物质一样被遮蔽了起来，无人问津。

那个时期，所谓的“暗物质”和今天相比有着不同的含义，它是指暗弱的恒星、星云（图 1-9）和小天体等，只不过它们发出的光太微弱而不能被当时的望远镜观测到。这些早年的工作从科学史上来看无疑是先驱性的，但由于观测技术所限，测量不够准确，其结论也存在一些疑问。如今，我们已经知道了天体除了发射可见光，还可能发射其他波段的电磁波，如无线电波、红外线、紫外线、X 射线和 γ 射线，它们在当年是不可见的，但借助当今先进的观测设备，它们已经成为“可见”的天体了。

### 1.1.2 现代科学中的暗物质——打开认识宇宙的另一扇门

在现代宇宙学中，一般认为暗物质是一种全新的物质，暗物质粒子有别于任何一种我们熟知的基本粒子。暗物质之所以被冠以“暗”之名，是因为迄今为止，天文学家尚未发现这种物质发射出的任何光子，也就是说暗物质并不参与电磁相互作用。

图 1-9　星云主要由气体和尘埃组成，如果这些气体和尘埃附近没有亮星，它就将是暗的，即暗星云。图中的马头星云是位于猎户座的暗星云，它是一个很大的暗星云的一部分，“马头”四周的光芒是从亮星云发出的

电磁相互作用是处于电场、磁场中的带电粒子所感受到的一种作用力。自然界存在 4 种基本相互作用（ 图 1-10 ，亦即 4 种基本力），电磁相互作用是其中之一，其他 3 种分别是强相互作用、弱相互作用与引力相互作用。

| 特征 | 强相互作用 | 电磁相互作用 | 弱相互作用 | 引力相互作用 |
| --- | --- | --- | --- | --- |
| 自然现象 |  解释了：质子和中子如何结合成原子 | 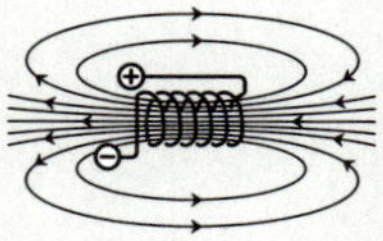 解释了：光、电动力学 |  解释了：亚原子粒子的放射性衰变 |  解释了：宇宙中大尺度结构的形成 |
| 相对强度数量级 | 1 | $10^{-2}$ | $10^{-13}$ | $10^{-38}$ |
| 作用范围 | $10^{-15}$ m | ∞ | $10^{-18}$ m | ∞ |

图 1-10　世界上力的种类多种多样，但都是这 4 种基本力的不同表现，它们几乎主宰着可见宇宙中的一切。暗物质粒子不参与电磁相互作用和强相互作用，参与引力相互作用，可能参与弱相互作用

光子是传递电磁力的“中介”，带电粒子依赖光子传递电磁力，而电荷是基本粒子所固有的内在属性。只有带电粒子或带电物质才能够感受到电磁力，它们发射出光子并被人眼或者探测装置捕捉到。反过来说，如果一种物质不参与电磁相互作用，就没法用常规的方法探测到它，这样一来，也就对科学家探测暗物质的方式提出了挑战。

那么，这种看不见摸不着的物质，会不会在暗中伤害我们呢？不用担心，由于暗物质不参与电磁相互作用，因此它对我们日常生活中的物理、化学过程也就几乎没有任何影响。事实上，天文学家估计，每秒钟都会有成千上万个暗物质粒子穿过人体，但是在暗物质粒子的“眼中”，人体几乎是透明的。目前主流的暗物质粒子理论认为，

暗物质粒子与人体中氢、氧、碳、氮等元素的原子核发生碰撞的概率非常低。而且，暗物质粒子与人体的这种直接相互作用不会被人体察觉，更不会产生任何有害的后果。

有一种寻找暗物质粒子的方法，是用专门的探测装置寻找暗物质粒子与核子可能发生的碰撞事件,从而了解暗物质粒子的相关属性。我们把这种手段称为暗物质粒子的“直接探测”——暗物质粒子虽然看不见，但是这种碰撞就真真切切地发生在探测装置里。

当 2 个暗物质粒子相互撞击时，有可能会发生湮灭，湮灭是指 2 个粒子“抱在一起粉身碎骨”并释放出巨大能量的过程（图 1-11）。假如暗物质粒子的质量像现在的主流理论所认为的，是质子的数百倍，那么暗物质粒子相互湮灭时释放的能量可能是可见光光子能量的 1 000 亿倍。如果这种湮灭发生在人体内，它将可能导致对人体有害的突变。当然，发生这种事件的概率是非常低的。

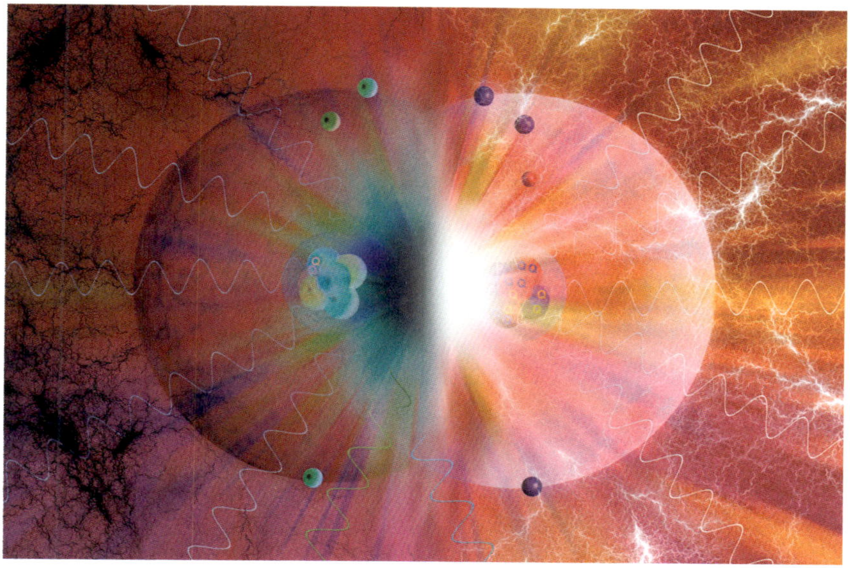

图 1-11 粒子在和它的反粒子相遇时，会发生从物质到能量的完全转换，产生光子等能量形式，此过程被称为正反粒子湮灭

迄今为止，人们主要还是通过暗物质对宇宙中天体产生的引力效应来推断暗物质的存在，不过这并不妨碍暗物质研究成为现代物理宇宙学和粒子物理学的最重要课题之一。

宇宙学的研究对象是天体运动和它的第一起因，在人类历史相当长的一段时期内，这曾是形而上学的一部分。宇宙学起源于哥白尼原理（物理学和哲学中的一条基本法则，其核心思想是“没有一个观测者有特别的位置”）和牛顿力学，它们指出天体和地球上的物体遵循同样的物理原理，并以这些原理来解释天体的运动。而现代物理宇宙学则是一门新兴的、重要的基础交叉学科，它通过对宇宙自身以及宇宙中天体的观测结果，结合现代物理学的基本认知，研究宇宙大尺度的结构起源与演化等基本问题。一般认为，现代物理宇宙学起源于20 世纪的广义相对论和对极远天体的天文观测。

为了解释暗物质，早期的宇宙学理论认为，暗物质可能是宇宙中未被观测到的由普通物质形成的大质量天体，比如黑洞、中子星和年老的白矮星等（图 1-12）。但根据观测实验的结果，这些天体的质量加起来并没有达到暗物质在全宇宙物质中的占比。而另一些理论，比如修正的牛顿动力学，主要通过修正引力理论来解释和暗物质有关的现象。目前科学界对暗物质的主流解释认为，暗物质是由非重子（重子是由 3 个夸克组成的复合粒子，如质子和中子等）的亚原子粒子组成的。总而言之，对暗物质粒子属性的研究已经持续了数十年，可它至今依然是宇宙学中的一个未解之谜。

图 1-12　图 1-12a、b、c 分别展示了黑洞（周围环绕着吸积盘，吸积盘中间射出喷流）、中子星（从两极射出喷流）、白矮星（正从其伴星上吸取物质流）。白矮星是中等质量恒星的终点星，其密度达 1 t/cm$^3$；中子星是大质量恒星演化到后期经超新星爆发后形成的天体，一般认为主要由高度密集的中子组成，其密度与原子核相当，一茶匙中子星物质便可重达 10 亿 t；黑洞中心的奇点体积无穷小，密度无穷大

C

# 1.2 为什么相信暗物质存在

进入 20 世纪，物理学与探测技术飞速发展，使精确研究宇宙的起源与演化成为可能。现代天文学通过引力透镜、星系旋转曲线、大尺度结构形成、宇宙微波背景辐射等理论和现象来探测暗物质。众多天文学家各项独立观测的实验证据，都指向了同一个结论——宇宙中存在着具有引力效应但不发射或吸收电磁波（包括可见光）的物质，即暗物质。

## 1.2.1 星空中的放大镜——引力透镜效应

根据爱因斯坦的广义相对论，由于时空在大质量天体附近会发生畸变，因此光线经过大质量天体的邻近区域时会向其发生偏折，产生会聚效应。如果从观测者到遥远的背景天体的视线上有一个大质量的前景天体（比如以暗物质为主导的大质量星系团），有时会看到在光源的两侧呈现 2 个像甚至多个像，就好像有一面凸透镜置于观测者和所观测的背景天体之间，这种现象被称为引力透镜（图 1-13）。

顾名思义，引力透镜的产生是因为光的传播路线被引力改变了。而引力是所有物体共有的性质（凡是存在于宇宙里的物体，它们之间都有引力），所以引力透镜其实到处都存在。一般来讲，当充当透镜的前景天体正好位于背景天体和观测者中间的时候，其引力透镜效应最明显。

通过分析背景天体的扭曲程度、多个像的位置和特性等信息，

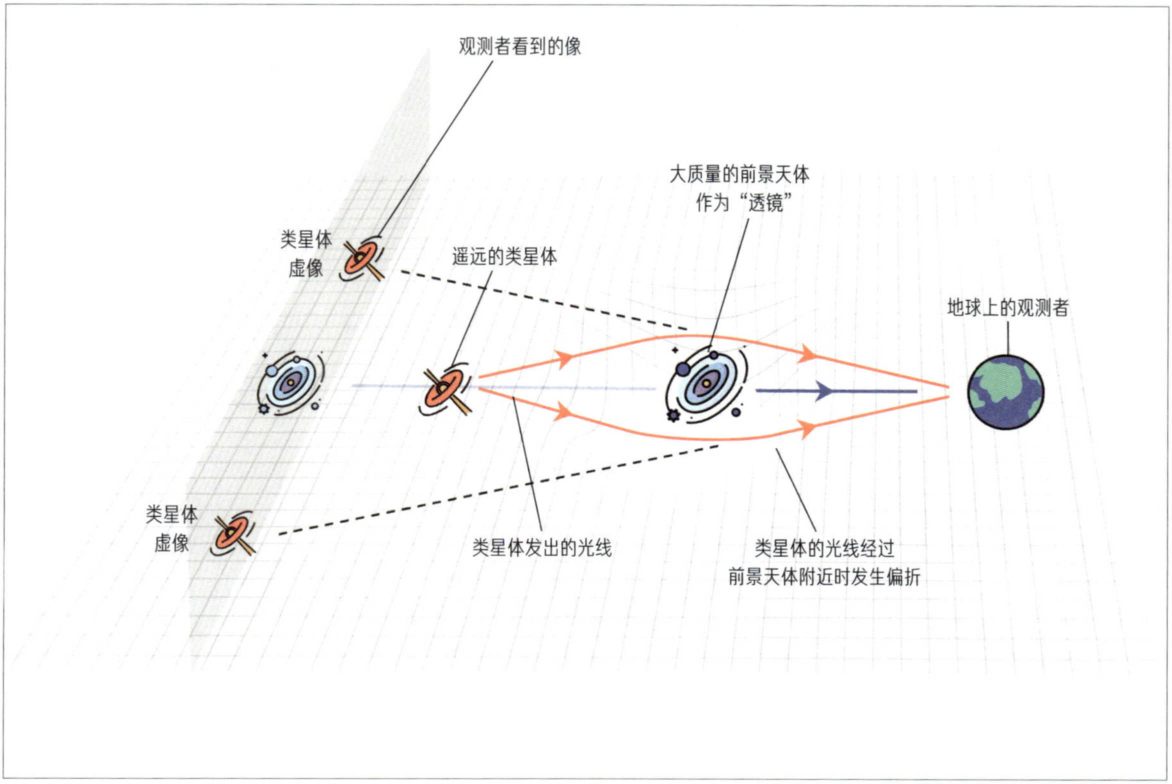


图 1-13　引力透镜示意图

我们可以研究前景天体的性质。根据尺度与效果的不同，引力透镜可以分为强引力透镜、弱引力透镜和微引力透镜。在强引力透镜中，一般可以形成背景天体的多个像，甚至形成圆弧和圆环（又称“爱因斯坦环”，如图 1-14 所示），而弱引力透镜则只产生比较小的扭曲。

通过强引力透镜分析爱因斯坦环的曲率和多个像的位置，可以估测前景天体的质量，进而得到暗物质的质量和空间分布信息。暗物质作为宇宙中物质的主要组成部分，是普通物质总量的 5 倍多，它的引力作用与常见的物质是一样的，会不可避免地产生引力透镜。因此，通过分析引力透镜来测定星系团里的暗物质分布，从而测定暗物质的大尺度分布，是天文学家研究暗物质的重要手段。

图 1-14　爱因斯坦环。一个黑洞（中心处）位于地球和一个星系之间，从地球上看，当这 3 个天体完全对齐时，来自遥远星系的光被黑洞巨大的引力场弯曲，形成一个光环

2006 年，美国天文学家使用钱德拉 X 射线天文台观测了名为 1E 0657-558 的星系团（也称为子弹头星系团，图 1-15），无意间观测到 2 个星系团高速碰撞的过程。由于普通物质之间存在较多的相互作用（可以简单理解为存在“摩擦力”），因此当 2 个星系团的暗物质相互穿越时，发出可见光的普通物质被甩在身后。天文学家发现通过引力透镜观测到的质量分布跟普通发光物质的分布明显不同，从而证明了暗物质是星系团中的主要物质成分。

图 1-15　子弹头星系团由 2 个相互碰撞的星系团组成，为科学家提供了有关暗物质存在的强有力证据。图中蓝色区域代表通过引力透镜方式推断出的暗物质分布，红色区域展示的是通过钱德拉 X 射线天文台测量到的普通发光物质的空间分布

## 1.2.2　旋转的星系为何不散架——星系旋转曲线异常

另一个令人信服的暗物质存在的证据，来自对我们银河系及银河系近邻星系的观察。在兹威基提出暗物质的概念大约 40 年后，美国女科学家鲁宾（Vera Rubin，图 1-16）和其同事福特（Kent Ford）在 20 世纪 70 年代开展了对仙女星系旋转曲线的研究。星系的旋转曲线揭示了星系不同位置处恒星绕星系中心旋转速度的分布，以星系中心为原点，横坐标表示恒星到星系中心的距离，纵坐标表示恒星绕星

系中心运动的速度。根据大量恒星的这 2 项数据，便可绘制出星系旋转曲线。

我们首先从太阳系开始，将各大行星和一些其他代表性天体绕太阳旋转的速度随其轨道半径变化的关系画成图，便可以得到太阳系的旋转曲线（图 1-17），从中可以看出天体绕太阳旋转的速度应该随着轨道半径的增大而减小（与半径的 1/2 次方成反比）。

图 1-16　被誉为“暗物质之母”的鲁宾

自然地，到星系层面时人们也怀有类似的预期。根据万有引力定律，如果星系的质量主要集中在星系核心，那么星系外围恒星的旋转速度将随着离星系中心距离的增大而减小。但鲁宾以及后来科学家的大量观测结果却表明，在相当大的范围内，星系外围恒星的速度并没有减小（图 1-18）。星系层面再次出现了兹威基发现的星系团中的类似现象：仅凭望远镜看到的“可见物质”，远不足以把外围的恒星“拽”住。以仙女星系为例，至少需要 10 倍的质量才能把这些恒星拴在星系中，它们实在转得太快了。

既然仙女星系没有分崩离析，那说明：要么万有引力定律在星系这样的大尺度上是不正确的，需要修正；要么在星系非核心区的更广阔范围内，还分布着大量的不发光物质。也就是说，构成星系的真正主角其实就是暗物质，我们日常熟悉的由普通物质构成的天体，只是镶嵌在一大堆暗物质团块中的小小点缀。

他们的工作给大量的后续研究带来了启发，现在天文学家认为，每一个星系，无论大小，都被各自的暗物质晕团团围住（图 1-19）。甚至在有些质量较小的“矮星系”中，暗物质的总质量超过普通物质的 1 000 倍。

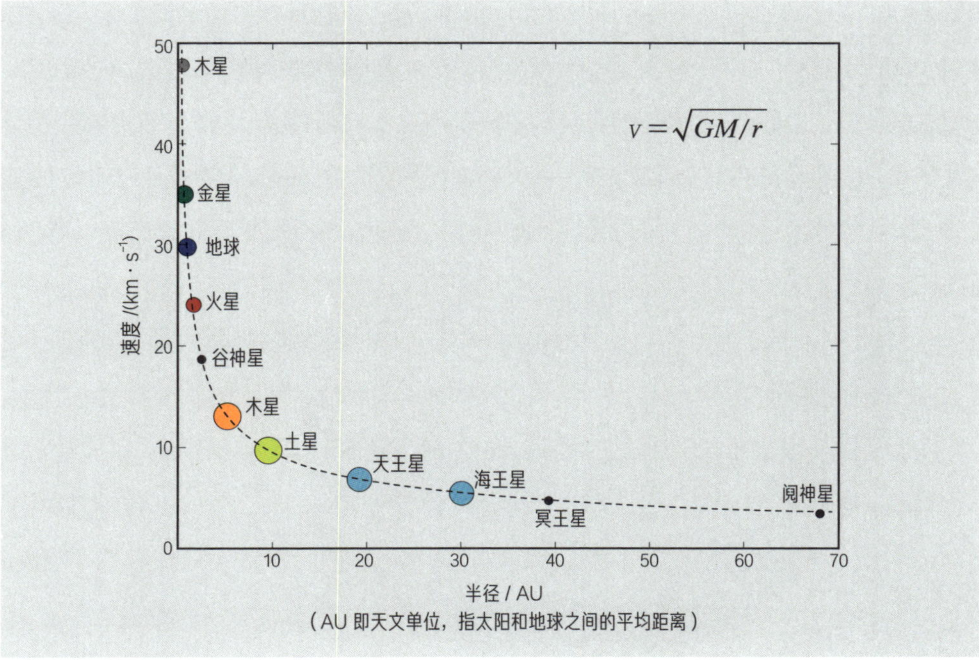


图 1-17 太阳系旋转曲线

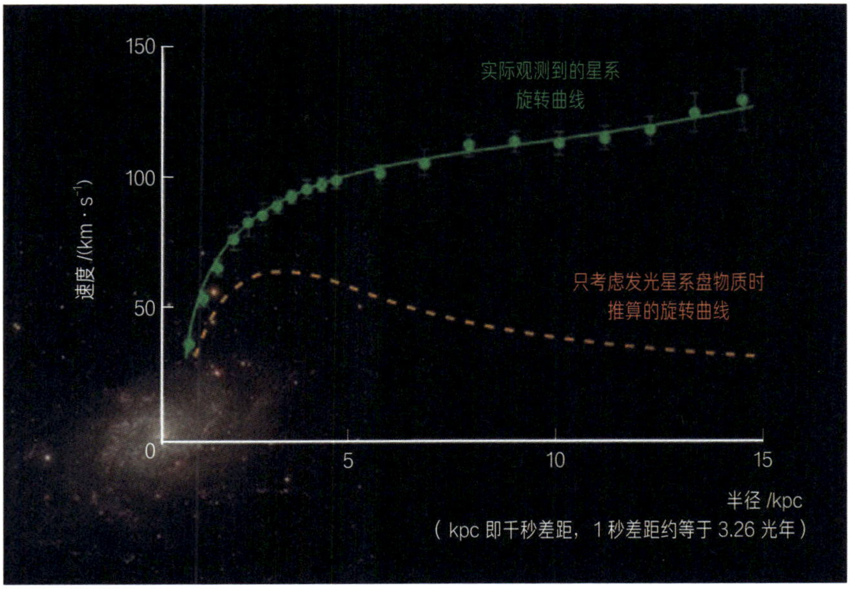


图 1-18 现代观测得到的 M33 星系旋转曲线

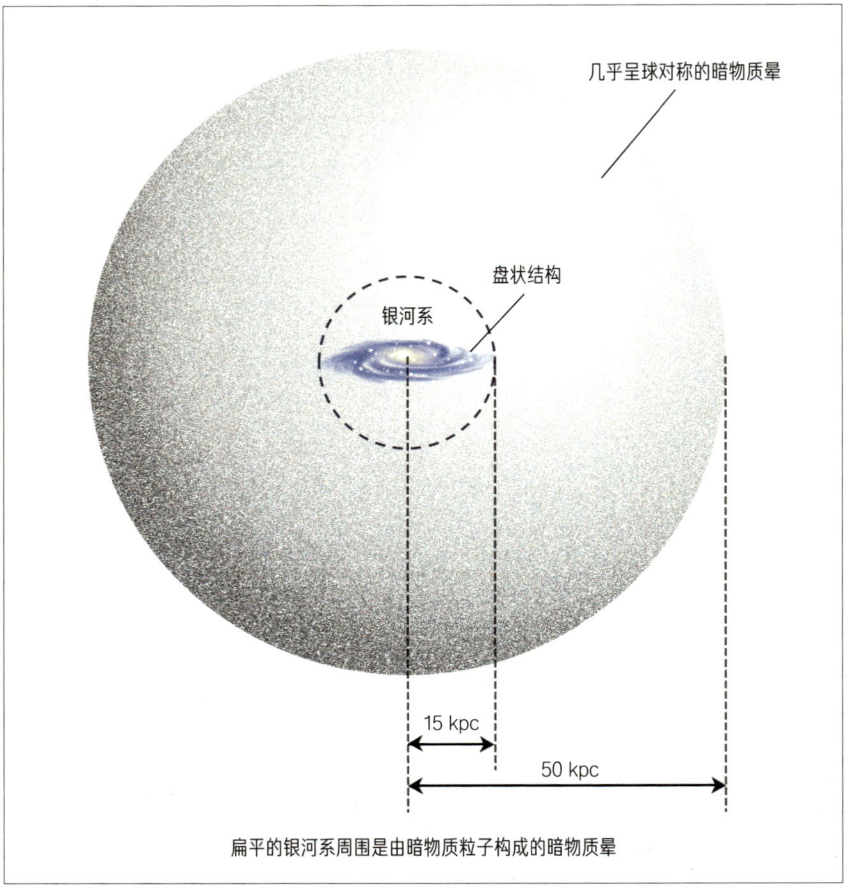


图 1-19　银河系的物质分布：普通恒星分布在盘状结构上，而暗物质则形成了一个巨大的几乎呈球对称的晕状结构

## 1.2.3　宇宙之网——大尺度结构的形成

大尺度结构在现代物理宇宙学中描述的是可观测宇宙在大范围内（典型的尺度是 10 亿光年）质量和光的分布特征。近年来，大天区星系巡天的结果显示，宇宙似乎呈现出一种“网状泡沫”结构。大量星系都分布在狭窄的纤维结构（图 1-20）上，而在它们的中间则是巨大的空腔结构，其中的物质密度比纤维结构要小得多，天文学上

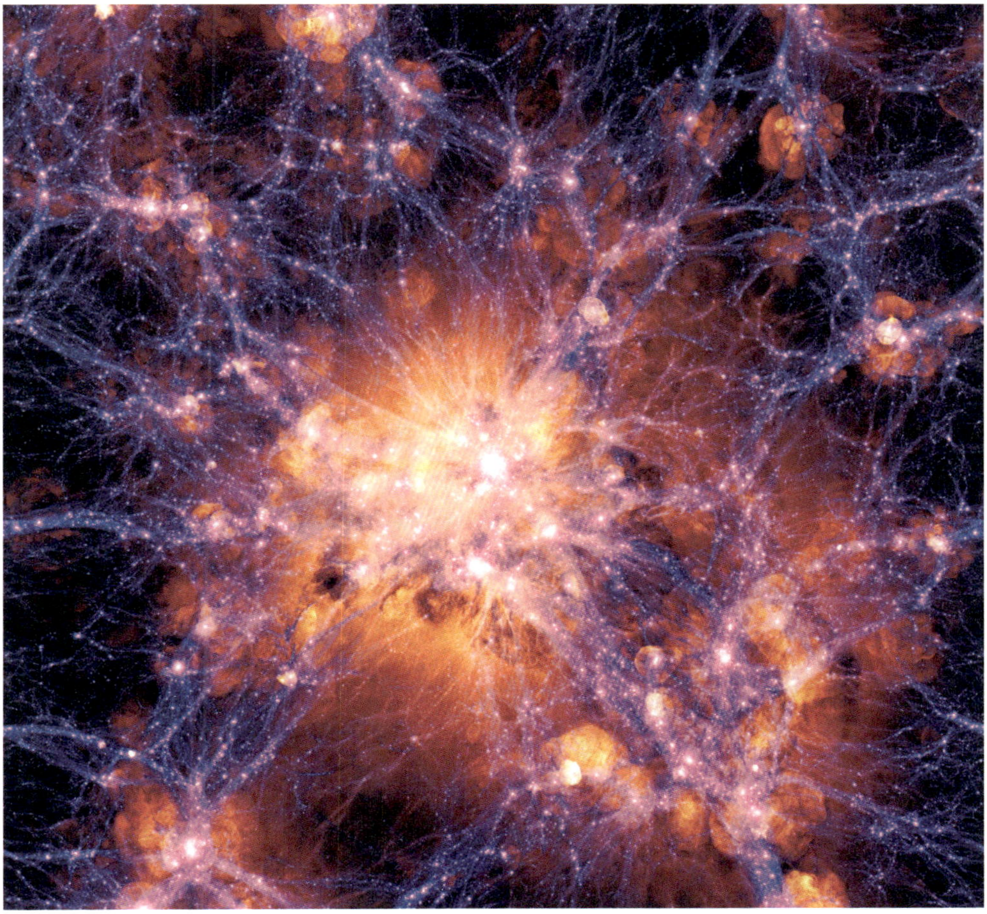

图 1-20　宇宙大尺度上的纤维结构

称为“空洞”。

这些空洞的体积巨大，有些直径可达 3 亿光年，尽管看上去那里什么也没有，但实际上天文观测证明，这些空洞中也存在暗物质。进一步的研究发现，这些巨大的空洞结构犹如气泡，将片状的物质结构和星系纤维相隔离，而超星系团就像是其中偶尔出现的密集节点。这种纤维结构在宇宙学星系红移巡天的研究结果中可以清楚地看到。

研究者曾多次在电脑中模拟宇宙创生和结构形成过程，并通过调整初始参数来研究形成如今宇宙面貌所需的条件。几乎所有模拟都明确地显示，暗物质是我们宇宙中必不可少的构成成分，如果没有暗物质，宇宙将无法成为今天的样子。可以说，暗物质是形成我们宇宙中丰富多彩结构的重要基石。

### 1.2.4 大爆炸留下的线索——宇宙微波背景辐射

宇宙微波背景辐射（Cosmic Microwave Background，CMB）是宇宙大爆炸后遗留下来的热辐射，它是一种充满整个宇宙的电磁辐射，其特征和绝对温标 2.725 K 的黑体辐射相同，频率属于微波范围。

1964 年，美国射电天文学家彭齐亚斯（Arno Penzias）和威尔逊（Robert Wilson）使用一台老式的微波接收机巡视天空时（图 1-21），发现了一种奇怪的现象：不论他们将接收机指向哪个方向，都能探测到一种微弱的微波信号，表现为听筒中的嘶嘶声。在这种情况下，彭齐亚斯和威尔逊推测问题可能出在天线上，因此他们花了大量时间检修天线，还一度以为信号来自鸽子的粪便。但即使他们赶走

图 1-21　彭齐亚斯和威尔逊在查看喇叭形微波接收机，正是这台接收机带来了 20 世纪最伟大的发现之一——宇宙微波背景辐射

了鸽子，把鸟粪清理干净，嘶嘶作响的微波还是存在。

最后，彭齐亚斯和威尔逊联系了附近普林斯顿大学的物理学家，这些物理学家推断这种信号不是机器原因导致的，而是来自宇宙深处，宇宙微波背景辐射由此被发现，彭齐亚斯和威尔逊因这一发现获得了1978 年的诺贝尔物理学奖。

作为宇宙大爆炸遗留下来的微弱光子辐射场，宇宙微波背景辐射携带着丰富的宇宙学信息（图 1-22），几乎是人类认知极早期宇宙演化的唯一有效途径。宇宙微波背景辐射的发现不仅在半个世纪前开创了宇宙学研究的新窗口，近年来对它的精确测量更是将人类带入“精确宇宙学”时代。宇宙微波背景辐射的测量对探索当代宇宙学、高能物理及基础物理学最前沿领域具有核心意义，例如宇宙加速膨胀及暗能量的物理本质、原初引力波的探测、早期宇宙暴胀过程的物理机制等，是最为精确有效的宇宙学“探针”。对宇宙微波背景辐射温

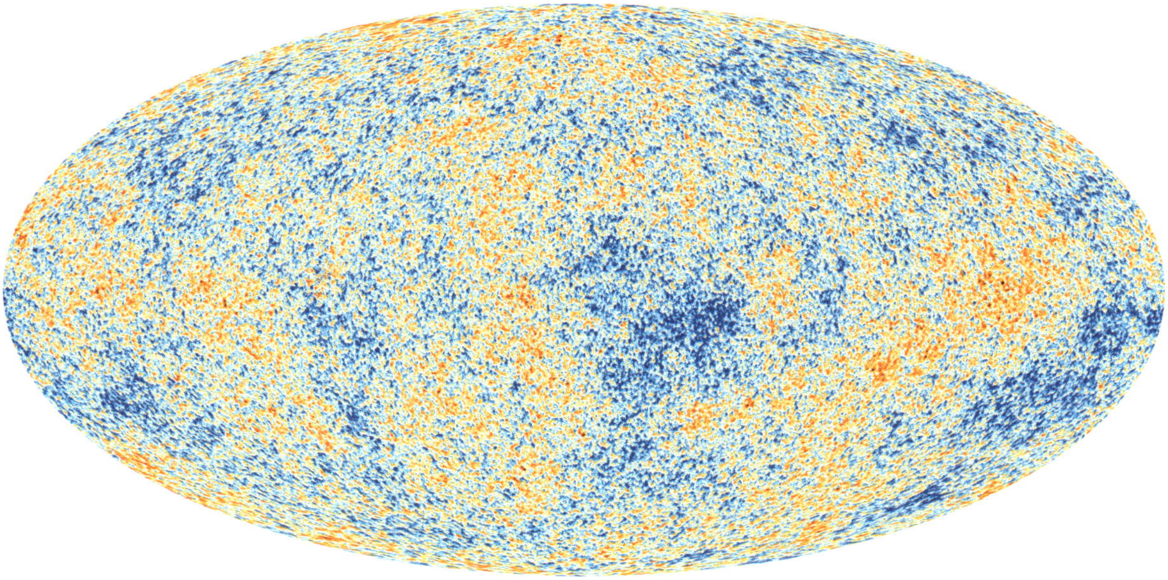

图 1-22　这张合成图像揭示了宇宙微波背景辐射的微小波动，暖色为辐射密度高的区域，冷色为辐射密度低的区域

度场空间各向异性的观测研究，极大地推进了人类对宇宙物质组分及早期演化的认知。

根据普朗克卫星的观测结果，科学家绘制出了宇宙微波背景辐射的温度各向异性谱（图 1-23）。可以看到，图中存在 3 个明显的峰，可以根据第二峰、第三峰的高度差来确定宇宙中普通物质和暗物质的比例。推此推算出宇宙中普通物质占宇宙的 4.9%，暗物质占 26.2%，剩下 68.9% 是暗能量，这与对大尺度结构的观测结果基本吻合。

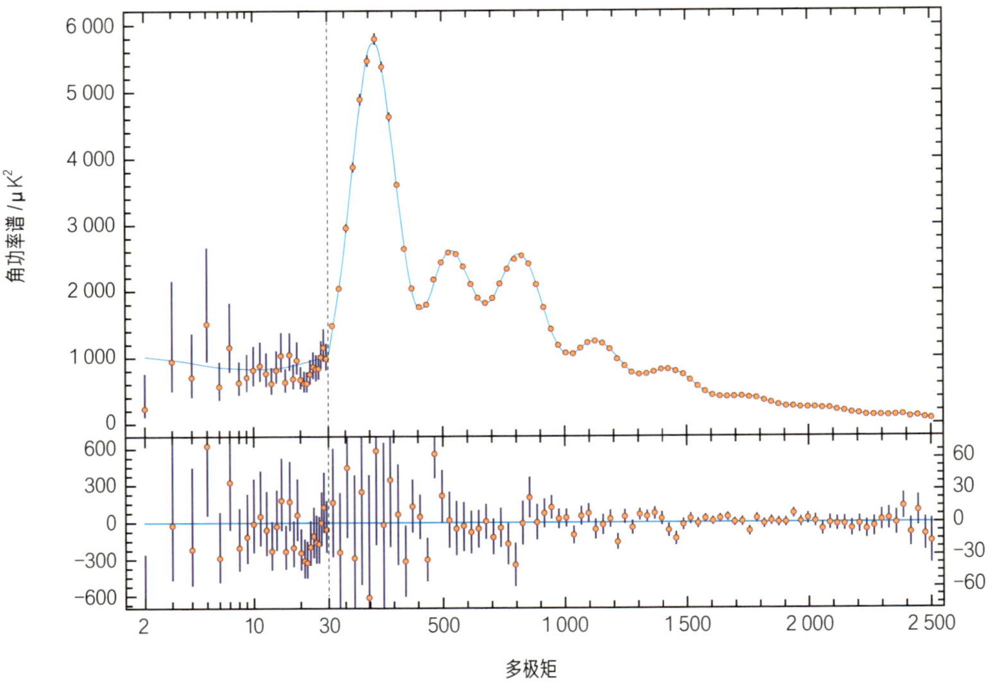


图 1-23 宇宙微波背景辐射的温度各向异性谱

# 1.3 科学竞争：寻找暗物质还是修改引力理论

随着观测方法的改进和数据的累积，暗物质存在的证据越来越有说服力。大部分天文学家接受了宇宙中存在大量暗物质（远超可见物质）的观念，暗物质模型成为主流的研究范式。当然，也有人提出了不同看法。1980 年，一位 34 岁的以色列物理学家密尔格罗姆（Mordehai Milgrom）在学术休假期间访问了理论物理学界的圣地——美国普林斯顿高等研究院，在此他提出了一种新的解释：也许并不存在什么暗物质晕，而是我们习以为常的万有引力定律或运动定律需要修正。

在过去，牛顿的万有引力定律已被广泛接受。虽然爱因斯坦的广义相对论是对牛顿理论的革命，但它与牛顿理论的区别在运动速度接近光速或者所涉及的尺度接近时空的曲率半径的情况下才明显。对于星系的旋转曲线来说，牛顿和爱因斯坦的理论给出的预测差别很小。

在太阳系内，现有的万有引力理论和运动定律都经受住了严格的检验，而在星系以及更大的尺度上，我们还没有进行很充分的检验（尽管有一些检验结果支持广义相对论），因此并不能想当然地认为这些规律仍然成立。于是，便有人提议修改引力理论或者运动定律来替代暗物质理论。

密尔格罗姆提出的修正牛顿动力学（Modified Newtonian Dynamics，MOND）模型是一种从经验规律出发的理论，其初衷是解释星系旋转曲线。在这个模型中，他假定：当引力强度（可以简单理解为重力加速度的大小）比较大时，物体受到的引力可以用万有引力定律的公式描述；但是当其减弱到一定程度（例如星系外围区域的恒星所感受到的引力强度）时，则偏离标准的牛顿动力学。

具体来说，我们所熟悉的物体运动定律是牛顿第二运动定律 $F=ma$，即物体受到的合力等于质量乘以加速度。密尔格罗姆把这一定律改为 $F=ma\cdot\mu\frac{a}{a_0}$，其中 $\mu\frac{a}{a_0}$ 是修正因子。密尔格罗姆指出，在加速度很小的时候，牛顿第二定律将逐渐过渡到这样的形式，根据该理论计算出的星系旋转曲线就与观测结果很相符了（图 1-24）。在很长一段时间内，修正牛顿动力学模型和暗物质模型一起构成了解释星系旋转曲线的主流模型，直到对子弹头星系团的观测结果出现，情况才发生改变。

对子弹头星系团的观测基于强引力透镜效应。我们知道，物质会使其周围的时空弯曲，光子在弯曲时空中穿梭时的路径也是弯曲

图 1-24　多数星系的旋转曲线有向外围逐渐变平的趋势，表明星系发光区域之外存在大量暗物质晕，修改后的万有引力定律也可以解释这一现象

的。物质质量越大，光线弯曲得越厉害，跟光线穿过凸透镜时的折射效应类似。通过测量光的偏折角度，可以推算出光所穿过区域的物质质量。

在之前出现的图 1-15 中，我们能够看出，子弹头星系团物质集中区域（蓝色区域）内并没有普通物质的存在，这表明该区域存在大量不发光的暗物质。子弹头星系团这一令人始料未及的观测结果出来之后，要用修改引力理论的方法来解释就非常困难了，甚至可以说无法解释。目前看来，暗物质依然是解释绝大多数相关天文观测结果的最优选择，修改引力理论往往难以多方兼顾，通常只能解释个别现象。

一个好的科学理论必须能够自圆其说，物理学理论必须能对物体在各种情况下的运动给出预测和解释。对于修正牛顿动力学模型来说，这确实是一个挑战，因为这个模型是基于经验关系，而不是来自第一性原理（可以理解为根据一些最基本的物理学理论，从头开始推导，进而形成一个完整的物理学体系），一旦问题超出原来的范围，就不好回答了。

此外，暗物质模型还有修改引力理论不具备的优点，这些优点使得星系的形成更为容易。在宇宙微波背景辐射产生的时期，光子的温度涨落仅为平均温度的 10 万分之一。如果当时只有普通物质，就无法根据如此微小的原初涨落形成今天观测到的宇宙结构。要形成现今的星系结构，原初涨落至少要达到平均温度的千分之一。而如果假设暗物质存在，这一切就都好解释了。因为暗物质的相互作用很弱，它们很早就和别的物质撇清关系、独立演化了。暗物质自身的密度涨落在很早的阶段就开始增大，等到产生宇宙微波背景辐射的时期，暗物质已经形成较显著的密度涨落了。随着宇宙的膨胀和温度的降低，粒子依照相互作用的强弱，依次从平衡状态脱离出来，几乎不再和其他粒子碰撞，变成一种独自在宇宙中游弋的状态，这个过程称为退耦。

普通物质退耦后，可以直接掉进暗物质密度涨落所形成的引力势阱里，伴随暗物质一同演化（图 1-25），最终形成现在的星系结构。可以说，暗物质让普通物质结构的形成搭了“便车”。如果没有暗物质，就很可能没有银河系和太阳系，也更没有了今天的你和我。

目前暗物质理论和修正牛顿动力学理论仍是一对相互竞争的科学理论。暗物质理论能够更容易地纳入现有的物理学框架，并且基于暗物质理论，可以对星系旋转曲线、大尺度结构增长、引力透镜、宇宙微波背景辐射等许多现象给出定量化的理论预测。总体来说这些预测与观测结果也符合得比较好，因此暗物质理论目前还是更受到大部分研究者的青睐而成为主流的理论。

图 1-25　暗物质结构形成的数值模拟

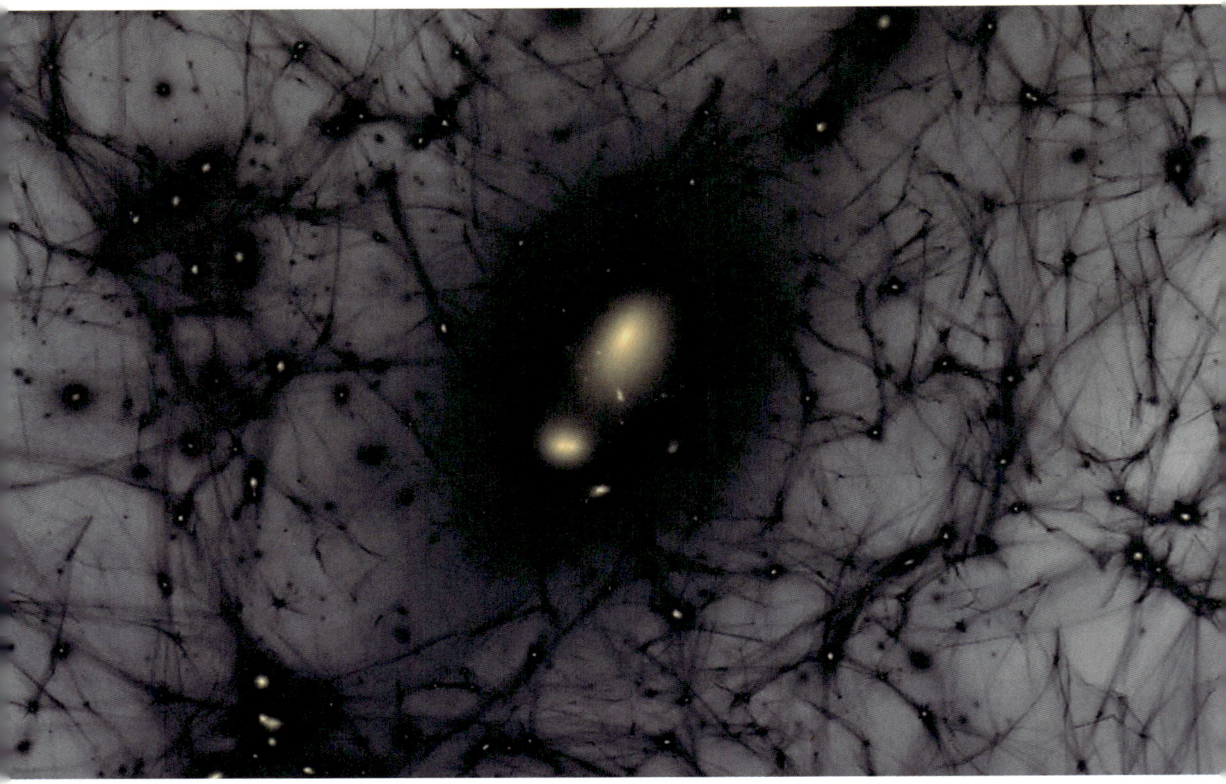

# 1.4 暗物质是冷的、温的还是热的

前面我们已经知道，暗物质看不见、摸不着，目前只存在于理论中，然而科学家却已经为候选的暗物质粒子按冷、温、热分好了类。它们的分类标准是什么？不同种类的暗物质在构建宇宙的过程中又起了什么作用呢？

## 1.4.1 不同温度的 3 类暗物质

关于暗物质的形态存在很多观点，从较大的天体，如晕族大质量致密天体（星系中由重子物质构成的冷暗致密天体，其候选对象包括褐矮星、自由浮动行星、死亡恒星的残骸、类似于彗核的“雪球”等），到单个粒子，如大约为质子大小的大质量弱相互作用粒子，甚至更小的轴子和惰性中微子，不一而足。从 20 世纪 80 年代起，科学家基于粒子在早期宇宙中的速度，将候选的暗物质粒子分为冷暗物质、温暗物质、热暗物质 3 类，相应的速度依次递增，而这取决于粒子质量及其诞生时的环境温度。

早期的宇宙温度极高，就像是一锅高温等离子体汤，各种粒子处在热平衡状态。在退耦时：如果暗物质粒子的速度非常慢，远低于光速，那么它就是冷暗物质（重而慢）；如果暗物质粒子的速度接近光速，那么它就是热暗物质（轻而快）；介于两者之间的则是温暗物质。

冷暗物质、温暗物质和热暗物质主要影响宇宙中大尺度结构形成的行为。宇宙早期处于热平衡状态，但受量子涨落的影响，仍然存在密度涨落。这些密度涨落随着宇宙演化，最终形成了我们现在看到的大尺度结构。冷暗物质粒子速度很慢，容易在引力作用下坍缩形成结构。受涨落的影响，密度大的区域引力也相对较强。这些区域就像滚雪球一样，吸积周围的物质。小的结构还会相互碰撞而合并，形成更大质量的结构。所以在冷暗物质框架下，宇宙的结构是按照“从小到大”的次序形成的（图 1-26），这与观测结果相符合。

热暗物质粒子速度非常快，由涨落产生的小结构很容易被热暗物质粒子在大尺度范围内的运动抹平。因此，热暗物质与冷暗物质的结构形成过程正好相反，宇宙中的物质先形成大尺度结构（如超星系

图 1-26　宇宙演化的简单示意图，从宇宙大爆炸（最左侧）到原子形成，再到恒星和星系的诞生，最终它们将会消亡

团），然后大尺度结构会碎裂形成小尺度结构（如大大小小的星系），即所谓的“从大到小”的顺序。温暗物质的情况则介于两者之间，在大尺度上与冷暗物质类似，在小尺度上接近热暗物质。

研究者观测发现，宇宙早期最先形成的是恒星，然后是星系、星系团，最后是超星系团。这表明宇宙的结构形成过程是先有小尺度结构，再形成大尺度结构。也就是说，暗物质的主要组成部分应该是冷暗物质。不过目前并不能排除温暗物质模型，这个模型综合考虑了冷暗物质和热暗物质对宇宙结构“从小到大”和“从大到小”的影响，在这个模型下，候选粒子主要包括惰性中微子等。

### 1.4.2　冷暗物质的 2 种模型

冷暗物质模型是目前最主流、被研究最多的暗物质模型。在冷暗物质模型下又细分了好几种模型，下面重点介绍其中 2 种。

第一种是大质量弱相互作用粒子模型。顾名思义，这种模型中的暗物质粒子质量很大，是质子质量的数倍到数千倍。但是这类暗物质粒子的相互作用却非常弱，与弱相互作用在同一量级。该模型的优点是恰好能够给出正确的宇宙暗物质密度，这种性质被称作“大质量弱相互作用粒子奇迹”。现有的暗物质实验很多都是针对大质量弱相互作用粒子来设计建造的，大体可以分为 3 种——直接探测、间接探测和对撞机探测，后面我们还会详细介绍这 3 种探测方式。尽管有的实验（如 DAMA 直接探测实验）宣称发现了暗物质的疑似信号，但其他实验尚未观察到相同信号以对其进行严格证实。

第二种冷暗物质模型是轴子 / 类轴子模型。轴子 / 类轴子模型是除大质量弱相互作用粒子模型以外被研究最多的暗物质模型。

说到轴子，就不得不先介绍量子色动力学（一种描述强相互作用的规范理论）中一个悬而未决的谜题——强 CP 问题（其中 C 代表电荷共轭，指一种对粒子的电荷进行反转的操作；P 代表宇称，可以粗略地理解为左右交换）。简而言之，弱相互作用可以违反 CP 对称（图 1-27），出现 CP 破坏，而理论上强相互作用也应存在 CP 破坏，可为何在实验观测中一直未能发现?

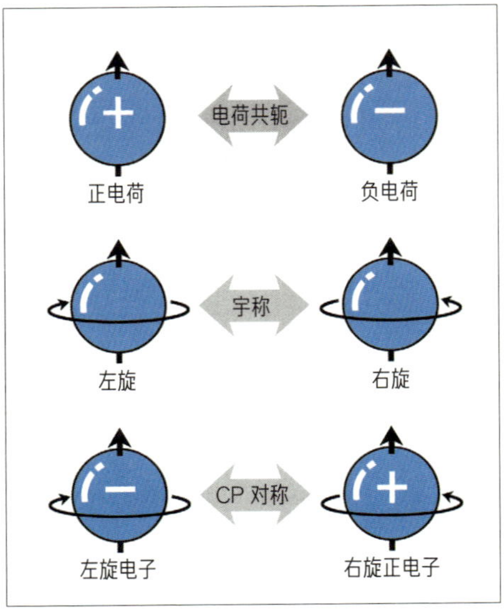

图 1-27　电荷共轭、宇称和 CP 对称的简单示意

1977 年，佩奇（Roberto Peccei）和奎恩（Helen Quinn）为解决这一难题提出了一种新的对称性，以他们的名字命名，即 PQ 对称性。次年，温伯格（Steven Weinberg）和维尔切克（Frank Wilczek）分别独立发现，PQ 对称性意味着可能存在一种非常特别的基本粒子，维尔切克给它取名为 Axion（即轴子），据说灵感来自一种 Axion（滴洁）牌洗衣粉，因为轴子的引入可以“清除”一个物理谜题。

轴子质量很小（约为电子质量的千亿分之一甚至更小），不带电、没有量子自旋、寿命长、相互作用微弱，并且数量可能非常庞大。虽然轴子是为了解决粒子物理学问题而提出来的，但是研究发现它们和宇宙中的暗物质所要求的属性高度吻合，因此轴子被认为是一种理想的暗物质候选粒子。近年来对轴子的搜寻和研究引起了越来越多的关注，甚至有科学家提出了轴子星（图 1-28）的概念，它由目前仅存在于假说中的轴子组成，整颗轴子星具有一致的量子行为，表现得就像一个巨大的单一粒子。

然而，现有的核物理和天体物理实验对轴子模型施加了非常严格的限制，于是人们提出了由轴子模型推广而来的类轴子模型。类轴子是一类和轴子具有相似相互作用的粒子，但是类轴子模型具有更多的自由度，因此受到的实验限制相

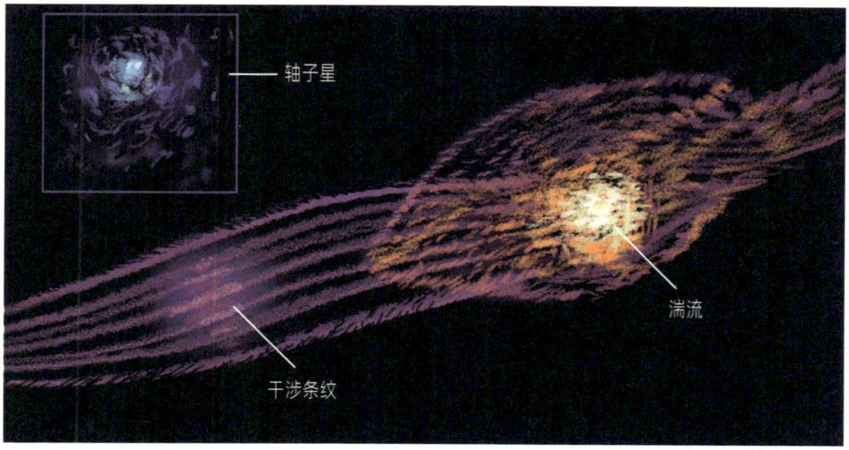


图 1-28　由引力相互作用和轴子波形成的宇宙网示意图，在图右侧密集的近乎球形的节点中，可能存在着轴子星（放大在左上角）

对较少。类轴子同样可以作为暗物质粒子的候选者。

有意思的是，在一些更为基本的理论比如弦理论中，极轻的类轴子也被普遍预言存在。可以说轴子 / 类轴子在粒子物理学、宇宙学、天体物理学等领域之间建立起了广泛联系，具有非常基础和深远的意义。

轴子的引入可以同时解决 2 个未解之谜：强 CP 问题和暗物质问题。不过，“轴子是否存在”本身又成为一个新的谜题，破解谜题的当务之急便是找到它的踪迹。发现轴子无疑将成为基础物理学领域的一项伟大成就。

# 1.5 暗物质会引发新一轮物理学变革吗

目前物理学界有 2 个极其重要的基本理论：一个是关于宇宙结构和演化的宇宙学标准模型，即大爆炸宇宙论；另一个是关于物质基本构成和相互作用的粒子物理标准模型。

在宏观上，在相对论基石上发展出的大爆炸宇宙论，是现代宇宙学中最具影响力的学说；在微观上，粒子物理标准模型作为量子理论的璀璨结晶，使我们得以透视组成世界的本原。而对暗物质的研究可能为完善和扩展现有的物理学理论提供关键线索，进而推动新理论的发展。

## 1.5.1 暗物质与大爆炸宇宙论

大爆炸宇宙论认为：大约 138 亿年前，一个极其致密和炽热的奇点发生了大爆炸，大爆炸后，宇宙经历了物质从密到稀、体积不断膨胀的演化过程（图 1-29）。

1929 年，美国天文学家哈勃（Edwin Hubble）根据天文观测提出了星系的红移（图 1-30）量与星系间距离成正比的哈勃定律，并推导出宇宙中的星系整体上都在互相远离。这就是说，不管你在哪里，也不管你向哪个方向看，远处的星系都正在快速远离你。换言之，宇宙正在不断地膨胀。这也意味着很久很久以前星系相互之间的距离非常近。根据星系远离我们的速度可以推算出，在 100 亿 ~ 200 亿年之前的某个时间，它们应该聚集在同一地点，显然，此时此地的密度应

图 1-29　宇宙大爆炸和宇宙膨胀示意图

图 1-30　由于多普勒效应：当发光物体远离观测者时，观测者接收到的光的波长会变长，在可见光波段表现为光谱谱线朝红色波段移动，这就是红移；当发光物体靠近观测者时，观测者接收到的光的波长会变短，在可见光波段表现为光谱谱线朝蓝色波段移动，这就是蓝移。星系随着宇宙的膨胀而彼此远离的速度就是通过红移量来衡量的

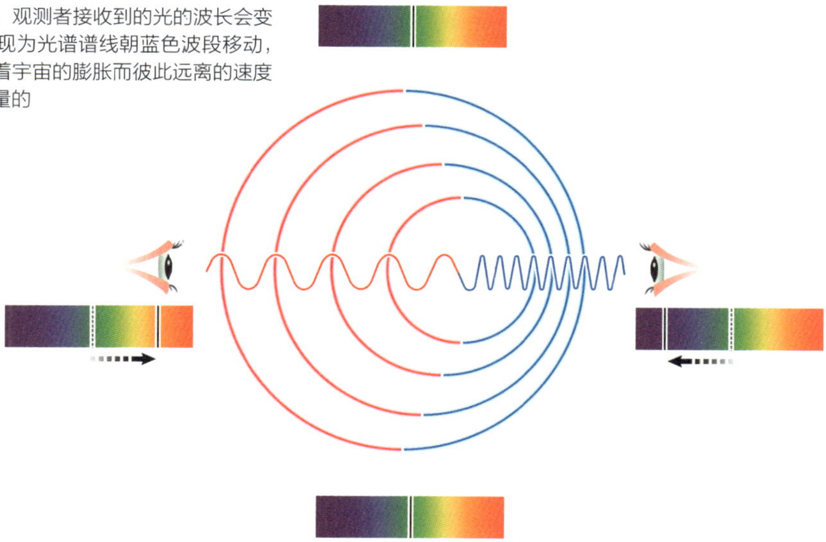

该大得非同寻常。

哈勃的发现暗示了宇宙存在着某个起始时刻，宇宙从此时刻开始膨胀。1950 年前后，俄裔美国科学家伽莫夫（George Gamow）第一个建立了大爆炸宇宙论。

经过之后几十年的努力，宇宙学家为我们勾画出一部宇宙演化的大历史（图 1-31，见本章末尾）：首先是宇宙大爆炸后的 $10^{-43}$ s，即普朗克时期内，这一时期宇宙的具体状态目前还不清楚，只知道温度极高，只存在一种基本力；在大爆炸发生后的 $10^{-36}$—$10^{-32}$ s 内，宇宙进入暴胀时期，暴胀时期的温度极高，为 $10^{22}$—$10^{27}$ ℃，而后温度下降；在大爆炸后数分钟内出现了一些核反应，合成出宇宙中几乎所有的氦；随着宇宙的持续膨胀，温度继续下降，宇宙中的物质在冷却过程中聚集形成了恒星和星系；随着恒星的诞生和死亡，逐渐合成出碳、氧、硅、铁等重元素……

大爆炸理论引导着我们去追溯整个宇宙的演化，从宇宙诞生的头几毫秒到地球的形成、生命的出现，直到宇宙可能的结局。如果存在暗物质，它们应该在宇宙早期就形成了，至少是在质子、中子等被称作重子的粒子产生之前诞生的。

这样，两个十分重大而又非常基本的问题摆在我们面前：大爆炸宇宙论中能够使宇宙膨胀的动力是什么？目前所观测到的普通物质密度远小于临界密度的缘由是什么？前一个问题的答案可能是暗能量，后一个问题中缺失的密度则可能对应着暗物质和暗能量。由此可见，暗物质研究具有深远的意义，对暗物质的探索绝对是天文学、宇宙学和天体物理学的重大前沿课题。

## 1.5.2 暗物质与粒子物理标准模型

我们知道，普通物质是由粒子组合而成的。物质由分子、原子组成，原子由原子核和电子组成，原子核由核子（即中子和质子）构成，而核子又由更小的夸克构成。我们目前已经发现了6种夸克，它们分别是上夸克（u）、下夸克（d）、奇异夸克（s）、粲夸克（c）、顶夸克（t）、底夸克（b）。此外粒子物理标准模型（图1-32）中还有电子（e）、μ子、τ子、电子中微子（$V_e$）、μ中微子（$V_\mu$）、τ中微子（$V_\tau$）这6种轻子，以及传递相互作用的粒子——传递电磁相互作用的光子（γ）、传递强相互作用的胶子（g）和传递弱相互作用的W玻色子、Z玻色子。2012年，粒子物理标准模型预言的最后一种粒子——希格斯粒子（即希格斯玻色子，也就是大名鼎鼎的“上帝粒子”）被发现，它可以帮助我们理解为何其他粒子会有质量。

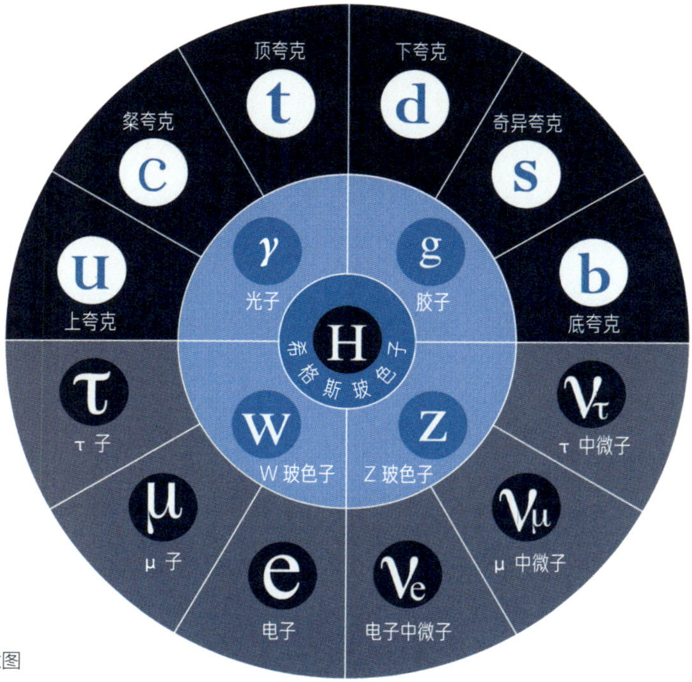


图1-32 粒子物理标准模型示意图

很自然地，人们会产生这样的疑问：第一，暗物质粒子是否属于我们已经知道的这些粒子中的某种类型？第二，暗物质粒子本身之间有什么样的相互作用？第三，暗物质粒子与普通物质粒子之间除引力之外还会有其他相互作用吗？第四，如果有相互作用，它是普通物质粒子相互作用中的一种，还是存在其他我们尚不知晓的相互作用方式？由此可见，寻找暗物质粒子不仅对粒子物理研究具有重大的意义，也对粒子物理标准模型构成了重大挑战。这也就解释了为什么科学家把寻找和研究暗物质称为 21 世纪“建立夸克与宇宙联系”的首个重大课题。

粒子物理标准模型因为成功地解释了各种实验现象，已被广泛接受。特别是 2012 年，该模型预言的“上帝粒子”在迄今全世界能量最高、规模最大的对撞机——大型强子对撞机（LHC）的实验中被发现，这表明粒子物理标准模型近乎完美。

然而，暗物质粒子却无法用粒子物理标准模型来解释。因此，为了解释暗物质粒子，必须引入超出粒子物理标准模型的新物理理论。之所以天文观测会发现对撞机上无法发现的新粒子，可能的原因是：早期宇宙要经历一个极高温的阶段，在这个阶段，粒子能量要高于现在已有（甚至将来可能有的）一切对撞机的能量，此时新的物理现象是有可能发生的。我们可以这样认为，早期宇宙是一个能量超出人类所能够达到范围的超高能对撞机，这个对撞机会撞出新的粒子并留下一些踪迹，而暗物质有可能就是宇宙大爆炸后遗留的产物。暗物质研究对于揭示物质的基本结构和基本相互作用具有关键性的作用。

# 第2章 上天入地 追捕“幽灵”

暗物质理论的蓬勃发展为科学家探索宇宙打开了一道又一道大门，但由于暗物质不与光发生相互作用，科学家在实际寻找暗物质粒子时，就像在跟幽灵捉迷藏。到目前为止，实验中还没有 100% 确定的暗物质信号被探测到。暗物质作为宇宙中最主要的一种物质成分，它到底是什么呢？

这个让人无比困惑又无比好奇的问题，几十年来一直吊着人类的胃口。因此，对暗物质粒子的探测，也成了粒子物理学、天体物理学和宇宙学等领域中最热门的研究方向之一。

为了探测暗物质，国际学界正在进行一场“世纪赛跑”，基于现在对暗物质的认识，科学家设计了一系列有针对性的实验和探测设备来寻找暗物质粒子，比如美国的费米 γ 射线天文台大视场空间望远镜（Fermi-LAT，以下简称费米望远镜）、日本的量能器型电子望远镜（CALET）和诺贝尔奖获得者丁肇中教授领导的阿尔法磁谱仪 2（AMS-02）等。

自 20 世纪 90 年代中期开始，中国科学家就启动了对暗物质的研究，并在天上、地下都布局了科学重器。在天上，我们有遨游太空“取经”的中国第一颗暗物质粒子探测卫星悟空号（DAMPE）；在地下，我们有深埋地底 2 400 m 的中国锦屏地下实验室（CJPL）。近年来，中国在暗物质探测领域已取得一批国际一流水平的科研成果。

下面我们就来看看，面对这些擅长“隐身”的粒子，科学家具体是通过怎样的方式来寻找它们的。

# 2.1 捕捉暗物质粒子的方法

## 2.1.1 最热门——大质量弱相互作用粒子探测

大质量弱相互作用粒子是一种仍然停留在理论阶段的粒子，也是暗物质目前最有竞争力的候选者。科学家探究它的方法，可谓既“上天”又“入地”。“上天”是尝试通过地面或太空中的望远镜观察暗物质粒子在宇宙中可能发生的碰撞和湮灭过程，从而侦测由此产生的次级粒子，以间接证明暗物质粒子的存在。“入地”则是在地下实验室放置探测器，通过屏蔽各种干扰来寻找暗物质粒子与普通物质之间可能发生的相互作用。

此外，粒子物理学家还寄希望于大型强子对撞机或者未来更高能量的粒子加速器能够“人工”制造出暗物质粒子。

### 一、直接探测

暗物质粒子遍布在宇宙中的任何一个角落，地球就在这样的“暗物质粒子汤”中穿行着。地球上的每一个原子核都有一定的概率被暗物质粒子击中。虽然我们看不到暗物质粒子，但如果一个原子核无缘无故“晃了一晃”，那有可能就是暗物质粒子“撞”的，人们便可依据这个现象发现暗物质粒子的踪迹。物理学家可以探测这种相互作用所产生的粒子和光子，进而判断碰撞是否由暗物质粒子引发，这种探测暗物质的方式叫作直接探测（图 2-1）。

然而，暗物质粒子与普通物质发生相互作用的事件极其罕见，

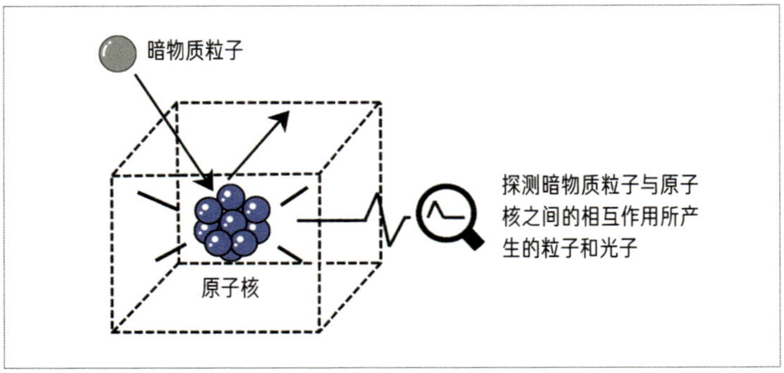

图 2-1　直接探测原理

而其他物理过程产生的“噪声”却相当多。因此，直接探测实验面临的最大挑战是如何有效地屏蔽或削弱这类噪声，或者用专业术语来说，暗物质粒子直接探测实验需要极低的“背景噪声”。其中一类噪声的来源是宇宙线和地球大气发生级联簇射（关于簇射的解释详见第 3.3.1 节）产生的高能 μ 子，这些高能 μ 子具有很强的穿透力，甚至可以穿透到几千米的地下，这会对暗物质直接探测实验造成很强的干扰。

为了应对这一挑战，暗物质直接探测实验一般设置于地下深处（图 2-2），距离地表几百米甚至几千米，以排除各种可能造成原子

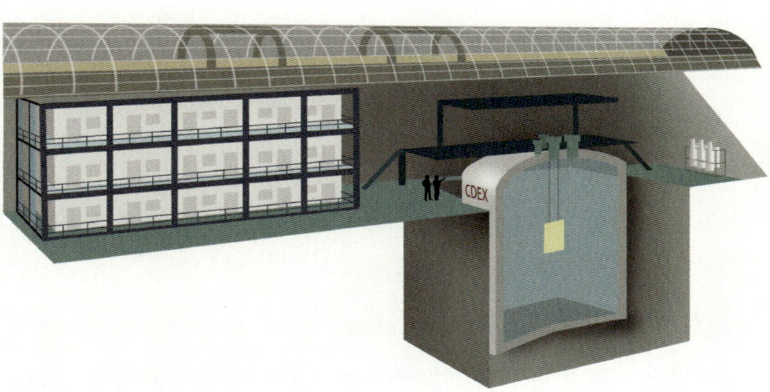

图 2-2　清华大学中国暗物质实验（CDEX）建设的直径 18 m、深度 18 m 的大型地坑，以及有效容积为 2 000 $m^3$ 的液氮恒温器，其将作为未来 CDEX 吨级实验的低温环境和被动屏蔽系统

核被碰撞的背景噪声。此外，探测装置还要经过多种屏蔽处理来降低噪声（图 2-3）。

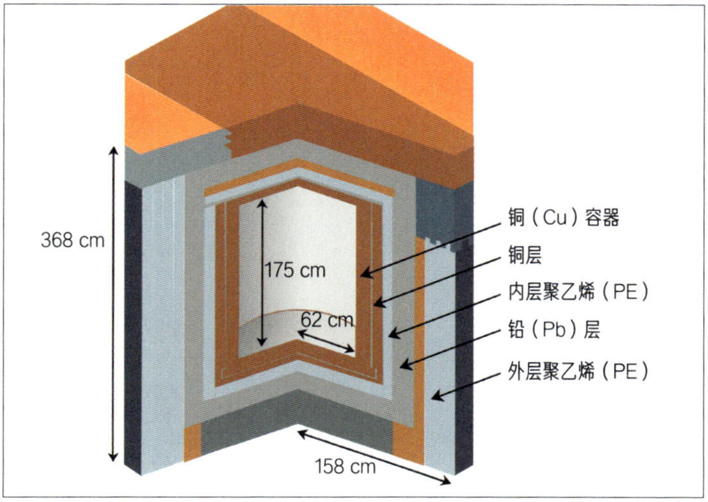


图 2-3　上海交通大学“熊猫”计划（PandaX，暗物质粒子液氙探测实验）一期及二期实验中使用的屏蔽体的简化示意图，从外到内由聚乙烯、铅、聚乙烯及高纯无氧铜构成，探测器放置于屏蔽体中心的铜容器内

## 二、间接探测

暗物质直接探测实验看似“简单粗暴”，但也存在着一些很难迈过去的门槛。一方面，地球上的暗物质直接探测实验需要暗物质粒子跟普通物质多多少少发生一些相互作用，如果暗物质粒子真的完全“无视”普通物质，那直接探测实验就无法进行了；另一方面，即便真的看到了无法解释的“碰撞信号”，仍然需要依赖暗物质空间分布的模型，才能把地球上的测量结果与宇宙整体的暗物质特性联系起来——毕竟我们无法在宇宙空间的其他地方重复这样的实验。

因此，科学家还要借助一些间接探测的手段，与直接探测形成互补。间接探测的基本思路是：既然暗物质粒子无处不在，那么我们为何不通过望远镜去寻找暗物质粒子在宇宙中发出的信号呢?

间接探测着重于寻找 2 个暗物质粒子互相碰撞而湮灭时所产生的信号（图 2-4）。不同的暗物质模型预言的暗物质粒子湮灭所产生的末态粒子以及它们的比例均有所不同。例如，有的模型预测会产生高能 γ 射线光子，有的模型则预测会产生正反粒子对（比如正负电子、正反质子等）。针对这些不同的末态粒子，物理学家和天文学家设计了不同的空间望远镜和探测装置。

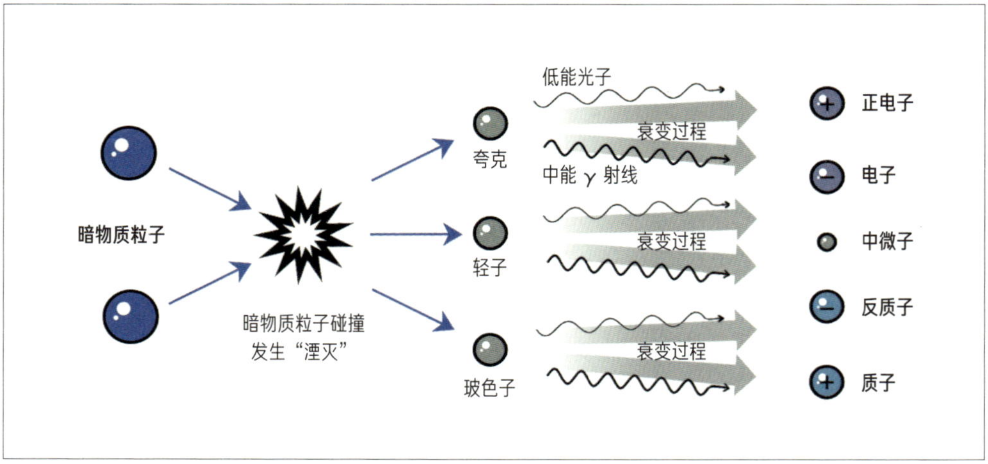


图 2-4　间接探测原理

对暗物质可能产生的带电粒子来说，它们在宇宙中传播时难免受到磁场影响，传播方向会发生偏折，因此我们很难知道探测到的带电粒子是从哪个方向发射出来的，只能通过高能带电粒子的能谱（粒子的数目随着能量 / 动能变化的关系称为能谱）特征来搜寻暗物质的迹象。而 γ 射线光子保留了方向信息，与能谱信息结合起来，可以提供更多暗物质粒子的佐证与判断依据。对于间接探测手段而言，最重要的就是要完全知晓背景噪声的来源，从中寻找到可靠的暗物质迹象。

## 三、用对撞机人为制造暗物质粒子

不论是直接探测还是间接探测，目标都是想办法通过空间或者地面的探测器抓住在宇宙中游离的暗物质粒子的信号。那么，为何不自己制造一些暗物质粒子出来以供研究呢？事实上，粒子物理学家正在尝试利用瑞士日内瓦附近的大型强子对撞机制造暗物质粒子（图 2-5）。大型强子对撞机会将大量质子加速到接近光速并使它们相撞，这样的粒子碰撞过程将产生大量的新粒子。

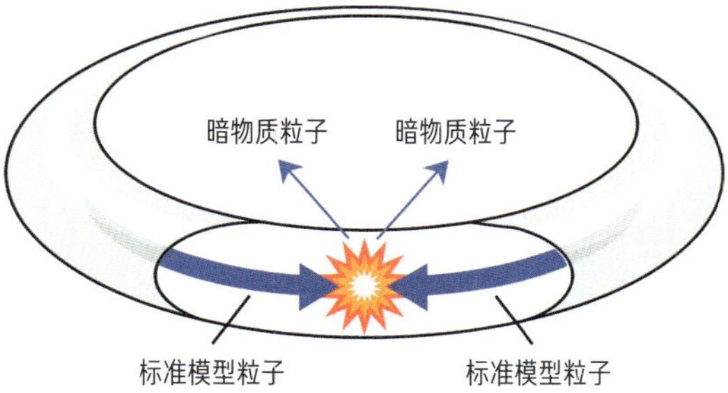


图 2-5　用对撞机制造暗物质粒子

在生成新粒子的过程中，存在这样一种可能的结果：探测器一侧有粒子射出，但在另一侧却没有粒子出来。发生这种情况就只有一种解释，那就是另一侧出来的粒子是一种探测器无法检测到的新粒子形式，很有可能就是暗物质粒子，例如前文提到的大质量弱相互作用粒子。如果这种粒子的确是组成暗物质的基本粒子，并且我们利用大型强子对撞机发现了它，那将是具有划时代意义的发现。然而，如果暗物质并非如大质量弱相互作用粒子理论中所预言的那样，那么或许大型强子对撞机就无法检测到它，或许需要更强大的对撞机。

中国正在考虑建设新一代环形正负电子对撞机（CEPC，图 2-6），并计划在第二阶段升级为超级质子 - 质子对撞机（SPPC）。届时，该对撞机的能量会比目前运行的大型强子对撞机还要高 7 倍，对暗物质粒子的探寻也将成为其重要的科学目标之一。

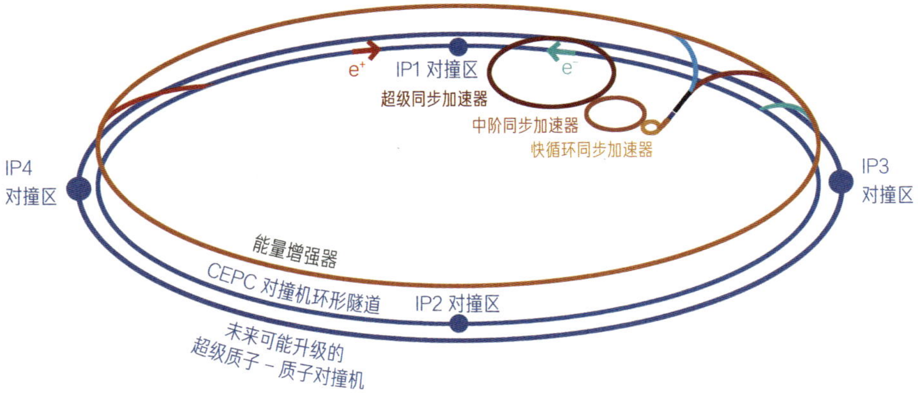


图 2-6　CEPC 工程示意图

## 2.1.2　新前沿——轴子 / 类轴子探测

还有一类比较前沿的实验方法是基于前面提到的轴子模型。轴子 / 类轴子最独特的属性是它可以在强磁场中与光子相互转化，这种现象被称为普里马科夫效应。借助这一特性，科学家设计了多种实验来搜寻轴子 / 类轴子的踪迹。下面着重介绍其中几类比较有趣的实验。

第一类叫微波谐振腔实验，主要用于探测宇宙中的轴子 / 类轴子暗物质。宇宙中的轴子 / 类轴子可以在超导磁体包围着的微波谐振腔内转化成低能的微波光子，随后，微波光子经微波谐振腔放大进而被接收器探测到（图 2-7）。此类实验的典型代表是美国的轴子暗物质实验（ADMX），值得一提的是，为了确保如此高精度的实验能够稳定运行，科学家会定期向设备中注入虚假信号，以训练其处理真实信号的能力，这样一旦真的探测到轴子信号，科学家便能够做出及时准确的响应。

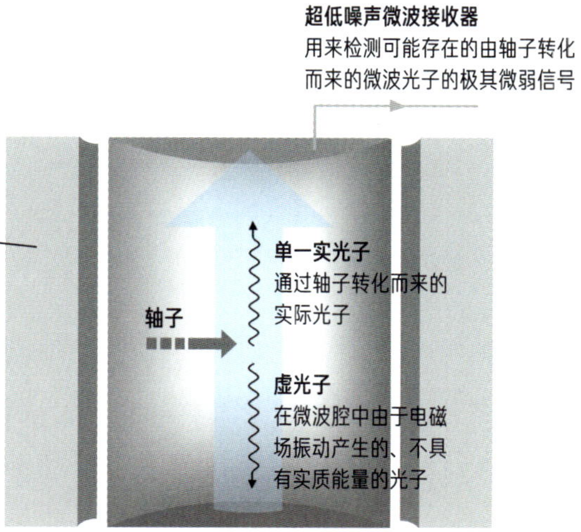

图 2-7　微波谐振腔探测轴子 / 类轴子示意图

第二类是利用 X 射线望远镜探测太阳产生的轴子 / 类轴子。太阳内部的核反应过程会产生很多种粒子，比如中微子、高能光子等，如果轴子 / 类轴子模型正确的话，那么太阳也会产生轴子 / 类轴子。太阳核心温度极高，可达到上千万摄氏度，因此产生的轴子 / 类轴子具有很高的动能，它们转化而来的光子能量位于 X 射线波段，可以用 X 射线望远镜进行观测（图 2-8）。这一转化过程可以在地磁场中发生，也可以在实验室磁场中发生。这类实验的代表是欧洲核子研究中心的轴子太阳望远镜（CAST）。

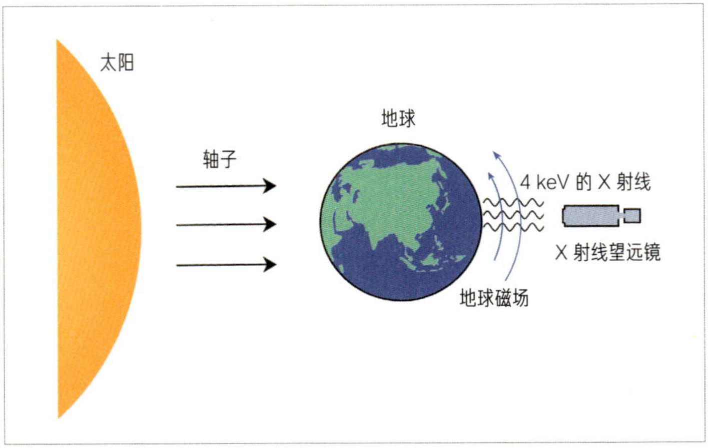


图 2-8　利用 X 射线望远镜探测太阳产生的轴子 / 类轴子

第三类叫光子穿墙实验。传说中的茅山道士能够不着痕迹地穿墙过屋，来去无踪，暗物质也有同样的性质。我们普通人撞到墙上会头破血流，这是因为组成人体和墙的原子之间存在电磁相互作用。我们看不到墙背面的物体也是同样的道理，因为光子和组成墙的原子之间有电磁相互作用，无法穿过墙壁。然而，暗物质粒子（如轴子 / 类轴子）与普通物质的原子之间不存在电磁相互作用，因此可以轻易地穿过厚厚的墙壁。

那光子穿墙实验又是怎么回事呢？光子可以先在墙左边的强磁场中转化成轴子，接着，轴子轻松穿过墙壁，在墙另一侧的强磁场中再次转变回光子。通过 2 次"变身"，光子就能像茅山道士一样穿墙而过了（图 2-9）。光子穿墙实验的代表是德国的任意轻粒子搜寻实验（ALPS）。

根据相同的原理，天文学家也可以通过观测遥远天体发出的光来寻找轴子 / 类轴子的蛛丝马迹。遥远天体发出的光会在其自身、宇宙空间和银河系的磁场中与光子互相转化，形成一种独特的轴子 - 光子振荡现象，在光子的能谱上就表现为能谱的振荡行为。通过测量这

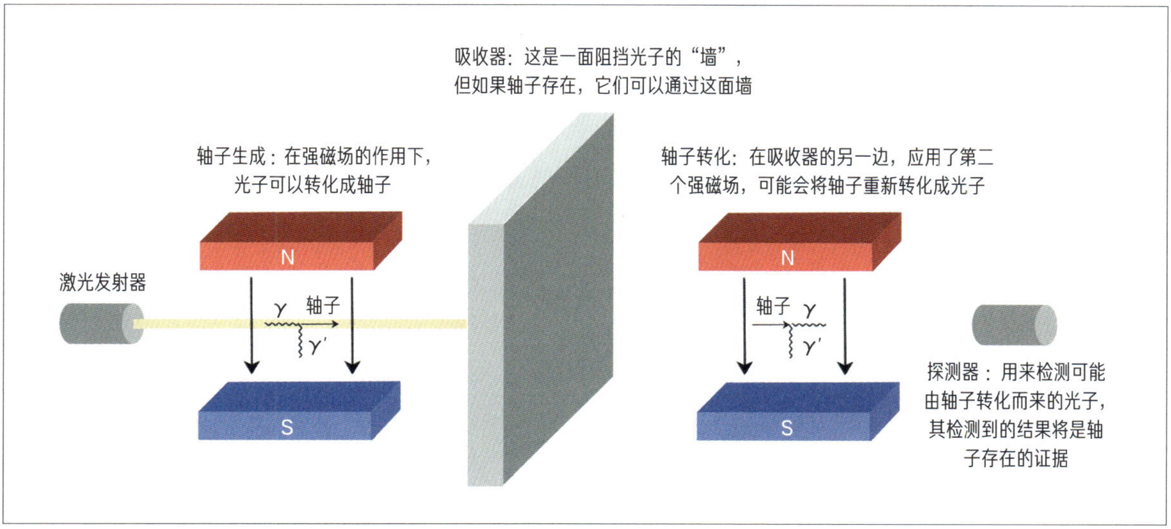


图 2-9　光子穿墙实验示意图

些天体发出的光，就可以搜寻轴子 / 类轴子，常见的方法是对遥远的活动星系核辐射的 γ 射线和 X 射线能谱进行观测（图 2-10）。光子能量分辨率越高，就越有利于寻找轴子 / 类轴子，因此高能量分辨率的探测器在搜寻轴子 / 类轴子方面具有显著优势。

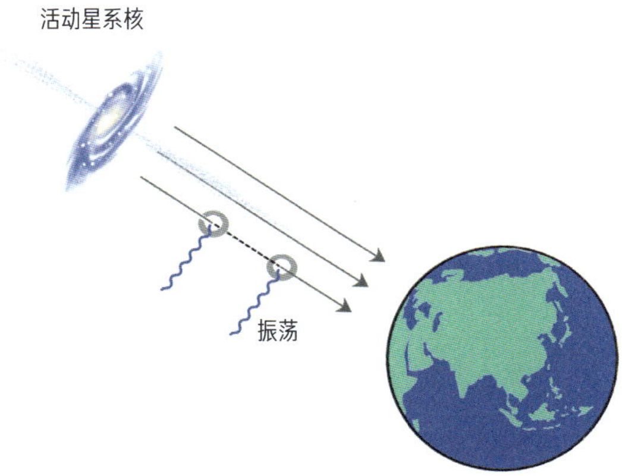


图 2-10　探测遥远活动星系核的辐射

基于这一思路，中国科学院紫金山天文台的科研团队利用高能立体视野望远镜（H.E.S.S.）对银河系内某些明亮 γ 射线源的观测结果，开展了光子 - 类轴子振荡信号的搜寻。虽然没有发现明显的光子 - 类轴子振荡信号，但是在较高的类轴子质量区域对光子 - 类轴子耦合强度给出了当时（2019 年）的最强限制。

宇宙中还存在一种类似于“穿墙实验”的现象，不过这种“墙”不是由物质构成的，而是由充斥于宇宙中的背景辐射构成的。能量高于 1 TeV（1 TeV 相当于一个电子在 1 万亿伏电压下被加速得到的能量）的所谓甚高能 γ 射线在宇宙空间中传播时，会被“背景辐射墙”挡住，因此无法到达探测器，这导致我们只能观测到近邻宇宙空间中的甚高能 γ 射线源。

如果存在轴子 / 类轴子，那么来自宇宙深处的甚高能 γ 射线就可以通过与轴子 / 类轴子之间的相互转化“穿墙而过”，被我们观测到，从而极大地延伸了探测距离。有意思的是，确实有一些 TeV 级的 γ 射线观测结果表明，宇宙空间似乎比通常认为的更透明，这或许就是轴子 / 类轴子存在的迹象。

利用天文观测探测轴子 / 类轴子时，要求能量分辨率高、能段覆盖宽、能谱测量准，这样探测灵敏度才会高。目前空间和地面的轴子 / 类轴子探测实验已经广泛开展或正在规划中，它们的探测原理都是光子 - 轴子转化现象。例如我国在轨运行的悟空号、正在研制中的空间站高能宇宙辐射探测设施（HERD），以及正在四川稻城建设的高海拔宇宙线观测站“拉索”（LHAASO，图 2-11），都可以显著地提高 γ 射线观测的能谱分辨率和灵敏度。未来几年也许是轴子 / 类轴子搜寻的关键时期，科学家究竟能否找到这种神秘未知粒子的“芳踪”，让我们拭目以待吧！

图 2-11　高海拔宇宙线观测站“拉索”

## 2.2 探测暗物质的国际大科学装置

暗物质的神秘魅力让国际科学界对它的研究相当重视，美国、欧洲、日本和中国等国家和地区都进行了相应的规划和布局，从深空到深地，从直接探测到间接探测，可谓是五花八门，各显神通。

2007 年，由美国自然科学基金会（NSF）、美国航天局（NASA）等联合成立的暗物质研究评估小组发布报告指出，暗物质之谜的解决具有极特别的科学意义，建议美国加大投入，以保持其领先地位。美国国家科学院（NAS）发布的天文及天体物理 2012—2021 十年规划中，将暗物质和暗能量作为主要的研究方向。

在大西洋的另一端，2008 年，欧洲天体粒子物理联盟（APPEC）所规划的路线图中，将暗物质直接探测实验列为其规划的 7 个项目之首。欧洲空间局（ESA）2009 年发射的普朗克（Planck）卫星于 2016 年初给出了暗物质组分相关参数的精确测量结果。2023 年 7 月发射的欧几里得（Euclid）望远镜，通过观测大量星系在空间中的分布特性来精确测量宇宙学基本参数，帮助深入理解暗能量和暗物质的物理特性。图 2-12 展示了世界上一部分代表性的天文卫星。我国的相关大科学装置将在 2.3 节中进行详细阐述。

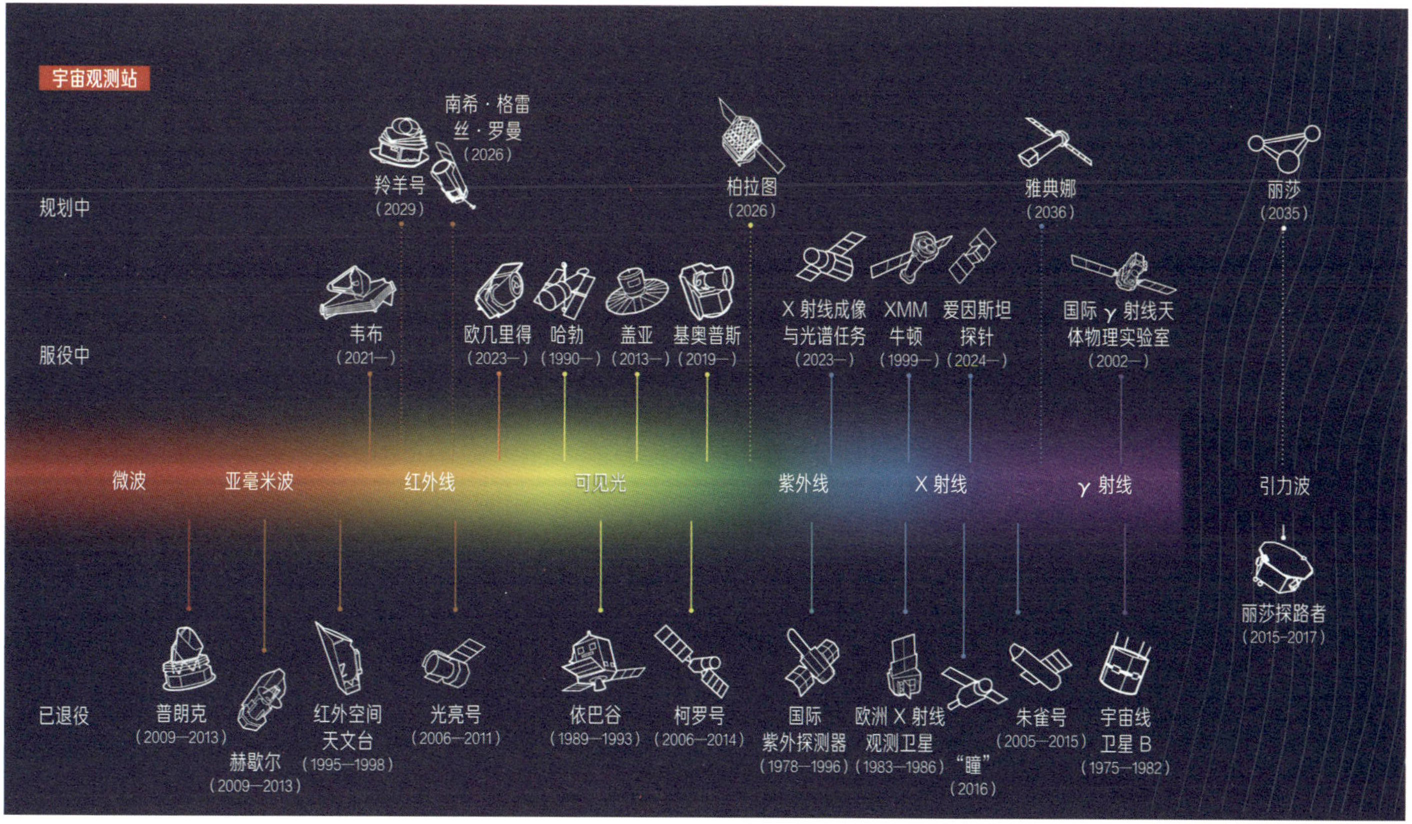


图 2-12　一些代表性天文卫星

## 2.2.1 直接探测项目

暗物质的直接探测需要测量暗物质粒子与探测器物质原子核发生碰撞后产生的信号，但由于暗物质粒子与原子核发生相互作用的截面非常小，因而信号非常微弱，探测难度极高。同时还需要排除其他干扰信号，因此本底信号（主要指环境中本来就存在的、固有的放射性信号，这些天然放射性信号会与待观测的宇宙辐射叠加在一起，其大小会影响仪器能够探测到的最低辐射水平。因此，科学家总是希望到屏蔽性更强、环境更加“纯净”的环境中做实验，以最大可能降低环境中的本底干扰）十分“干净”的深地才是直接探测的理想场所。

目前，国际上许多国家都已经建立起深地实验室（图 2-13）。运行中的深地实验室有数十个，容积从几百立方米到十几万立方米，岩石覆盖厚度从几百米到 2 000 多米，各不相同。例如，当前在意大利格兰萨索（Gran Sasso）地下实验室运行的 XENONnT 暗物质探测器，就放置在了地下 1 400 m 深处。在这些地下实验室中，既可以进行暗物质直接探测、无中微子双 β 衰变实验（在一般的双 β 衰变过程中，原子核中的 2 个中子变为 2 个质子，释放出 2 个电子和 2 个中微子，而无中微子双 β 衰变要求第一个 β 衰变放出的 1 个中微子在第二个 β 衰变中被吸收，以至于形

成没有中微子的双 β 末态)、太阳和大气中微子实验等各种类型的极低本底粒子物理实验，还可以开展岩土力学、地球科学、引力波实验等多学科的实验研究。

下面以几个代表性的地下实验室为例介绍。

20 世纪 50 年代，美国科学家戴维斯 ( Raymond Davis ) 等人在美国南达科塔州的霍姆斯特克矿井中开展了太阳中微子 ( 在太阳中产生的中微子，都是电子中微子 ) 实验研究，发现太阳中微子通量远小于理论预言值，这就是“太阳中微子失踪之谜”( 这一谜题直到 2002 年才被加拿大科学家破解，研究发现 68% 的电子中微子都

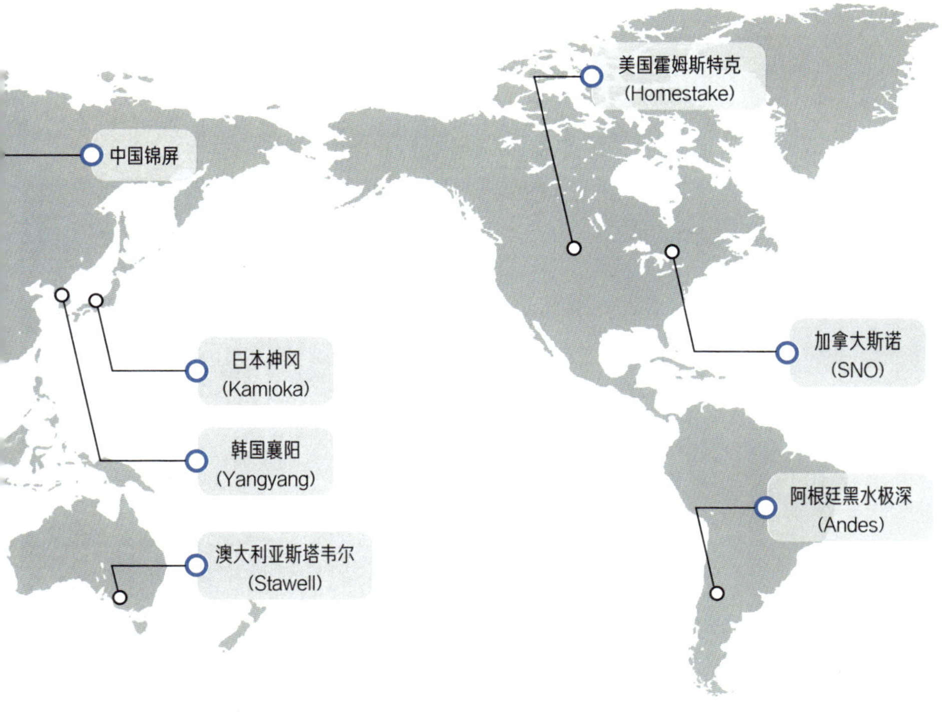


图 2-13　世界上一些代表性深地实验室的分布情况

转化成了 τ 中微子和 μ 中微子，而后两者能量太低，因此无法被探测到），戴维斯凭借这项研究成果获得了 2002 年诺贝尔物理学奖。由于美国一直没有深度超过 2 000 m 的极深地下实验室，为了进一步提高其在重大基础科学前沿领域的竞争力，美国在 2008 年决定扩建原来位于霍姆斯特克矿井中的地下实验室，并在其中建设一个深达 2 300 m 的极深地下实验空间——杜赛尔（DUSEL）地下实验室（图 2-14），这是一个可以开展多学科实验的综合性国家级地下科学和工程实验室。

神冈地下实验室位于日本神冈附近的一个矿井中，其岩石覆盖厚度约 1 000 m。在该实验室中，日本科学家小柴昌俊（Masatoshi Koshiba）领导的实验组在 20 世纪 80 年代利用由数千吨纯净水建造的探测器测量中微子，由于其探测到超新星爆发产生的中微子而获得了 2002 年诺贝尔物理学奖。在同一个实验室中，日本科学家利用

图 2-14　杜赛尔地下实验室空间分布

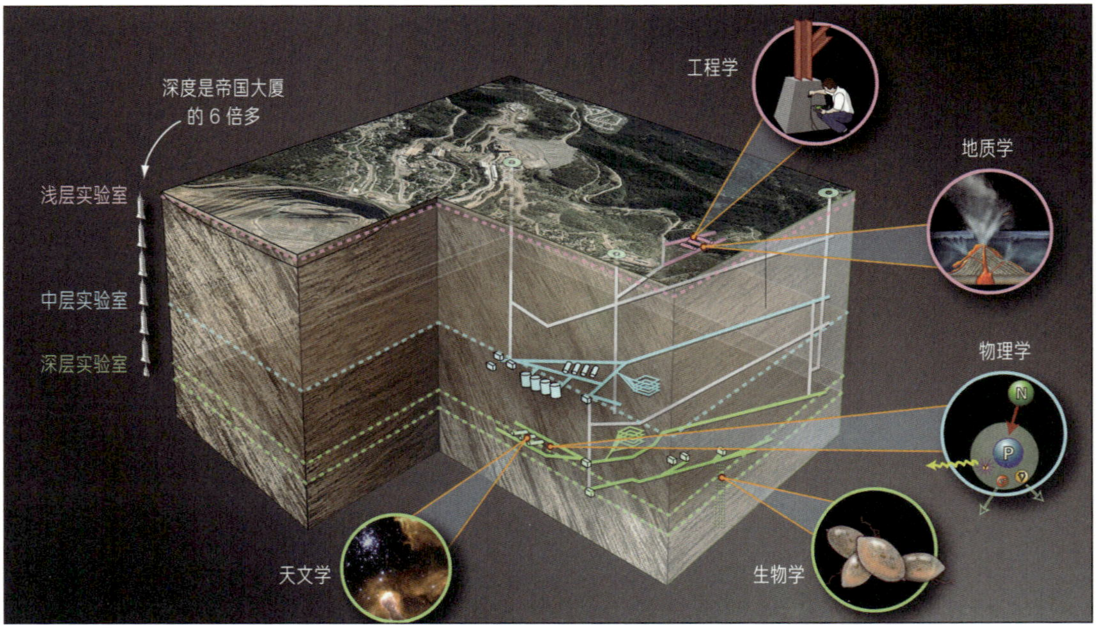

由 5 万吨纯净水建造的超级神冈探测器（图 2-15）研究大气中微子，梶田隆章（Kajita Takaaki）由于发现大气中微子振荡（中微子振荡即一种中微子在飞行过程中会转变成其他类型的中微子，大气中微子振荡即宇宙线在穿过大气时中微子会发生转变）而获得了 2015 年诺贝尔物理学奖。

图 2-15　超级神冈探测器

意大利格兰萨索地下实验室（图 2-16）是正在运行的地下实验室中空间最大的，位于意大利东北部的一条长约 10 km 的交通隧道的中部。其容积达到 180 000 $m^3$，岩石覆盖厚度达 1 400 m，主要实验空间包括长、宽、高分别约为 100 m、20 m、20 m 的 3 个实验大厅和一些连接隧道。意大利格兰萨索地下实验室开展了包括暗物质探测、引力波实验、地质力学实验等数十个不同类型的科学研究项目，取得了一系列非常重要的实验成果，并且建设了国际上极好的超低本底放射性核素测量平台，可以达到 $10^{-6}$ Bq · $kg^{-1}$ 的极高探测灵敏度，为暗物质探测等极低本底实验提供超纯材料选择、本底分析等服务。

图 2-16　格兰萨索地下实验室

从过去几十年国际深地实验室的发展进程可以看出，建设深地实验室可以为一个国家提供综合性的重大基础科学研究平台，对于开展物理学、宇宙学、天体物理学等基础科学领域的前沿课题研究具有重要意义。同时，它们也可以为岩土力学、地球科学、生态学、地下生物学、高灵敏度辐射检测等多学科多领域的研究提供很好的实验环境。建设和发展深地实验室对于一个国家的基础前沿和应用研究都具有重要科学意义。

### 2.2.2 间接探测项目

除了在地球上挖深坑，天上的科学竞争也非常激烈。目前，已经发射升空的用于间接探测暗物质的科学仪器有华裔物理学家丁肇中领导的阿尔法磁谱仪 2（AMS-02）、日本的量能器型电子望远镜（CALET）、美国的费米望远镜和我国的悟空号暗物质粒子探测卫星等。其中，后 3 种探测器都是利用量能器测量宇宙线粒子的能量而不区分其电荷的正负，而阿尔法磁谱仪 2 和此前已停止运行的帕梅拉探测器（PAMELA）则是通过磁谱仪来测量宇宙线粒子的能量，并区分其电荷的正负。

2008 年，一项南极气球实验发现，在 300 ~ 800 GeV 范围内，宇宙线正负电子总和的流量高于理论预期的流量。后来费米望远镜和阿尔法磁谱仪 2 也发现正负电子的能谱存在“超出”，尽管“超出”的大小比南极气球实验小一些、能谱也更光滑。这些可疑的“超出”信号，被很多科学家认为是暗物质湮灭后的产物。

在人造卫星上探寻暗物质的帕梅拉探测器和在国际空间站上探寻暗物质的阿尔法磁谱仪2是在太空中间接探测暗物质的2个典型案例。

## 一、帕梅拉探测器

帕梅拉探测器是由欧洲和俄罗斯耗资数亿美元联合研制的高能粒子探测磁谱仪（图 2-17），总重 470 kg，于 2006 年 6 月 15 日搭乘俄罗斯资源 -DK1（Resurs-DK1）卫星发射升空，运行在距地球 350 ~ 610 km 的高空。帕梅拉探测器测量的能量范围很广，可同时探测来自太阳系和银河系的各种宇宙粒子。它不仅可以记录带电粒子在探测器中的径迹，还可以测量带电粒子的动量和能量。带电粒子在磁场中都会发生偏转，其偏转方向与粒子的动量和所带电荷的正负有关，据此帕梅拉探测器不仅可以测出带电粒子的动量，还可以知道它们是正电荷粒子还是负电荷粒子，进而分辨出它们是质子还是反质子，是负电子还是正电子。该探测器希望通过观测正电子来寻找暗物质湮灭的证据。

2008 年 11 月，科学家公布了帕梅拉探测器为期 2 年的空间观测结果。与南极气球实验观测结果类似，它也观测到 90 ~ 800 GeV 的电子数目超出预期，此外还观测到 10 ~ 100 GeV 的正电子跟预期的相比有超出。标准的宇宙线理论认为，正电子数量与电子数量的比值应该随能量增加而减小，帕梅拉探测器所观测到的这种反常的“超出”

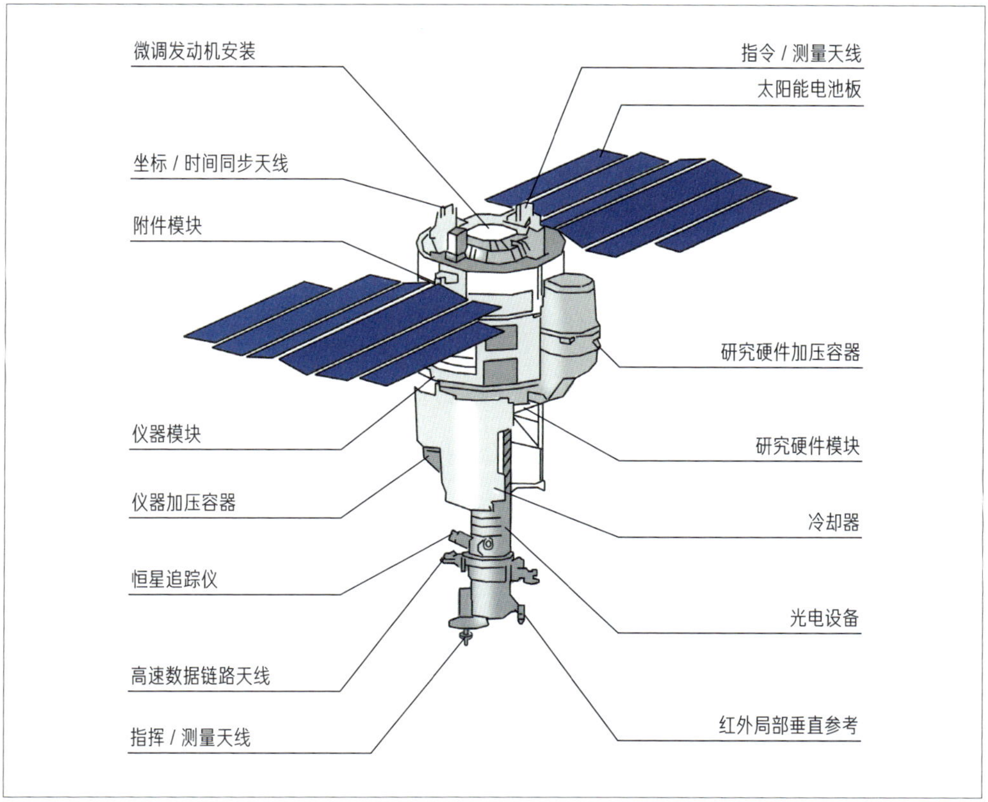


图 2-17　帕梅拉探测器结构示意图

超越了过往的常识，这似乎暗示了暗物质的存在。无独有偶，阿尔法磁谱仪 2 同样以更高的精度证实了这一发现。可问题是，并不是只有暗物质才能解释这种异常，脉冲星等天体的物理过程，也可以用于解释这一现象，科学家需要在更大的能量范围内对“超出”进行高精度测量，才能更好地区分这 2 类模型。我国在 2015 年 12 月 17 日发射的悟空号暗物质粒子探测卫星，就是为这一科学目标而设计的。

## 二、阿尔法磁谱仪 2

美籍华裔科学家丁肇中教授领导的阿尔法磁谱仪，也被称为反物质磁谱仪，代表了粒子物理学领域最前沿的实验。它是继国际空间站等大型科研项目后，又一个国际科技合作的典范。它配备了超导磁铁和超高精度探测器，通过巨大的磁铁把带正电和带负电的粒子区分开，主要目的是探测宇宙中的反物质和暗物质。

第一代阿尔法磁谱仪（AMS-01）在1998年搭乘发现号航天飞机进入轨道，获得了大量重要的科学数据。第二代价值20亿美元的阿尔法磁谱仪2于2011年由奋进号航天飞机运送到国际空间站开始观测（图2-18），这是一台灵敏度极高、极复杂也是迄今最昂贵的暗物质探测设备，由16个国家和地区的600余名科学家历时近18年研制完成，发射以来已经精确地测量了正负电子能谱和其他宇宙线的能谱，实验过程计划持续15～20年。

值得一提的是，阿尔法磁谱仪2里有一颗强大的“中国心”——一块中国制造的巨大永磁体（图2-19）。它由中国科学院电工研究所、高能物理研究所和中国运载火箭技术研究院共同设计研制，用于区分粒子是带正电还是带负电。这块大磁铁是阿尔法磁谱仪2的核心部件，它必须保证自己能够安全、精确地工作。如果大型磁体有漏磁现象，会严重干扰航天器飞行和其他仪器的正常工作；此外，大型磁体还会使磁谱仪在地球磁场作用下产生转动，无法顺利工作。这一系列难题的解决方案，也是由中国科学院电工研究所提供的。

## 2.2.3 对撞机探测项目

除了上天和入地，还有没有别的手段来探测暗物质呢？答案是肯定的，一台台日夜轰鸣的对撞机，就是科学家的另一种“法宝”。如果粒子对撞时的能量足够高，以至于超过暗物质粒子的静止能量，那么在碰撞过程中就可能产生暗物质粒子。但是呈现电中性的暗物质

图 2-18　国际空间站上的 AMS-02

图 2-19　阿尔法磁谱仪 2 的核心部件——内径 1.1 m、外径 1.4 m、厚 0.8 m、重 2.6 t 的环形永磁体

粒子无法被探测器探测到，于是在研究这个碰撞过程的能量和动量时，会发现能量和动量有一部分消失了，科学家就是通过这种方法在对撞机上寻找暗物质信号的。在这个过程中，主要的干扰来自中微子，因为中微子也不带电，同样无法被探测器探测到。

大型强子对撞机是目前世界上能量最高的对撞机，是由 30 多个国家参与的大型粒子物理实验装备，位于欧洲核子研究中心，范围跨越瑞士日内瓦郊区和法国边境。大型强子对撞机的直径为 8.66 km，周长 27 km，位于地下 50 ~ 175 m 深的环形隧道（图 2-20）中，寻找暗物质信号一直是其最重要的科学目标之一。

大型强子对撞机可以将质子的能量加速到 7 ~ 14 TeV，它也可以用来加速重离子（例如铅离子），重离子的能量可以被加速到 1 150 TeV。在加速环的高真空管道内，数万亿个质子和反质子被加速，并在对撞点处迎头相撞（图 2-21），每秒撞击次数可达 6 亿次。

大型强子对撞机的运行标志着人类进入了一个全新的高能领域。通过它，我们已经找到了粒子物理标准模型预言的希格斯粒子。不过到目前为止，根据已公布的实验数据，人们还没有在这台对撞机上发现暗物质粒子产生的迹象。

图 2-20　大型强子对撞机的环形隧道

图 2-21　这里模拟了 2 束亚原子粒子在大型强子对撞机中迎头相撞的场景，碰撞产生了阵雨般的粒子，其中一些是新粒子，图中添加了一个人形图像来示意比例

# 2.3 上天入地去南极——中国的暗物质探索路线

黑洞、暗物质、暗能量、宇宙起源、天体起源和生命起源，也就是所谓的“一黑两暗三起源”，是天文学研究的核心科学目标。我国对暗物质和暗能量的研究非常重视，在 2008 年便提出了“上天入地去南极”的科考目标，以取得第一手实验数据，在国际竞争中赢得主流地位。

目前，我国在四川锦屏山建设了世界最深的地下实验室——中国锦屏地下实验室，这个实验室正在开展“熊猫”计划、中国暗物质实验等暗物质粒子直接探测实验，并且已经取得了一系列世界领先的研究成果。而我国的悟空号暗物质粒子探测卫星则是通过探测来自宇宙空间的高能 γ 光子、电子及质子，实现对宇宙空间中暗物质的间接探测。同时，紫金山天文台联合多家单位，开展了下一代空间探测项目——甚大面积 γ 射线空间望远镜（VLAST）的技术攻关，有望为暗物质间接探测带来突破，详细介绍见 4.6.2 节。此外，以中国空间站为平台的高能宇宙辐射探测装置（HERD）也处于积极的研发中。这一切成果都是我国科学家数十年如一日持续努力的结果。

## 2.3.1 南极之巅——天文研究的必争之地

在地球极区之外，世界上公认的 3 个极佳的天文台台址分别是：海拔 4 206 m 的美国夏威夷莫纳克亚山山顶，平均海拔 2 500 m 以上的智利安第斯山脉，大西洋加那利群岛海拔 2 400 m 以上的高处。世界上很多重要的望远镜都建在这些台址上。

而南极大陆作为地球上至今未被开发、未被污染的大陆，空气干燥、尘埃少、近地层（大气边界层的最下层）高度低，拥有比上述 3 个台址更好的视宁度（地球大气对光学成像的影响程度）。那里的气候和地理条件也相对稳定，利于简化望远镜的设计和降低造价。

南极大陆已经吸引了全球众多科研团队的目光，很多国家都在南极地区物色了合适的地点，建立了自己的基地。比如美国早在 20 世纪 90 年代就在南极建设了亚毫米波望远镜，2000 年以后，又相继建造了冰立方中微子天文台（IceCube，有助于寻找暗物质粒子衰变和湮灭的信号，图 2-22）等设备。欧洲则在冰穹 C 建立了永久观测基地并制订了长期规划，计划研制红外望远镜和亚毫米波望远镜。日

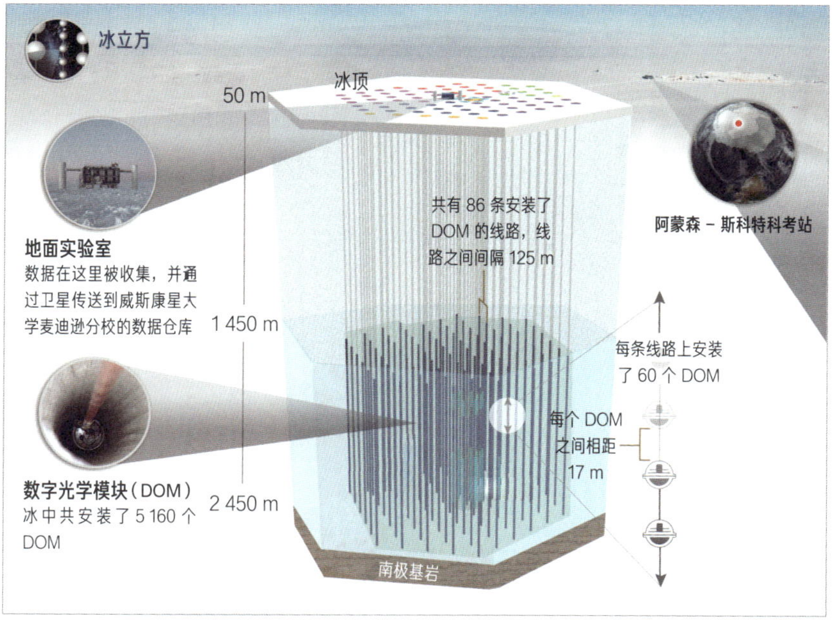


图 2-22　冰立方中微子天文台位于阿蒙森 - 斯科特科考站下方的冰层中，其探测器部署在 1 450 ~ 2 450 m 的深度，这些探测器将探测中微子与冰相互作用时产生的切伦科夫光（一种特殊的蓝光）

本也在冰穹 F 开展了系统的天文选址工作，并计划建设红外望远镜。南极大陆已成为各国天文研究的必争之地。

冰穹 A 作为南极内陆冰盖海拔最高的地区，平均海拔约 4 000 m，即便在夏季，平均气温也在 −30 ℃左右，气候条件极端恶劣，被称为“不可接近之极”。但同时，这里的大气稀薄洁净，具有极其优越的天文观测条件，在冰穹 A 发展天文观测已经成为全球天文学界的共识。

早在 2005 年，我国南极科考队的勇士们就实现了人类历史上首次到达冰穹 A。根据《南极条约》规定，不允许任何国家占有南极土地，但谁先到达该地，该地的进一步研究就可由其牵头。因此，欧洲、美国、澳大利亚等国家和地区的天文学家纷纷表达了由我国牵头考察冰穹 A 天文观测条件的愿望。

我国于 2008 年第 24 次南极科考之际，在中国科学院南极天文中心（挂靠中国科学院紫金山天文台）的领导下，对冰穹 A 的天文观测条件进行了考察，并成功安装了南极内陆的第一套光学天文观测设备——中国之星（CSTAR）。中国之星随后的观测数据令人振奋，它证明了冰穹 A 确实是地球上最好的天文台址，这意味着我国抢占了南极天文的制高点，同时也标志着冰穹 A 天文观测的开始。2009 年，我国在冰穹 A 西南方向约 7.3 km 处建成了昆仑站（图 2-23），这对世

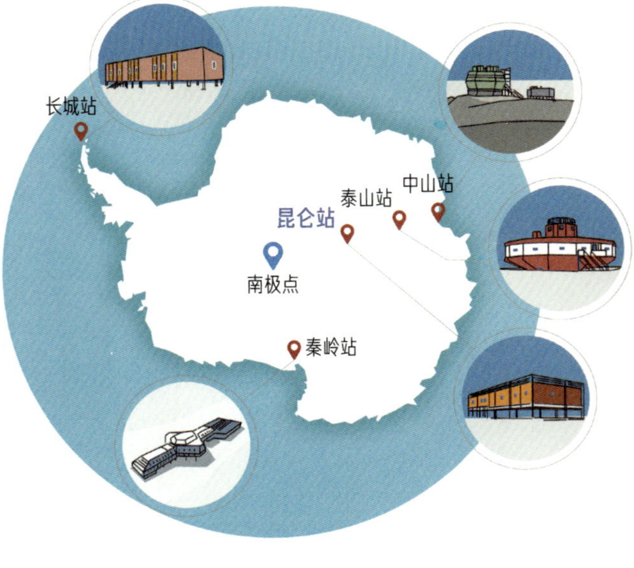

图 2-23　在冰穹 A 附近建设的昆仑站和中国其他南极科考站分布

界天文学的未来发展有着重要的意义，同时也给中国天文学向世界最前沿水平发起冲击提供了一个难得的机遇。

目前，在昆仑站附近建设的南极天文台一期和二期工程已安装自动天文观测望远镜中国之星和南极巡天望远镜（AST-3）等设备。第三期工程建设将安装 2.5 米光学 / 红外南极暗宇宙巡天望远镜（KDUST）和 5 米太赫兹望远镜。

2.5 米光学 / 红外南极暗宇宙巡天望远镜口径 2.5 m，视场 1.5°，为了充分利用冰穹 A 极好的视宁度条件，该望远镜计划安装在 15 m 高的支撑塔上（图 2-24）。在光学波段，根据已有的 CCD 相机技术，该望远镜可以达到视宁度限制的全视场 0.3″ 的高像质；而在红外波段，其可实现大视场衍射成像观测。通过引力透镜效应揭示星系和星系团中的暗物质和暗能量的宏观结构和分布是其重要科学目标之一，同时科学家期望其在超新星、高红移宇宙、恒星及星系的形成演化、地外行星等众多领域的研究上取得突破。

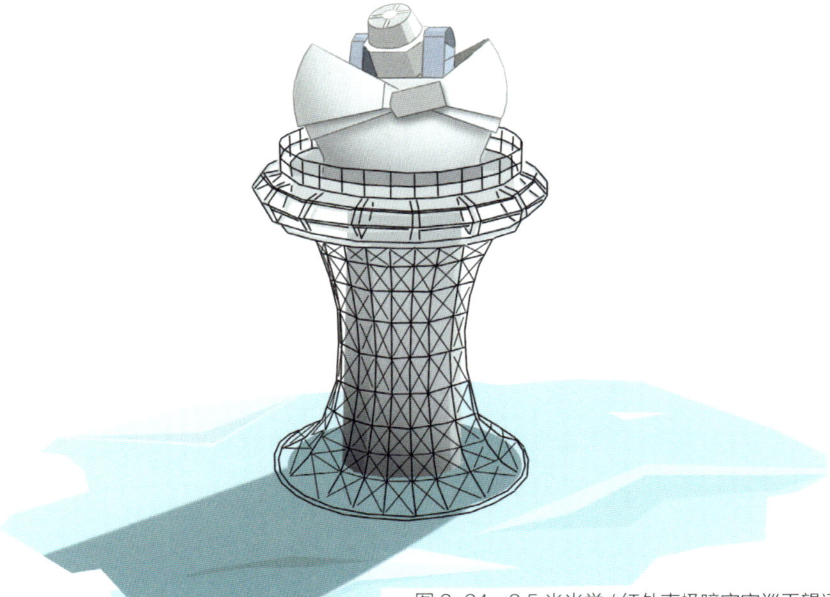

图 2-24　2.5 米光学 / 红外南极暗宇宙巡天望远镜效果图

### 2.3.2 迈进深地——地下 2 400 m 寻微探秘

前面提到，暗物质直接探测实验需要极低的本底，除此之外，无中微子双 β 衰变、宇宙重核形成等实验也同样需要极低的本底，这些实验都需要借助位于地下的实验室，用实验室上方的极厚岩层来有效且低成本地减小宇宙线对于极低本底实验的影响。近一二十年，随着极低本底实验的灵敏度越来越高，要求地下实验室中的宇宙线通量进一步降低，因此，建设有很厚岩石覆盖的深地实验室，对于暗物质直接探测等重大基础前沿课题的实验研究十分必要。

在很长一段时间里，我国没有自己的深地科学实验室，仅有部分科学家参与了相关领域的国际合作研究。为了打造面向国家战略需求的基础科技问题综合性研究平台，急需建设我国的自主深地科学实验室。2004 年，“建设国家深地科学和工程实验室”列入国家中长期科技发展规划，我国的深地科学和工程技术研究迎来了前所未有的发展机遇。2007 年开工建设的四川省雅砻江锦屏二级水电站工程，为我国首个深地科学实验室的诞生带来了契机。

2009 年 10 月，以“深地科学的重大前沿问题”为主题的香山科学会议第 S11 次会议在北京召开，会上全面深入地讨论了深地科学实验的重大科学意义、锦屏山深地实验室建设的优势和可行性等议题。

锦屏二级水电站工程所在地锦屏山有着约 2 400 m 厚的岩石覆盖层（图 2-25），并且岩石放射性本底极低，宇宙线通量仅为著名的意大利格兰萨索地下实验室的 1/100，是开展暗物质直接探测等粒子物理实验的极佳场所，有条件建成世界上最好的超低本底实验室。并且由于这里是水平洞室，相对于杜赛尔地下实验室这类垂直洞室有着更为便捷的施工及实验条件。当时即将建成的水电站可以为深地实验室建设提供良好的基础设施，水电站建设期间的地质状况调查和深

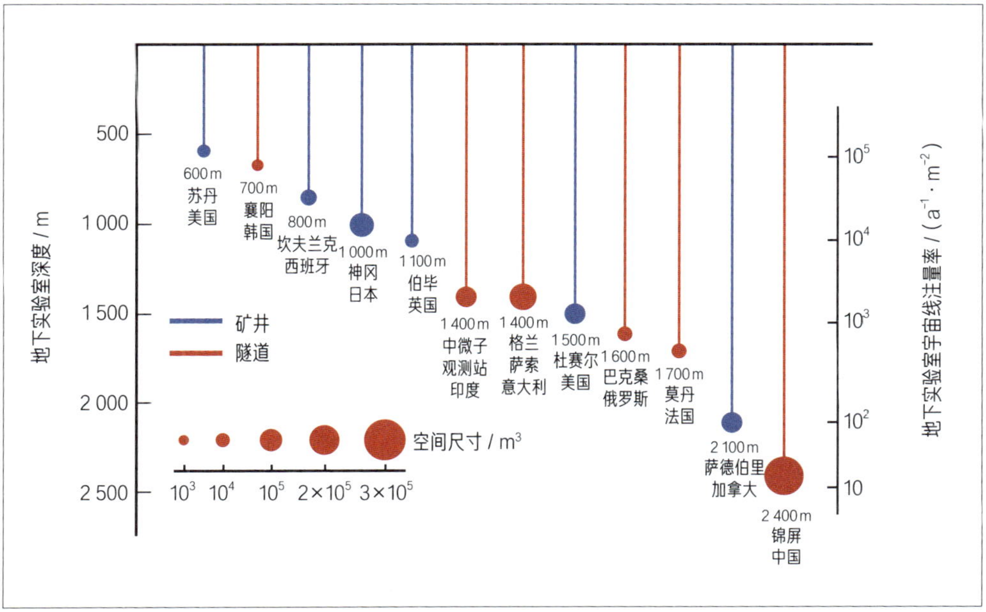


图 2-25　中国锦屏地下实验室是全世界岩石覆盖最厚、可用实验空间最大、宇宙线通量最低的深地实验室

地隧道建设所积累的经验，还可以大幅缩短实验室的建设周期，大幅度降低建设和运行费用。

上述“地利”优势，使锦屏山在当时便已经引起了国内外物理学界的关注，国外多个著名的实验小组表达了合作意愿，而国内的科研机构和高校，如中国科学院、清华大学、上海交通大学等单位的相关科研需求也日益迫切。

2009 年 5 月，锦屏地下实验室开始建设，实验室一期（图 2-26）于 2010 年 12 月正式建成启用，主实验厅长 40 m、宽 6.5 m、高 6.5 m，包括连接隧道在内的实验室一期总容积约为 4 000 $m^3$。

实验室一期的建成，填补了我国深地实验室建设的空白。清华大学领导的中国暗物质实验和锦屏中微子实验、上海交通大学领导的“熊猫”计划以及中国原子能科学研究院领导的核天体物理实验

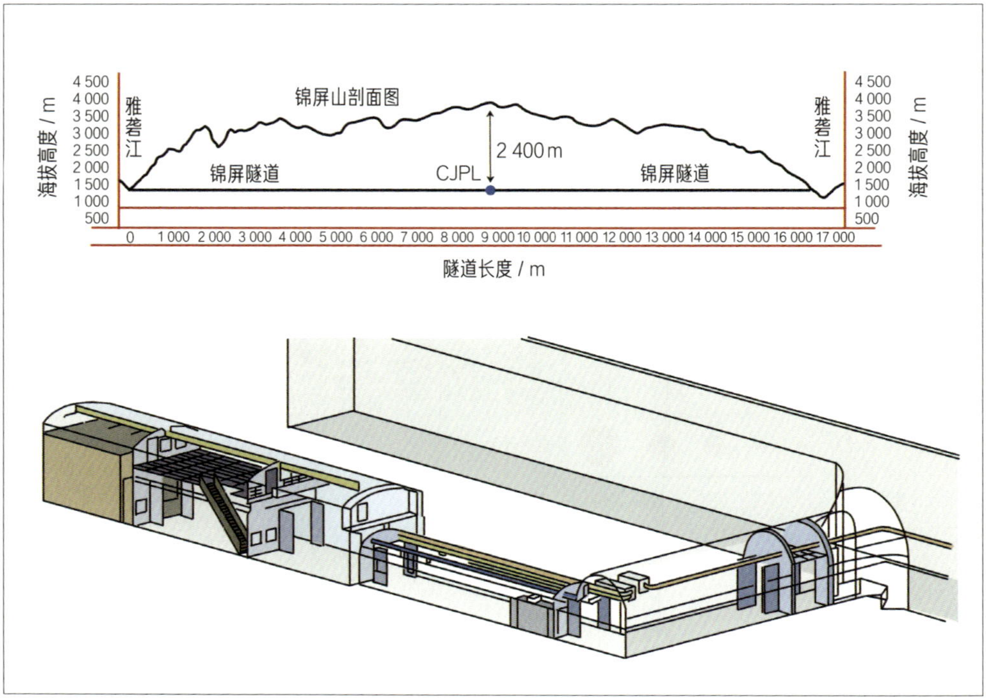


图 2-26　中国锦屏地下实验室岩石覆盖情况及一期空间

（JUNA）等已经在此开展了实验研究。特别是中国暗物质实验和“熊猫”计划都发表了国际先进水平的研究成果，使我国暗物质直接探测研究在较短时间内从无到有，并达到国际先进水平，实现与国际暗物质直接探测研究项目的“并跑”。

中国锦屏地下实验室二期项目包含液氙暗物质实验、太阳中微子实验、核天体物理实验等研究计划。2023 年 12 月 7 日，锦屏地下实验室二期项目正式投入科学运行，将地下可用实验空间由原来的 4 000 $m^3$ 增至 33 万 $m^3$——相当于 8 艘中型航母的排水量，使锦屏地下实验室一跃成为全球可用实验空间最大的地下实验室。兼具极低环境辐射、超低宇宙线通量、超洁净空间的锦屏地下实验室，将在未来继续推动我国深地基础科学研究迈向新的高峰。

### 2.3.3 领跑太空——悟空贡献中国智慧

全世界的科学家都知道，暗物质研究是可能推动基础物理学实现重大突破的关键研究。

但是人们也发现，国际上各个暗物质实验的观测结果并不完全吻合，造成这种结果的原因可能是系统误差，也可能是因为各个探测器的探测方法不一样。而这对我国的暗物质空间探测来说，正是一次难得的历史机遇。暗物质研究是一项系统工程，需要结合天文观测、理论研究和实验探测来共同进行，在天上、地底、加速器等处进行的不同实验的结论也需要相互印证。

正如前文所述，暗物质粒子的间接探测是利用太空中的空间探测器观测暗物质粒子衰变或相互作用后产生的稳定粒子，如 γ 射线、电子、正电子、反质子等。由于地球引力作用，几乎全部的大气都集中在地面上方 100 km 的范围内，其中 75% 的大气又集中在从地面到 10 km 高度的对流层。在地球表面进行的天文观测会因地球大气的电磁辐射干扰和过滤而受到限制（图 2-27）。举例来说，X 射线完全不能穿透地球大气，所以人们就不能在地表建立基于 X 射线观测的天文研究设备。同样的道理，悟空号暗物质粒子探测卫星所观测的 γ 射线能段，也只有空间装置才能实现探测。

经过多年的努力，我国暗物质研究从南极到深地，都逐步取得了一些重要成果，然而在十几年前，尽管国外的暗物质空间探测实验已经有不少，但我国在整个空间科学卫星领域几乎是一片空白。面对巨大的差距，中国科学家感到时不我待。

当时我国的科研硬实力和卫星平台都已经具备，探测器研制和理论研究队伍也已经建立并日趋成熟，虽然暗物质空间探测项目风险相对更高，但历史机遇难得，这个风险我们只能直面——到离暗物质

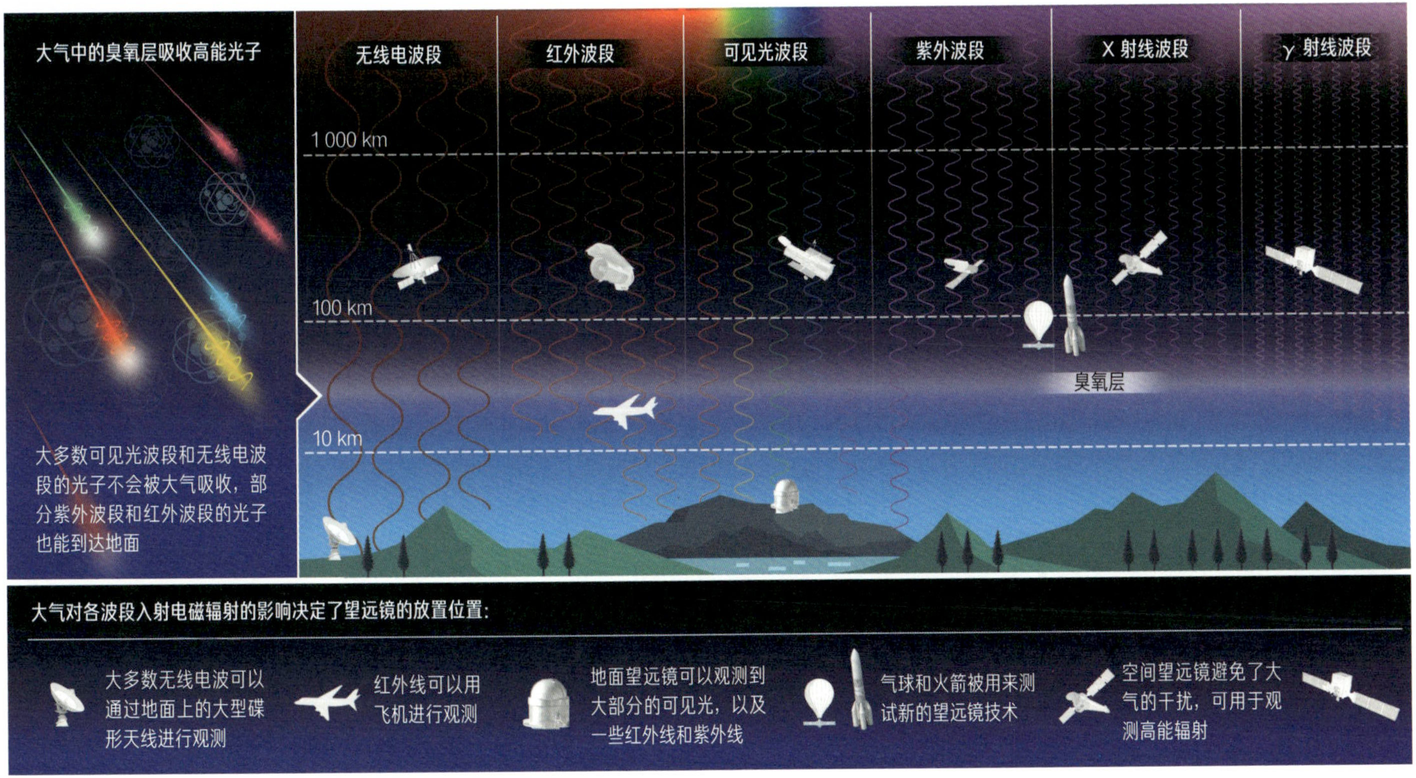


图 2-27　大气对不同波段电磁辐射的吸收情况

最近的宇宙中去施展拳脚，才有可能实现从追赶到领跑。

2011 年 1 月 11 日，中国科学院首批战略性先导科技专项（简称先导专项）正式启动，空间科学先导专项不负众望地位列其中，从此开启了我国空间科学的加速发展，同时也为我国空间技术的突破和空间应用的拓展注入了强大动力（图 2-28）。

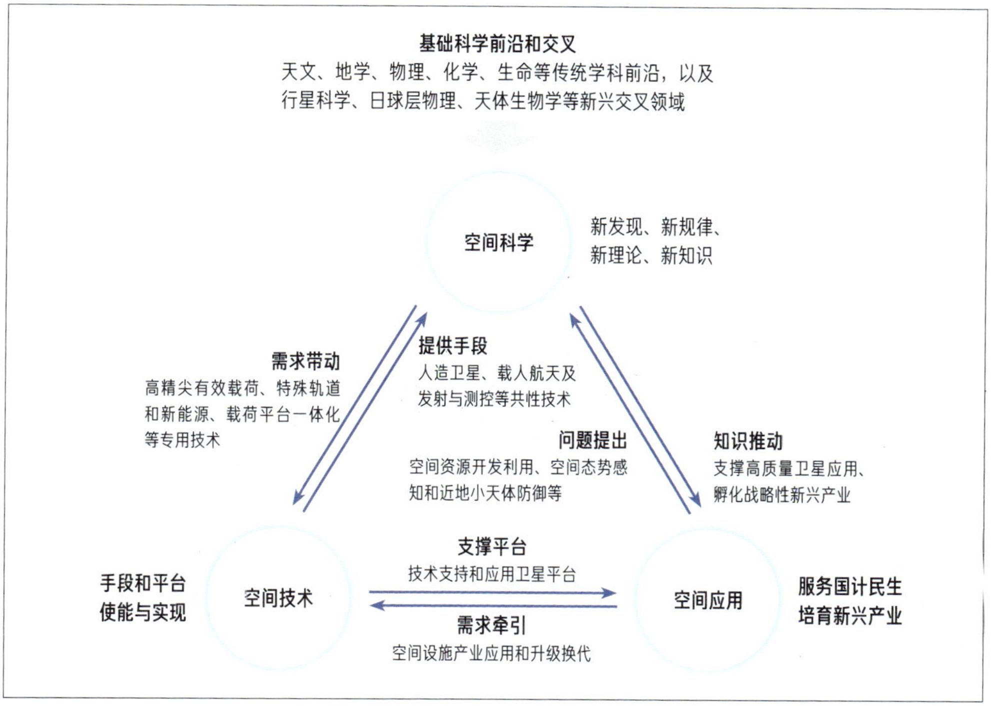


图 2-28 空间科学与空间技术、空间应用使命不同，但相互促进

作为我国当时规模最大的科学卫星计划，空间科学先导专项不仅规划了空间科学卫星工程项目，而且面向“十四五”及更长远的未来，设立了空间科学背景型号项目和空间科学预先研究项目。这 2 个项目成为整个空间科学卫星任务发展链条上的重要一环，直接关系到我国空间科学的长期可持续发展。

仅“十二五”期间短短 5 年之内，空间科学先导专项（一期）就部署了 4 颗卫星（图 2-29），它们分别是：用于寻找暗物质湮灭的证据、探索宇宙线起源的悟空号暗物质粒子探测卫星，利用返回式卫星技术、推动空间微重力科学和空间生命科学发展的实践十号返回式科学实验卫星，实现卫星与地面之间量子保密通信试验的墨子号量子科学实验卫星，以及旨在研究黑洞的性质及极端条件下的物理规律的硬 X 射线调制望远镜卫星慧眼。

诺贝尔物理学奖得主施密特（Brian Schmidt）这样评价空间科学先导专项的意义：“这是中国迈出的非常重要、非常伟大的一步。这一步对空间天文学的未来发展非常重要，如果没有中国的参与，难以想象这个领域能在未来发展得很好。”

图 2-29　空间科学先导专项（一期）部署的 4 颗卫星示意图

悟空号是空间科学先导专项的首发星，该项目依托了我国相对成熟的空间探测器技术。当时，国际上有多个暗物质空间探测实验也都在紧锣密鼓地进行中，暗物质空间探测的国际竞争异常激烈，比如：2008 年发射的费米望远镜将暗物质作为其科学目标之一，但并未有重大发现；2011 年 5 月发射的阿尔法磁谱仪 2 专注于暗物质研究并获得了一系列成果，但在高能段的疑似信号统计量和分辨率都存在不足；帕梅拉探测器的能谱测量结果同样存在统计量不足的问题；日本的量能型电子望远镜为了“抢时效”，更是在日本航天局批准下提前安装到国际空间站上进行观测。

尽管各个国家都在争分夺秒地进行观测，但遗憾的是，由于这些科学装置有着各种各样的短板和限制，它们都还没有取得暗物质粒子探测的决定性成果。这意味着巨大的困难，也暗含着难得的机遇，如果悟空号能在一些关键参数上领先上述探测器，就有望取得前所未有的重大突破，为人类认识宇宙做出新的贡献。

## 2.4 研究暗物质究竟有什么用

当人们已经习惯使用暗物质和暗能量这些类似于“幽灵”的名词来描述宇宙的时候，至今我们却仍无法寻找到这些无处不在的“幽灵”。

你可能会有这样的疑问：我们花费了这么大的精力寻觅暗物质，建造了不计其数的昂贵探测器（图 2-30），而且很多尝试都基于没有很大把握的猜测，这么做到底值不值？还有，探测到了暗物质能有什么用？如果探测不到，岂不成了耗费巨大的无用功？

我们先来聊一聊“探测到了暗物质能有什么用”这个问题。实事求是地讲，在短期内很可能没什么用：你吃不上一顿暗物质做的大餐，暗物质做的衣服都不能穿，用暗物质建造的大楼可能也并不能遮风挡雨……因为暗物质的相互作用很弱，它在我们的生活中起不了任何作用。这是基于我们对暗物质仅有的一点点认识所能得出的结论。当然，也许我们的想象力是匮乏的，因为我们对暗物质确实所知甚少。

然而，从科学的角度来看，探测到暗物质粒子并弄清楚它的属性，必将带来基础物理学的革命性突破，极大地拓展和深化我们对物质组成及其相互作用的认识。这种科学的拓展对人类社会有什么影响目前尚无法预期，但历次科学技术革命对世界产生过的深远影响，足以给我们启迪。万有引力定律不仅帮助我们理解了苹果为什么会下坠，还帮助我们将卫星送上了太空；热力学的发展让我们在炎热的夏

图 2-30　世界上最灵敏的暗物质探测器之一——DEAP-3600（氩脉冲形状暗物质实验）探测器，它使用了 3 600 kg 液态氩，位于加拿大安大略省的一个镍矿深处，深度超过 1.6 km

天用上了凉爽的空调；电磁理论让我们可以收听广播、收看电视，还可以和远方的亲人进行视频通话；核物理理论是一把双刃剑，既可以高效地产生能源，也催生了让人不寒而栗的大规模杀伤性武器。如此种种，不胜枚举。

当前直接可见的好处是，在寻找暗物质的过程中，我们间接地发展了一系列高、精、尖的技术。暗物质探测是极具挑战性的任务，因此对实验设备要求非常高，为了尽可能地提高灵敏度，科学家竭尽所能制造出最精密、最灵敏的仪器。这些高端技术将对我们工业水平的提升带来好处。例如半导体材料的提纯技术，暗物质探测实验所要求的半导体材料纯度远远高于目前的工业水平，因此研发相关技术对半导体产业非常重要。

那么，探测不到暗物质怎么办?

如果我们一直探测不到暗物质，那就存在 2 种可能性：一种可能是探测器灵敏度不够，或者是我们找错了地方，或者是暗物质根本没有我们期望的弱相互作用；另一种可能是暗物质并不存在，我们理解引力的方式需要改变。无论哪种情况，都是在增进我们的科学认知。科学史上失败的尝试并不罕见，甚至可以说是很常见，然而这种失败也并非毫无价值。暗物质探测的终点在哪里，我们无从得知，但对于探测暗物质究竟值不值得的问题，相信你的心中已有了答案。

我们用悟空号暗物质粒子探测卫星首席科学家常进的一段话来为这一节的问题做一总结："基础科学的关键性突破会对世界和人类生活产生颠覆性的影响，但这种影响需要耐心等待。爱因斯坦 100 多年前发表相对论，彻底改变了现代人类对宇宙的认知；我们现在广泛使用的万维网是由粒子物理学家首先发明的。暗物质的作用我们现在无从得知，但是现在，寻找暗物质的工作已经在天天影响我和我的团队成员，100 年后，也许人类子孙后代的日常生活都离不开对暗物质性质的发掘和利用。"

# 第3章

# “火眼金睛”炼成记

暗物质和暗能量被称为笼罩在现代物理学上空的两朵“乌云”，人类对它们知之甚少，却又对它们魂牵梦绕。多年以来，全世界的科学家使出百般解数，力图寻找暗物质的蛛丝马迹，世界各国都在集中人力、物力和财力研究这一问题。例如，2002 年，美国国家科学研究委员会在一份报告中列出了 21 世纪要解决的 11 个科学问题①,“什么是暗物质”被列在第一位。揭开暗物质之谜将是继日心说、万有引力定律、相对论及量子力学之后的又一次重大飞跃，将带来物理学的又一次革命。

在全球暗物质探测领域的激烈竞争中，由暗物质粒子探测卫星首席科学家常进领衔的一支中国科研团队异军突起，不但将中国自主研制的暗物质粒子探测卫星送上了太空，还仅仅用了 2 年时间就观测到了前所未有的成果，将人类拨开那朵“乌云”的进程向前推进了一大步。

但数年攻关，个中艰辛滋味，又有谁知？“把地面上的加速器弄到天上去，再把探测器做大一点。”多年前，当常进提出这个想法时，很多人都觉得太超前了。一些卫星专家提醒他，天上可能出现种种意外，各种条件难以配置到位，但常进很笃定：宇宙线的最高能量比目前世界上最大的加速器高 1 亿倍以上，宇宙空间可以说是人类最后的实验室，用同样的方法在那里做实验，事半功倍，为什么不呢？

但是，在宇宙中建一个暗物质探测器，中国从没有做过，如何设计？如何研制？如何运行？一切都是未知数。

从 2011 年底通过立项论证，到 2015 年底成功发射，仅用了 4 年时间，悟空号便从无到有、横空出世，成为中国第一颗天文卫星。这期间，究竟发生了什么？“火眼金睛”是如何炼成的？为什么说这是一条中国式的原始创新路线？悟空号如何以远低于国际上其他同类设备的费用，实现了能量分辨率、观测能段覆盖和粒子鉴别能力等指标世界最优？

① 随后，在一份由 19 名权威物理学家和天文学家联合执笔的报告中，科学家对这 11 个问题的优先顺序进行了排列，它们分别是：什么是暗物质；暗能量的性质是什么；宇宙是如何开始的；什么是引力；中微子有质量吗，它们如何影响宇宙的演化；质子不稳定吗；超高能粒子来自哪里；在极高密度和极高温度下，新形态的物质是什么样的；是否存在额外的时空维度；从铁到铀的各种重元素是如何形成的；是否需要一种新的光和物质理论来解释在甚高能和高温时发生的情况。

# 3.1 要想看得更清楚，只有到太空去

## 3.1.1 雏形：1992 年是一个重要的年份

1997 年，美国航天局在南极开展了一个名为先进薄电离量能器（Advanced Thin Ionization Calorimeter, ATIC）的长周期气球实验项目。在其他地方，由于大气的流动，气球在高空的持续飞行时间较短，但每年 12 月底，南极上空会出现一个大气旋，持续时间在 1 个月左右。在此期间，气球更容易稳定地飘浮在空中，从而进行较长时间的观测。科学家利用这一原理在南极放飞气球，并开展高空宇宙线的观测（图 3-1）。

图 3-1　在南极进行的气球实验

1998 年，常进前往德国访学，指导他的德国教授恰好被邀请参与了这个项目。“只观测宇宙线？太浪费了！”当常进听说这个项目只用于观测宇宙线时，发出了这样一句感慨。

经验和直觉告诉常进，这个大气球能做的事还有很多，比如可以用来观测高能电子和 γ 射线。为此，他直接给项目组的首席科学家写邮件提建议。但在美国人看来，这个想法太疯狂了！更何况，这个想法还是来自一个 30 岁出头的中国小伙子？项目组的科学家对此嗤之以鼻。

为了说服他们，常进飞到美国，一下飞机就直奔实验室。美国人给了常进一台计算机，要求他在上面算出探测器的各种参数。当时常进还没有笔记本电脑，程序都在国内的电脑上。他要从零开始，将自己所有的想法编成程序，把各种参数计算出来，之后还要核对。在这个过程中，他几乎连续 36 小时没合眼。他知道，如果算错了，后面就没戏了。接下来，要用加速器实验验证他的方法的可行性时也是如此，美国人头一天给数据，第二天就必须看结果。通过一次又一次的努力，常进终于让美国人信服了，同意将南极气球实验数据交给他分析。加入这个项目后,常进迅速研制了一个小探测器,搭上这趟“便车”，做了 2 个月的实验。

没想到，这次实验改变了常进的人生轨迹。2000 年底，像足球场一样大的气球在南极升空，并在离地面 37 km 的高空完成了人类对高能电子的首次观测。在这之前，科学界普遍认为，高能电子来源于超新星遗迹，并建立了太阳系高能电子流量模型。但在这次实验中，常进研制的小探测器观测到高能谱段有一些奇怪的现象发生——高能电子流量远远超出了模型预计的流量。是仪器有问题吗？项目组花了 1 年多时间认真检查仪器，用了很多方法证明仪器没有问题。既然不是仪器的问题，究竟是什么造成了天上的电子比理论模型多？

科学家推测，这极有可能就是暗物质碰撞产生了普通物质，并且这些普通物质分布在非常高的谱段。一度认为常进想法“太疯狂”的美国科学家接受了他的建议，采用他的数据处理方法来分析数据，并得到了该项目最有价值的发现：“超”——高能电子流量在 300 ~ 800 GeV 能量区间超出理论模型的预计流量（图 3-2）。

为了寻找真相，在接下来的几年时间里，常进陷入了无休止的数据分析，之专注、之癫狂，旁人难以理解。他的夫人回忆，当时的常进，即使回到家里，也时常神情恍惚，嘴里嘀咕着一些听不懂的数

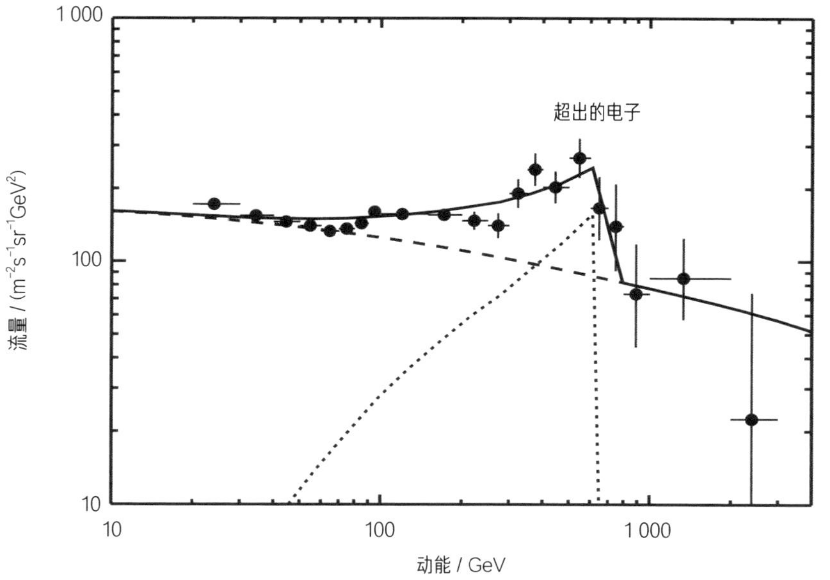


图 3-2　高能电子流量远远超出了模型预计的流量

字，突然有了什么灵感，就马上跑回实验室去编程演算。

功夫不负有心人。2008 年 11 月 20 日，国际著名学术期刊《自然》发表了以常进作为第一作者的论文《宇宙电子在 300 ~ 800 GeV 能量区间发现“超”》（图 3-3），这一成果被美国物理学会和欧洲物理学会评为当年世界物理学领域的重大研究进展。这是 ATIC 项目最重要的一篇论文，也是科学家第一次发现宇宙高能电子异常，从此，更多科学家认识到探测高能电子意义重大，许多最初观测目标不是电子的探测器也都开始进行高能电子测量。

“虽然与空间卫星相比，气球实验观测结果精度不是很高，本底也很大，但关键是找到了一种观测高能电子和 γ 射线的简单方法，并且是中国人的首创。”常进说。

虽然回忆起来有些轻描淡写，但常进口中的这个“简单方法”得来却不简单。故事还得从 1992 年说起。

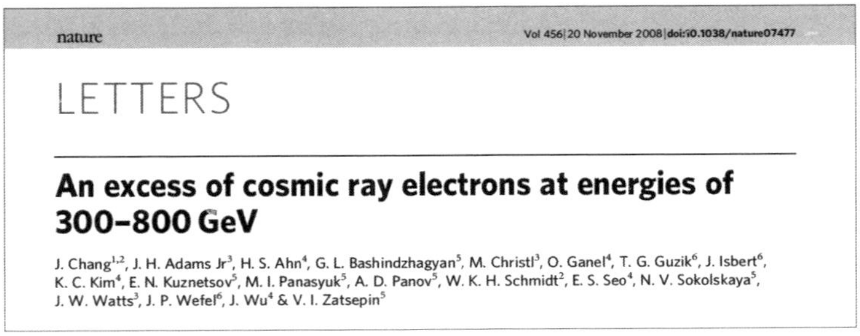
nature Vol 456|20 November 2008|doi:10.1038/nature07477

LETTERS

**An excess of cosmic ray electrons at energies of 300–800 GeV**

J. Chang[1,2], J. H. Adams Jr[3], H. S. Ahn[4], G. L. Bashindzhagyan[5], M. Christl[3], O. Ganel[4], T. G. Guzik[6], J. Isbert[6], K. C. Kim[4], E. N. Kuznetsov[5], M. I. Panasyuk[5], A. D. Panov[5], W. K. H. Schmidt[2], E. S. Seo[4], N. V. Sokolskaya[5], J. W. Watts[3], J. P. Wefel[6], J. Wu[4] & V. I. Zatsepin[5]

图 3-3　2008 年常进作为第一作者在《自然》上发表论文

在很长一段时间里，我国空间天文“一穷二白”，天文学家用的数据都来自国外的卫星。20 世纪 70 年代末，中国科学院紫金山天文台和高能物理研究所等单位试图研制一颗天文卫星，却因为当时国家经济和技术基础都很薄弱，20 世纪 80 年代初不得不中途下马。

转机发生在 1992 年，那一年，中国启动了载人航天工程，开始加大对航天的投入，而常进也恰好从中国科学技术大学毕业，来到中国科学院紫金山天文台空间天文实验室工作。

空间天文实验室的工作是做空间望远镜，到天上观测天体，但刚工作的常进吃惊地发现，当时中国的空间天文几乎是一张白纸，“就好像毕业被分配到汽车厂工作，却发现这个厂一辆汽车都没造出来”。他能做的就是整天泡在图书馆，把国际上所有高能天文卫星的资料都认真读了一遍。

当时，常进跟着老师为神舟二号飞船做了一台设备（图 3-4），获得了大量关于太阳耀斑和 γ 射线暴的观测数据。这个项目如今看来是很小的，但这是中国第一次在太空开展真正的天文观测。常进说，这个项目在科学上虽然没有让我取得特别重大的成果，但最重要的一点是它让我们了解到空间观测的一些基本需求，比如真空、热、机械、电等方面该如何干。参与过这个项目的年轻人，很多都在后期成长为中国空间天文研究的栋梁。

参加这个项目的经历也使常进认识到，中国的空间天文与国际先进水平差距巨大，不能总跟着美国人、日本人跑，必须找到一条适合自己的发展道路，实现科学探索上的“第一次”。他认为高能电子和 γ 射线探测在国际上还是刚起步，若能在方法上创新，可能会在比较短的时间里赶上国际先进水平。

图 3-4 紫金山天文台研制的软 X 射线探测器 - 薄窗气体正比计数器

从此，常进锚定高能电子、γ 射线的研究方向，埋头苦干，进步神速。他于 1999 年前后提出了利用相对薄的量能器来探测高能电子和 γ 射线的新方法，这种方法不需要特别精细的设备，大大降低了仪器的费用。他的这一方法，最终在上面所讲的南极气球实验中得到了验证。

不积跬步，无以至千里。从 20 世纪 80 年代中途“夭折”的天文卫星，到 1992 年观测太阳耀斑的小设备，再到 2000 年南极气球实验中“搭便车”的探测器，这些项目当初看来都很不起眼，甚至很不成熟，却为后来“火眼金睛”的悟空号横空出世孕育了雏形，也为中国空间天文的蓬勃发展打下了基础。而初出茅庐的常进，也在日复一日的钻研中，从一个科学上的“小透明”，逐步成长为暗物质研究领域举足轻重的人物。

### 3.1.2 立项：争夺“天然狩猎场”的入场券

2008年常进那篇刊登在《自然》的论文，在发表的第一年就被引用了400多次，它就像一颗石子，在全球高能物理学领域激起了涟漪，掀起了到空间寻找暗物质的浪潮。

一位时任中央领导得知这一项目成果后，批示："中国科学家十年磨一剑，在暗物质探测方面取得引人注目的成果。这种瞄准世界前沿、勇创新方法并加强国际合作的做法值得推广。希望科学家继续努力，勇攀高峰。"这位领导勉励常进再接再厉，早日攻克难题，争取让中国科学家解开物质世界之谜。这一次，中国科技界不会再像20年前那样，因为贫穷落后而错失良机。

2010年3月，春分过后，中国科学院迎来了一件大事：国务院审议通过“创新2020”规划，明确要求通过组织实施战略性先导科技专项，形成重大创新突破和集群优势。

2009年10月，中国科学院组织当时的中国科学院空间科学与应用研究中心，开始策划和酝酿空间科学先导专项的实施方案。之后，一轮轮汇报，一次次审批，空间科学先导专项方案一路晋级。

2011年1月11日，中国科学院首批战略性先导科技专项正式启动，空间科学先导专项应运而生，成为我国迄今为止最大规模的空间科学卫星计划。其中，就包括暗物质粒子探测卫星。

得知这一消息，常进激动万分。宇宙作为天然加速器，具有地面加速器无法比拟的优势，早已成为科研领域的共识。例如，根据宇宙学标准模型，宇宙早期处于极高温状态，其中粒子能量超过目前或未来所能建造的最强大加速器能达到的粒子对撞能量。此外，宇宙中的物质形态多样，相互作用复杂，尺度差异巨大，是获取新知识的“天然狩猎场”。

但是，想要进入“天然狩猎场”的科学家又何止常进一个，国际竞争可谓异常激烈。

时任中国科学院空间科学与应用研究中心主任的吴季还记得，2005年，在一台DOS系统（磁盘操作系统）的电脑屏幕前，年轻的常进向他展示“超出”图像时激动的表情。“他跟我说，如果我能做一个更大的探测器放在空间，一定能发现了不起的风景。但可以确定地说，这几乎是所有科学家的共同向往。”

每一个前沿领域的科研人员，都想要利用高精尖的观测设备去寻找更好的风景，可将梦想变成现实，却不是每个人都能做到的。科学的意义是什么、实验应该采取怎样的路线、怎样降低项目成本……如果要做一名科学上伟大的探险家，起航前就必须做好这些准备，才不至于在茫茫大海中迷失方向。

“我一直相信，只要我们做好准备，总会有机会。”拿到首批入场券后，常进将成功的原因概括为“准备得更充分”。但这句话背后到底意味着什么？“准备”又包括了哪些工作？

常进花了很长一段时间，对国际上已有的暗物质研究设备，尤其是空间探测设备进行了全面深入的调研，并将中国方案的优势、劣势做了鞭辟入里的剖析。

他在一篇文章中写道：暗物质粒子空间探测实验在国际上也是刚刚起步，如果我们能够选择合适的切入点，加上我国先进的航天力量，有可能在短期内取得突破，因而应该作为我国暗物质探测的优先选择。空间探测的关键是如何选择合适的探测对象（粒子类型），最好的方案是用一个探测器探测所有种类的粒子（图 3-5）。但要将各种粒子区分开来，需要大型磁谱仪。阿尔法磁谱仪 2 是一个堪称完美的磁谱仪探测器，但研制阿尔法磁谱仪 2 的时间超过 10 年，经费超过 20 亿美元，其中还采用了大量先进探测器技术，这些超出了我们的能力。所以选择合适的探测对象是寻找突破点的关键。

根据目前的理论模型，暗物质粒子湮灭后可能产生 γ 射线谱线，这将作为暗物质粒子存在的最确切信号之一。而且，γ 射线不受宇宙空间磁场等其他因素的影响，可以直线传播，因此通过 γ 射线信号可以追溯到暗物质的“源”，探测暗物质粒子湮灭产生的 γ 射线成为非常重要的探测手段。另外，暗物质粒子理论模型还表明：暗物质粒子衰变或湮灭时，会在宇宙中的电子或者正电子能谱中产生“显著特征”。由此，高分辨率观测高能电子或正电子能谱也可以间接探测暗物质粒子。

从目前已有的观测结果看，高分辨率观测高能电子和 γ 射线是探测暗物质粒子可能的突破点。在宇宙空间里观测高能电子和 γ 射线的关键是本底抑制。宇宙中的高能电子和 γ 射线流量与宇宙线本

图 3-5　来自太空的宇宙线中包含各种类型的粒子，图中展示的宇宙线来自某个耀变体——一类发射喷流的活动星系核

底（主要是质子和氦核）相比，不到后者的 1/100。如何将 γ 射线和高能电子与宇宙线本底区分开来是实验成功的关键。

γ 射线由于不带电，可以通过判断入射粒子是否带电，将其与宇宙线本底区分开来。而探测高能电子是一件更加困难的事情，区分电子和宇宙线本底需要特殊的探测器技术。从物理特性上看：电子是轻子，电荷为 -1，静止质量为 511 keV；质子是强子，电荷为 +1，静止质量为 938.27 MeV。电子探测器设计主要是探测这些物理特性的差别，从而区分电子和质子（图 3-6）。

由于电子能谱比宇宙线强子能谱软（可以简单理解为，随着能量的增加，电子能谱的强度下降得更快），要探测 TeV 以上的高能电子需要将本底至少降低到原来的 1 万分之一。观测 TeV 以上的高能电子主要是依靠高能量分辨量能器，从帕梅拉探测器、南极气球实验、费米望远镜等实验的观测经验看，高能量分辨量能器的粒子区分本领主要依靠探测器厚度，厚度越厚，区分本领越强。但增加探测器厚度就意味着增大探测器质量，空间卫星的质量是有限制的，如何在有限的质量限制范围内，设计出一个低本底、高分辨率的探测器是一项重要的研究内容。

图 3-6　探测器区分质子和电子示意图。对探测器而言，其分辨入射粒子属于哪些种类的能力叫作粒子鉴别能力，而分辨粒子种类是绘制粒子能谱的先决条件。科学家需要设计合理的探测方式，尽可能减少不同探测器的干扰信号，提高粒子鉴别能力

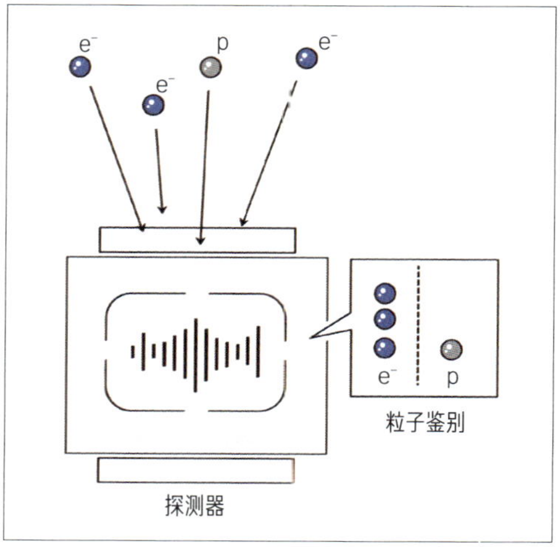


机会总是垂青有准备的人。从 20 世纪 90 年代逐步试验、明确技术路线，从 1997 年到 2008 年不断地计算验证“超”与暗物质存在之间的关联性，暗物质粒子探测卫星的方案在常进的心中变得越来越成

熟和完善，这也是他能最终拿到首批入场券的根本原因。

“在很长一段时间里，中国的空间天文都要依靠国外探测器的数据工作。但我从不觉得我们只能亦步亦趋，只要找到合适的突破口，就有望实现后来居上、弯道超车。”常进说。但这种信心不能是盲目的，中国的探测方案必须达到国际先进水平，否则意义不大。

他分析，要达到国际先进水平，必须采用大量先进技术。采用大量的先进技术后，探测器的研制难度又会相应增加，探测器的可靠性则可能要下降。空间探测需要花费国家大量的资金，所以卫星的可靠性永远是摆在第一位的。“我们要做的，就是处理可靠性与先进技术指标之间的矛盾关系，找到最优解。”常进说。

### 3.1.3 研制：在“崩溃”中前行

2015 年 5 月 29 日，中国上海，一群“白大褂”围在一起，为一个刚刚诞生的“宝宝”称重（图 3-7）。

这温馨的一刻发生在中国科学院上海微小卫星工程中心的卫星总装测试厂房。这一天，中国空间科学卫星系列的首发星——暗物质粒子探测卫星研制取得重要进展，由四层粒子探测器组成的科学探测有效载荷联试成功，顺利交付卫星总体，预计 2015 年底在酒泉卫星发射中心升空。

这也是第一颗主要由中国科学院承担研制、生产工作的卫星，对为之拼搏了数年的成百上千名科学家来说，它就像自己的孩子一样宝贵。从科学路线、制造技艺再到数据分析，中国的暗物质粒子探测卫星走的是一条完全不同于国外其他暗物质研究团队的路线，是“从 0 到 1”的原始创新。

回忆起往事，常进总是佩服中国科学院领导的胆子大，敢将暗物质粒子探测卫星这个理论都无法完全说清楚的项目，让紫金山天文台这个小单位、让他这样一个“无名小辈”来干。这样的信任，也让他深感责任重大。“我只是一名普通的研究人员，机会好才得到这个项目，必须珍惜。”

从 2011 年 12 月立项，到 2015 年 12 月发射升空，以国内科学家为主的团队一共花了 4 年时间，经历了若干阶段，研制了 4 套样机，经历了一轮又一轮的严格测试，并在欧洲核子研究中心对探测器进行了详细标定。

“我们的团队很年轻、我们的团队肯吃苦，这一点很重要。”在暗物质粒子探测卫星科学应用系统总设计师伍健看来，暗物质粒子探测卫星没有一个现成模板来照搬。国内外一些应用类型的卫星似乎可

图 3-7　暗物质粒子探测卫星的“产房”

以参考，但它们的工作目标和方法又有很大不同，更何况这是我国第一颗天文卫星，即使有东西可以参考和借鉴，也是一个全新的过程。

“我们首先要想办法召集一批能干的年轻人一块来参与这项工作。我们着实费了一些脑筋，设计到底应该怎么弄，科学应用系统应该怎么构成，要实现哪些功能，我们需要哪些合作单位的配合来完成这件事情，等等。比如 1 块钱硬币大小的线路板（图 3-8），必须由专门的航天单位生产，要经过 17 道工序，才能把这一块小电路板做出来。每一道工序都要拍照记录，万一将来出了问题可以通过照片找到责任人。”伍健回忆起卫星从图纸到最终发射升空的过程时感慨道，“可以说是万事开头难，然后中间难，最后结尾难。”

图 3-8　线路板

全程参与卫星研制的胡一鸣，从一个新来的大学生，成为团队的科研骨干，他成长最快的阶段就是在探测器制造的阶段，很多点滴都铭记心间。

胡一鸣记得，当时研制悟空号时没有图纸和模板，导师常进要他设计出能支撑起 900 kg 质量的 BGO（锗酸铋，化学组成是 $Bi_4Ge_3O_{12}$，故简称 BGO）晶体阵列，却只能使用 100 kg 重的支撑材料，同时还要能经受发射时的冲击力。

BGO 晶体被喻为“悟空”的“视网膜”，是一种性能优良的闪烁体（指在 X 射线等高能粒子撞击下，能将高能粒子的动能转变为光能而发出荧光的晶体，图 3-9），它非常稳定，不容易像其他闪烁体一样发生潮解，因此在 CT（计算机断层扫描）、PET（正电子发射体层成像）等医学场合，以及粒子物理、核物理领域都有着广泛的应用。但是 BGO 晶体的缺点也很明显：不仅非常重，还特别易碎。

任务艰巨、使命在身，年轻的胡一鸣只能硬着头皮，带领团队冒着高温、顶着压力研制，在 90 多天连续工作中，不断摸索、分析、试验，在经过数十次的测试后，终于按期完成了 BGO 量能器的构型

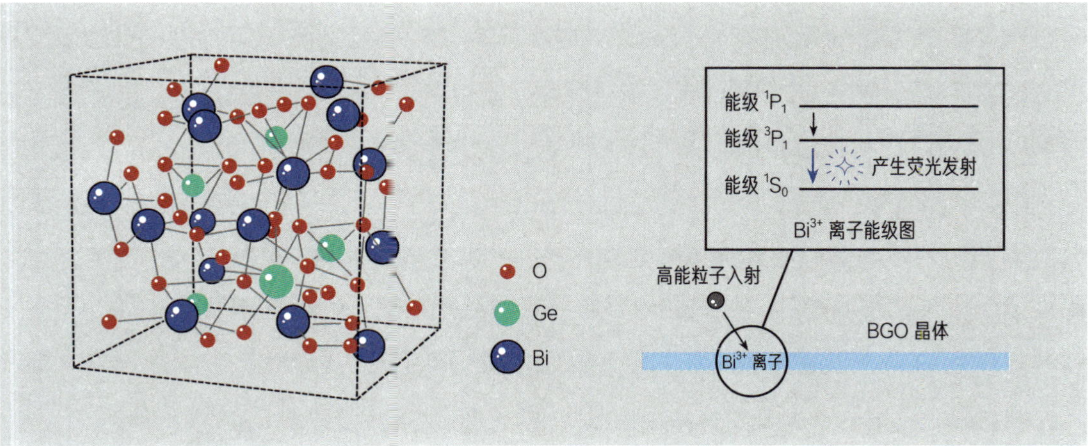


图 3-9　高能粒子进入 BGO 晶体后，电子发生跃迁而闪光

设计。接下来，团队又花了近 3 个月的时间，逐步优化前端读出电子学线路。最后，通过 30 多次修改，该团队创新设计出具有自主知识产权的支撑保护结构（图 3-10）。

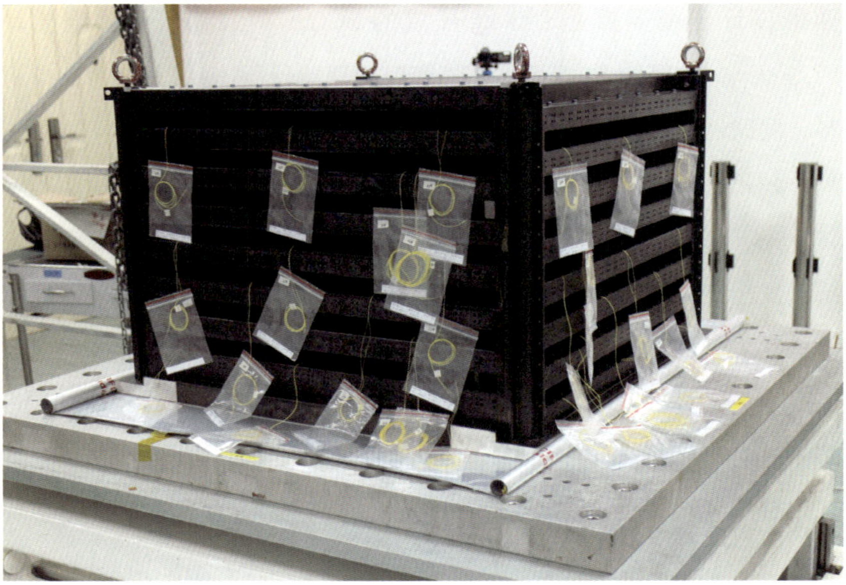

图 3-10　BGO 量能器支撑保护结构

探测器制作出来后，接下来的工作也同样繁重。一颗卫星要真正能发射上天、用起来，还需要经受住反反复复、各种各样的测试（图 3-11）。在这个阶段，探测器经受了“千锤百炼”，而攻关团队几乎每个人都经历过“精神崩溃”。

比如，把探测器送到上海进行电磁兼容（EMC）测试时，因为零件上面有一些东西是铁，带磁，为了防止影响卫星上的其他设备，就要把残余的磁测出来。测试好之后又要把它送到苏州进行振动测试，因为卫星发射时，火箭有振动，会产生冲击，需要通过这项测试来证明设备在这样的条件下能正常运转。为了确保测试顺利，春节期

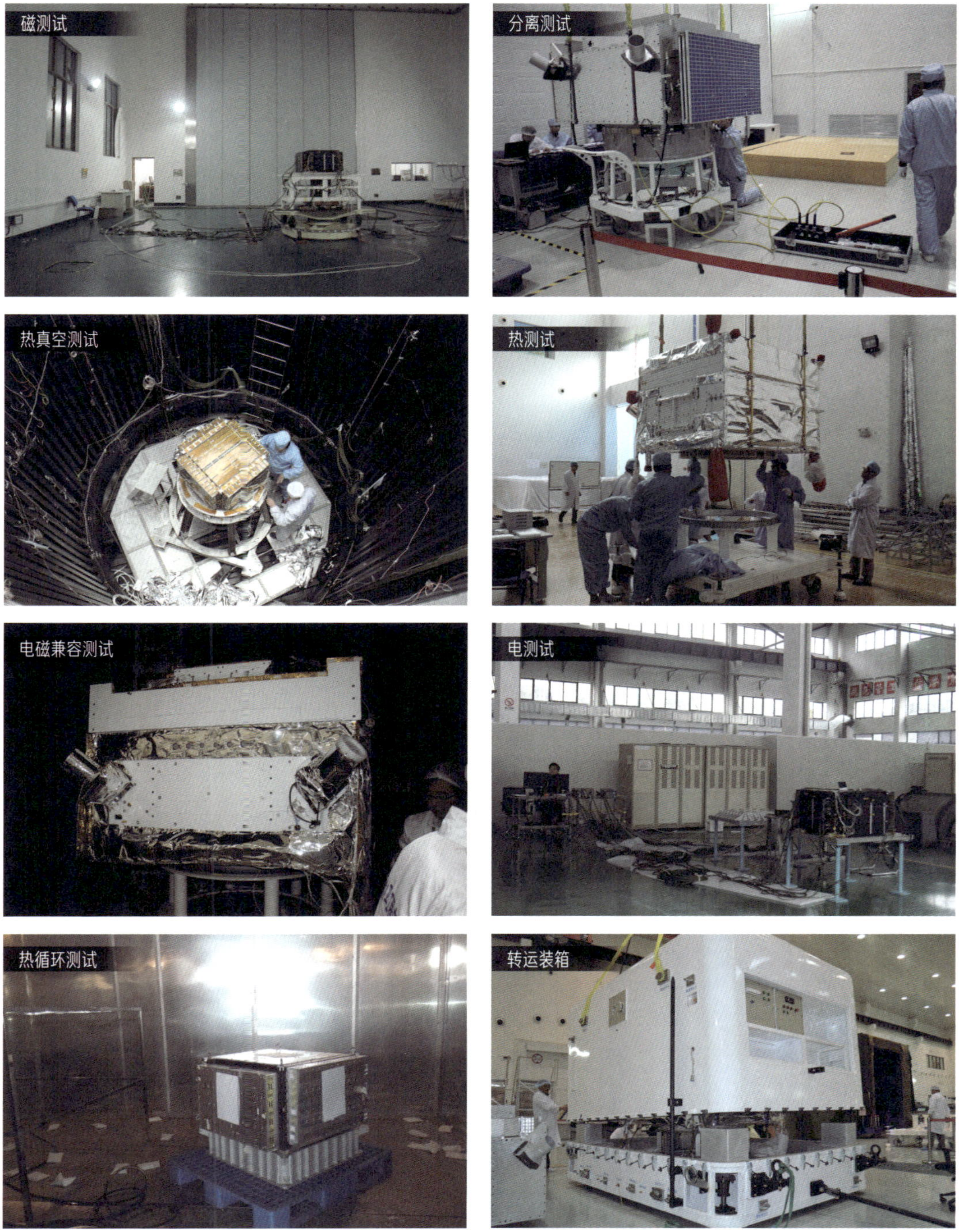


图 3-11　样机经历了反复测试

间，项目组工作人员邀请了国外专家飞到苏州来进行测试，最终模拟成功。

再比如，模拟实验成功后，探测器还要紧接着运回上海做高低温循环实验，试验场所类似于一座不锈钢的房子。进行温度模拟时，冷的时候要喷液氮让温度降到 -80℃，热的时候温度高达 80℃，如此循环 10 多次，确保设备能正常工作。而后，将实验条件改为模拟太空的真空环境，再进行新一轮“冰火两重天”的考验。

探测器通过验收后被运回南京，和其他的设备组合在一起进行了大约 10 天的联试，都没有问题后，还要把它装到卫星上，重新做一遍所有的测试。由于条件所限，一些测试还必须到国外去做。

卫星最后要通过加速器来检验它在天上究竟能不能工作，但当时国内没有这么大能量的高能粒子流，于是探测器被送到欧洲进行检测。这次海外检测共花费了 6 个月时间，把天上所有的高能粒子——质子、电子、γ 射线等都综合测了个遍。

常进回忆：“在暗物质粒子探测卫星出厂前的一次试验中，李华旺总设计师发现一个参数变化与设想的不一样，他和朱振才总指挥两个人从下午 4 点讨论到晚上 8 点，认为可能是某个重要部件有问题，他们心里都非常急，打电话给我。那晚上大雨如注，我和紫金山天文台的同志带了设备连夜赶到上海，到卫星厂房时已经是凌晨了，他们还没休息。我们立即搭好设备，在实验室复现现象，最后证明是虚惊一场，卫星部件没有问题，是数据处理软件不精确。”

如履薄冰、如坐针毡，常进用这样两个词来形容研制暗物质粒子探测卫星的 4 年。在他看来，航天无小事，一个小小的焊点有毛病，就可能导致耗资数亿元的卫星失败。

这种“锱铢必较”的习惯，与常进年轻时接受的科研训练不无关系。在常进早年参与探月工程科学载荷研制的时候，中国科学院院士、嫦娥一号卫星总设计师叶培建就经常说这样一句话："航天无小事。做人不能吹毛求疵，但干航天一定要'吹毛求疵'，甚至'捕风捉影'。"

虽然整个测试过程烦琐而又漫长，但最终的成绩单令大家非常满意：探测器在能量测试方面，达到了世界最高水平；在方向测量方面，和世界最高水平相当；在电荷测量方面，也与世界最高水平相当。也就是说，暗物质粒子探测卫星具有最高的观测能段、最高的能量分辨本领、最强的本底抑制水平，是当今世界上最强大的暗物质探测卫星（图 3-12）。

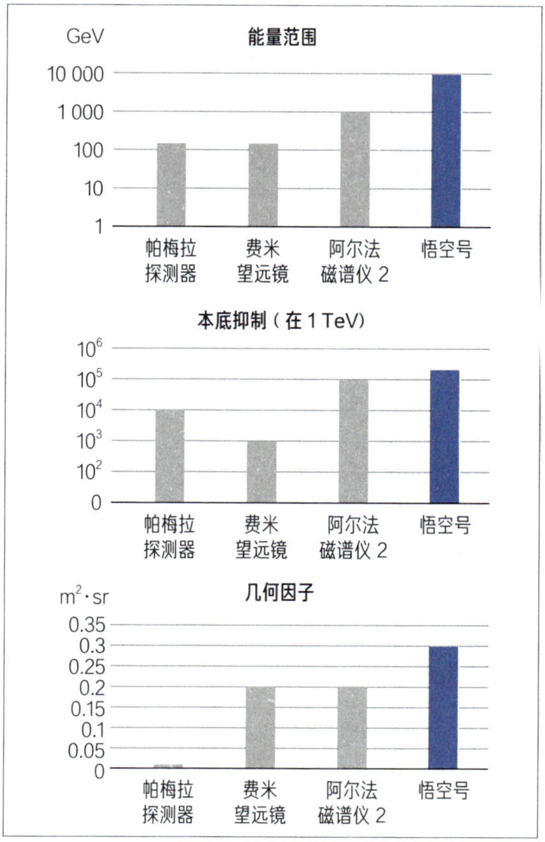


图 3-12　悟空号指标的优越性

悟空号团队骨干郭建华还记得为卫星奔波的那几年，常进带领大家不断攻关创新，找到了最经济适用的技术路线。对比来看，悟空号的研制费用仅是美国费米望远镜的 1/7 和阿尔法磁谱仪 2 的 1/20。

胡一鸣说："他（常进）总是反复强调，我们是和世界上最厉害的一帮人竞争，我们比他们聪明？不可能。只有肯吃苦，比他们多花几倍的时间和精力，也许还有一点机会。"

正如习近平总书记指出的，科学家的优势不仅靠智力，更主要的是专注和勤奋，经过长期探索而在某个领域形成优势。悟空号团队（图 3-13）优秀的科研品质，让悟空号一再突破设计寿命，也让团队不断取得"从 0 到 1"的重大科学突破。

图 3-13　勇攀高峰的悟空号有效载荷团队

## 3.1.4 那些不可或缺的合作伙伴

常进总说，空间科学项目非常复杂，一个人的作用是有限的，要靠集体的力量。

悟空号的诞生，得到了国内外科研机构（图 3-14）的鼎力相助。工程于 2011 年立项论证，由中国科学院空间科学与应用研究中心（现更名为中国科学院国家空间科学中心）负责工程大总体工作，暗物质粒子探测卫星有效载荷由中国科学院紫金山天文台主导，与中国科学技术大学、中国科学院高能物理研究所、中国科学院近代物理研究所、中国科学院空间科学与应用研究中心联合研制，由中国科学院上海微小卫星工程中心（现更名为中国科学院微小卫星创新研究院）承担平台研制任务。暗物质粒子探测卫星的绝大部分工作是由国内科研单位完成的，在国际合作方面，瑞士日内瓦大学和意大利佩鲁贾大学参与了硅阵列探测器的研制。

图 3-14　参研单位一览

用于将卫星送上太空的长征二号丁运载火箭（图 3-15，以下简称长二丁火箭），是由中国航天科技集团公司下属的上海航天技术研究院抓总研制的，这是该运载火箭执行的第 26 次飞行任务，也是长征系列运载火箭的第 221 次飞行。长二丁火箭此前的战绩非常了得，一直保持着 100% 的成功率，是一枚名副其实的“金牌火箭”。

图 3-15　长征二号丁运载火箭

# 3.2 “火眼金睛”长啥样

成百上千名科学家参与了悟空号的研制，他们面临两个最大的挑战：一是要提高探测器的粒子鉴别能力，把不同的粒子区分开，这个难度相当于在一个2 000万人口的大城市里准确找出20个人，还不能认错一个人；二是要让探测器的动态范围达到100万倍，也就是从最弱的信号到最强的信号，探测器的探测范围要覆盖得尽可能宽，这相当于“悟空”的眼睛既要能看到一名身高2 m的篮球运动员，同时还得能看清他身上2 μm大的细胞。

别看悟空号的长、宽、高都只有1 m多，比一张办公桌大不了多少，可它身材虽小，能耐却不小。与国际上同类型设备相比，悟空号有3个特点：工作能段高，能量分辨率高，鉴别粒子本领强。悟空号的探测极限可以达到可见光光子能量的10万亿倍，这意味着它兼具“看得远”和“看得准”两个优点。

## 3.2.1 外形：一个倒立的“四层蛋糕”

悟空号是迄今为止观测能段范围最宽、能量分辨率最优、粒子鉴别能力最佳的暗物质粒子探测卫星，超过国际上所有同类探测器，其尺寸为1.5 m × 1.5 m × 1.2 m，整星质量1.85 t。卫星上的暗物质粒子探测器属于大型空间高能设备，从顶部到底部主要由塑闪阵列探测器、硅阵列探测器、BGO量能器和中子探测器构成，4个子探测器由上到下摞在一起，就像一个四层“大蛋糕”（图3-16）。

每一个子探测器的功能各有侧重，4个子探测器协同工作，以实现对高能电子、γ 射线和宇宙线粒子的高分辨率观测，为寻找暗物质提供全方位的数据信息。探测器主要测量高能粒子的能量、方向和电荷，并要具备鉴别粒子的本领，整个探测器从顶部到底部都是围绕这 3 个物理量和粒子鉴别来设计的。

寻找暗物质的过程就像与幽灵捉迷藏。“天下武功，唯快不破，仪器越灵敏，才越有可能有所发现。”常进说。中国的暗物质粒子探测卫星就是通过提高能量分辨和空间分辨的本领、降低宇宙线背景噪声并且把探测器做得足够大等方法来提高灵敏度的。

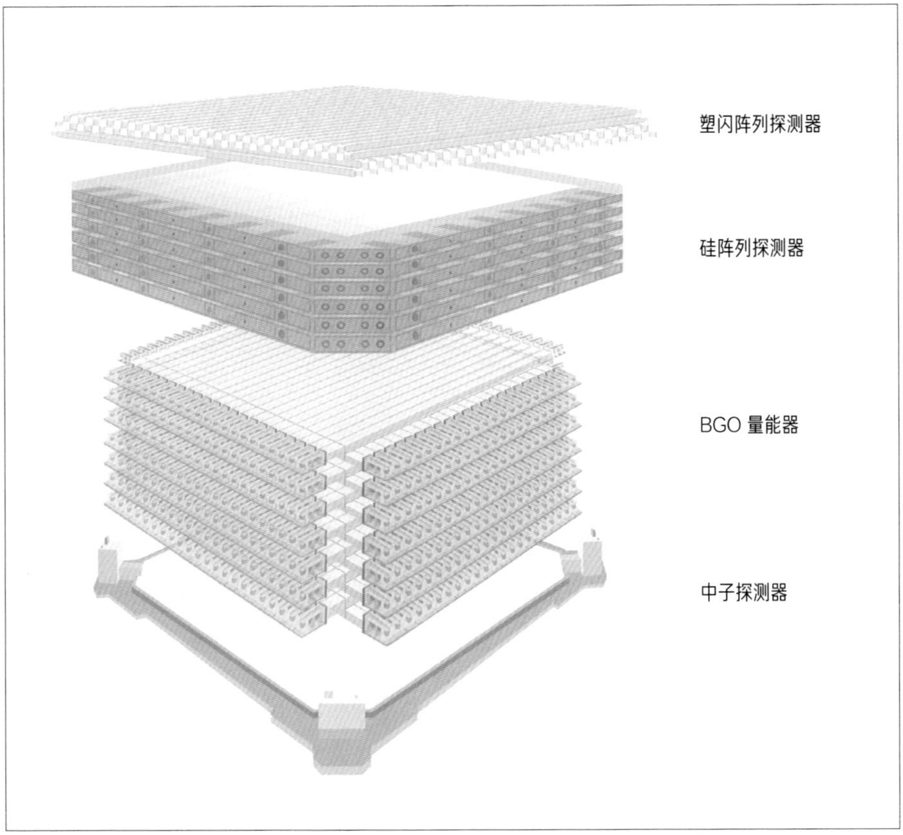


图 3-16　悟空号的探测器组成

## 一、塑闪阵列探测器

塑闪阵列探测器是一个位于悟空号有效载荷最上层的探测器（图 3-17），它的作用是测量和鉴别高能电子和 γ 射线光子，还可以用来鉴别高能重离子（重离子指质量比 α 粒子重的原子核，有时也认为 α 粒子是最轻的重离子）的种类。

太空中的粒子多种多样，比如：γ 射线不带电，电荷数为 0；电子的电荷数为 -1；正电子的电荷数为 +1；质子（也就是氢原子核）的电荷数为 +1；从氦原子核（+2）到铁原子核（+26），电荷数逐渐增加。因此，我们通过高精度测量入射粒子的电荷，就可以鉴别大多数的粒子（图 3-18）。塑闪阵列探测器采用了国内研制的最大闪烁体，设计上攻克了“塑闪晶体温度形变适应结构的设计与实现”这一关键技术，探测器本底水平低至国外同类探测器的 1/5 以下，电荷分辨率与世界上同类空间探测器的最高水平相当。

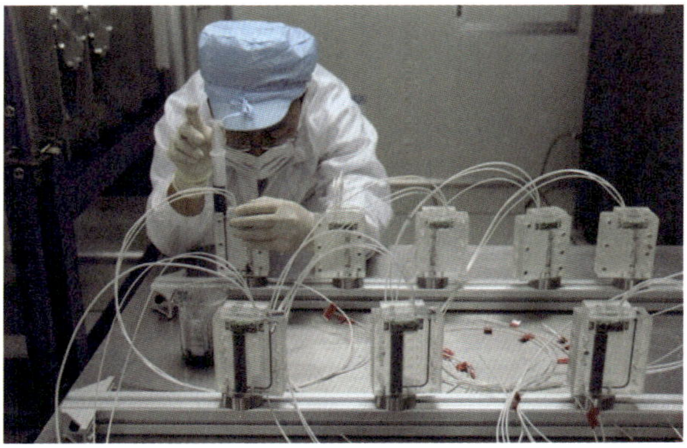

图 3-17　塑闪阵列探测器初样鉴定件

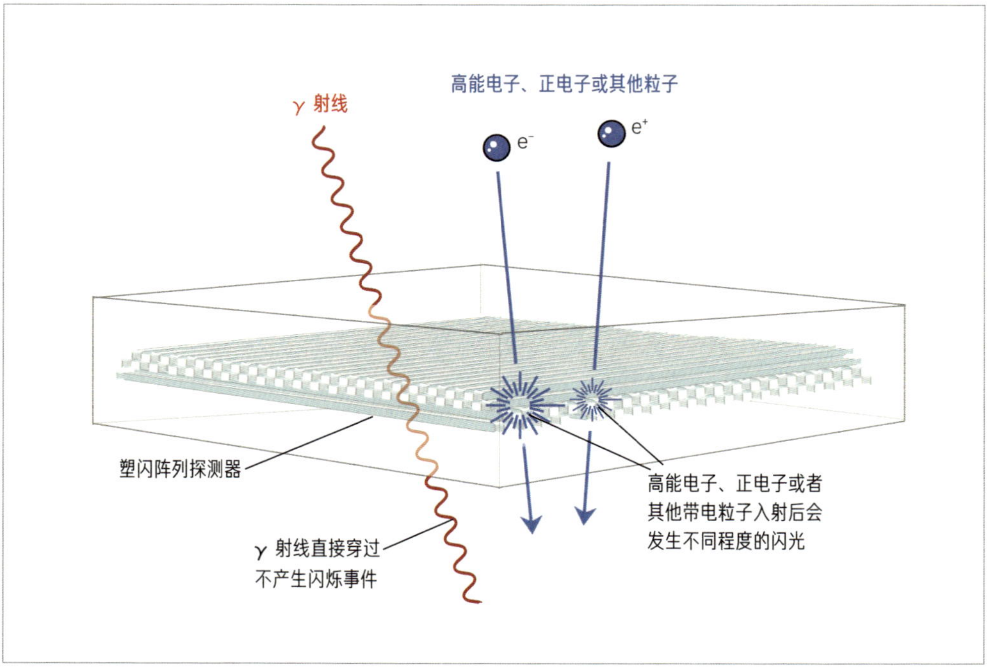


图 3-18　不同的高能粒子入射到塑闪阵列探测器后，
会产生不同的响应，据此可以鉴别粒子

## 二、硅阵列探测器

硅阵列探测器（图 3-19）是悟空号有效载荷中唯一的半导体探测器，位于“大蛋糕”的第二层，它的主要作用是测量入射粒子的方向，也可以用来测量粒子电荷，以便进一步鉴别高能电子、γ 射线光子和其他高能粒子（图 3-20）。

硅阵列探测器采用国际合作的方式，我国科学家与欧洲科学家联合研制了先进的硅微条探测器阵列，大幅提高了探测器的空间分辨本领。硅阵列探测器的研制水平可以用位置分辨精度来衡量，悟空号上硅阵列探测器的位置分辨精度优于 60 μm，这表明该探测器的空间分辨水平达到了国际上最先进的 γ 射线望远镜的水平。

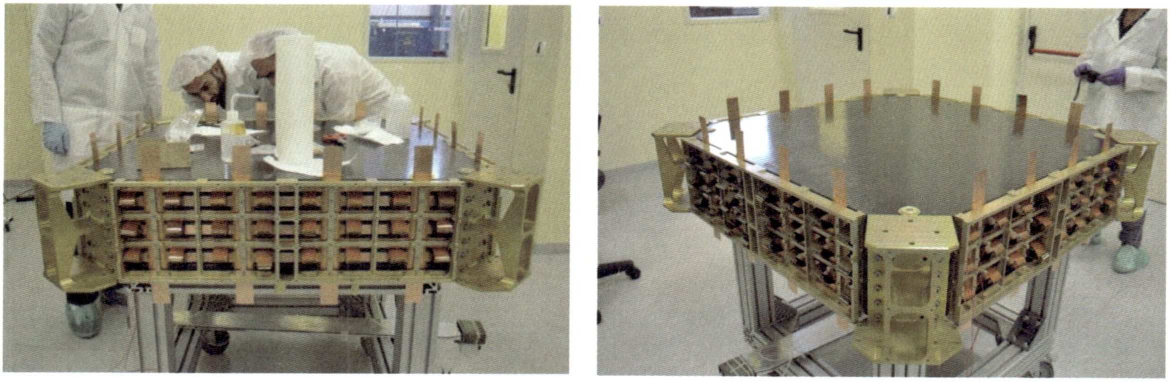

图 3-19　硅阵列探测器初样鉴定件

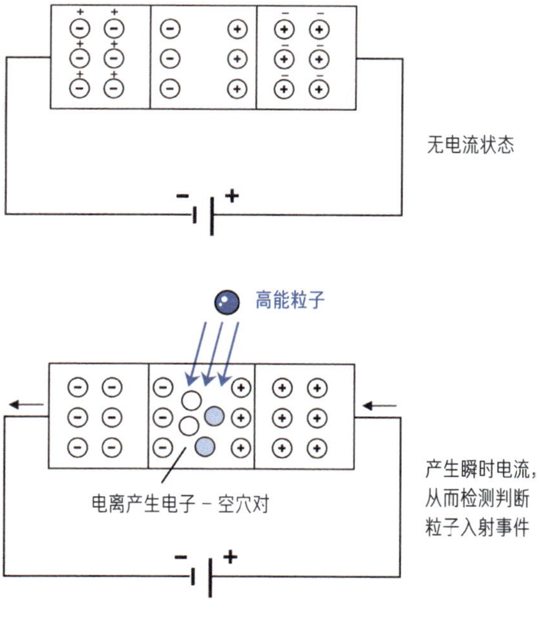


图 3-20　高能带电粒子入射到硅阵列探测器时，半导体内会发生电离现象，在外加电场的作用下产生瞬时电流，这样科学家就能以脉冲信号的形式记录下高能粒子入射事件；而通过多层、相互垂直排列、梯架结构的精巧设计，科学家还能记录高能粒子入射的方向，这对于了解暗物质粒子在空间中的分布具有重要意义

## 三、BGO 量能器

BGO 量能器（图 3-21）是悟空号的“重量级”探测器，其主要任务是测量入射粒子的能量和方向，并鉴别粒子的种类。BGO 量能器是悟空号中通道最多、密度最大、结构最复杂、组件最多的子探测器。它共由 308 根 BGO 单晶棒交叉堆叠而成，还包括 616 个光电倍增管（PMT，一种能将微弱的光信号转换成电信号并逐级放大倍增的真空光电转换器件）、16 块前端读出电子学线路板和碳纤维箱体，整体形似一个大方块。当粒子入射时，会与一层层的晶体发生相互作用并发光（图 3-22）。BGO 量能器实现了对 800 GeV 入射电子的能量分辨率优于 1.5% 的设计指标，为国际最高水平，远超世界上所有同类空间探测器。

图 3-21　BGO 量能器初样鉴定件

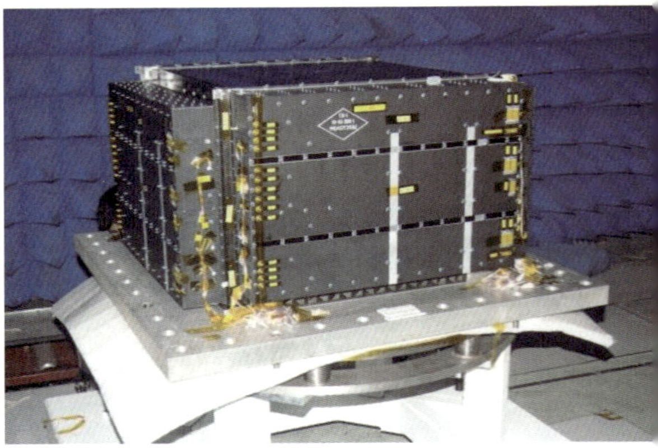

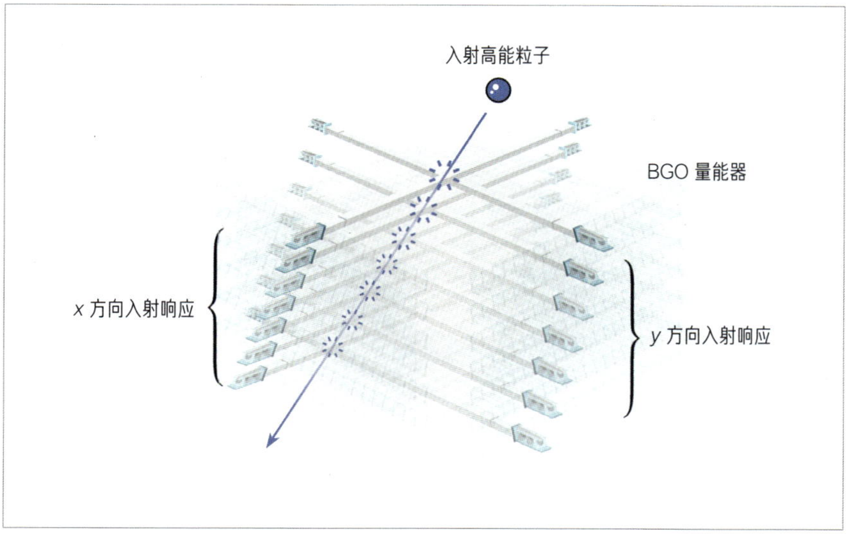


图 3-22 根据入射粒子在 BGO 量能器中的不同响应，可以重建其入射轨迹，进而鉴别入射粒子的种类

## 四、中子探测器

中子探测器（图 3-23）位于“大蛋糕”的最底层，它的作用是测量宇宙线中的强子（主要为质子）与中子探测器上层的物质发生作用后产生的次级中子。宇宙中的强子会和探测器作用产生大量的次级中子，而电子和 γ 射线产生的次级中子数目要少很多（图 3-24），因此，人们可以根据这些中子在探测器内的能量沉积，判断入射粒子的种类，并配合 BGO 量能器来进一步区分质子和电子。

图 3-23　中子探测器

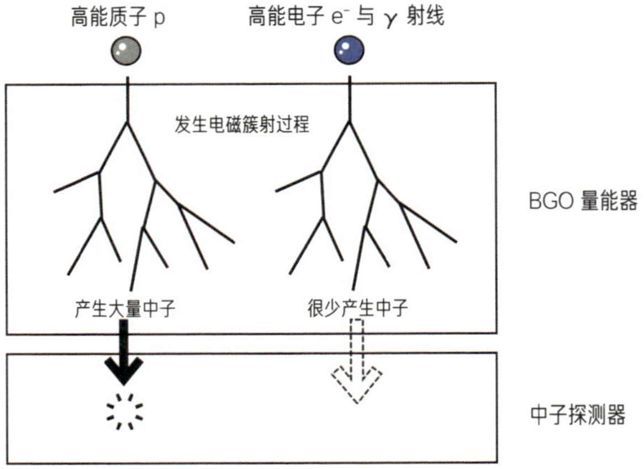


宇宙中的高能质子经过 BGO 量能器时，会产生大量中子，但高能电子以及 γ 射线经过 BGO 量能器时产生的中子数量很少，所以利用中子探测器与 BGO 量能器协同工作，就能进一步区分穿过卫星的究竟是质子还是电子了

图 3-24　中子探测器通过测量中子数量来区分入射粒子的种类

### 3.2.2 设计：螺蛳壳里做道场

“大蛋糕”虽然只有四层，但每一层都不是随意摆放的，而是经过了科学家的精心设计。它们之间的排列顺序会极大地影响卫星的工作效率，只有设计好、排列好，4 个子探测器之间才可以避免相互干扰，甚至可以实现互相验证、互相补充的协同效果（图 3-25）。

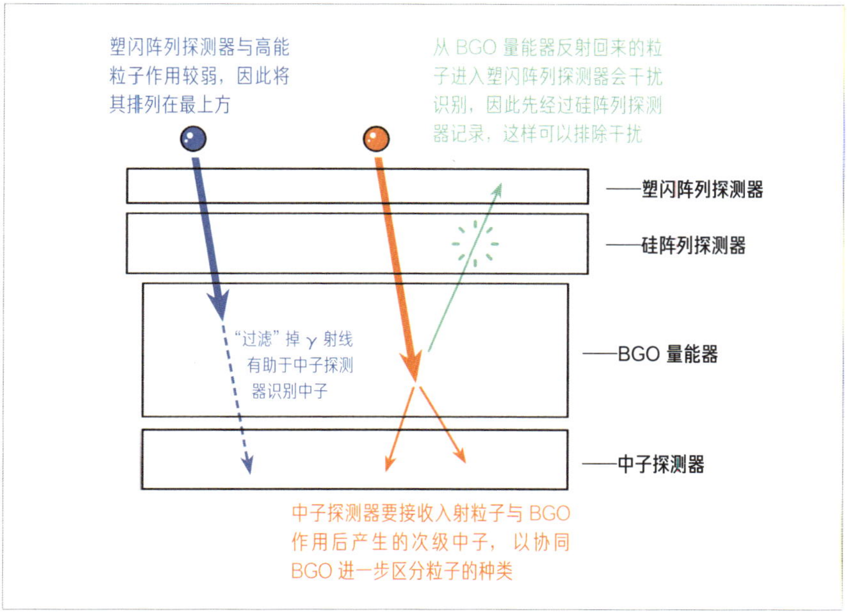


图 3-25　4 个子探测器协同工作的示意图

整个“大蛋糕”的“裱花”和“内馅”更是复杂至极。在整个探测器内部，共有 4.2 万路读出电子学线路、168 路高压电源和接近 8 万路探测器通道，是我国在天上飞行的在电子学方面最复杂的一颗卫星，复杂度超过了中国之前地面最复杂的加速器实验所用的“北京谱仪”。而所有这一切，都要安装在 1 $m^3$ 的狭小空间里。

在“螺蛳壳里做道场”，就意味着每一个步骤都要做到最好。在比一张书桌大不了多少的空间里，光电缆就有 8 000 多根，千头万绪，错综复杂。在航天单位里，8 名工人 24 小时倒班，花了 1 个月时间才把 8 000 多根电缆一一梳理好，每一路测试信号都要完好，并把线路板焊上去。

为了实现卫星“既能看到 2 m 高的篮球运动员，又能看清 2 μm 大的细胞”这么宽的观测范围，中国科学技术大学的两位老教授花费了 2 年时间，设计了 30 个不同版本的电路，选择了一个最好的方案用在卫星上，最后光电倍增管（图 3-26）的读出线路板只有 1 元硬币的大小。

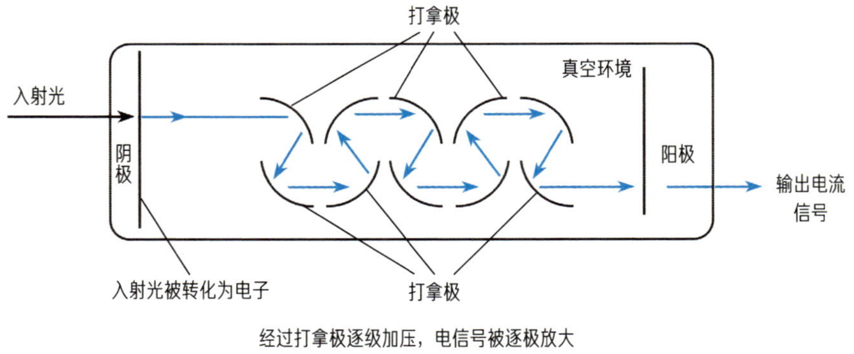


图 3-26　光电倍增管工作原理

中国科学院微小卫星创新研究院暗物质粒子探测卫星总设计师李华旺至今都对那段日夜奋斗的日子（图 3-27）记忆犹新。时间紧，任务重，是队友们对这次任务的共同感受。“这个任务时间非常紧，推进节奏非常紧凑，因此我们把每个计划安排精确到一天甚至半天，以此确保整个项目的进度。执行过程中，一旦遇到难题，大家就会集体攻关，群策群力，确保进度，全力以赴把难点攻克。”

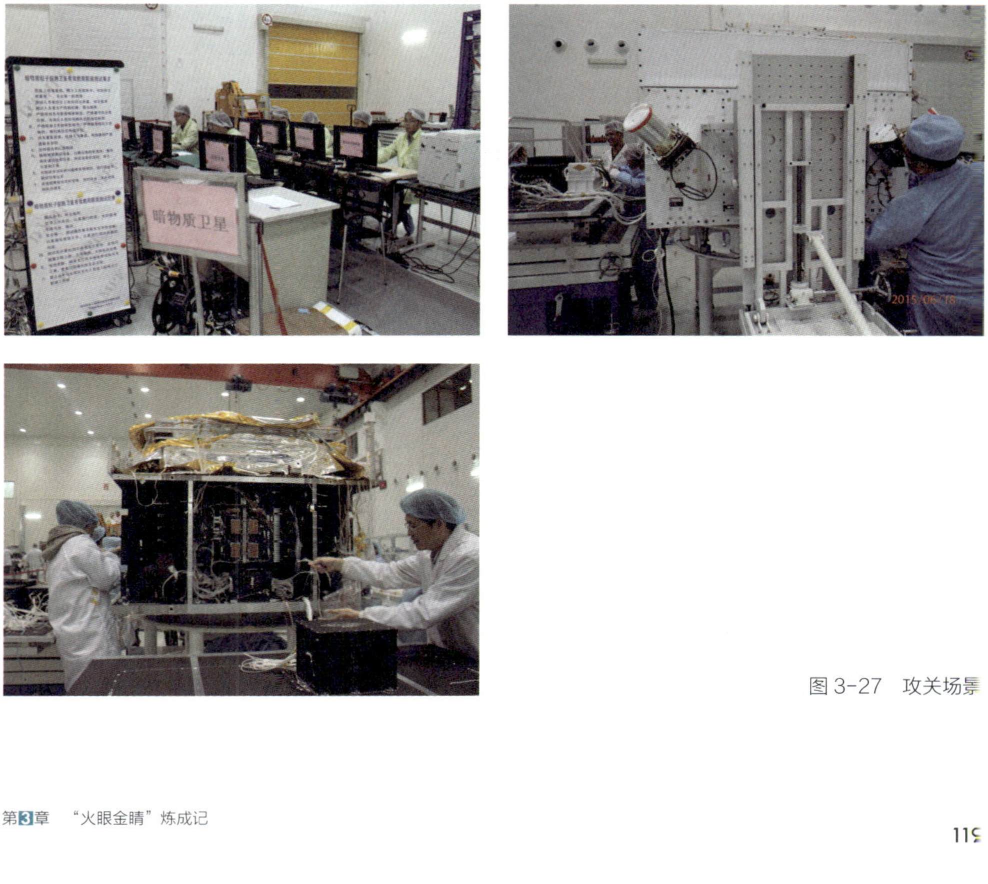


图 3-27　攻关场景

### 3.2.3 减重："造星大师"的好手艺

创新三号、悟空号、墨子号、太阳风 - 磁层相互作用全景成像卫星、爱因斯坦探针卫星、太极一号、试验六号、遥感三十号……短短几年，中国科学院微小卫星创新研究院便发射了 70 多颗卫星，这背后都离不开一个人的心血，他被称为"星星"背后的人——朱振才（图 3-28 中穿蓝衣者）。

接到暗物质粒子探测卫星这项新任务时，朱振才正埋头奋战在北斗三号首颗试验星技术攻关一线。因为善于开创新领域、开拓新方向，他被召唤到空间科学卫星的新战场。

当时对悟空号的设计曾有两个方案，第一个方案是将 1.4 t 的探

图 3-28 朱振才及其团队

测器放在现成的卫星平台上；第二个方案则是将卫星的所有服务设施都安装在探测器周围，也就是以科学载荷为中心的卫星设计理念。

如果选用第一个方案，卫星总重将超过 3 t，必须用更大的火箭发射，光运载成本就要增加五六千万元。“科学卫星目标太高，几吨的平台咱们压根儿没干过，估计接不了这活儿。”犹豫不决的气氛在团队中迅速蔓延。

科学目标越高，卫星结构就越复杂；结构越复杂，卫星的质量就越大；卫星质量越大、体积越大，制作和发射的成本也就越高。对于一颗并不直接产生经济效益的纯科研用途的卫星来说，成本直接关系着卫星项目的命运。

悟空号的研制团队就面临着这种“鱼与熊掌”必须兼得的难题。对于这样一颗承载着前沿科学探索任务的卫星来说，8 万路探测器通道意味着仅有效载荷的质量就不能低于 1.2 t。

既要保证有效载荷顺利运转，又要最大限度地为卫星“减重”，“既大又轻”确实是一对无法避免的矛盾。朱振才思忖再三，一锤定音：“当初我们的创新一号可以从无到有，这一次也没有什么理由退缩。我带头，一切从零开始，干！”他带领团队另辟蹊径，精准定位减重的设计思路，创新性地提出了“以有效载荷为中心、以实现科学任务为目标的整星一体化设计”理念。

在新理念下，攻关团队为暗物质粒子探测卫星“量体裁衣”，探测器置于整星中心，电子学机箱及平台各单机均布于探测器周围的隔板上，而姿轨控、热控等设备保障系统包裹在有效载荷周围（图 3-29），就像为载荷量身定制了一件“衣服”。

“为了攻克这个难题，大家都集中精力，一起想主意、想办法，尽量布置出一个好的构型，尽量把卫星平台的质量往轻了减。”暗物质粒子探测卫星系统总设计师李华旺回忆，“在这方面我们也走过一些弯路，包括底板自身构型方面，做了三四轮改进，才把方案最终敲定下来。”

最终的成果令世界瞩目。研制完成时，整星质量为 1.85 t，其中有效载荷质量达到 1.41 t，“干货比”达到了罕见的 75%！相当于一个人背了 3 倍自身质量的东西。此外，整星质量控制在 2 t 以内，还为国家节约了几千万元的运载成本。

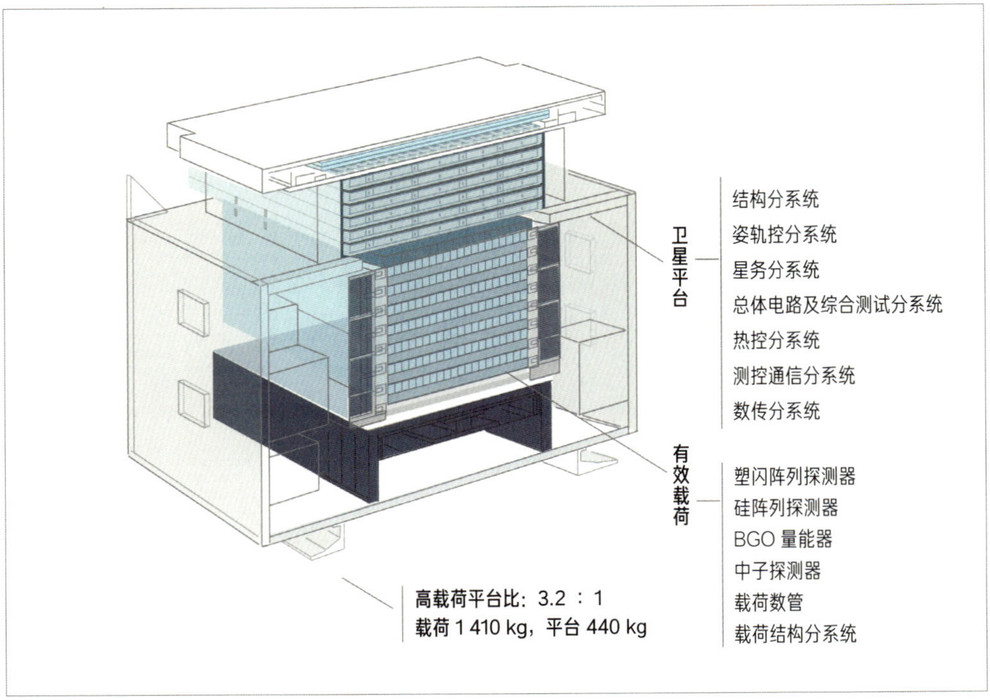


图 3-29 以有效载荷为中心“量体裁衣”

朱振才说，团队全体成员一整年都在紧张的研制、测试和试验中度过，不是在工作就是在去工作的路上，“5+2”“白加黑”是常态，“五一”“十一”假期是奢望；有的带病上阵，有的带孕上阵，有的推延婚期……但是没有人为献身这项事业后悔过，因为大家都明白，它承载着中国的航天梦、科学梦。朱振才自己也是一样，他总是来得特别早，走得特别晚。来时停车场空空如也，走时停车场寂静无声。

科研为什么要求速度？科学界有一句很形象的话："科学探索没有第二，只有第一。"就暗物质探测来说，全球竞争对手众多，国际上有很多类似计划，前有国际空间站上的一些计划，后有美国、欧洲的类似工作，日本和俄罗斯也有"抢跑"的意思。为了在暗物质空间探测、宇宙线物理、γ 射线天文等前沿领域贡献中国智慧、中国力量，进一步提升中国在世界空间科学领域的地位，科研团队唯有马不停蹄，只争朝夕。

# 3.3 看得远又看得准，核心载荷攻坚记

“罗马不是一日建成的”。在数年的研制过程中，暗物质粒子探测卫星集成了无数新技术、新工艺，凝聚了多个科研团队的力量，每一个载荷的诞生，都有着讲不完的故事。

## 3.3.1 BGO 量能器如何兼具“三高”优势

暗物质粒子探测卫星主要的科学仪器在读出电子学线路的复杂度和工程实现难度上都超越以往，为此，卫星采用了许多由中国科研工作者独创的技术。其中最核心的载荷，是主要由尺寸为 25 mm × 25 mm × 600 mm 的 BGO 晶体和多个光电倍增管构成的 BGO 量能器。在 1.41 t 重的有效载荷中，BGO 晶体就重达 824 kg，占有效载荷总质量的约 59%，整个 BGO 量能器的总质量更是达到 1.05 t，是绝对的“重量级选手”（图 3-30）。

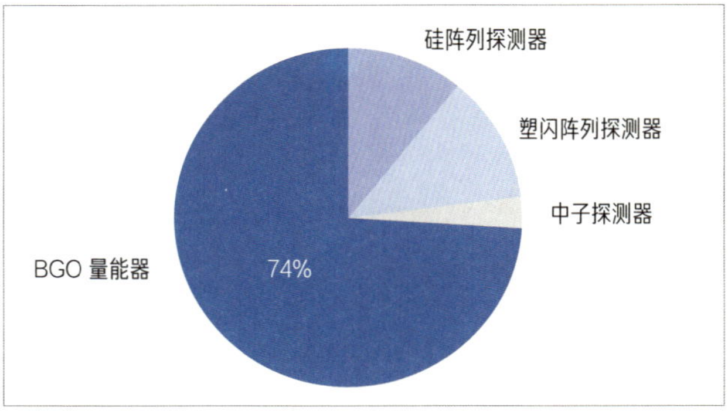


图 3-30　BGO 量能器占有效载荷总质量的一大半

那么 BGO 量能器的背后中国科学家付出了哪些努力，又有哪些关键性的技术突破，才使得悟空号具备了观测能段高、能量分辨率高、鉴别粒子本领高的“三高”核心优势呢？

## 一、上海硅酸盐研究所创造 BGO 晶体长度新纪录

“悟空”上天没有携带金箍棒，却带了 308 根“水晶棒”，这里所说的“水晶棒”就是 BGO 晶体。BGO 晶体可以说是“悟空”的“超级视网膜”，它是与可能的暗物质粒子湮灭产物（主要为高能电子和 γ 射线）作用的直接媒介。电子、质子、γ 射线穿过 BGO 晶体时，会与其发生相互作用，这个过程中它们携带的能量会损失一部分，同时使物质产生一些游离的粒子。如果物质比较厚，这些游离的粒子会进一步跟物质发生相互作用，产生更多的游离粒子，就像植物不断生长出更细小的须根一样，源源不断地发展下去，这种现象就叫作簇射。电子和 γ 射线产生的电磁簇射（图 3-31）和质子等强子产生的强子簇射在三维空间的横向展开和纵向发展有所不同，BGO 量能器据此就可以区分入射粒子的种类。

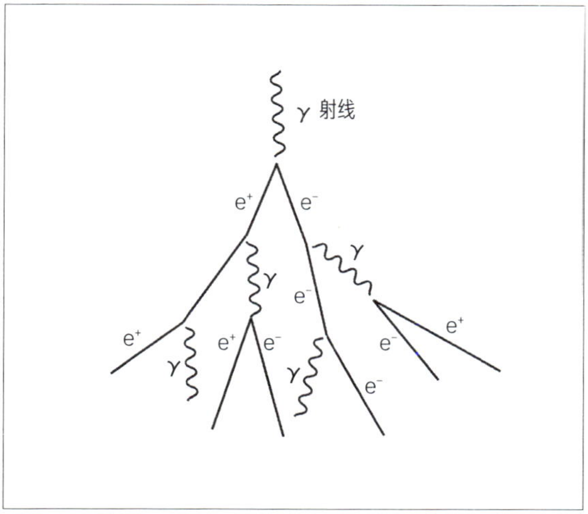


图 3-31　类似“淋浴喷水”形状的电磁簇射

“水晶棒”的研制团队是中国科学院上海硅酸盐研究所，在悟空号有效载荷的初始设计方案中，研制团队曾考虑采用576根 25 mm × 25 mm × 300 mm 的晶体来构筑BGO量能器，该尺寸更易制备，但在高集成度、低功耗和高可靠性等方面可能无法满足悟空号的苛刻要求。经过专家讨论，只有BGO晶体的长度达到600 mm，数量减至308根，才能既满足探测需要又方便装备。

虽然BGO晶体已在核医学、粒子物理、核物理、天体物理和石油测井等辐射探测领域广泛应用，但当时国际上已知最长的BGO晶体仅有400 mm，长BGO晶体的生长是对晶体制备科技的全新挑战，许多业内专家甚至断言——600 mm是“不可能完成的任务”。

之所以被视作“不可能完成的任务”，是因为随着晶体生长的尺寸越大，其制备难度是按指数级别增大的。比方说，尺寸增加1倍，那制备难度就可能增加4～6倍。制作晶体与制作陶瓷、玻璃不同，并不是想做多大、做成什么形状都可以。专业人员用“生长”来形容晶体的形成过程，它们就像庄稼一样，从一颗小小的晶体“种子”开始，在适宜的环境条件下，按照特定的生长速度、朝特定的方向生长。一根BGO晶体1天只能长1 cm，在长到预期尺寸之前，稍微有点风吹草动就可能导致前功尽弃。

从2011年6月起，上海硅酸盐研究所中试生产一线（BGO研究组，图3-32）在国际上率先进行了600 mm长BGO晶体（图3-33）的制备科技研究，原创出“四温区多坩埚晶体生长炉”，先后实现了600 mm长BGO晶体的成功制备和量产，成为世界上能制备并量产该长度BGO晶体的唯一供应商，至今保持着该晶体长度的世界纪录。

最终，每根600 mm长BGO晶体的两端各耦合1个光电倍增管，形成1个探测单元，308个探测单元以相邻两层正交排列的方式形成立体探测矩阵。

图 3-32　上海硅酸盐研究所 BGO 研究组部分成员

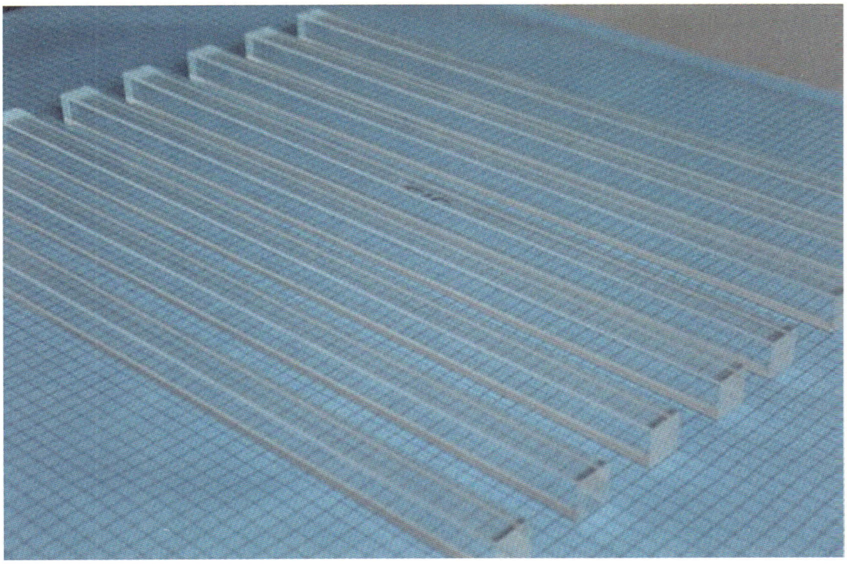

图 3-33　600 mm 长 BGO 晶体

另外，科研人员还系统研究了影响 BGO 晶体光透过和光响应均匀性的诸多因素，获得了创新性结果，为 BGO 量能器晶体性能指标的确立和数据处理方案的确定做出了关键性贡献。

## 二、中国科学技术大学攻坚 BGO 量能器研制任务

BGO 量能器作为暗物质粒子探测卫星有效载荷的主体，承担着高能粒子的精密能量测量、高能强子本底鉴别等关键任务。从功能上来说，可以将 BGO 量能器的组件划分为探测器（负责实现物理探测）、读出电子学（负责对探测器输出的信号进行测量并转换成科学数据）及其机械结构 3 个部分。

“高能段电子的能谱测量，是暗物质粒子探测卫星探测的核心目标。”中国科学技术大学教授、BGO 量能器分系统主任设计师刘树彬说。中国科学技术大学作为该分系统的主体研制单位，与紫金山天文台共同承担了 BGO 量能器的研制任务。

事实上，早在暗物质粒子探测卫星工程项目启动之前的 2009 年，中国科学技术大学的科研团队就参与了常进领导的暗物质粒子探测卫星地面原理样机的研制工作。 那年夏天，常进回到母校，找到了近代物理系的安琪、许咨宗和汪晓莲这 3 位德高望重的教授，介绍了建立合作组、推动中国暗物质空间探测的构想。3 位老师慧眼独具，当即表示赞同，并组建了校内攻关团队，承担起了 BGO 量能器的研制任务。安琪教授相当于团队的带头人，不仅在当时为地面原理样机的研制做出了贡献，后来暗物质粒子探测卫星工程立项，还担任卫星副总设计师，继续为卫星科学载荷的工程研制把握方向。许咨宗、汪晓莲教授是粒子物理方向的资深专家，负责指导探测器的方案设计。刘树彬教授在大科学实验领域积累了丰富的经验，负责在卫星工程中主持 BGO 量能器的设计和研制。彼时还是中国科学技术大学博士研究

生的封常青、张云龙也在 2009 年就加入了团队，在几位导师的指导下挑起了大梁。经过 2 年的努力，中国科学技术大学的科研团队完成了地面原理样机 BGO 量能器的探测器和读出电子学的关键技术攻关，确定了 PMT 多打拿极信号输出（图 3-34）以及高集成度电荷测量芯片的读出方案。

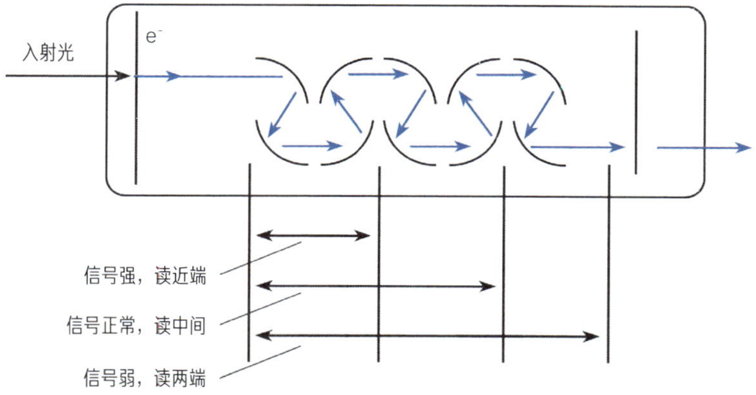


图 3-34　多打拿极信号输出。与探测线路直接相连的线路称为前端线路，而它读取探测介质信号的过程大有门道。由于悟空号探测的粒子能量范围极宽，从低到高可相差数万倍，这要求前端线路既能兼顾这么宽范围的信号，又能准确测量它们的具体数值，多打拿极信号输出就是研发组针对这一难题提出的解决方案

作为卫星载荷，BGO 量能器还必须在质量、体积、功耗等各种资源条件十分有限的情况下，达到高可靠性的要求。因此，原有的地面原理样机成果并不能直接套用，要在此基础上，按照航天工程的管理要求继续进行技术攻关。

2011 年，封常青和张云龙戴上博士帽，以优异的成绩毕业，但摆在两位年轻人面前的，却是一次重要的人生选择。这一年年底，暗

物质粒子探测卫星正式立项，中国科学技术大学承担 BGO 量能器的工程研制工作。同时，由于他们两人出色的科研成绩，不少企事业单位向他们抛来了橄榄枝。但正如二人所说：“这是我们读博士期间一直在努力做的项目，我们对它有很深的感情。”他们心意相通地放弃了其他工作机会，选择以博士后身份留在母校，致力于暗物质粒子探测卫星工程 BGO 量能器的设计和工程研制。他们说：“能够亲身参与我国首次开展的大型空间粒子探测实验，我们真的很高兴，也深感荣耀。”

可是，要发射上天的东西，并不是仅凭年轻人的一腔热血就能轻松变成现实的。如何符合卫星标准，让 BGO 量能器顺利升空，并非易事，挑战接踵而至。BGO 量能器结构复杂、指标先进、技术难度高，而且是我国空间型号任务中此类探测器装置的首次实现，并无先例可循，加之对质量和可靠性要求严格，其设计和工程研制是一项艰巨的任务。

在刘树彬的主持下，走上工作岗位的封常青和张云龙带领团队（图 3-35），分别负责读出电子学、探测器的设计和工程研制，他们

图 3-35　中国科学技术大学的 BGO 量能器研究团队

密切配合，共同完成了整机总装测试、地面环境模拟试验、加速器束流实验及数据分析等工作。

“中国科学技术大学建校的最初使命就是为我国‘两弹一星’工程输送人才，在人员素质上不存在问题，但以本校的教师和研究生作为主力军来直接承担航天任务，却是近几年来才有的趋势。”封常青分析道。得益于我国经济实力和综合国力的增强，当航天技术发展到一定程度之后，除了用于国家安全和民用领域，反过来也需要由空间科学引导前沿的工程需求，从而进一步推动新的技术突破。国家增大对空间科学等基础研究的投入，使得在基础研究领域有优势的高校和科研院所也开始加入原本以工程技术专家为主体的航天队伍。

不仅如此，正如我们在第 2 章所介绍的，暗物质空间探测是当今国际实验物理学的热点，为了赶超国际同行，早日获得科学发现，暗物质粒子探测卫星预定的最终发射节点为 2015 年底，其进度要求甚至比我国以往的航天工程更加苛刻。

“暗物质粒子探测作为我国首个大型空间高能宇宙线探测项目，在探测方法上将粒子物理与空间科学相结合，采用了诸多新的技术。要在 4 年内完成方案阶段的关键技术攻关，方案样机、初样鉴定件、正样飞行件的研制，以及多次在欧洲核子研究中心的束流实验，不能不说是一项相当艰巨的任务。”张云龙表示。

工程立项后，BGO 量能器科研团队开始直面挑战，迎难而上。针对航天工程经验不足的问题，这个年轻的团队认真查阅文献，同时在卫星工程总体的协调下，向其他航天单位虚心求教，从零开始“边学边做，边做边学”，最终成长为一支同时具备科学知识和工程能力的空间科学研究队伍。

如今已留校任教的张云龙回顾起这段攻坚克难的经历时，提到了交叉学科协作融合的重要性。他说：“BGO 量能器项目包含了两个专业领域，一个是粒子物理专业，另一个则是物理电子学专业。前者属于实验物理学科，更偏重基础研究；后者属于电子科学与技术学科，更偏重工程技术。这两个专业的知识领域刚好构成互补，而两个专业的师生也配合默契，形成了良好的团队氛围。在项目最艰苦的时候，正是这种团结协作的氛围，让大家能够互相鼓励，克服困难。”

在 BGO 量能器的初样鉴定件和正样飞行件的工程安装（图 3-36）期间，为了保证进度，所有参与的人员，不管是教师还是研究生，往往都要加班到凌晨两三点。初样鉴定件、正样飞行件的整机装配恰好在春节前夕，在这个亲人团聚的传统节日里，大家虽然归心似箭，却仍然坚守岗位，并自觉加班加点，最终赶在除夕前一两天完成了总装任务，然后紧急赶火车回家过年。

图 3-36　BGO 量能器正样飞行件的工程安装现场

为了在整机装配完成后尽快开展环境模拟试验，正月初二、初三，团队成员就陆续从全国各地的家中出发赶到试验现场，项目组里的同事成了共度佳节的“亲人”。封常青的老家在湖南，交通不便利，因为路途耗时较长而休假时间又短，已经连续两年春节无法回老家看望父母。而且因为工程任务太紧，甚至女儿出生之后没几天，就又返回工作岗位，他的父母也只能“反向操作”，千里迢迢赶来安徽看望儿子，进行短暂的团聚。

功夫不负有心人，经过 4 年的艰苦努力，项目团队终于圆满完成了方案阶段的技术攻关研究和初样、正样阶段的研制生产，于 2015 年 5 月 11 日将 BGO 量能器正样飞行件交付给总体单位，为暗物质粒子探测卫星的顺利升空提供了有力的保障（图 3-37，图 3-38）。

图 3-37　2015 年 12 月 17 日，中国科学技术大学项目团队在酒泉卫星发射基地宿舍楼前的合影

图 3-38　2015 年 12 月 6 日，卫星副总设计师安琪教授在酒泉卫星发射基地测试厂房的留影

## 3.3.2　硅阵列探测器背后的国际合作

探索浩瀚宇宙是全人类的共同梦想，空间科学是自主发展和开放合作的有机结合体，是重要的国际合作领域。中国政府“友谊奖”获得者、欧洲空间局原副局长、国际空间研究委员会原主席博奈（Roger M. Bonnet）就曾指出，国际合作对空间科学的作用是再怎么强调都不过分的，对空间科学是绝对必要的。通过国际合作，可吸纳国际力量、拓展研究领域、丰富研究内容，同时提升自主研发能力，提升我国在空间科学领域的国际地位和话语权，对推动空间科学事业发展起到积极的作用。

国际合作是空间科学发展的客观需要，也是我国走向世界空间科学舞台中央的必由之路。悟空号也不例外。

## 一、探月“老兵”的遗产

暗物质粒子探测卫星上的硅阵列探测器就像一个明察秋毫的“足球裁判”，当一个个小“足球”（带电粒子）穿过探测器的灵敏区时，在强电场的作用下，会发生漂移，“足球裁判”就负责记录这些带电粒子的运动轨迹。因此，这个“足球裁判”的水平高低，就可以用它的位置分辨精度来衡量。暗物质粒子探测卫星上的硅阵列探测器位置分辨的精度优于 60 μm，这样的精度也意味着硅阵列探测器是一个构成复杂、功能强大、高度集成的系统。

硅阵列探测器尺寸为 800 mm × 800 mm，由 6 大层硅微条探测器上下层叠排布而成（图 3-39），包含 73 728 路精密的硅微条探测单元，每路硅微条探测单元只有一根头发丝粗细，对装配工艺有着极为严格的要求。肉眼看时每层硅微条探测器如同光滑的镜面，在显微镜下才能看到其中的连接线，工艺极其复杂。

硅阵列探测器还配备了一套“超强大脑”——读出电子学子系统，不仅可以同时收集、处理 7 万多路信号，还具备供电、状态监控、通信等功能。虽然硅阵列探测器系统复杂，但整体功耗不能超过 85 W，

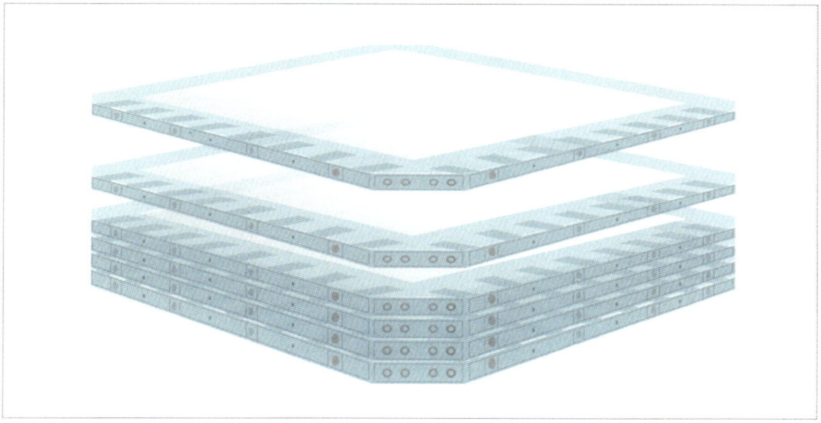

图 3-39　硅阵列探测器结构图

平均一个通道才 1.1 mW，其设计难度可想而知。

这个探测器是中国科学院高能物理研究所领导的一支国际合作队伍研制的。有一段时间，硅阵列探测器的研制进度有点慢，荣获“首次月球探测工程突出贡献者”称号的王焕玉研究员，在大年三十带着团队（图 3-40）去瑞士找合作方。外国工程师到了下班时间马上回家，中国团队就晚上接着干，就这样没日没夜干了 30 天，最后将探测器准时运回了国内。

图 3-40　项目骨干成员在硅阵列探测器前合影

暗物质粒子探测卫星发射成功后，王焕玉的头发几乎全白了。他坦言，暗物质粒子探测卫星是他参与航天工程的二三十年中碰到的最棘手的项目。

2018 年，王焕玉在一次学术报告的过程中突发心脏病，不幸去世，享年 64 岁。工作到最后一刻的王焕玉用自己的实际行动展示了中国科学家的精气神，更为祖国留下了宝贵的科学遗产。

## 二、瑞士、意大利的加入

人造卫星的研制一般分为方案阶段、初样阶段、正样阶段、发射应用阶段这四大阶段。“一般卫星进入初样阶段就很少修改设计方案，但为了更好地实现科学目标，2013 年初的时候，团队决定修改硅阵列探测器方案，并且引入国际合作团队。”彭文溪说。从 2013 年重新设计方案到 2015 年底发射只有不到 3 年时间，在这么短的时间内，要领导一个国际合作团队，为这样一个新的探测器重新设计方案并研制出上天的产品，当时很多专家认为这是不可想象的事情。“这就好比一场 400 米游泳比赛，别人已经游出 100 米，我们才入水，一直处在最后一名，所以没有理由不夜以继日、加班加点奋力追赶。”彭文溪回忆道。在首席科学家的鼓励和支持下，彭文溪团队硬着头皮接受了挑战。

暗物质粒子探测卫星欧洲合作组由瑞士日内瓦大学和意大利国家核物理研究院下属的佩鲁贾（Perugia）、巴里（Bari）和莱切（Lecce）分部组成，由日内瓦大学吴欣教授牵头。

早在 1991 年，中国和意大利就签署了关于和平利用与研究宇宙空间合作的政府间协定，其后两国在 1998 年签署了第一份机构级的合作备忘录。多年来，中意两国在卫星发射、空间科学、电磁卫星、月球制图等领域取得一系列合作成果，建立了相互信任和友好关系，是彼此重要的合作伙伴。

意大利国家核物理研究院研究总监安布罗西（Giovanni Ambrosi）曾是暗物质粒子探测卫星欧洲合作组佩鲁贾实验组的负责人，作为硅阵列探测器的技术主管，他领导了前端读出电子学线路等模块的设计和测试，并负责安排在意大利进行的力学、热学和热真空环境试验。“悟空号的发射，是中国对意大利空间探测器制造能力的认可，也是意中两国航天合作的重要成果。”安布罗西说，“悟空号是中国首颗空间高能粒子探测卫星，我们很高兴看到它运行状况优异，且关键科学数据仍在积累。意中两国将继续加强协作，力争在宇宙数据分析方面实现重要突破。”

事实上，国际合作并非简单的“1+1”，虽然国内外双方不断地沟通交流，但其间也出现了各种意想不到的问题。

比如在做初样时，曾因为国外机构改进了制造工具，意外导致了探测器失效，中方骨干成员王焕玉、彭文溪多次到国外监督工程进度。2015 年 1—3 月，到了卫星研制的正样阶段，中国、瑞士、意大利每周召开三方视频会议，共享细节、追赶进度，并决定将硅阵列探测器正样环境试验全部在中国完成。然而，探测器正样刚做好，做热真空试验时却又出现了意想不到的难题。“我们需要把设备降到 −30 ℃进行试验，可当时国外仪器的温度降不下来，也很难做到真空状态，试验了两遍都不行，当时时间也紧张，我就联系了航天五院的机器，回国把试验做成功了。”彭文溪说。这话如今看起来简单，但那时他在国外自己拍板将探测器运回国内试验，这种魄力却不是谁都有的。

好在曾经面临的危难时刻，如今都付笑谈中。在大家的共同努力下，硅阵列探测器在 2015 年 5 月顺利完成交付。2015 年 12 月 17 日，王焕玉、彭文溪在酒泉卫星发射基地见证了悟空号的发射，像很多参研人员一样，他们激动得难以入眠。

## 三、我国空间科学卫星的那些国际合作

20 世纪下半叶以来，有两个科技领域的发展对人类社会产生了非常重大的影响：一个是信息科技，另一个就是空间科学。空间科学不仅是空间技术和应用发展的基石，也是产生重大科学突破的前沿领域。

由于空间科学的探索性很强，它也成为国际科技合作的主要阵地之一。通过合作，往往能够产生“1+1 > 2”的效果，既可以有效降低投入成本，又能共享科学成果，为人类认识宇宙做出贡献。中国科学院空间科学先导专项自启动以来，也同样在国际合作方面开展了大量的工作，取得了许多像暗物质粒子探测卫星欧洲合作组这样的成功经验。其特点可以用全面性、广泛性、全方位、多层次几个关键词来概括。

空间科学卫星任务国际合作的全面性体现在9大卫星任务均包含重要国际合作元素。广泛性体现在我国不仅与欧洲空间局及欧洲的意大利、德国、英国、奥地利、瑞士、法国、西班牙等国家开展合作，还与美国、俄罗斯、加拿大、澳大利亚、日本、新加坡等国家开展合作。全方位体现在我国在卫星任务的全生命周期（从战略规划、预先研究、背景型号、立项论证与工程研制，直至在轨运行、科学产出）都有合作。多层次体现在合作涉及载荷层（研制、定标）、研究 / 实验层和整个任务层（从任务策划、提出、研制、发射、运行到科学产出的深度合作）等多个层次（图 3-41）。

图 3-41　暗物质粒子探测卫星在欧洲核子研究中心做束流试验期间合作组部分成员的合影

### 3.3.3 塑闪阵列探测器的那些“第一次”

一台暗物质粒子探测卫星的模型陈列在中国科学院近代物理研究所展厅，这是该所参加空间科学载荷研制任务的一份圆满的成果展示。鲜为人知的是，与硅阵列探测器“老兵”遭遇“新问题”不同，塑闪阵列探测器载荷的研制团队则是第一次参与航天项目。

#### 一、近代物理研究所的第一次

在近代核物理领域，女性科研人员的比例通常不到1/10。然而，悟空号塑闪阵列探测器主任设计师、中国科学院近代物理研究所研究员刘杰就是该领域一名杰出的女将。

近代物理研究所在大面积塑闪研制方面是国内的佼佼者，常进几次去兰州，说服他们加入悟空号团队。他们虽然实力很强，但之前并没有参与过航天项目，没有想到航天这么难，以至于后来他们都打趣说是被常进“骗”进队伍的。

但玩笑归玩笑，近代物理研究所塑闪阵列探测器结构研制团队（图 3-42）做起事来毫不含糊。2008 年，刘杰团队就开始了塑闪阵列探测器的预研工作。自 2011 年底塑闪阵列探测器的研制任务正式交到近代物理研究所手中，此后的1 500 多个日日夜夜，一个又一个的“第一次”接踵而至，刘杰与团队迎难而上，陆续攻破了多项关键技术，塑闪的温度适应性结构设计就是其中之一。刘杰说：“塑闪条很长，伸缩大，我们为适应太空环境，设计了一端可滑动的结构。一端固定，一端放松，克服了形变带来的问题。”卫星上天加速度巨大，振动剧烈，一般部件都要拧紧，放松滑动的结构是个全新挑战，怎么做到？这是个“秘技”，而这个“秘技”毫无疑问可以用到未来

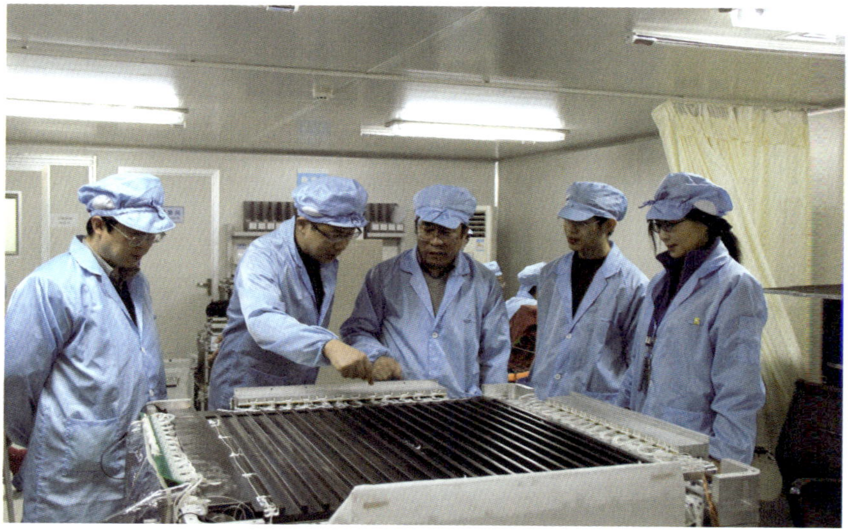

图 3-42　近代物理研究所塑闪阵列探测器结构研制团队

我国其他航天器的设计中去。

机械设计师杨鹏对这个“第一次”更是深有感触，他讲了一个有关“小盒子”的故事。

2011 年底，塑闪阵列探测器项目组正式开始结构研制，杨鹏的任务是给塑闪阵列探测器做一个支撑保护盒。尽管项目负责人强调了这是用在卫星探测器上的结构，但是杨鹏心想，设计制作一个保护盒应该是比较容易的事情吧！他带着一种轻松好奇的心情开始了研制征程。

随着对项目的深入了解，杨鹏才发现，做这个“小盒子”可不是一件简单的事情，需要解决的难题太多了：塑闪阵列探测器核心探测单元的塑闪单元条材料热膨胀系数高，脆性大，屈服强度低；光电倍增管是一种很昂贵的玻璃元器件，很容易破碎；既要满足塑闪单元条在工作温度范围内的变形能自由释放，核心的探测单元及读出电子学系统等不受结构性能影响，还要满足卫星上产品容积和质量的严格约束和高可靠性，满足航天工程中的力、热、电磁兼容及剩磁等指标要求，保证探测器性能稳定……

结构设计中的很多技术难题在国内尚未得到充分研究和解决，有的甚至处于空白状态，国外能查到的资料也少得可怜。因此，塑闪单元条温度变形自适应的高集成、高力学性能、轻质量化探测器异型结构设计被卫星工程总体列为攻关的关键技术之一。“技术难点这么多，我们又都是首次参加航天项目，不仅没经验，连基本规范都不清楚。”杨鹏说。

压力就是动力，没有经验就从零开始学习。既然遇到这么多技术难点，又没有任何捷径可走，那一个个解决就是了。带着这种心态，这支团队开始了艰辛的关键技术攻关历程。经过超过 100 个版本的结构设计优化、模拟分析计算，以及多次的试验验证，他们终于在 2013 年初完成了关键技术攻关（图 3-43），并通过了专家评审，同时研制的结构件也顺利交付卫星总体，通过了力学试验验证。

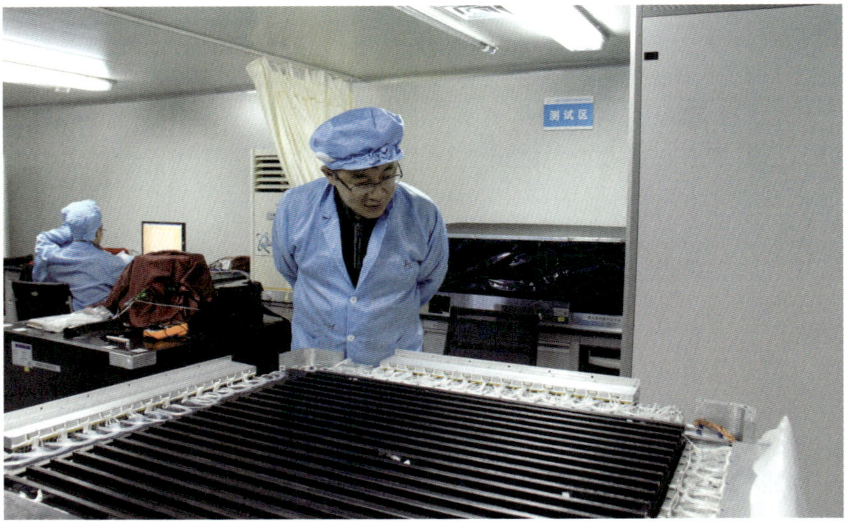


图 3-43　正样完成前最后检查

可是，刚喘了口气的杨鹏还没来得及放松，又接到了新任务。暗物质粒子探测卫星作为一颗“斤斤计较”的卫星，可以说是牵一发而动全身。这个时期，由于其他探测器的关键技术发生变动，大工程总体对塑闪阵列探测器的方案做了很大调整。团队为了适应项目总体需求，对结构设计做出了很大的调整。杨鹏回忆，为了顾全大局，团队将方案设计重新走了一遍，并在不到1年的时间里，加班加点完成了全新的结构设计定版、初样鉴定件加工制造和集成总装。

## 二、最长一次试验做了5个多月

在漫长的研制过程中，团队中的核心队员都有各自不同的“高光”时刻，但大家也有一些共同的记忆，那就是初样鉴定件。

2013年10月，项目组各小组正在有条不紊地做着各项测试工作包括光电倍增管测试、塑闪阵列性能测试，还有探测器的装配测试等。团队所有成员都知道，按照工程任务时间节点安排，要在过年前完成力学环境试验的测试任务，时间上来说是很紧迫的。

初样鉴定件装配当天，机械师陈俊岭像往常一样，早早来到实验室开始新一组光电倍增管的灌胶，灌完胶需要2天时间来固化。这一组任务干完，大家接着便在主管设计师杨鹏的指导下开始探测器的装配。等到装配完成，已经到了晚上，主任设计师孙志宇和技术人员开始在实验室里进行首次装配后的探测器测试，技术人员张永杰在控制高压模块的计算机前操作着给探测器加高压，其他人员都盯着电脑屏幕上的电流变化情况。

“不好，电流急剧增大！”“难道探测器漏光了？”“方芳，快再加一块布，把实验室灯关了！”……意外突如其来，在场的每位成员都在大脑里疯狂搜索异常情况出现的可能原因。“马上断电！”现场指挥孙志宇果断地下达了命令。

按下暂停键后，大家开始坐在一起讨论电流异常的情况，最后决定对已装配好的部分设备进行拆卸，等到探测器拆卸完成，大家才找到了电流增大的原因，不知不觉，时间已经到了深夜 12 点多。第二天一大早，团队所有成员都顾不上昨夜的疲惫，又都聚在了实验室继续下一步工作。

“这种都是小场面。”主管设计师孔洁说，初样鉴定件的环境试验是从 2013 年底开始的，直到第二年 4 月才结束，一共持续了 5 个多月，其中最关键的力学环境试验更是跨越春节。

力学环境试验之所以很关键，是因为需要考验探测器能否经得住火箭发射带来的巨大振动。也因为如此，力学环境试验的结果对塑闪阵列探测器有着“一票否决权”。对于整个卫星工程来说，这也是一次只许成功不许失败的试验。

春节临近，塑闪阵列探测器需要运送至西安开展力学环境试验，而运输过程必须确保万无一失，不仅前方要有专车开路，后方还要有专车守护，行车速度也有严格限制。可偏偏就在押运车准备上路时，一场大雪突然而至。面对危险的路况，走还是不走，一时间大家陷入了纠结。探测器的力学环境试验必须在春节前完成，如果耽误了时间，一旦春节期间测试单位放假，测试任务就只能被迫中断。

“走！必须走！”在经过反复商讨后，包括几名主任设计师在内的指挥人员拍了板（图 3-44）。为了避开白天下雪导致的高速封路，他们计划让车队白天走国道，晚上再上高速。而晚上 8 点左右的一通电话，让后方指挥的心揪得更紧了。“秦岭这段的高速也有积雪，我们打算在加油站休息。”

考虑到夜间在加油站休息可能会有各种不确定性，后方指挥人

图 3-44　决定冒雪出发前

员还是决定让车队继续缓慢前行。深夜 12 点，当接到车队走出秦岭的电话时，大家悬着的心总算放了下来。“我们经不起任何差错，真是又紧张又害怕。”回忆起当时的场景，刘杰仍心有余悸。

那个春节，在西安郊区的山区试验基地里，大家每天都要工作到凌晨，但是毫无怨言，因为他们知道，只要整个团队能够战胜艰难险阻，就能更有把握地将暗物质粒子探测卫星顺利送达预定轨道，尽早开启中国人自己的空间天文时代。

## 3.4 打破顽冥须“悟空”：暗物质粒子探测卫星的命名

2015 年 9 月 29 日，由中国科学院国家空间科学中心、紫金山天文台等单位主办的中国科学卫星系列的首发星——暗物质粒子探测卫星公开征名活动（图 3-45）启动仪式在江苏南京举行，全球网民都可以通过网络提交自己对暗物质粒子探测卫星的命名建议。

此次公开征名活动自 2015 年 9 月 29 日正式启动至 10 月 31 日作品提交截止，网友参与的积极性非常高，在 1 个月时间里，共提交了有效名称方案 32 517 个。

图 3-45　征名活动

在所有的提案中，有 5 个名字的人气最高。

“盘古号”——推荐理由：盘古在中国神话中的职责是开天辟地，而暗物质的存在同样与宇宙的起源有关。同时，暗物质的发现也将标志着人类基础科学的巨大进步、人类对宇宙认识的进一步加深，同样有着为人类开辟新时代的意义。

“天眼号”——推荐理由：神话传说中能看穿一切的眼睛，寓意希望此探测卫星能“看”到人类极难直接观测到的暗物质。同时探测卫星又是天上的眼睛，取名天眼名副其实。

“暗探号”——推荐理由：字面意为暗物质的探测，暗探又有“密探”的意思，反映了暗物质神秘莫测的特点，并将卫星拟人化，说明其肩负着为中国人探究暗物质这一使命。

“光明号”——推荐理由：暗物质粒子代表着未知领域，代表着黑暗，而这颗探测卫星就好比黑暗中的一束光明，开启了人类对于这个未知领域的认识。

“悟空号”——推荐理由：悟空是家喻户晓的齐天大圣的名字，喻示这颗迄今为止观测能段范围最宽、能量分辨率最优的空间探测器的神通广大。另一方面“悟”有领悟、理解的意思，因此“悟空”也含有探索太空的含义。

“鸿蒙初辟本无性，打破顽冥须悟空。”不发光也不参与电磁相互作用、在宇宙诞生之初便已存在的暗物质，就如同“空”一般的存在，暗物质粒子探测卫星的探测器，就犹如“悟空”的火眼金睛，可以在茫茫太空中识别暗物质的踪影（图 3-46）。这个名字不仅具有贴切的中国文化内涵，更完美地诠释了暗物质粒子探测卫星的重要意义，也符合国际上将科学卫星以神话形象命名的做法。最终，按照征名活动的相关规定，在数据统计的基础上，经过专家评委投票，由中国科学院批准，暗物质粒子探测卫星被正式命名为悟空号。

图 3-46 “悟空”遨游寰宇

有了名字之后，“悟空”还注册了自己的“微博”，在互联网平台上，以第一人称发表了一些宣言。

“Yeah！是我最喜欢的这个名字！我爱那只著名的猴子是因为他深入险境的勇气，和对未知世界的好奇。”“悟空”在它的微博上说，“总之，它是一只孤独的理想主义猴子。”“我也会取回真经的。”

根据征名活动规则，来自北京、浙江、山东的 4 名征名活动有效方案提交者将作为征名活动特等奖获得者，亲临酒泉卫星发射中心现场观摩卫星发射，与科学家共同见证中国空间科学发展的重要里程碑时刻。

对于暗物质粒子探测卫星的研制者们来说，这个名字也得到了认可。

关于这颗卫星的英文名字，在团队里也有个很有意思的“传说”。它的英文名叫 Dark Matter Particle Explorer，简称 DAMPE，这个简称跟游戏《塞尔达传说》系列中的一个非玩家角色（NPC）一样。如果玩家想要在游戏中成功找到宝贝，就必须找到 DAMPE，只有 DAMPE 可以带着玩家去把宝贝挖出来，所以它是“宝物的引路人”，这跟暗物质粒子探测卫星的功能很类似。

无论如何，DAMPE 毕竟是个“洋名”，中国人的卫星，还是要有属于自己的更合适的中国名。最终“悟空”赢得了所有人的心，常进对此也很高兴，因为“悟空”有火眼金睛，他希望借助“悟空”的“法力”，尽快完成找到暗物质的任务。

# 3.5 “悟空”发射记

2015 年 10 月，经过 4 年艰苦攻关，中国科学家完成了悟空号的全部研制工作。悟空号和长二丁火箭于 2015 年 11 月 14 日在上海装载完毕（图 3-47），当晚搭乘专列前往酒泉卫星发射中心。2015 年 12 月 17 日，悟空号在酒泉卫星发射中心搭乘长二丁火箭发射升空（图 3-48），从而拉开了新时代我国空间天文学发展的序幕。

图 3-47　为卫星扣罩

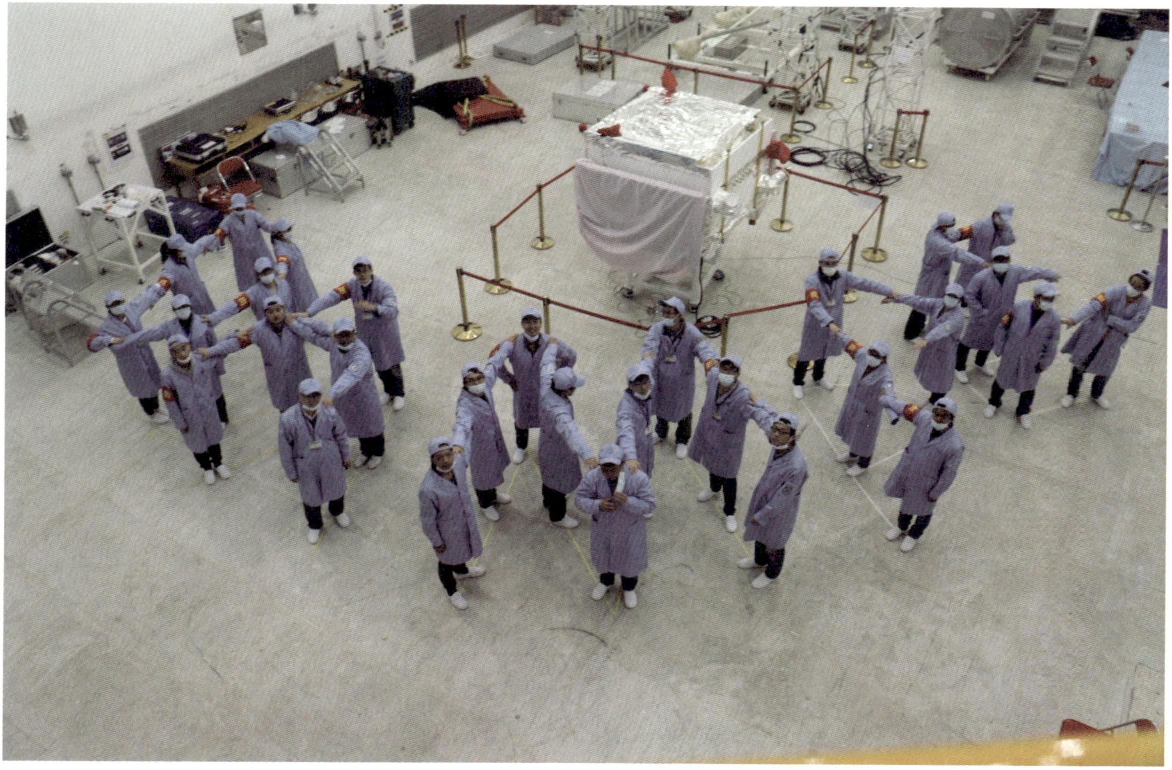

图 3-48　卫星发射前，设计师们组成了 DAMPE 字形祝福卫星成功发射

那么，“悟空”是如何驾着“筋斗云”一飞冲天的呢?

### 3.5.1 谁送“悟空”上太空

暗物质粒子探测卫星工程运载系统总设计师洪刚介绍，将近 1.9 t 重的悟空号是截至当时长二丁火箭往 500 km 太阳同步轨道运送的最重的一颗卫星。为了提升运载能力，专家对长二丁火箭做了一些改进，以减轻质量、提高可靠性、降低成本。

洪刚将火箭上感知位置、姿态、速度的装置比作火箭的“小脑”。“我们为火箭安装了更先进、更稳定的 2 套‘小脑’——激光惯组和光纤惯组，有主有备，提高了可靠性，还为火箭减轻了二三十千克的质量。而充当火箭‘大脑’的计算机也装了 3 块主板，其中任何一块出问题，都不会影响整个任务的成败。”他说。此外，专家还为火箭挑选了质量较轻的推进剂贮箱，进一步减轻了质量，提高了运载能力。

暗物质粒子探测卫星工程运载系统总指挥谈学军说，为执行好本次发射任务，技术人员对长二丁火箭进行了一些技术改进。为了保证可靠性，技术人员做了充分的地面试验，并针对新开发的飞行软件进行了上千次的考核。

长二丁火箭是我国 20 世纪 90 年代启动研制的一款火箭，截至 2023 年 7 月，它已成功执行了 76 次发射任务。由于可靠性高，近年来它也走出国门，承担了许多国外卫星的发射任务，为土耳其、厄瓜多尔和阿根廷等国发射了多颗卫星。

为了降低卫星发射成本，适应一箭多星的发展趋势，长二丁火箭研制团队研发了被称为“太空巴士”的多星发射上面级，其发动机可实现 20 次重复启动，可以一次将 10 颗卫星放置在不同高度的轨道上。

2018 年 12 月 29 日，长二丁火箭结合远征三号上面级，首次以一箭七星方式完成多星异轨部署发射任务，标志着长二丁火箭进入了一个新的任务领域。

多星发射上面级是一种介于有效载荷与基础级运载火箭之间的具有自主轨道机动能力的新型运输工具，可以自主地将不同载荷运送到不同轨道。未来中国还将进一步研究发挥多星发射上面级清理空间废弃卫星的作用，使“太空巴士”能载着废弃卫星一起飞向“坟墓轨道”，腾出有价值的轨道空间，减少对其他航天器的影响和威胁。

### 3.5.2 54321——发射!

2015 年 12 月 17 日清晨，酒泉卫星发射中心的气温降至 -15 ℃，可这挡不住人们的热情。数百名科学家、工程师、学生等各界人士冒着严寒来到发射现场观看，他们搓着手、跺着脚，兴奋地等待着这一时刻。

晨光初露，蓝白色的发射塔像是雕刻在一览无余的玫瑰色天幕上。乳白色的长二丁火箭立在塔的一侧，显得纤细秀美。不知从什么地方隐隐传来口令声。“发射前 15 分钟准备。”站在后排的一些人把脚踮了起来，有的人还举起了望远镜。

8 时 12 分，忽然，热烈讨论的人们停止了说话。在观众的屏息凝视下，长二丁火箭迎着渐露的晨曦，喷着熊熊火焰，带着近 1.9 t 重的悟空号升上天空（图 3-49）。

大地震颤，火箭底部吐出黑红色的火光和浓烟，持续的震响让心脏快要跳出胸膛。火箭轰隆隆喷着烈焰上升，腾云驾雾般来到晨曦之上，进入深蓝色的天空，它变得比满月还要亮。

2 分多钟后，火箭一二级分离；不久后，整流罩也分离了。火箭向东南方向的天空越飞越远，逐渐消失在人们的视野中，只留下一

图 3-49 “悟空”驾云腾空

小朵星云般的薄雾挂在天上。与此同时，悟空号也在逐渐飞向被黑暗主宰的宇宙。

10 多分钟后，悟空号成功抵达地球上空 500 km 高的太阳同步轨道，它将用“火眼金睛”帮助科学家洞察披着“隐身衣”的暗物质，回答现代物理学界长时间没有找到答案的深奥之谜。

对 138 亿岁的宇宙来说，这天好像什么也没有发生过，可对中国甚至全世界来说，这都是一个十分重要的时刻。2015 年，中国第一颗人造地球卫星发射已有 45 年，但中国的空间科学卫星还未成系列。中国已成为航天大国，要向航天强国转

变，就不能没有空间科学卫星。悟空号的发射，开启了中国空间科学的新篇章，数百千米之外的太空，不再只是国外天文卫星的竞技场。悟空号有望深刻地变革人类的宇宙观，实现空间科学的重大突破。

暗物质粒子探测卫星工程总设计师艾长春说，以前中国科学家只能将研制的仪器搭载在其他国家的卫星上开展空间科学研究，悟空号是第一次由中国科学家主导的大型空间科学实验。

“以前我们和国际上差太多了，人家都不跟我们讨论。”常进说，“今天在某些领域，我们和国际同行平起平坐。只要大家埋头干，中国的科学家会在不久的将来取得一系列重大突破。”

# 3.6 100分的“优等生”

“悟空”上天后，经过了3个月的在轨测试，探测器性能稳定，上下行指令均正确执行，星地链路通畅，完成了所有既定测试项目，卫星各项技术指标达到或超过预期。

2016年3月，中国科学院组织了一次评审，业内专家认为各项指标都满足评定要求，给它打了100分。这让常进很受鼓舞，他说，自己上学考试都很难得100分，但是第一次做这么复杂的卫星就得了100分！

实际上，悟空号从立项、正样飞行件研制到在轨测试的各个阶段（图3-50），不断得到国内外专家的“点赞”。

在项目立项综合论证会上，包括孙敬良院士在内的航天五院、航天八院专家认为，“科学目标和工程目标明确……具有重大科学意义。工程提出的技术指标和总体技术方案论证充分、合理可行”。

卫星出厂评审会上，暗物质粒子探测卫星工程总设计师艾长春研究员和叶培建院士、吴岳良院士、顾逸东院士、孟执中院士等专家认为，“各项试验验证表明，卫星功能与性能满足任务研制总体要求，评审组一致同意通过评审”。

中国科学院暗物质项目监理组给出的结论是：“我们从项目启动就从第三方视角对该工程进行监理。卫星工程取得了圆满成功，目前卫星在轨运行正常，有效载荷工作稳定，科学团队在紫金山天文台副台长、暗物质粒子探测卫星首席科学家常进的带领下，以科学态度兢

# 暗物质粒子探测卫星工程

## The Dark Matter Particle Explorer

### 2011/12

暗物质粒子探测卫星工程正式立项启动，成为中国科学院空间科学先导专项的首批 4 颗科学卫星之一

**“十二五”期间的空间科学卫星工程任务**

| 卫星质量 | 载荷质量 | 轨道高度 | 轨道倾角 |
| --- | --- | --- | --- |
| 近 1.9 t | 1.41 t | 500 千米 | 97.4065° |

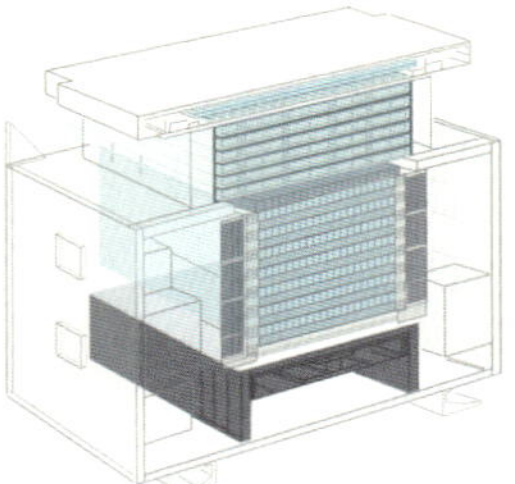

确立有效载荷的 6 个分系统、卫星平台的 7 个分系统

| 有效载荷 | 卫星平台 |
| --- | --- |
| 塑闪阵列探测器 | 结构分系统 |
| 硅阵列探测器 | 姿轨控分系统 |
| BGO 量能器 | 星务分系统 |
| 中子探测器 | 总体电路及综合测试分系统 |
| 载荷数管 | 热控分系统 |
| 载荷结构分系统 | 测控通信分系统 |
| | 数传分系统 |

卫星正式进入方案阶段，在方案阶段，暗物质粒子探测卫星有效载荷（即暗物质粒子探测器）团队完成了载荷各分系统方案设计，确定了载荷和卫星接口，并完成了有效载荷电性件研制和集成测试、载荷结构件研制和结构力学试验，以及其他载荷关键技术的攻关

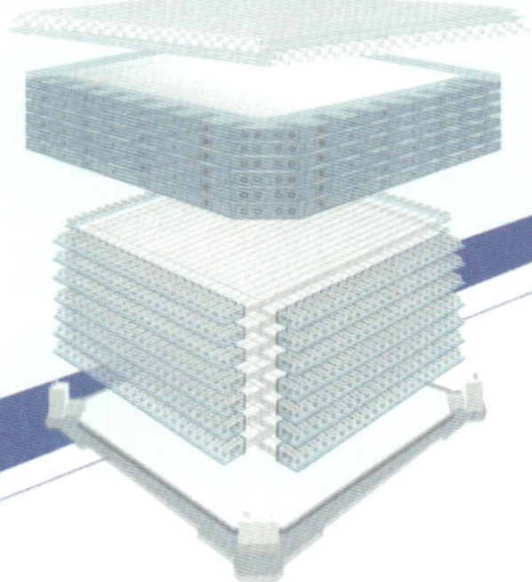

### 2013/04

暗物质粒子探测卫星工程由方案阶段转入初样阶段，标志着卫星全面进入工程化阶段

有效载荷完成初样鉴定件单机的研制工作、各单机的环境和可靠性试验、载荷集成测试、载荷与卫星平台的整星电联试、整星的环境试验，以及载荷鉴定件在欧洲核子研究中心的束流试验。有效载荷通过鉴定件的研制，确定了正样飞行件的技术状态

### 2014/09

从初样阶段转入正样阶段，有效载荷各分系统完成正样飞行件的所有单机研制和各项环境试验、可靠性试验等

### 2015/05

有效载荷正式交付卫星总体，进行整星联试及相关环境试验

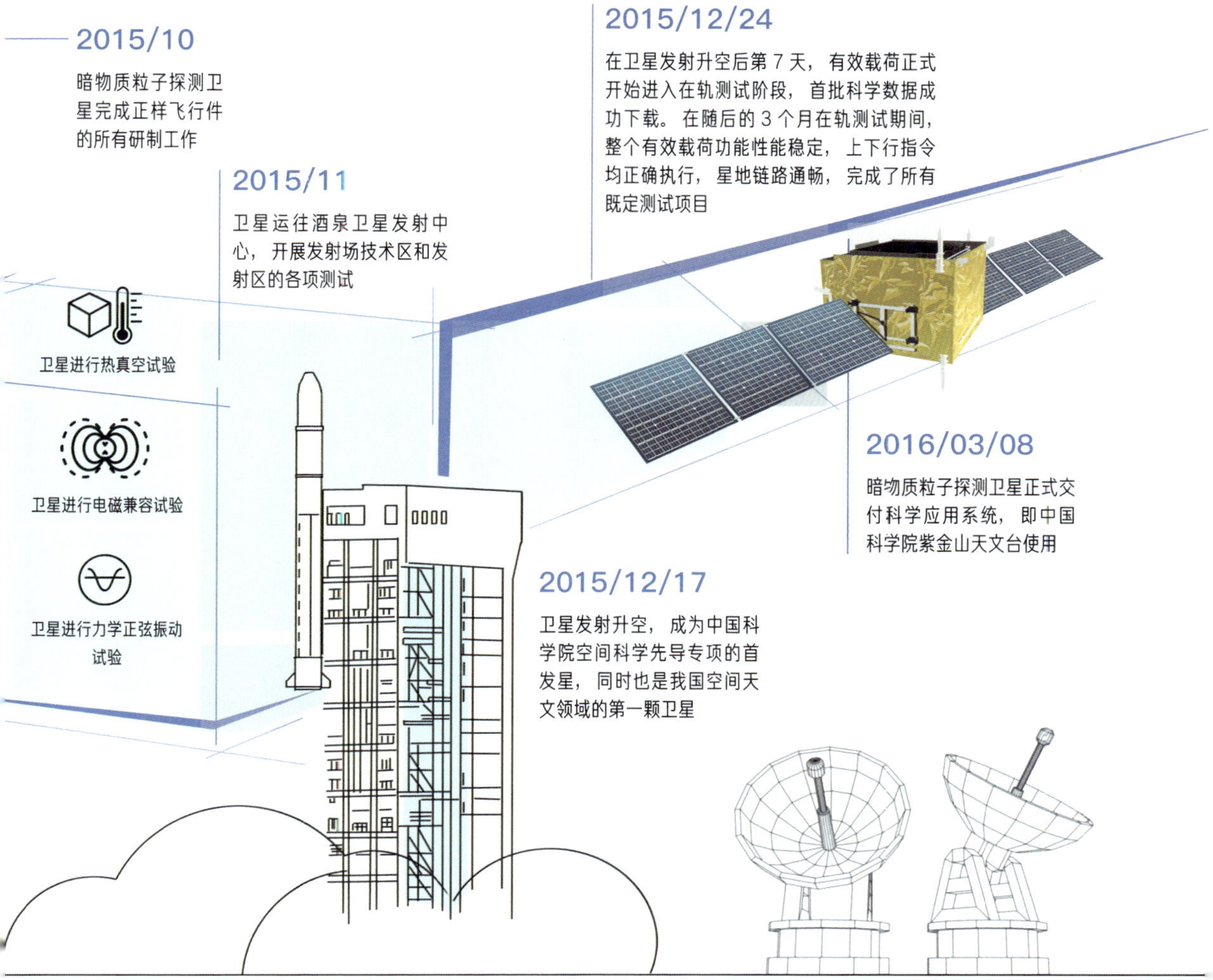


图 3-50　暗物质粒子探测卫星工程时间线

兢业业、踏实工作，希望再接再厉，争取在该领域取得突破。”

“高分辨率的观测效果比预想更好。”暗物质粒子探测卫星欧洲合作组牵头人、日内瓦大学教授吴欣说，“7万多路探测粒子信道目前工作正常，备用的器件都没有用上，设计寿命3年，期望运行5到10年。同时，收集到目标粒子越来越多，绘制的能谱越来越稳定，有望早日取得突破性发现。”

2016年12月15日，在南京举行的“悟空”升空1周年学术年会上，与会专家又一次给“悟空”的表现打了100分。

先是4个有效载荷的体检。塑闪阵列探测器、BGO量能器、中子探测器都100%正常工作，硅阵列探测器99.85%正常工作，大幅优于原定的97.5%的指标。结论：100分。

再是“悟空”的工作业绩。卫星在粒子的电荷测量、能量测量、方向测量、粒子鉴别等方面都取得了重要进展，全面实现或超过了设计指标。截至2016年12月，已完成全天区覆盖2次，共探测有效事例18亿个。结论：等级为“优秀”。

2016年12月17日，在中国科学院紫金山天文台暗物质粒子探测卫星监控大厅中，科研团队给平稳运行1年的“悟空”摆了一个3层高的主题蛋糕，开了一场特别的“生日宴会”（图3-51），期待“悟空”在探索暗物质的征途上越战越勇，带来越来越多的惊喜。

图 3-51　悟空号发射入轨 1 周年，团队为其“庆生”

# 第4章 太空悟道

2024 年 12 月 17 日是“悟空”的 9 岁“生日”，9 年前的同一天，长二丁火箭“驮着”它从酒泉卫星发射中心发射升空，自此开启了一段奇妙的太空求索之旅。发射前一天，这只调皮的“猴子”在自己的“微博”账号（图 4-1）上发布了一篇博文：“我也会取回真经的。”

图 4-1　新浪微博 @ 暗物质粒子探测卫星 - 悟空头像

微博中，“太空猴”信心满满。它没有食言，如今，这只年逾 9 岁的“高龄猴子”仍在太阳同步轨道上遨游，目前各探测器依然保持良好的工作状态，将继续超期服役，向地球实时传递自己用“火眼金睛”看到的宇宙秘密（图 4-2）。

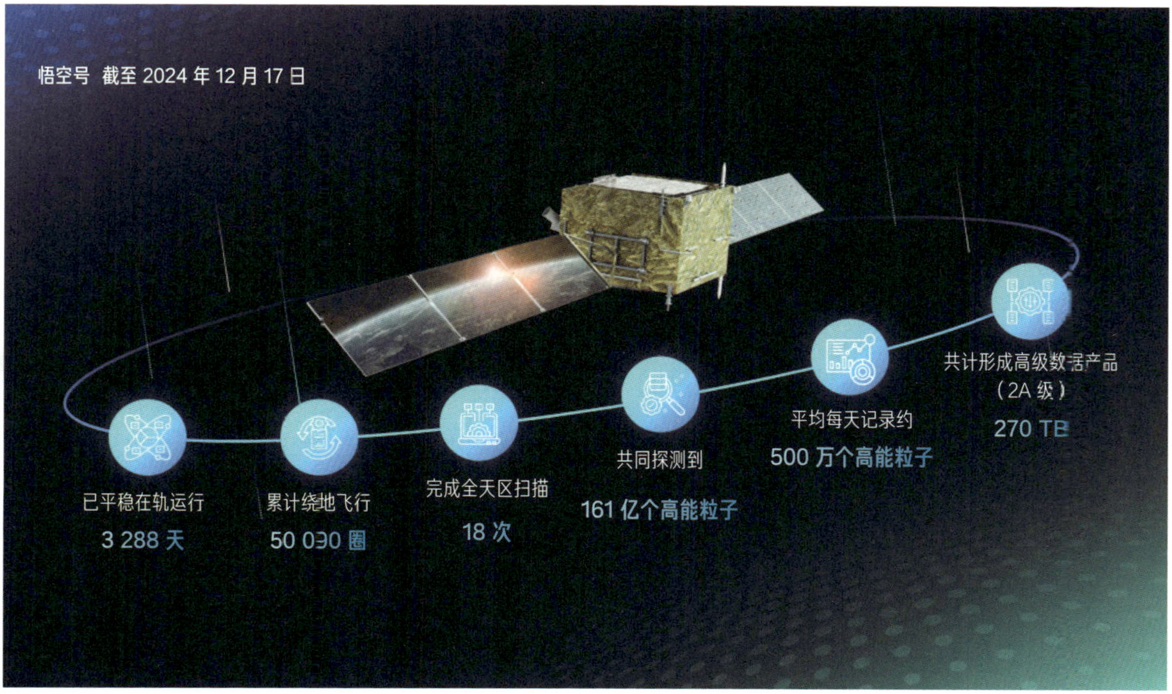


图 4-2　截至 2024 年 12 月 17 日悟空号的运行数据

“悟空”成功上天，是我国基础科学研究迈出的重要一步。“美猴王”肩负的核心使命，就是在宇宙线和 γ 射线辐射中寻找暗物质粒子存在的证据，并进行天体物理研究。

自发射以来，“悟空”争分夺秒地观测太空、积累数据，已经接连取得了一系列原创性成果。它为人类打开了一扇观测宇宙的新大门，而穿过这扇门，中国科学家也正在从自然科学重大发现的旁观者，逐渐走到了舞台中央。

# 4.1 “悟空”是怎样工作的

小说中的齐天大圣孙悟空，一个筋斗云能翻十万八千里，而在太空中，悟空号运行在距离地球 500 km 的太阳同步轨道上（图 4-3），以大约 95 min 绕地球 1 圈的速度持续沿晨昏线飞行（这样太阳能帆板就可以一直对着太阳充电）。

早在 1998 年，常进就提出了“暗物质探测卫星”的概念，历经近 20 年，卫星终于升入太空。悟空号采用了常进提出的分辨粒子种类的新探测技术，研制费用仅为同类的美国费米望远镜的 1/7，国际空间站上阿尔法磁谱仪 2 的 1/20，而多项技术指标却世界领先。

这一章里，你将有机会跟随“悟空”解码太空背后的秘密，一起回顾那些寻找暗物质的令人激动的历史瞬间。

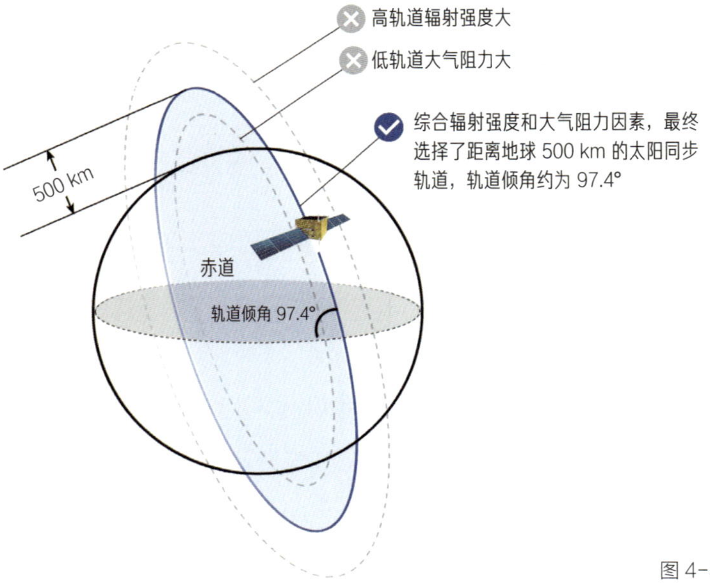


图 4-3　悟空号在轨运行示意图

### 4.1.1 “悟空”睁眼：获取首批科学探测数据

发射升空后的头几天，“悟空”不进行探测粒子的工作，而是要对探测器的各项性能进行“自我体检”。经过卫星平台测试、有效载荷管理器加电测试、科学探测器高压加电测试后，“悟空”正式睁开“火眼金睛”，开始对各种宇宙线粒子进行采集。

2015 年 12 月 24 日 17 时 55 分，“悟空”探测到的第一批科学数据成功下载至中国科学院国家空间科学中心空间科学任务大厅。四大子探测器探测到的高能电子和 γ 射线计数与地面预测计数率一致，这意味着，卫星的有效载荷已开始正常工作。

在这个过程中还有一个小插曲，卫星正式向地面传回科学数据的那一天，常进正在外地发着烧忙碌着。赶回南京后，他把紫金山天文台沉浸在成功喜悦中的团队成员训了一通：“还没到享受成功的时候。卫星探测器是成功了，但科学家的任务还没完成！”这种极其负责的态度时刻感染着团队的每一名成员。

那么“悟空”采集到的粒子数据具体是如何传输的呢？这要靠“天地连线”。每天清晨和黄昏，“悟空”会飞过位于我国三亚、喀什、密云的 3 个地面数据接收站，将积累的观测数据传回，就像每天“汇报工作”一样。此外，还有多个观测站、观测船，可以接收卫星的温度、电流等关键遥测信息，为“悟空”的健康运转保驾护航。平均每一天，“悟空”要向地面传回约 20 GB 大小的科学数据，这些原始数据先被统一汇总到位于北京怀柔的地面支撑系统，经过简单处理后，被称为 1B 的数据再传到紫金山天文台的科学应用系统（图 4-4）。

“悟空”的成功运行意味着中国人有了自己第一手的天文观测数据。“过去，我们用的是国外的‘二手数据’，是用别人发表过的数据去做研究，这就很难取得原创性的成果。”袁强说，“‘悟空’无疑解

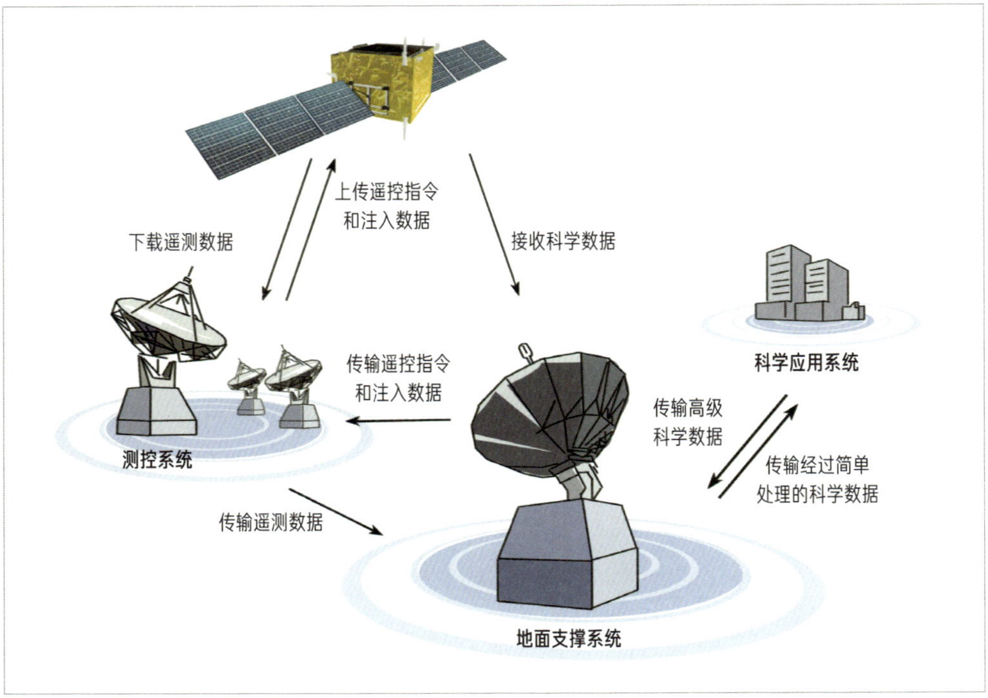


图 4–4　悟空号的数据传输过程

决了中国科研人员的一大‘痛点’。”

不过，千万别以为有了数据就万事大吉，后续的分析处理还需要闯过很多技术难关。如果透视“悟空”的腹内，就可以看见导线排列得密密麻麻，复杂程度令人惊叹。北京正负电子对撞机上的大型粒子物理实验装置北京谱仪有 4 万多路电子通道，而“悟空”仅 1 $m^3$ 的空间内，就有 7 万多路（图 4-5）。“悟空”每天通过这些复杂元件收集的高能粒子大约有 500 万个，包含质子、电子、α 粒子、宇宙线核素、γ 射线等各种粒子，既要把有用的粒子识别出来，又要高精度测量目标粒子的能量、方向、电荷等关键物理量，这个难度就像是在嘈杂的街道中识别出一句轻声耳语。

图 4- 5 “悟空”内部复杂的线路

## 4.1.2 盲人摸象般的数据处理：标定

“悟空”的硬件好比一把好刀，有了这样准确、精密的装置，“悟空”“捉妖”就有了趁手的兵器。但真正实现“降妖除魔”，还少不了“刀法”（软件）的加持，“刀法”就是收集到粒子之后的层层缜密处理与分析。

“悟空”上天大约 1 个月后，科研团队开始加班加点为“悟空”打造“数据翻译官”（图 4-6）。翻译分为两步：标定和重建。何为数据的标定和重建？科研人员李翔用“盲人摸象”的故事来形容。悟空号的探测器共有 7 万多路通道，这就好比一个“7 万多个盲人”摸象的过程。

图 4-6　悟空号科学团队在编写分析软件

标定相当于给每个盲人千差万别的感觉确定标准，什么是宽、窄、粗、细；完成标定后还需要重建，相当于将每个盲人摸到的部分凑到一起，得出有用的粒子物理信息。

“我们的探测器一共包含七万六千个小探测器，每一个究竟情况怎么样，都需要去标定它，每一个刻度都要非常准确。这是很细致的工作，急不得。如果有小毛病，一定要及时挑出来，否则，每天 20 GB 的数据量，积攒起来是个天文数字，不随时处理好，后面的科研人员要在这么多杂乱无章的数据中分析，会面临非常多的困难。”常进说。

我们来更具体地解释什么是标定。所谓标定，就好比为“悟空”打造出测量宇宙高能粒子的精准“尺子”，每一个刻度都需要被定得非常精细。通过标定，二进制的电子信号被统一转换成能量，而能量是一种更为“通用”的科学语言，有了它，科研人员就能继续进行下一步的数据分析。

“悟空”测量粒子入射方向的精度可以达到头发丝的 1% 量级，只有粒子入射方向测量准确，才能知道这些粒子来自宇宙何方。如果发现暗物质，就能知道暗物质在什么位置。

在标定的过程中，还面临着其他难题，比如 BGO 量能器要探测的粒子能量高达 10 TeV，而用地面的加速器很难制造出这样的高能粒子供光电倍增管标定，于是科研人员设计了一套人工 LED 光源来模拟 BGO 晶体产生的闪烁荧光（图 4-7）。

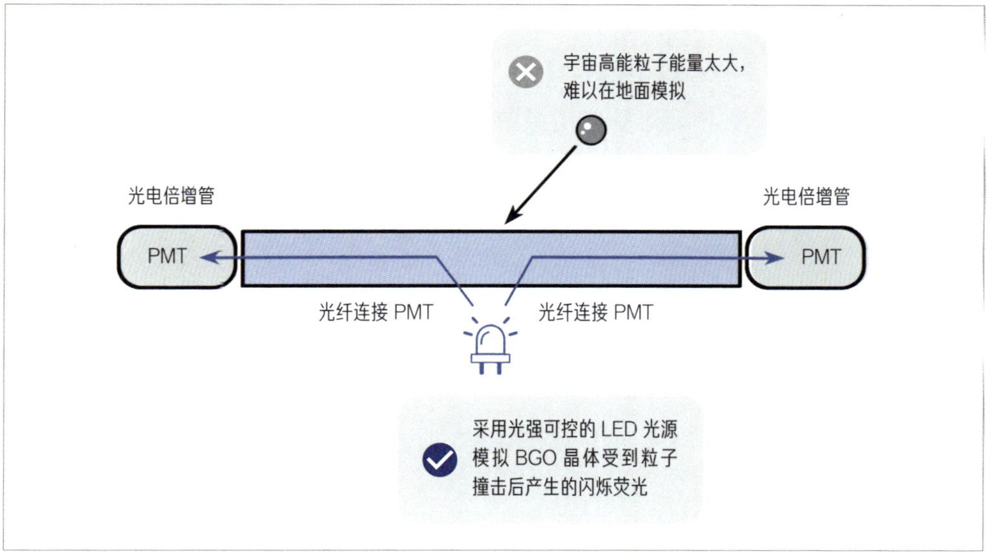


图 4-7 用 LED 光源模拟 BGO 晶体的闪烁荧光

### 4.1.3 大海捞针般的捕捉：重建

掌握了入射粒子的能量数据，第二步才是对“翻译”最大的挑战：数据重建。重建过程要从“悟空”每天传回的 500 万个粒子数据中识别出有用的粒子信息。举例来说，科学家想找到的有用电子信息只占总粒子数量的 0.1%，而目标光子的数量还要更少。这意味着，研究人员要想准确分析目标粒子，首先要剔除 99% 以上的质子等本底信息，是真正的“大海捞针”。此外，粒子与能量信号并非一一对应。入射的粒子由于发生簇射反应，可能在探测器里留下几百乃至几千路信号。要把这成百上千路信号综合在一起，才能大致还原出目标粒子的电荷、运动方向等基本信息。

“我们要把探测器设置成最佳状态，知道它的最佳运行模式。这样可以收集更多有效数据、排除‘噪声’，节省一半乃至一大半的时间来获得有效数据。”暗物质粒子探测卫星高级数据产品处理分系统主任设计师藏京京说。

暗物质粒子探测卫星科学应用系统总设计师伍健介绍，粒子特征不一样，适用的方法也不一样，为提高准确率，科研人员要不断修正数据标定和重建的模板，一年中就已经累计修改了 4 600 多次。卫星数据分析使用的高性能计算平台包含 128 个 CPU，每个 CPU 有 10 个核。每一次大的修改，都要将所有的数据通过后台的“小超算”重新跑一遍，工作量相当大。

作为“原始食材”的数据，在经过紫金山天文台的科学应用系统这个“中央厨房”的标定和重建后，升级成高级数据。这些高级数据会被分发给由国内外上百名科学家组成的悟空号国际合作组，供其使用。早上五六点钟开始看遥测参数是否正常，8 点看前一天的卫星科学观测数据是否正常，接下来开始标定和重建数据，直至晚上 10 点半结束一天的工作，这就是“中央厨房”每天的工作时间表。而自从“悟空”上天之后，常进就养成了一个习惯：早上醒来必须查看值班人员发来的对前一天卫星数据的总结报告，每晚只有查看完当天已下载数据的完整情况以及实时处理情况后才能入眠。

实际的卫星数据处理过程非常复杂，我们可以从图 4-8 中略窥一二。

面对着计算机屏幕上让外行人感到枯燥的数据和曲线，悟空号科研团队的成员却整天看得津津有味：“我们在看人类从未观测过的东西，从中找到物理规律，这是最让我们感兴趣的。”

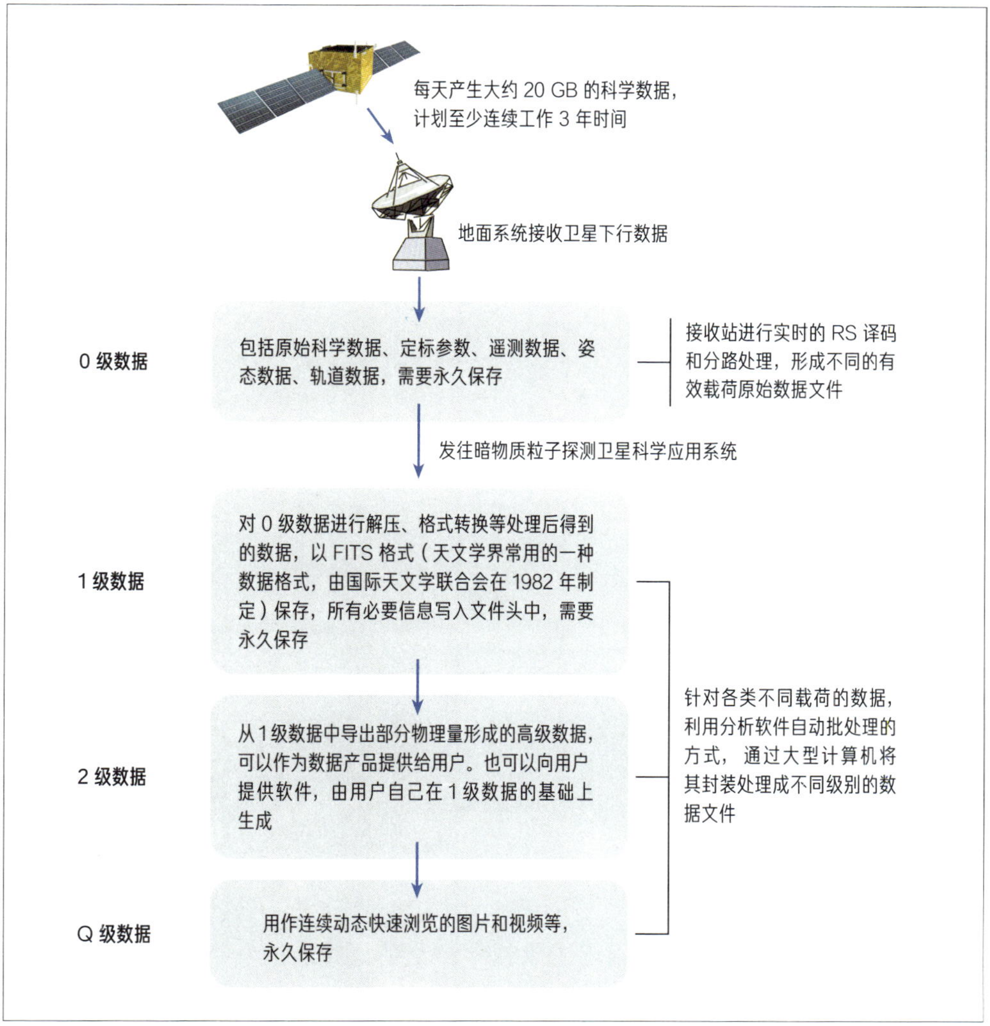


图 4-8　卫星数据处理流程图

# 4.2 一鸣惊人的首秀

那个奇异的尖尖又出现了。常进盯着电脑屏幕上一条红色的曲线，不敢相信自己的眼睛。

一种矛盾又复杂的心情，在这位暗物质粒子探测卫星首席科学家的心中涌起：这条奇怪的线，究竟是重大发现的苗头，还是我们的卫星没有把数据测准？更重要的是，十几年前南极气球实验中跟他偶遇过的那个“幽灵”，是否再次现身了？

1年后，常进悬着的心才放下。2017年11月27日，悟空号首批科学成果新闻发布会（图4-9）在中国科学院举行。2017年11月30日，

图4-9　悟空号首批科学成果新闻发布会

国际权威学术期刊《自然》在线发表了悟空号获得的一条世界上最精确的高能电子宇宙线能谱。这种异常波动此前从未被观测到，意味着中国科学家取得一项开创性发现，人类观察宇宙的窗口再次被拓宽。

### 4.2.1 发现了什么

宇宙线中存在着大量的电子，包括正电子和负电子，精确观测电子能谱是探测暗物质粒子的一种有效手段。通常来说，由一个普通的天体物理过程所绘出的电子能谱会是一条平滑的曲线。但是，如果发生了特殊的事件——例如暗物质粒子湮灭，电子能谱上就会出现凸起或者陡降等奇异的信号。

这么看来，要“捕捉”到暗物质似乎并不难。但实际上，想要抓到这个奇特的信号，探测器必须达到很高的要求。我们在 3.1.2 节提到过，由于电子能谱比宇宙线强子能谱要软，要探测 TeV 以上的高能电子，需要将本底至少压低到原来的 1 万分之一。总体来说，捕捉暗物质信号需要探测器同时具备很宽的能谱覆盖范围和很高的能量测量精度。

而中国的“悟空”正是同时具备这两大优势的一个探测器。利用卫星在轨运行前 530 天所采集的 28 亿例高能宇宙线数据，科研团队挑出了 150 万个高能电子，最终画出了一条国际上最精确的高能电子宇宙线能谱（图 4-10）。

在较低的能量区域，“悟空”画出的能谱与其他卫星基本一致，呈现缓缓下降的趋势。这种下降行为，对判定较低能量区域的宇宙线电子是否来自暗物质，能起到关键作用。

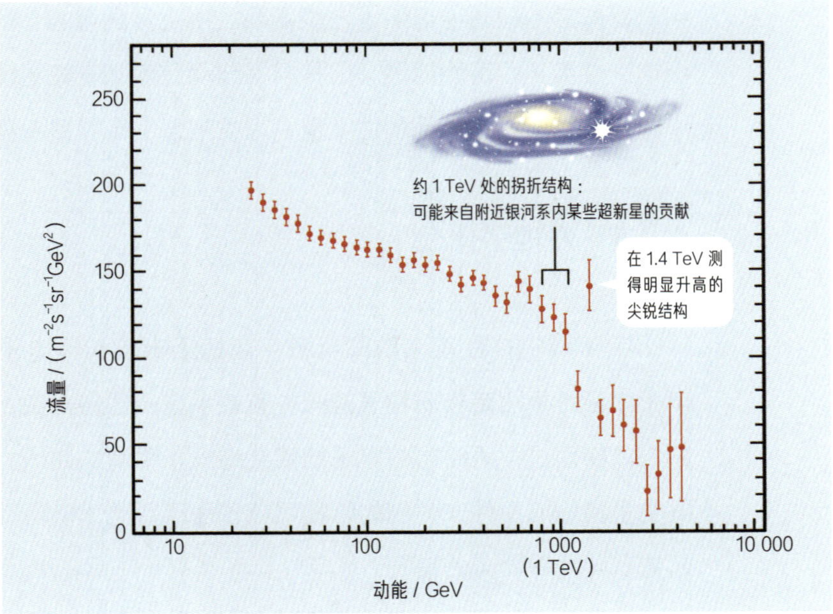


图 4-10 “悟空”得到的高能电子宇宙线能谱，在 1 TeV 和 1.4 TeV 处出现不同寻常的数据点

可出人意料的是，当能量继续升高时，一个奇特的现象出现了。在大约 1 TeV 处，“悟空”首次发现了一种拐折结构，这个拐折反映了宇宙中高能电子辐射源的典型加速能力，其精确的下降行为对于理解宇宙线正负电子的起源和限制暗物质模型参数提供了重要观测数据。

在对数据筛选比对的过程中，科研团队在 1.4 TeV 的超高能谱段，还定位了一束明显异于常态的电子宇宙线①。那条本该继续下降的线上，突然出现了一个突起。这意味着，在这个能量上，有大量高能电子被“悟空”观测到。

① 1 TeV 处拐折的置信度较高，可以达到“发现”的级别；而 1.4TeV 处的异常结构由于数据量太小，统计涨落太大，尚无法得到证实。

简单来说，一条原本应该平滑的曲线上，突然出现了某种剧烈波动，导致电子能谱形成了一个“尖峰”，这个现象是现有的物理模型都无法解释的，暗示着这里可能存在着一种全新的物理现象。

### 4.2.2 是暗物质吗

中国科学院吴岳良院士分析，这些“奇异”的电子信号可能有两个来源，要么来自暗物质湮灭，要么来自脉冲星（高速旋转的中子星）或超新星遗迹（超新星爆发后形成的星云状结构，图 4-11），目前看来前者似乎更有说服力。

“悟空”探测到的神秘信号，是近年来人类离暗物质最近的一次重大发现。如果进一步确认这是来自暗物质的信号，那么科学家便可根据“悟空”的探测结果推算出暗物质粒子的质量、湮灭率，以及太阳系附近的暗物质团块分布特征等信息，而人类也可以沿着“悟空”的脚步去找寻宇宙中 5% 以外的广袤未知，取得一系列超出想象的成就。

2013 年，欧洲核子研究中心确认发现被称为“上帝粒子”的希格斯玻色子，完成了粒子物理标准模型的最后一块拼图。“悟空”发现的这些奇异电子或许暗示着“上帝粒子”之外仍有新天地。天文学家认为，一旦积累的数据足够有说服力，不管最后断定是否与暗物质相关，这一发现都具有重要意义。

当然，仅凭这一次发现，科学家还不能 100% 确定发现了暗物质，想要更加确切地认识这些信号到底来自何方神圣，科学家还需要积累更多的观测数据。目前“悟空”仍在天上勤勤恳恳地工作，持续地收集数据。希望随着分析的进一步深入，“悟空”能给人类带来更大的惊喜。

图 4-11　几个典型的超新星遗迹

1. 距离地球约 1 500 光年、犹如面纱的帷幕星云；

2. W49B 超新星遗迹，其中可能隐藏着银河系最年轻的黑洞；

3. RCW 103 超新星遗迹，其中可能隐藏着一颗脉冲星；

4. N49 超新星遗迹，其中布满丝状气体，横跨 30 光年；

5. 仙后座 A 超新星遗迹，太阳系外最强的射电源

### 4.2.3 “奇异”电子何以为奇

其实，“悟空”在 1.4 TeV 处抓到的奇异“尖峰”，只有大约 100 个电子。但要从几十亿个粒子信号里“捞出”这 100 个“奇异”电子，又谈何容易？这一比例，相当于从全中国的人口中筛选出不足 40 人来。

“当时的数据量太少了，我们一方面异常兴奋，一方面又担心这仅仅是数据上的假象。幸运的是，这个信号随着时间的推移变得越来越清晰！”暗物质粒子探测卫星科学应用系统副总设计师范一中回忆道。为了找出这不到千万分之一的事例，每一个可能的目标，都要经过几百甚至上千遍分析。

“悟空”每天传送回 500 万个粒子信息，但其中 99% 以上都是质子等无用的“噪声粒子”。科研人员首先要把这些背景杂质统统剔除（图 4-12），剩下极少数可能有用的目标电子，再进入下一个分析环节。

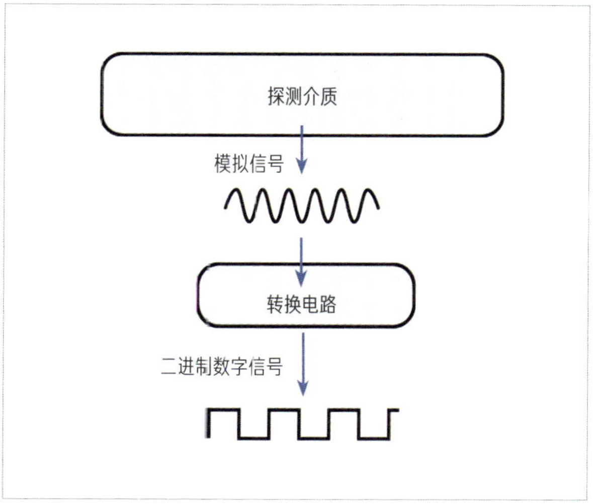


图 4-12 “悟空”上的有效载荷都有转换电路与探测介质相连接，把入射高能粒子产生的光信号转变成电信号，并转换成 0 和 1 组成的二进制数字信号。这样做的好处是提高数据的抗干扰能力，能够把有用的信息从噪声中提取出来，便于科研人员进行分析

每一个进入探测器的粒子，由于发生簇射反应，都会留下几百乃至几千路能量信号。即使选准了有用的粒子，科研人员也要把这成百上千路信号综合在一起，才能大致还原出目标粒子的电荷、运动方向等基本信息。最复杂的一次，团队成员一共汇总了 7 万多路信号，才还原出 1 个粒子信息。

为了找准 1.4 TeV 能量处的关键电子，“悟空”团队还升级了“自虐玩法”。整个数据分析团队分成 4 个独立的小组，每组成员拿到卫星原始观测资料后，独立开展分析。然后将 4 组分析结果进行相互比对。如果出现显著差异，所有成员都要集中在一起讨论，查找问题的根源。

“这里的电子实在太重要了，容不得我们漏掉 1 个或者错放进 1 个‘浑水摸鱼’者。”暗物质粒子探测卫星科学应用系统总设计师伍健介绍，仅 4 队结果互相核对比较，就花费了整整 4 个月。每一点结果上小的差异，分析人员都会追查源头，找到具体原因。探测器标定、重建的物理模型，整个团队修订了五六遍。无论这些电子来源于哪里，都将是粒子物理或天体物理领域的重要发现。

在人类科学的进程中，历史上较少看到东方文化的影子。但“悟空”运用中国科学家特有的设计方案和中国工程师独特的探测器制造技术，首战告捷，实现了国际上最精确和最高效的探测，取得了引领性的原创成果和重大突破。“悟空”对暗物质的大胆探寻，说明中国人已经逐渐进入科学探索的“无人区”。在未来，中国的科研团队和科学仪器将承载起更多为全人类探寻未知、解答未知的使命。

# 4.3 “悟空”眨了眨眼

暗物质的物理本质是国际粒子物理和天体物理领域的最重大问题之一，“悟空”便瞄准了这样一个重大前沿。

但取回“真经”的路上，怎能尽是坦途？“悟空”在天上运行的过程中，既有“体检”满分、一次次超期服役的大惊喜，也遇到过突发的意外小惊险。这只在太空翱翔的“中国猴”，牵动着地球上千万人的心弦。

## 4.3.1 “眨眼猴”急坏了“师父”们

“我遭遇了突袭，被打晕了。幸好程序员‘爸爸’给我写的代码很靠谱，我只是昏过去了一会儿，程序重新发送指令后就苏醒了。”2016 年 6 月 28 日，“悟空”的“中枢系统”在平稳工作了半年多后，第一次遭遇危机。它在自己的“微博”上发了这么一段话。

这次事件把当日轮值并监控到这一幕的雷仕俊吓了一跳：“值了几个月班，这还是第一次遇到这种事。当时特别怕是系统问题，后来发现只是运气不好。”经过分析，科研人员发现“凶手”很有可能是来自南大西洋异常区的高能宇宙线粒子。

地球的磁层就像一个大的保护罩（图 4-13），一般情况下能够保护在轨运行的卫星免受来自宇宙的高能粒子的攻击。但是在异常区，磁场特别弱，这里的高能粒子流量是其他地区的几十倍甚至上百倍。对日行 60 万 km 的“悟空”来说，它几乎每天要经过异常区两三次，

图 4-13　地球的磁层可以保护地球生物免受太阳风、宇宙线等携带的高能粒子的伤害，而那些穿透地球磁层的带电粒子可以与两极上空的大气化学物质发生碰撞，这就形成了绚丽多彩的极光

弓形激波
磁鞘
磁层顶

因此被击中的概率还是不小的。

“悟空”上采取了多种措施，以最大限度地降低外界和卫星系统本身对探测器的干扰（图 4-14）。但“常在银河走，哪能不湿鞋”，未知的宇宙环境也会时不时给卫星的正常运转带来一些“意外惊吓”。

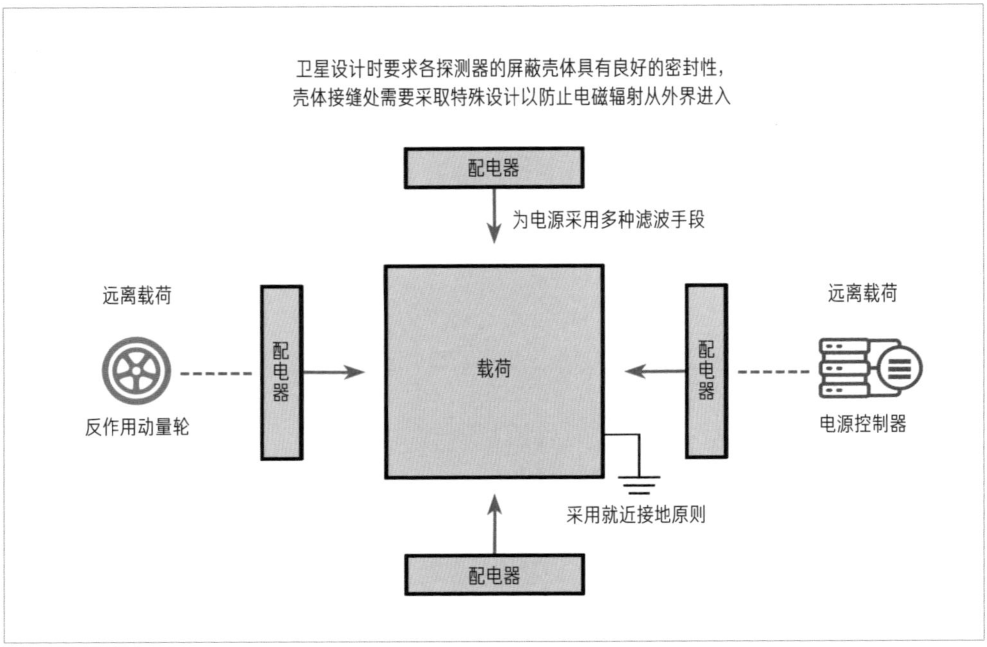


图 4-14 “悟空”的一些防干扰措施

“我值班的时候还遇到过高能粒子击中‘悟空’的星敏使其失效的情况。星敏类似于人类耳朵里的半规管，是维持姿势和平衡的装置。还好失去平衡的瞬间星敏迅速重启，‘悟空’重新恢复了姿态。”悟空号团队成员崔明阳说。

2017 年 12 月 29 日的一次“插曲”，让团队成员记忆犹新。当天 22 时，负责监测的人员突然发现，悟空号星载探测器中的部分高压供电电流出现了异常，数据回传速率锐减至原先水平的 1/5 ~ 1/4。卫星探测粒子能力突然大减，好比火眼金睛的美猴王突然“失明”。虽然2年来悟空也有过小病小灾，但是像这样“失明”还是第一次。突如其来的事故，让大家措手不及。正常情况下，“悟空”每天可以探测500万个宇宙高能粒子。问题拖得越久，损失数据越多。

“无论是久拖不决，还是关机检查，都是很大的损失。‘悟空’在天上飞，每天运行成本是70万元，我们必须争分夺秒，能早一会儿是一会儿，把问题解决，否则多一天一辆豪华轿车的钱就没了。”范一中说。

## 4.3.2 紧急会诊，恢复光明

事不宜迟，科研人员立刻组织了“远程会诊”。从卫星运行的一贯表现看，探测器工作一直很稳定，自身突然出状况的可能性很小。“医生们”分析了载荷工程参数后判断，它的“病因”很可能是太空中的粒子击中了它身上携带的某个电源模块，致使其意外关机。

基于这个判断，卫星科研团队提出了调整指令的申请。负责控制“悟空”运行的中国科学院国家空间科学中心和西安卫星测控站也紧急配合，一场“天地大营救”正式开始了。通过一系列指令、参数的重新发送，地面科研人员终于重新启动了“悟空”上意外关机的电源模块，使整个系统恢复了工作。经过19小时的紧张忙碌，至12月30日15时，悟空号探测器的运行和数据回传速率均恢复正常，“悟空”的火眼金睛终于重见光明。

“悟空”在天上的一举一动，都牵动着地上科研人员的心，他们随时准备为“悟空”保驾护航。团队成员李翔是一名卫星“医生”，自从2011年加入悟空号团队以来，悟空号的数据机房就是李翔每天必须“打卡”的地方。他早晨起来第一件事不是洗脸刷牙，而是先习惯性地拿起手机，检查 App（应用程序）上显示的机房温度。如果机房持续高温，记录悟空号采集数据的硬盘就可能被损毁。只要这里温度超过 30 ℃，团队的 4 个年轻人就会轮流接到报警电话。为了能立即识别异常，李翔还给报警电话设置了专门的来电铃声，这样一旦听到，就能第一时间冲去“营救”。

这么多年下来，团队的科研人员都已经将“悟空”当作自己的家人。卫星升空前，大家没日没夜地忙于设计、测试，不放过任何一个小瑕疵。卫星升空后，工作强度变得更大了，大家更是没日没夜地加班，常常凌晨两三点回家，一大早又到实验室报到。

“总的来说，悟空在轨运行状况很好，上天前制订的厚厚一本应急方案一次都没用上。”常进欣慰地说，它的工作时间会大大超过设计寿命。

### 4.3.3 身强体健，数次“延寿”

原本设计在天上工作 3 年的“悟空”，数次获准“延寿”运行，仍在太空中“日理万机”，为科研人员积累各种研究所需的关键数据。2018 年 12 月 17 日，卫星研制团队在“悟空”发射 3 周年（图 4-15）运行总结会上宣布，“悟空”保持着非常好的运行状态，关键科学数据也仍在累积，原定科学目标已经完成，部分成果超出预期，将延长 2 年工作时间。

2020 年 12 月 17 日，“悟空”科研团队再次宣布，鉴于卫星运行情况良好，项目团队已与各保障部门商定，将其“服役期”再延长 1 年。截至那一天，“悟空”已绕地球飞行 27 822 圈，共探测宇宙线粒子 93.6 亿个。

2023 年 12 月 17 日，“悟空”迎来了它的 8 周岁生日，在平稳运

图 4-15　悟空号 3 周年庆祝仪式

行的 8 年里，它的各个探测器依然保持着良好的工作状态，平均每天记录约 500 万个高能粒子，项目团队表示，“悟空”将继续超期服役。

除了关于高能电子的科研成果引起国际科学界广泛关注，“悟空”发射以来，暗物质这个科学名词也变成了中国的全民热词。几年来，悟空号科研团队一边时刻监测着太空中传来的最新数据，做着最前沿的科学研究，一边不时为公众科普，解答“暗物质会不会让人突然湮灭”“暗物质能不能治脱发”等各种“脑洞大开”的提问。

常进自我调侃：我现在变成“网红”了。“成果发表后，我一是激动，二是不安。因为科学家并不应该站在聚光灯中央。而且，工作也确实不是我一个人干的，还有一大群年轻人没日没夜地跟我奋战在一起。”常进说。

“到现在为止，‘悟空’已经累积了很多重要数据有待分析。下一步，我们将瞄准宇宙线中硼、碳、氧、铁等元素的分析，这对于人们理解宇宙线如何被加速以及它们如何在银河系中传播具有重要意义。总而言之，在揭秘宇宙的道路上，‘悟空’仍然大有可为。”悟空号项目组成员、中国科学院紫金山天文台研究员袁强说。

# 4.4 太空新收获

“悟空”首发成果技惊四座，但科研人员仍然毫不松懈，关于暗物质的研究还在紧锣密鼓地展开着。

“悟空”的科学目标主要有三项：一是通过观测高能电子、γ 射线来探测暗物质粒子，二是研究宇宙线的起源，三是通过 γ 射线研究天体物理。

自 2015 年底升空以来，除了引发强烈关注的“奇异电子”，“悟空”凭借超强的粒子探测和分辨能力，对宇宙线中的质子、氦核等多种宇宙线高能粒子也展开了研究。借由这双“火眼金睛”，我们又多了一些认识宇宙的新维度。

## 4.4.1 遨游太空的高能粒子：质子和氦核

宇宙线是来自宇宙空间的高能粒子流（图 4-16），从成分看，质子和氦核是宇宙线中丰度最高的两种粒子，其中质子约占 87%，其次是氦核，约占 12%，剩下的 1% 则是各种重原子核、电子以及少量反物质粒子等。宇宙线是人类目前能够获得的关于宇宙深处的重要物质样本，它包含许多重要的信息，是传递宇宙大事件的“信使”，被科学家称为“宇宙陨石”。

图 4-16　宇宙线撞击地球大气的艺术想象图

正因为如此，自 20 世纪初以来，人类对宇宙线的探索从未中断。100 多年间，各国科学家在热气球、地表、卫星上安装探测器，试图进一步揭示宇宙线的奥秘。但事实上，由于巨大的技术挑战，宇宙线的直接观测长期以来进展缓慢，而且测量误差很大，直到 21 世纪才陆续取得突破，并对传统理论模型带来挑战。在这个领域，载有极高能量分辨率探测装置的“悟空”当仁不让地担起了重任。

2019 年 9 月 28 日，基于前两年半的在轨观测数据，悟空号国际合作组在《科学 - 进展》杂志发表了 40 GeV ~ 100 TeV 能段宇宙线质子能谱的精确测量结果（图 4-17）；2021 年 5 月 18 日，“悟空”团队乘胜追击，利用前四年半的在轨观测数据，精确测量了宇宙线氦核 70 GeV ~ 80 TeV 能段的能谱，论文发表于《物理评论快报》杂志。至此，我国在空间高能粒子探测方面已跻身世界最前列，在高能物理领域完成了一次漂亮的“弯道超车”。

科学界的传统观点认为，宇宙线能谱服从幂律分布，然而近些年的直接观测实验（如南极气球实验、帕梅拉探测器、阿尔法磁谱仪 2、国际空间站量热电子望远镜）发现，质子能谱在数百 GeV 能量处出现拐折（能谱变硬，可以简单理解为粒子数目变得比预期的多），偏离单一幂律分布。经典理论模型并不能解释该现象，因此科学家提出了多种模型来解释该能谱拐折的成因。区分这些模型急需更高能段的、更加精确的能谱观测，其中一个核心的目标即确认在更高能段（如数百 GeV 伏至数百 TeV）是否存在新的能谱结构。但是在 TeV 及更高能段，前述实验因测量手段以及测量精度的限制，无法给出准确的探测结果，从而也无法对物理模型予以甄别。

悟空号具有优异的电荷分辨本领，可以对高能宇宙线质子和氦核进行有效鉴别，这样就分别实现了对质子和氦核能谱的精确测量。也正是凭借着强大的探测能力，悟空号确认了之前发现的质子能谱在

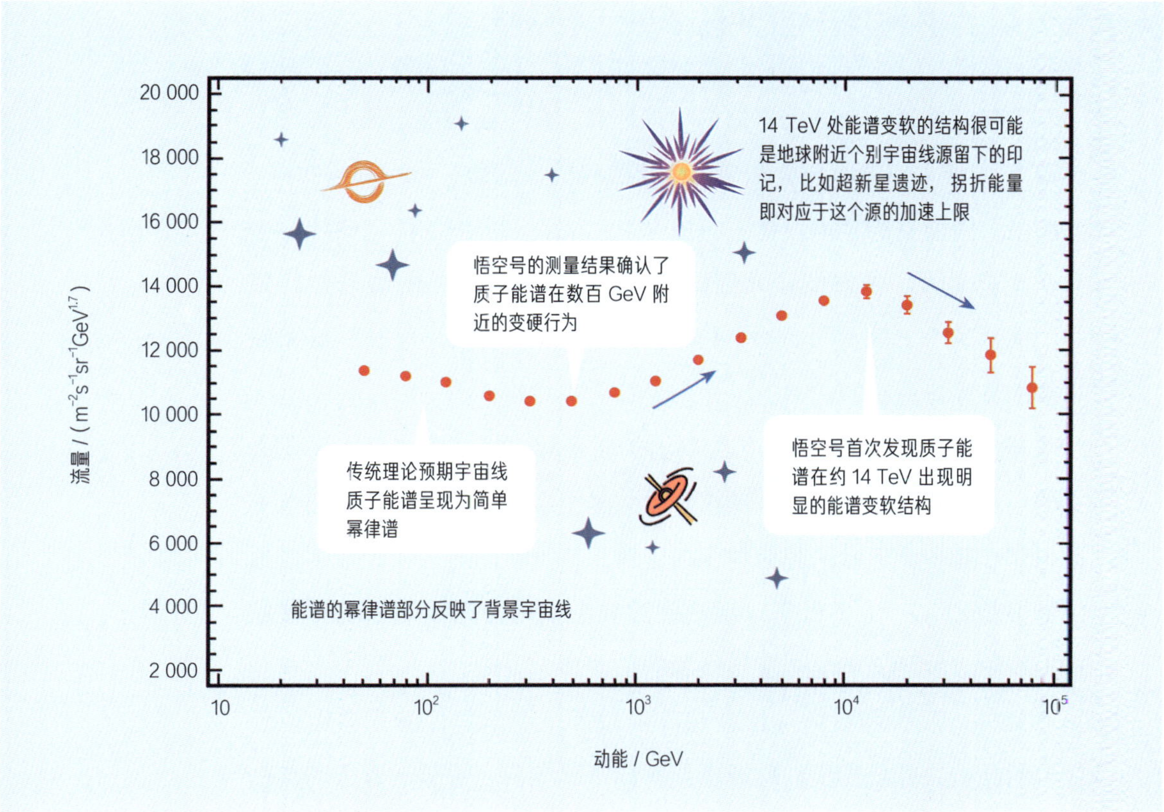


图 4-17 图中横坐标是质子的动能，纵坐标可以理解为统计到的质子的数量，“悟空”的测量结果比国际同类探测器误差更小，也就是测量精度更高

数百吉电子伏处的变硬行为，更为重要的是，悟空号首次发现质子能谱在约 14 TeV 出现明显的能谱变软（可以简单理解为粒子数目变得比预期的少）结构。有意思的是，在高能能段，氦核能谱也表现出非常类似的“行为”——氦核流量也呈现出先上升、后下降的明显拐折结构。

那么，对科学家来说，绘制出质子、氦核的精确能谱有啥用？相似的拐折结构又意味着什么呢？

## 4.4.2 站在新世界的门口：未知宇宙线源

宇宙线能谱中包含着丰富的物理信息。画宇宙线能谱有点像“人口普查”：做人口普查需要知道各个年龄段的人口数，然后画出曲线；而测量不同能量的宇宙线粒子有多少，也能画出类似的能谱曲线。

也就是说，能谱能让人们搞清楚宇宙线在空间中的能量如何分布，摸清这个“家底”，这样才能了解其性质、结构，以及从低能到高能的具体加速机制。

研究人员认为，“悟空”绘制出的质子和氦核能谱之所以呈现这样的结构，有可能是由于地球正好毗邻某个宇宙线源，也就是相当于地球旁边有一个天然的超级粒子加速器。其贡献的能谱和大量背景源的能谱叠加，产生了科学家观测到的复杂结构。而能谱出现变软的拐折现象，就代表着这个宇宙线源的加速能力上限。

此外，质子和氦核能谱在超高能段都呈现出类似的先变硬、后变软的结构，并且拐折的位置近似正比于其电荷，这预示着它们存在共同的起源，互相印证着上面科学家提出的模型。

那么，这些宇宙线的源头究竟是哪里？一种推测认为，它们有可能来自邻近地球几百至几千光年范围内的超新星爆发。超新星爆发是恒星在演化接近末期时（图 4-18）经历的一种剧烈爆炸，爆炸过程中释放出的电磁辐射经常能够照亮其所在的整个星系，并可能持续几周至几个月才会逐渐衰减。爆炸抛射物产生的激波被认为是最主要的宇宙线加速场所。

总而言之，“悟空”发现不符合传统预期的新结构，对传统的宇宙线加速和传播模型提出了挑战。探究宇宙线中的高能粒子，很可能打开现有物理模型之外的新世界。如果后续研究进一步深入，人类有望一步步逼近这个神秘的邻近宇宙线源，甚至直接确定它的位置。

图 4-18　恒星 WR 124 正蓄势待发，即将变身超新星，它的恒星外壳已被剥离，形成一个巨大的尘埃气体云

当然，要最终解答这一问题，科学家仍需更多观测数据，甚至需要结合地面实验，例如与位于四川稻城的高海拔宇宙线观测站等装置密切配合。但不管怎样，人类对神秘宇宙的认识再一次加深了。

# 4.5 “悟空”的“师父”和“师兄”们

一个“悟空”在天上飞，30 多人的科学团队在地上天天追。在“悟空”的“老家”中国科学院紫金山天文台，常进带着一群人组时平均年龄不到 35 岁的年轻人，每天接收“悟空”发回来的“天书”，夜以继日破译“密码”。

悟空号科学团队中，有敢想敢干，陪伴“悟空”从诞生到成长的“师父”；有每天给卫星体检、监测运转情况的“医生”（监控人员）；有随时紧盯科研数据，解读卫星发现的“翻译”（科学分析人员）……这些师父、医生、翻译等各司其职，互相配合，践行科学家精神，创造出一个又一个“从 0 到 1”的突破。

“太空猴”背后的这些“地球伙伴”各自又有着怎样的故事？

## 4.5.1 “科研工头”常进

《西游记》中美猴王的师父是高僧玄奘，而现实中遨游在太空中的悟空号，它的“师父”则是暗物质粒子探测卫星首席科学家常进（图 4-19）。

如今在网络上搜索常进的名字，你会发现他的名字总是与“暗物质”这三个字一同出现。

图 4-19 常进

## 一、“天上不会掉馅饼”

“悟空”顺利上天，是对常进20多年执着“追捕”暗物质的最好回报。可没有过痛彻心扉，又怎会大彻大悟？这充满传奇色彩的追梦之路，也布满了坎坷与荆棘。

早在2002年，常进就萌生了研制卫星去太空探测暗物质的想法。在第3章里讲过，20世纪末，他通过自己的努力争取，参与了美国主导的南极气球实验项目。“我们没有出一分钱，但这个项目最重要的一篇论文，由我作为第一作者发表在《自然》杂志上。这个经历告诉我，在没有经费的情况下，如果你有独特的方法和技术，也能‘借船出海’。”他在回忆里这样说。

由于之前的“顺风车”搭得很成功，常进产生了再找辆“顺风车”搭的想法。当时他有一个很好的日本朋友，是国际空间站量热电子望远镜项目的首席科学家，他也在进行空间高能粒子的探测。

那时，日本的空间技术比中国强，常进就想跟他们合作。可是，常进很快发现，自己的这个想法太天真了，虽然自己可以帮他们设计探测器，但在外国人主导的项目中，中国人永远不可能成为主角，人家更不会按中国人的想法干。同时，彼时的美国和日本政府也有很多政策限制与中国在空间领域的合作。因此，这个合作被拖了足足2年的时间。

但是这2年也没有白费，常进时时刻刻在做技术上的准备。他在采访中说：“每一个项目的成功，都来自坚持，我相信，只要我们做好准备，总会有机会。”2001—2010年的10年间，常进参加了探月工程，参与了嫦娥一号、嫦娥二号、嫦娥三号科学载荷的研制，还在中国科学院的支持下，做了一个只有几千克重的探测器去验证相关技术。“如果没有这10年，我们不可能只用4年就将‘悟空’送上天。”常进说，“‘悟空’能上天，更重要的还是国家经济发展了，实力雄厚了，才有做科学卫星的机会。”

在这10年里，常进还认识了许多良师益友，比如叶培健院士和黄江川总师。叶培健老师眼睛不好，常进每次看到他读报告的样子，都很难受，那个纸几乎都要贴上眼睛。叶院士经常说“航天无小事”，这种确保万无一失的态度也深深地影响了常进。

中国科学院早就意识到暗物质探测的重要意义，在十几年的时间里，几乎每年院领导都要到紫金山天文台讨论暗物质探测的可行性。2011年1月，中国科学院正式启动了空间科学先导专项，常进的构想获得了重点支持，他终于有机会带领团队去亲手建设中国人自己的暗物质卫星了。

在紫金山天文台暗物质与空间天文重点实验室，悟空号的图文张贴在过道的墙上，常进每天上班下班都要看上几遍。“撸起袖子加油干，天上不会掉馅饼。”常进说，这句话就是他的座右铭。

“我最大的优点是肯吃苦，诚恳待人，这是父母送给我的最好的礼物。”出生于江苏泰兴农村的常进，上小学时常思考的是如何加快吃饭速度，因为家中兄弟四人，谁吃得慢一点就会吃不饱。这样的艰苦生活不光养成了他吃饭快的习惯，也培养了他做事讲究效率并且还有些“斤斤计较”的性格。

“我父亲在世时一年大概能挣2万元，而一颗卫星的造价则是7亿元。父亲去世前老担心我，如果卫星搞砸了，就相当于我们泰兴农村几万户农民一年就白干了。这是我干卫星为什么那么小心的主要原因，不能浪费国家的科研经费。”常进说，“空间实验没有任何改正错误的机会，一个很小的错误都可能造成卫星失败，所以我们每个人必须认真负责地干好自己的事情，才对得起国家的这份信任与支持，对得起团队多年的努力。”

## 二、砸得下去、顶得起来的“常大锤”

年轻时就对宇宙奥秘怀有深深好奇的常进，经常会提及爱因斯坦的一句话：宇宙中最不可理解的事，就是宇宙是可以被理解的。但他随即又加了后半句：“爱因斯坦把这个话说早了，现在宇宙仍然是不可理解的。”

“悟空号确实发现了异于以往的现象，但这些现象来自哪里、代表什么，我们需要时间研究，也需要一点幸运。”常进说。幸运的是，国家目前正加大对科技的投入，加上多年坚持的人才政策，中国正处于科学发展的黄金时代。

人类对暗物质的孜孜以求究竟能换来多少看得见摸得着的改变？对于常进和他的团队来说，走出人类认知局限的“沙漠”原本就是驱动他们投身科学的初心，在这条路上，有苦，但更多的是乐趣。

在常进的同事和学生们眼里，有各种关于他的“传说”。他是一个思维非常开阔的人，他是一个执着的人，他是一个很有感染力的人，他是一个比较严厉的人，他像一个超人一样，他像一个大侠一样……作为研究员，常进是投入且出色的，在团队中，他又是严师，是有“性格”的前辈，是工作起来几天不睡的“拼命三郎”，是出了难题会为整个团队“扛锅”的主心骨……

“一枝独秀不是春，百花齐放春满园”，常进不仅自己在科研中取得丰硕的成果，还引领了整个团队的发展。他非常注重培养青年科研人员，根据他们学历层次高、知识面广、思想活跃、接受新知识能力强的特点，利用组织生活、学术活动等多种形式进行教育引导，倾注了大量心血。在他的影响和帮助下，青年科研人员迅速成长，在科研创新方面取得了显著成绩。

“对于整个研究团队来讲，我就是个‘科研工头’，领着一帮搞科研的踏踏实实往前干。”常进说，“我必须成为整个团队的‘常大锤’：

碰到难题砸得下去，遇到责任顶得起来。”这是常进对自己的定位。

## 三、男儿有泪不轻弹

2015 年 12 月 17 日卫星发射成功的时候，有人哭有人笑，但作为首席科学家的常进内心反而很平静。他想，卫星再成功，如果不出成果，还是一颗失败的卫星，团队 200 多人 4 年的心血就白费了，国家的经费也白费了，他感到自己的责任更大了。

悟空号在轨运行的头两三年，常进时刻担心着卫星上近八万个小探测器的每一个是否都在完美工作，数据是否可靠，计算机的计算存储能力是否够用……这两三年里，即使坚强如斯，常进也曾流过眼泪。

第一次流泪，是常进看到根据卫星探测数据绘制出的 γ 射线天图（图 4-20）时。γ 射线流量低，分布是盘状的，宇宙线流量高，分布是各向同性的。如果卫星有一个小探测器不工作，宇宙线就会从这个异常的探测器进来，就不会看到盘状分布。因此，这张图表明了“悟空”的探测器是成功的。那天，常进正坐在火车上，看着那张图，眼泪止不住地流。“这个结果证明我们 200 多人 4 年的工作没白费，探测器能工作，化解了我最大的担心。”

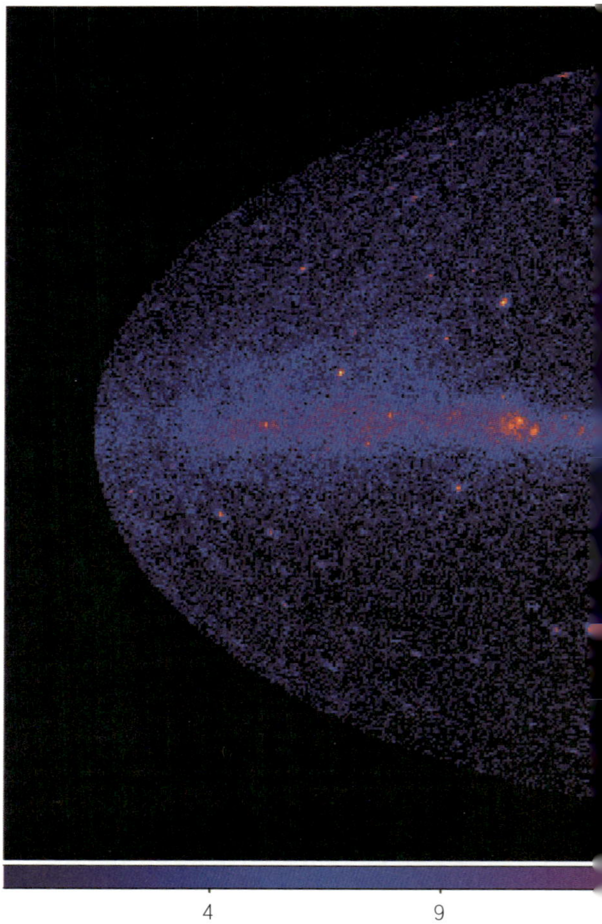

第二次流泪，是在一个国际会议上，看到日本量热电子望远镜的研究结果，常进再次喜极而泣。这个探测器跟“悟空”的科学目标类似，但比“悟空”早 4 个月发射，而比日本探测器晚 4 个月升空的“悟空”收集的数据量是其 5 倍。“虽然我跟日本这个项目的首席科学家是好朋友，但是基础科学只有第一没有第二。当我看到他们的结果时，我的眼泪立即流下来了。因为我知道，虽然还是会有人到日本买马桶盖，但是再也不会有人到日本买暗物质探测器了。”

图 4-20　γ 射线天图

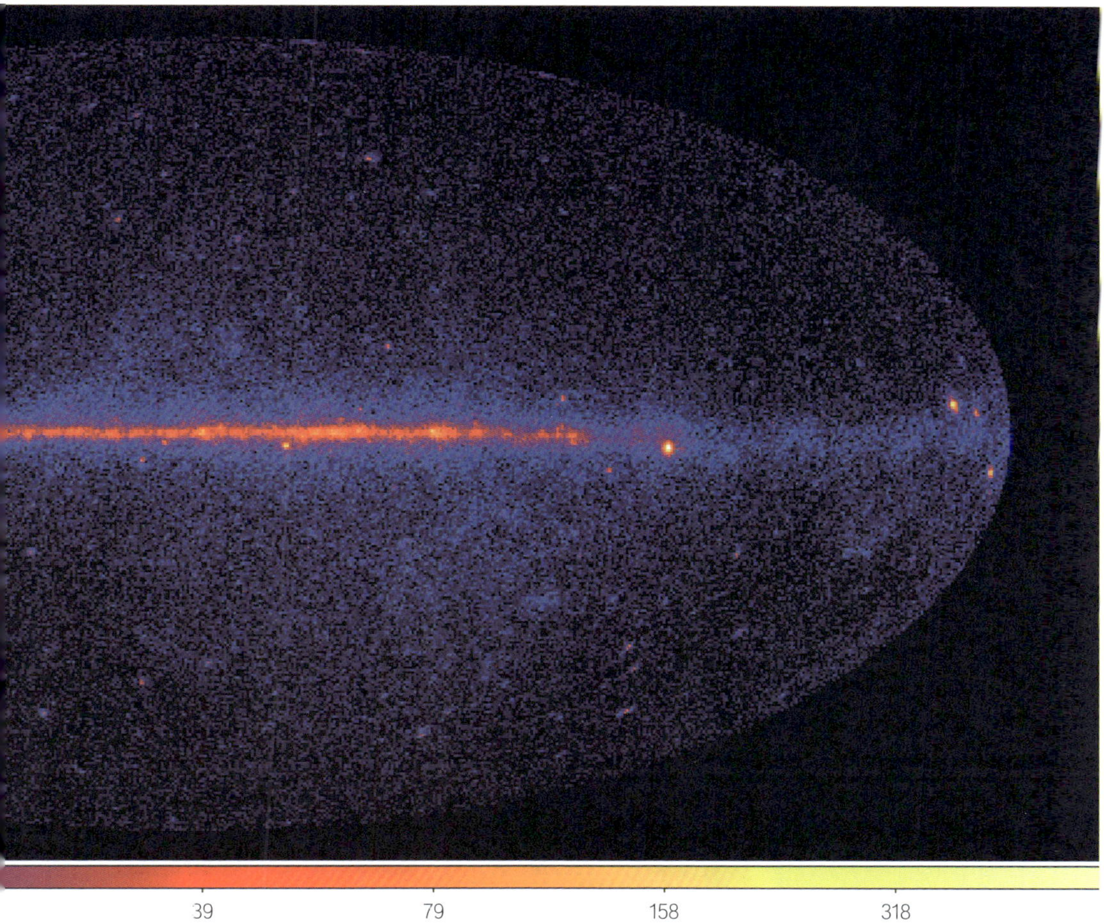

第三次流泪，是常进听到队伍里有年轻骨干生病的时候。当时他刚下火车，在人群中失声痛哭，引得许多好心人纷纷驻足询问。

“其实我哭了不止 3 次，这几年，许多人都生了病，有的还很严重，做了大手术，听到这些消息我都要流眼泪。”常进坦言，“卫星的成功不是我个人的功劳，是我们这支队伍的功劳，一个人本事再大，作用也是有限的。”

## 4.5.2 “悟空”的“师兄”们

在位于江苏南京市的紫金山天文台办公楼内，有一个挂着 DAMPE 标签的房间。这个不起眼的房间，正是我国暗物质粒子探测卫星“悟空”在地面的数据处理中枢——暗物质与空间天文重点实验室。“悟空”捕捉的每一点信息，都会传回这里进行校准、分析。

忙碌在这个实验室中的科学家，是“悟空”的一帮“师兄”们，他们中的很多人，从 30 岁左右“初出茅庐”起，就一路陪伴“悟空”的孕育和成长。

### 一、“经纪人”范一中：“悟空”的“铁粉”

暗物质粒子探测卫星科学应用系统副总设计师范一中（图 4-21），领导着悟空号的科学理论团队。每天，他紧盯同事们“翻译”出的高级物理信息，不放过一丝一毫暗物质幽灵可能留下的痕迹。

图 4-21 “悟空”的“铁粉”范一中

“作为天文学工作者，每天我都会感到自己非常渺小。人类所在的太阳系仅仅是银河系的千亿分之一，我们实际居住的地球又仅是太阳系的微小一部分。但是，作为天文学工作者，我又觉得非常自豪，因为我们可以用这个小小的脑袋，借助现代科技，研究整个宇宙，研究人们看不到的东西，这就是暗物质。”这是范一中 2017 年国际暗物质日在上海科技馆对听众的一番“自白”。

范一中目前醉心于暗物质与高能天体物理研究，但他走上天体物理研究的道路并不寻常，从丈量大地到仰望星空，他的经历堪称是一本难得一见的励志教材。

1992 年，年满 15 岁的范一中离开重庆山村的老家，考入位于江西赣州的南方工业学校，先后学习地质调查与找矿和工程测量。“当时家里太困难了，买不起回乡的车票，我从进校到毕业，整整 4 年几乎没有离开过赣州。唯一的例外，是第一年暑假前去广东韶关进行丹霞地貌等的地质认识实习。南方工业学校的老师和同学们的长期帮助和支持，使我能够坚持完成学业，对此我永远心存感激。”令所有老师和同学意想不到的是，1996 年中专毕业，范一中并未选择直接就业，而是坚定不移地申请继续深造。范一中回忆起这段往事有些伤感，但更多的是自豪。由于成绩优异，他最终被保送到长安大学雁塔校区（原西安地质学院）继续深造。本科期间，范一中刻苦钻研，在测绘类学术期刊上发表了 10 余篇论文。

前前后后学习了 6 年测绘，并且已做出了一些不错的成果，如果坚持下去，范一中很可能会成长为一位著名的测绘专家。但 2000 年本科毕业的时候，范一中的选择再次让亲友们大吃一惊，他毅然决定报考南京大学天文系的硕士研究生，希望能更深刻地洞悉自然界的奥秘。“考研 3 天我一共只睡着了 4 小时，其他时间就算躺在床上，头脑也是浑浑噩噩地醒着”，范一中这样回忆那段难熬的时光。值得庆幸的是，他的考研成绩非常好，他顺利地考入南京大学天文系，正式开启了仰望星空的研究生涯。

在南京大学攻读硕士学位期间，由于是从测绘专业转入一个全新的专业，从未受过系统的物理、天文训练的范一中感到特别吃力。尽管惆怅时也会不经意地怀念测绘生涯，但开弓没有回头箭，3 年的硕士生涯中，有 2 年半的夜晚范一中都是在办公室度过的，有些早起的同学和老师早上来到办公室时，还经常能看到尚未收起的地铺。在南京大学 3 年的努力，加上戴子高教授和吴雪峰等同学的帮助，让范一中补足了短板。2003 年夏天，他考入紫金山天文台，师从韦大明研究员继续从事 γ 暴研究。当时美国的 γ 暴卫星“雨燕”（Swift）发射在即，范一中在导师的指导下抓住时机，发表了多篇论文来预言观测结果。这些工作为他赢得了 2004 年的中国科学院院长奖（特别奖），“自此我终于走出了测绘的影子，在高手云集的天文同行中不再自卑。”范一中感慨地说。

2010 年，范一中接到紫金山天文台暗物质粒子探测卫星团队发出的邀请。当时他在美国内华达州立大学拉斯维加斯分校做访问学者，仍在从事 γ 暴物理研究。暗物质是一个陌生的研究领域，而 γ 暴物理研究则是一个高产的领域，接受暗物质团队伸来的橄榄枝就意味着研究方向的极大改变。“我心里其实并无把握，因为毕竟没有系统地接受过扎实的物理训练。但我决定直面这一挑战。”范一中常常对他的研究生们强调，“熟悉的地方没有风景。”

2010 年 4 月，在以色列、丹麦、美国等地工作 4 载的范一中回到南京，正式加入暗物质粒子探测卫星项目，并成为科学团队的负责人。他将这个经历称为“再次创业”。

万事开头难，满怀希冀的范一中在筹建悟空号科学团队的时候才发现，创业真的是如此艰难。开局之年的每个日夜，范一中都在绞尽脑汁，一方面是竭尽所能去引进相关领域的研究骨干，另一方面是挖掘已有人手的全部潜能去开展工作，在实战中成长。现在已经是悟空号数据处理核心专家的李翔博士还记得2013年那个难忘的春节。大年初一，范一中还通过电话、邮件和他们交流暗物质研究进展，尤其是兴奋地告知他们大年三十晚上终于把一个公式给推导出来了。大年初三那天，范一中和他以及冯磊博士就一项工作来回交流了43封邮件。“我们当时都是背着电脑去亲戚家拜年的，亲人们都感叹导师对工作抓得太紧。”李翔笑着说。

由于国内从事暗物质间接探测的队伍很小，起初引进科学人才的事宜迟迟没有实质性进展，这成了范一中内心最大的隐忧，他最后决定自主培养出一支队伍。在悟空号科学团队的研究生中，梁云峰的到来很富神奇色彩。“得知广西大学一名硕士生在数据处理方面有专长，第二天我就坐上了飞往南宁的班机，目的就是一定要把这个学生招到团队中来。”范一中颇为兴奋地回忆道。他的热情和执着最终打动了梁云峰，后者于2013年夏天加盟了悟空号科学团队，并与博士后黄晓渊一道为 γ 射线数据分析队伍的建成发挥了关键作用。

范一中所到之处，总有浓厚的学习氛围和宽松的环境，导师和学生的关系更像是好友甚至战友，交流的内容除了工作，还有生活中的苦和乐。2014年，还在华中科技大学读大三的马鹏雄抱着看看的心态来访问，他回忆道：“我第二天就对范老师说，毕业后一定要加入这个团队，因为组里的氛围实在是太好了。”在同一个暑假，山东大学威海分校大三的段凯凯同学来到该团队实习后，就决定不再离开，目前也已成为卫星数据分析团队的骨干成员。

在学生和同事眼中，“范老师”对科学总是充满了热情，仿佛永远不知道疲倦。给他发邮件，几乎没有超过1小时回复的，哪怕在周末晚上也是这样。学生夏子晴很好奇：“我们常常在想，范老师是不是除了吃饭睡觉，就是全天候地坐在电脑前面工作。”

范一中经常会迸发出一些奇思妙想，每当脑袋里出现了什么新的想法，总是会非常兴奋地和大家分享、讨论。即便在晚上或是周末，甚至凌晨三四点钟，团队成员也经常会收到他的工作邮件，很多工作就是这样开展起来的。范一中曾直言："我觉得寻找暗物质这件事，可能是我这一辈子能够做的最酷的一件事情，因为世界上没有任何一个专家能够明确地告诉你，应该到哪个地方去找暗物质，应该怎么去找暗物质。所以说这件事情特别具有挑战性，而我喜欢挑战。"

2015 年，暗物质粒子探测卫星工程项目进入最后的攻坚阶段。由于科学团队进展较为顺利，范一中本以为可以缓一口气，但项目组发现卫星的物理事例重建队伍需要加强力量。当时的科学团队大部分成员是硕士生或者低年级的博士生，成熟度低，但物理事例的重建工作又迫在眉睫，所以范一中只好让即将博士毕业的李翔改做卫星物理事例分析研究，他自己负责梳理思路，寻找突破口，协调并培养分析队伍的人手。

现在已经是"悟空"核素宇宙线分析核心专家的岳川博士还记得 2015 年初范一中一封意外的来信，他回忆道："我报考的是韦大明老师的博士研究生，但意外收到了范一中老师的来信，一再邀请我参加'悟空'科学组。我当时在中国科学院空间科学中心参加子午工程项目，对'悟空'不了解，所以回复并不很积极。但是范老师一直坚持与我联系，催促我暑假尽早到紫金山天文台报到，并邀请我参加他们的讨论会。我抱着试试看的心态参加了一次卫星数据处理工作例会，发现这就是我梦寐以求的事业，所以义无反顾地成为'悟空'团队的一员。我一直后悔，为何直到 2015 年 8 月才加入这个团队。"

2015 年 12 月 17 日，"悟空"顺利升空，作为科学团队负责人的范一中更是异常忙碌。几乎每个周末，包括首席科学家常进在内的紫金山天文台的科学团队都会与中国科学技术大学的研究组展开深入讨论。除了实时了解卫星数据处理的进展并献计献策，范一中和他的理论同事袁强、冯磊还负责对数据进行物理解读。

范一中说，“悟空”凝聚了整个研制团队的心血，看着它表现越来越好，科研人员都很兴奋。“卫星上天、回传数据的每个重要节点，都是我们科研人员的大日子！”“越是‘奇怪’‘少见’的粒子和能谱结构，越是我们紧盯的目标。天上的‘悟空’火眼金睛，地上的科研人员也睁大了眼睛，争取早日有所发现！”

长期的艰苦工作，让范一中刚过不惑之年头上便多了很多白发，显得比同龄人苍老，可对于暗物质近乎狂热的痴迷，又让他看上去激情四射，这深深地感染和影响着这个年轻的团队，他们正一步一步走进未知世界的深处，去解开那远在星辰之外的宇宙密码。

## 二、“小胡”胡一鸣：想做“悟空”的大哥

“悟空”项目组里，有个年轻却“老资历”的科研人——胡一鸣（图 4-22）。他看上去很年轻，实际年龄也不到 40 岁，却从“悟空”立项之初就一直陪伴着这只“太空猴”。在胡一鸣眼里，能当“悟空”的大哥，并一直“罩”着它正常运行，是一件很酷的事。

“其实，所有的科研工作者都追求着一个共同的目标：洞察自己感兴趣的问题，并找到最终答案。这往往需要一个长期的、经过实践检验的科研流程：形成假设，设计实验，收集数据，解释数据，再次讨论并修正假设……只是现实往往不会那么一帆风顺。”

图 4-22　想做“悟空”大哥的胡一鸣

在胡一鸣的电脑里，至今还存着一张像是存在于科幻大片里的照片（图 4-23），308 根 600 mm 长的类似玻璃棒的东西，被“吸”进了一个个小格子中，十分震撼。这张图展现的正是“悟空”内部最为关键的载

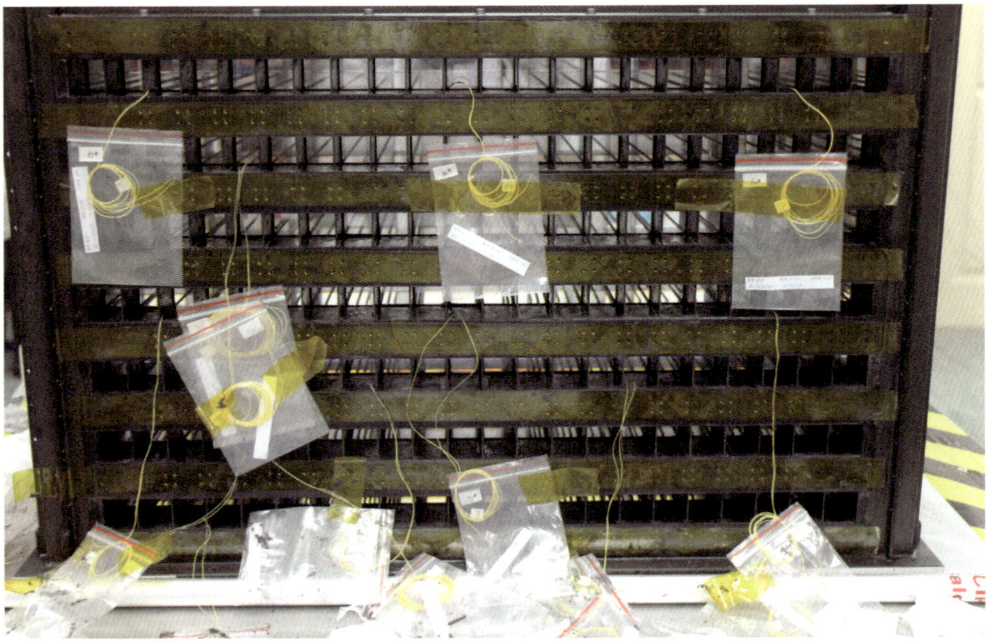

图 4-23　BGO 量能器的设计方案

荷——BGO 量能器的设计方案，这个方案承载着三代科研人的心血。

“BGO 晶体形似‘玻璃棒’，由其组成的 BGO 量能器是‘悟空’的核心载荷。它非常重要，对应的质量占比也最大。但是发射 1 千克航天器上天，其成本就相当于 1 千克黄金。因此，如何减轻 BGO 量能器承载结构的质量，成为载荷工程化设计过程中至关重要的一步。”

胡一鸣所在的项目组成功拿下“悟空”内部 BGO 量能器的设计方案项目后，来不及高兴，就遇到了大问题。“整个‘悟空’的质量指标被要求控制在 1.9 t 左右，其内部 4 台有效载荷就有 1.45 t，BGO 量能器的质量重达 1.05 t，占整星质量的 55%。”胡一鸣解释说，“这也就意味着，要想‘悟空’上天，我们必须将整个 BGO 量能器承载结构的质量占比压低到 15% 以内。”

“这个过程很难，每个细节都得不断地打磨、更改、精进，容不得闪失。”从最初的物理设计分析开始，经过设计与计算优化、单元制作与试验优化等多个步骤，逐步优化降低支撑结构的质量，提高BGO量能器的荷重比。包括胡一鸣在内的老中青三代科研人员齐上阵，整整花了3个月时间反复验证和测试，才最终形成了独有的以非金属复合材料空腔蜂窝型箱体支撑结构为核心的设计方案。

该方案使BGO量能器在原有基础上增加了4.46个辐射长度，提高了探测能段上限，同时减小了量能器占空比（脉冲宽度与脉冲周期的比值），使BGO量能器对100 GeV以上电子的探测效率提高到98%，并保证了整体的结构稳定性和热稳定性，大幅提升了卫星的探测能力及在轨寿命，确保了整个卫星工程的顺利进行。

2015年12月17日，胡一鸣和团队成员在酒泉卫星发射基地守护着“悟空”成功上天，升空的那一刻，所有人都难掩激动之情。将近二十年、三代科研人员的心血，这群人等了太久。

法布尔在《蝉》中写过一句话：“四年黑暗中的苦工，一个月阳光下的享乐，这就是蝉的生活。”从工作之初到现在，胡一鸣对这句话的感受越来越深，也越来越能领悟这句话的含义。他始终觉得，科研工作者并不是寻求一个不可替代的位置才来做科研。“科研对大多数人来说并不是追求英雄的道路。”但要问起有没有愧对的人，胡一鸣也坦言：“只有家人。”

2012年5月24日，这个日子胡一鸣永远忘不了，那天他的大儿子刚出生，可第二天他就去了北京，出差了整整1个月，正好满月那天赶回来。“满月宴全靠家人和同事张罗，我只是匆匆忙忙从机场走到了饭店，好像参加的是别人家小孩的满月酒。”“但是没办法，人生就是一个从0到1的过程，从事我们这个工作的人，物质保障到了一定程度，就更应该关心家国情怀。”

“如果用一个动物来打比方，你认为自己是什么？”“海豹！海豹看起来很可爱而懒惰，对很多事情感兴趣就盯着玩耍，但实际上，它是环境中最强大的掠食者之一。我的性格就是表面很随和，但是做科研时，必须集中所有精力、专心致志，做到‘一击命中’。”

### 三、“秘书”郭建华：给探测器“体检”

图 4-24　悟空的全职“秘书”郭建华

悟空号有效载荷副总设计师郭建华（图 4-24），从 2009 年起就开始投入暗物质粒子探测卫星的研制中，从正式立项前的关键技术预研和方案设计，到立项后的探测器电性件研制、初样鉴定件研制、正样飞行件研制，都做出了重要贡献。“悟空”上天后，他立即转型，做起了卫星的“体检师”，每天负责监测“悟空”在天上的“冷暖与健康”，给“悟空”安排日程。

如何保证探测器状态正常？郭建华说，监测卫星姿态很重要，保持卫星的太阳能帆板始终对准太阳，才能维持能源供给和探测器温度的稳定。

“探测器建造过程中，我们进行过环境模拟试验。拿当时地面测到的电流、电压等与现在轨道中传回的数据比较，看结果是否吻合，就能帮我们判断探测器工作状态是否正常。”郭建华说。

除了每天为探测器“体检”，郭建华的工作还包括参与安排“悟空”在天上的工作计划。“‘悟空’在太空中精神抖擞，其实它的每一个动作，背后都有科学家周密的安排。”郭建华说。科研团队要提前制订“悟空”的工作计划，每周分两次由位于西安的测控中心发送给卫星搭载的计算机。这样，“美猴王”才能在天上指哪儿看哪儿，用火眼金睛寻找暗物质的蛛丝马迹。

“回想过去的 9 年，我觉得印象最深刻的就是大家都能够团结在一起，把这个实验做完，取得一个好的结果，这让我很感动。这是我第一次做卫星项目，卫星项目最大的特点就是没有办法来第二次，发射成功就是成功了，失败就失败了，整个过程要考虑得非常周全。对于我们新手来说，一方面感觉很新鲜，另一方面压力又很大。幸好我们还年轻，能承受更多的压力。”郭建华说。

## 四、“翻译”伍健：7 万个信号还原 1 个轨迹

从“悟空”在天上捕捉到原始数据，到理论学者分析形成重大发现，中间还有关键的一环，那就是将“太空密码”翻译成能被科学家运用的物理信息。担任“首席翻译官”的，正是暗物质粒子探测卫星科学应用系统总设计师伍健（图 4-25）。

伍健在高中时代的理想是通过核聚变解决能源问题。他报考中国科技大学时选择了与核物理相关的近代物理系，毕业后留校当了老师，他教授的电磁学常常赢得学生的掌声。2008 年，他加入了常进的团队。“与一些其他行业相比，做科学研究很清贫。但做自己感兴趣的事，能给我带来满足感。”伍健说，“科学上我们最关心的就是空白的地方，这是最容易有新发现的地方。好比一片红薯地，别人如果挖过很多遍，我们再去挖，是很难有收获的。探测暗物质很有意思，要有好奇心，要动脑子。如果我们有发现，就是为人类提供了新的知识。”

图 4-25　悟空的“首席翻译官”伍健

前面我们讲过，在实际数据处理的过程中，粒子与能量信号并

非一一对应。“粒子特征不一样，适用的方法也不一样。最复杂的一次，我们汇总了7万多路信号才还原出1个粒子信息。”伍健说。

“暗物质粒子探测卫星是我们国家第一颗天文卫星，万事开头难。在这个过程中，我们要想办法召集一批能干的年轻人一块来参与这项工作。在不同阶段，我们团队要承担不同的工作。比如卫星上天之前，科学应用系统要配合地面所有的测试。上天之后，就要安排值班，虽然我们科学应用系统建得比较智能化，但每天也要值班检查卫星状态是否良好，处理各种参数。”他说，“我们的团队肯吃苦，每个人都会主动发现和解决问题，这非常重要。”

伍健曾在苏黎世工作过2年，在丁肇中先生的研究团队做数据分析。当时的他发觉，在国际大型试验中，中国科学家尚无法起到主导作用，“而现在再辛苦也没关系，因为是做我们自己主导的科学研究”。

实际上，从2011年底暗物质粒子探测卫星项目启动以来，伍健就再也没有休过周末。在攻关的关键期，他还与常进约好，春节大年三十晚上，两人各带两个菜到办公室值班。

## 五、同舟共济的悟空“师兄团”

人们往往只看到成功者的微笑和成果，而在这些成果背后他们所付出的艰辛和心血，只有他们自己知道。在30多人的科学团队里，还有着无数感人的故事，他们通力协作、百折不挠，共同实现着团队的梦想。

蔡明生、张岩、黄永益在研制高压供电机箱的过程中，为了降低研制成本，决定使用高压模块元器件，独立自主研制高压机箱。他们始终坚持搞好高压机箱、确保载荷工作的信念，顶住压力，攻克高压打火以及性能不稳定的难题，保证了悟空号的正常工作。卫星升空第 7 天，当高压加电成功的喜讯传来后，“不负吾心、不愧吾心”是蔡老师发自肺腑的告白。

整星联合调试测试期间，张岩查漏补缺，用 1 周时间，在数以百太字节计的工程参数事件中发现了一次高压跳变事件。虽然仅有 1 次，但张岩认为这是隐患，必须解决。经过元器件开盖检查，他发现高压模块内有一个电阻在国外出厂时就已经出现虚焊现象，成功地避免了一次重大质量事故。

中子探测器分系统主任设计师马涛，曾是嫦娥一号、嫦娥二号 γ 谱仪的主要参研人员。嫦娥一号发射时他独自在西昌坚守岗位 70 天，嫦娥二号发射时仍然是他独自在西昌坚守岗位 70 天。由于人手的限制，与中子探测器相关的大量工作都要由马涛负责，探测器设计、研制、封装以及后期的数据处理，马涛和黄永益承担的工作量超过了正常工作量的 3 倍。

团队成员陈灯意、宫一中与载荷结构分系统主任设计师胡一鸣通过反复迭代和优化，确定了 BGO 量能器的物理配置设计、结构设计、热设计、电磁屏蔽设计，最终形成了独有的设计方案。该方案顺利通过环境模拟试验，试验前后 BGO 量能器的工作性能一致，标志着重达 1 t、占整星质量 55% 的 BGO 量能器的超高荷重比关键技术得到了解决。

年轻成员陈灯意，自打来到台里工作，就融入了这个大集体，不仅承担着结构分系统研制任务，还扮演着保密员、安全员等各种不同角色，默默无闻地干着虽不起眼但不可或缺的工作，传承着新时代的螺丝钉精神，忘我而无闻，默默守护，默默奉献。宫一忠 5 年来，夜夜要照顾瘫痪在家的老人，却没有一次迟到耽误工作。研制任务虽重，但宫一忠从未抱怨，这正是老一辈紫台人传承下来的宝贵精神。

徐遵磊、张哲、张永强三人组成的地面综合测试小组，在短短 4

年内，先后完成了软件设计、软件开发、综测组网等研发任务，完成了电性件欧洲束流测试等测试任务。鉴定件全套尺寸单机 3 次欧洲束流测试、有效载荷 3 次综合测试、2 次与卫星联合综合测试均取得圆满成功。首席科学家常进对三人的评价是“三人能够抵得上整整一个综合测试团队”。

彭晓艳在产假期间仍然坚持到台里加班，汇总报告文件。韦家驹参与了有效载荷的束流试验、有效载荷的联合测试，同时潜心关注新型半导体探测器的研制进展，调研最新的科研资料，为实验室的后续发展积累着宝贵经验。

虽然有人说过，没有完美的个人，只有完美的团队，但完美的团队也离不开一个个勤勉的成员。紫金山天文台的悟空号科学团队同舟共济、勇往直前，为悟空号的成功留下了自己不可磨灭的印记（图 4-26）。

图 4-26　悟空号科学团队合影

## 4.6 未来的暗物质探测

目前，关于人类是否“抓”到了暗物质粒子，依然是一个很难回答的问题，探索的空间仍然巨大。为此，不论是直接的还是间接的探测实验，全球各国的科研团队都制订了长远的计划，准备开展更大规模的探寻和更低能量的搜索，也有另一些实验将采用更新的方法或更灵敏的手段来扩展探寻的范围。

一是更大规模的侦测。在观察碰撞的直接探测实验中，一种被称为大质量弱相互作用粒子的暗物质理论较为流行。这种理论假设暗物质由质量为质子几倍到几百倍的大质量弱相互作用粒子组成。在大质量弱相互作用粒子数量和相互碰撞概率一定的情况下，发生碰撞的事例数量就与探测器介质原子核的数量成正比。因此，扩大探测器规模或增加探测器介质的质量，必然会提高大质量弱相互作用粒子与探测器介质原子核碰撞的机会，提高探测的灵敏度。过去的几十年间，此类实验规模虽有扩大，但结果显示依然不够。为此，不少科研团队都提出了雄心勃勃的新规划。

其中最具有代表性的实验是意大利格兰萨索地下实验室开展的 XENON 暗物质粒子探测实验。该实验采用液氙探测的方式。2005 年，第一代 XENON10 探测器的液氙总质量为 25 kg，其中有效质量只有 10 kg；2007—2015 年，XENON100 的总质量为 161 kg，用于物理分析的有效质量约 62 kg；随着时间的推移，XENON 实验已经从千克级演进到百千克级，再到 1 t 级（XENON1T，图 4-27）乃至最新的

5.9 t 级（XENONnT），探测的灵敏度越来越高。

二是更低能量的搜索。在直接探测实验中，大质量弱相互作用粒子反冲核的能量越低，其发生核反冲（原子核由于受到撞击或衰变而获得动量，从而在反方向运动的现象）的概率就越大。也就是说，低能量核反冲事例的发生远比高能量的频繁。如果探测器能够测量很低能量的反冲核的话，同样能提高探测的灵敏度，这与增大质量产生的效果相似。

三是采用更新的方法。除了增大质量、提高效率，发展和采用新的探测方法也是探寻大质量弱相互作用粒子的一个重要方向。

四是扩展探寻的范围。间接探测实验同样也在蓬勃发展，一些正在运行的项目包括：在地面或太空测量高能 γ 射线的望远镜，在卫星上测量太空的正负电子和其他粒子能量的能谱仪，以及在地下或水下测量中微子的“望远镜”等。

图 4-27　XENON1T 实验探测器

科学家坚信，在将来的某一天，他们一定可以拨开暗物质这块“乌云”，还物理领域一片蓝天。

## 4.6.1 暗物质不给力？宇宙线来帮忙

悟空号项目组成员、紫金山天文台研究员袁强介绍，理论上的暗物质候选粒子种类繁多，质量也很不确定，跨度非常大（图 4-28），而目前的各种实验往往只能覆盖非常有限的能量范围。

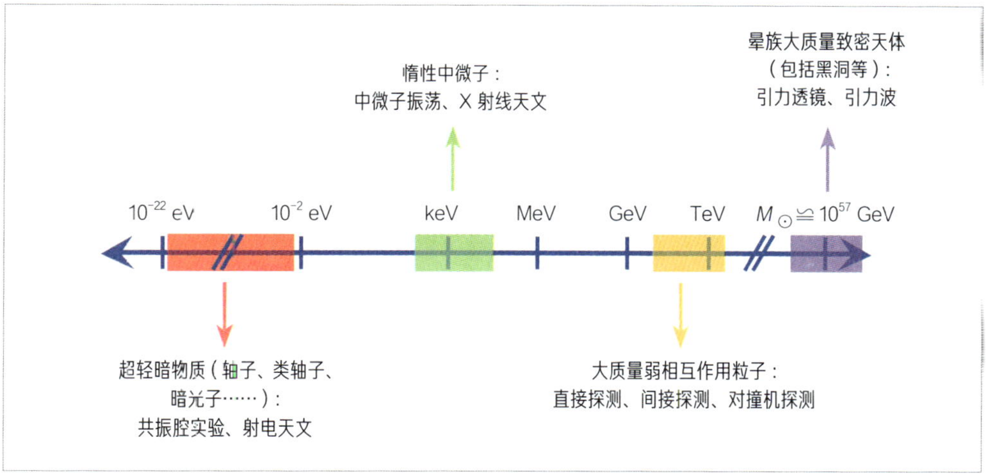


图 4-28　不同种类的暗物质候选粒子能量差异巨大，探测方式也不同，想要造一台“包罗万象”的探测器难度非常大

这一现象背后的原因并不复杂：探测器有其测量阈值，如果暗物质产生的信号达不到其最低测量阈值，就会被淹没在背景噪声里。当前的暗物质直接探测实验通常对几十倍至 100 倍质子质量的暗物质粒子最为敏感，为成功地探测暗物质粒子，拓展现有实验的能量范围就显得尤为关键。

## 一、给暗物质“提提速”

在银河系中，暗物质粒子的平均速度大约为光速的千分之一。对于轻质量（比如质量小于质子质量）的暗物质粒子，它们自身动能很小，跟原子核碰撞之后能够留下的能量也会很小，很难达到探测器的测量阈值。

那么，是否存在某种方法，能够将暗物质粒子加速到更快的速度，使得即便是较轻的暗物质粒子也可以在探测器中留下超过测量阈值的信号呢？科学家还真找到了一种给暗物质“提速”的办法！

2019 年，有学者指出，如果暗物质粒子和探测器介质原子核之间存在相互作用，那么它们也必定会和宇宙空间中广泛存在的高能宇宙线碰撞。这两个物理过程本质上是一样的，差别在于和探测器原子核的碰撞是暗物质粒子将能量传递给探测器原子核，而和宇宙线的碰撞则反过来——暗物质粒子将获得能量。

这正是我们想要的！通过宇宙线加速后的暗物质粒子具有很高的能量，这样较轻的暗物质粒子也可以被轻易地探测到。虽然被宇宙线加速的暗物质只占暗物质总量的很小一部分，但通过这个方法，我们还是可以探索很大一块空白参数区域。

## 二、以时间换空间

被宇宙线加速的暗物质产生的信号有没有什么独有的特征可以区别于背景事例或者传统暗物质信号呢？由上海交通大学和紫金山天文台的学者组成的一个研究小组发现，这个模型确实存在非常有趣的新特征：由于暗物质粒子和宇宙线在银河系中的分布都是不均匀的，而且越往银河系中心二者的密度都越来越大，这将导致被加速后的“高速”暗物质大量地来自银河系中心的方向，形成明显的各向异性分布（图 4-29）。

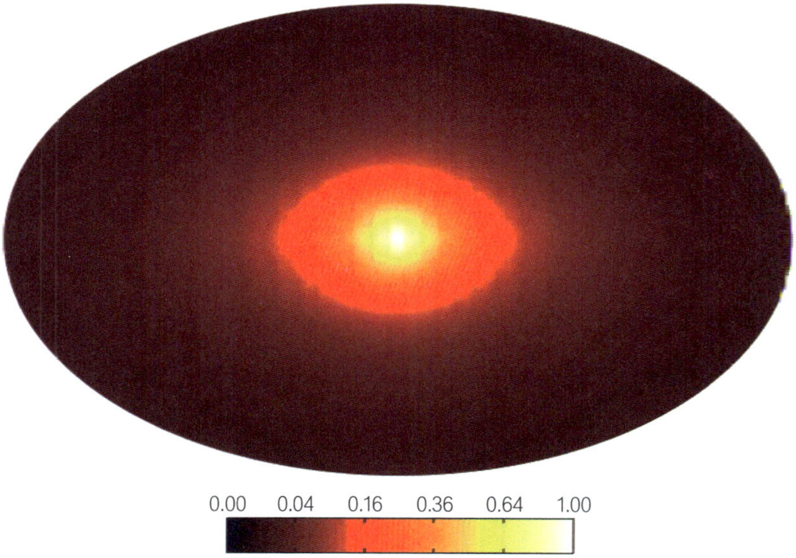


图 4-29　被加速的暗物质流强在银道坐标系中的分布

可是根据现有暗物质直接探测实验的精度，还无法直接测量这个各向异性分布。不过，通过进一步分析该问题，科学家注意到由于地球存在自转，银河系的中心会周而复始地出现在地球的正面和背面，如果暗物质和普通物质的相互作用足够强，那么地球将成为暗物质粒子的屏蔽体。据此推测，当银心和探测器位于地球的同一侧时，暗物质导致的信号强度将达到最高，反之则信号强度最低，从而使我们可以观测到一个时间上的周日调制效应，调制周期是一个恒星日。这就好比在阴雨天的时候，我们可以通过白天和黑夜的更替来感知太阳的存在。借助这种周日调制效应，我们可以有效地区分暗物质信号和背景事例，从而可以更有助于识别出暗物质信号，提高暗物质探测灵敏度。

此外，考虑到地球周期性的公转和自转，来自宇宙的暗物质粒子“风”的风向在不同时间也会有显著的变化，从而导致暗物质粒子与探测器相互作用的事例率产生周期性变化。比如由于地球自转，早上6点钟，暗物质粒子风垂直于地面，下午6点钟则与地面平行。不过由于地球自转导致的这种日调制效应幅度太小，现阶段的实验精度还无法进行探测。而由于地球公转，暗物质粒子风与探测器的相对速度在6月达到最大，12月达到最小，调制周期为1年（图4-30）。图中右下方的红线和蓝线分别表示6月2日和12月1日质量为8 GeV的大质量弱相互作用粒子与探测器靶核发生弹性散射后的核反冲能谱，两者之差（黄线）就是理论上的年度调制幅度谱。但年调制效应分析要求探测器阈值低、曝光量大，且实验环境特别是本底水平具有足够好的长时间稳定性。

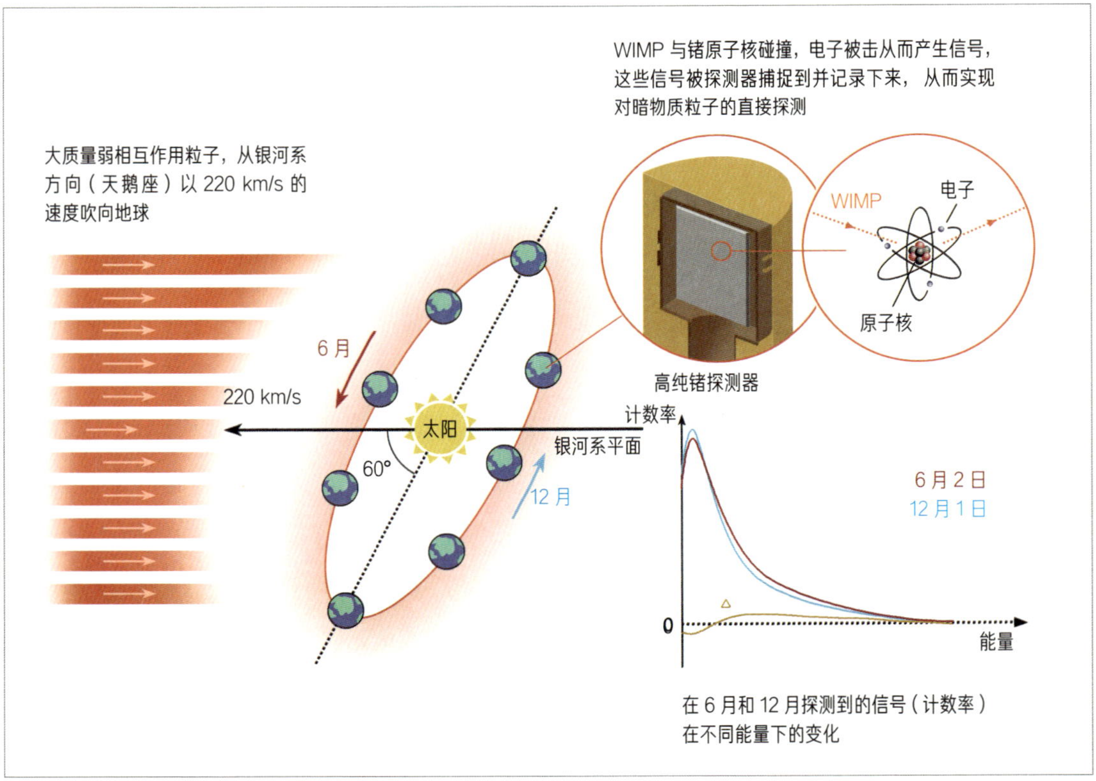


图4-30　年调制效应示意图

## 4.6.2 甚大面积 γ 射线空间望远镜（VLAST）

目前，中国科学院紫金山天文台的科研团队正在成功研发“悟空”的基础上，联合中国科学技术大学、中国科学院近代物理研究所、中国科学院国家天文台等多家单位，开展下一代空间探测项目——甚大面积 γ 射线空间望远镜（Very Large Area Gamma-ray Space Telescope, VLAST，图 4-31）的技术攻关。

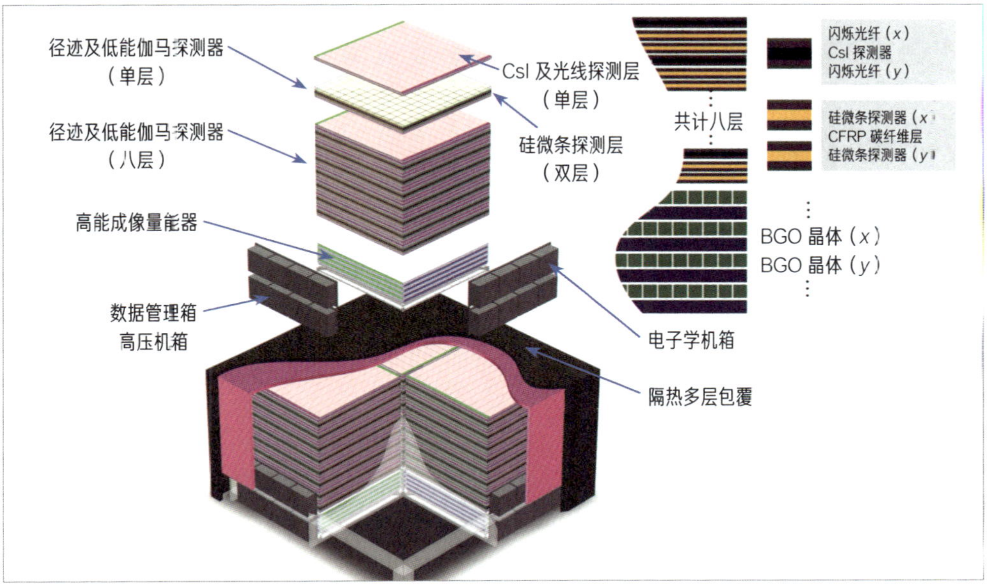


图 4-31 VLAST 结构示意图

与“悟空”相比，VLAST 更加侧重对 γ 射线的高灵敏度探测，其对 γ 射线的探测能力较“悟空”会提升 50 倍以上。作为下一代旗舰型空间 γ 射线天文台，这台望远镜还具有大接收度和高能量分辨率等特点。其在 GeV ~ TeV 能段接收度高达 10 $m^2$ · sr（平方米球面度），并具有很强的 MeV ~ GeV 波段探测能力，其综合性能预期会比费米望远镜提升 10 倍以上。

这颗新的卫星计划在距离地面 500 km、倾角 20° ~ 30° 的轨道上工作。它有望在多种形式的暗物质粒子间接探测中取得非常重要的突破。

## 一、潜伏在银河系中心的幽灵

前面我们提到过，银河系中心由于距离地球较近，且预期具有较高密度的暗物质分布，一直是备受关注的暗物质搜寻区域。银心 GeV γ 射线超出成为非常引人注目的暗物质疑似信号，但是一些研究表明，该超出的能谱与空间分布也可以用大量的毫秒脉冲星来描述，但这些毫秒脉冲星由于流量低于费米望远镜的灵敏度而被误判为弥散 γ 辐射（图 4-32），弥散 γ 辐射是指 γ 射线在物质中传播时发生的散射现象，这种散射过程会导致 γ 射线的方向和能量发生改变。受限于费米望远镜的统计量，目前还无法在暗物质解释和毫秒脉冲星解释中做出合理的判断。进一步研究银心 GeV γ 射线超出的能谱与空间分布，以及在银心附近寻找暗弱的毫秒脉冲星，将是 VLAST 的关键科学目标之一，这将对该超出的物理本质提供关键证据。

银河系晕中的暗物质粒子湮灭或衰变也将产生弥散 γ 辐射，特别是如果存在大量暗物质子结构的话，所产生的 γ 辐射更为可观。该卫星将通过对弥散 γ 辐射的能谱与空间分布的精确测量，来探测银河系晕中的潜在暗物质信号。

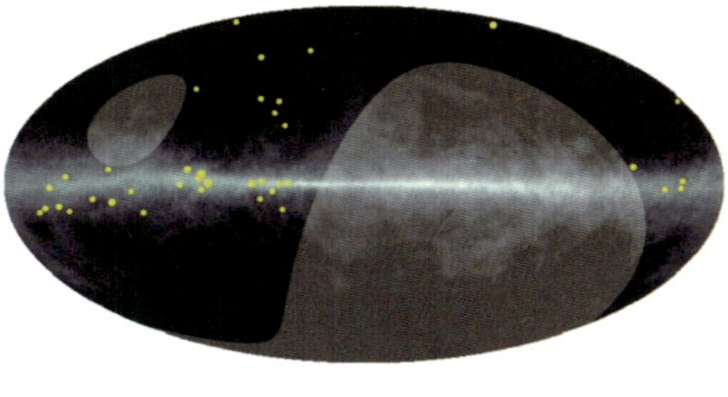

图 4-32　西藏 ASγ 实验团队观测到的超高能弥散 γ 辐射事例在银道坐标系下的分布

## 二、曙光藏在不连续的地方

暗物质可能会在湮灭或衰变的过程中产生单能 γ 射线谱（一条线谱）。考虑到在 GeV 以上的能区，天体物理过程产生的 γ 射线能谱通常为连续谱，发现一条线谱预示着某种来自暗物质或未知的物理过程。在过去的十几年中，诸多研究已利用费米望远镜的数据在银河系中心、星系团和矮星系等天体中搜寻过单能 γ 射线谱，并曾报道过一些疑似的信号，但这些结果有的被发现可能来自系统误差，有的置信度仍不足以确证其真实性，可以说目前尚未确凿地发现 GeV 以上能区的单能 γ 射线谱。悟空号也对全天的线谱做了盲搜，同样得到了零结果。单能 γ 射线谱信号探测的灵敏度取决于两个关键因素：能量分辨率和统计量。VLAST 在这两个方面会显著强于以往的实验，因此将大大提高单能 γ 射线谱搜寻的灵敏度，检验费米望远镜数据中呈现出的疑似信号，并有望首次发现单能 γ 射线谱。

## 三、矮椭球星系：暗物质间接探测的理想目标

矮椭球星系（图 4-33）的特征是其中的恒星和气体物质稀少，总质量由其中的暗物质主导。现有的动力学测量表明，对于一些矮椭球星系，其中暗物质的质量可高达恒星与气体质量的成千上万倍。对于处于高银纬的矮椭球星系而言，考虑到其中的黑洞、中子星数量少，一般不会产生很强的 γ 射线辐射，因此一旦探测到 γ 射线辐射，它们就可能来自暗物质湮灭和衰变。在费米望远镜的数据中目前还没有探测到明确的来自矮椭球星系的 γ 射线辐射信号，在个别矮椭球星系中观测到了微弱的 γ 射线辐射超出，但尚不能确定是否为统计涨落。VLAST 更高的灵敏度将可以探测到更弱的 γ 射线源，有可能首次发现矮椭球星系中的 γ 射线辐射并研究其是否来自暗物质湮灭或衰变。

图 4-33　这个位于天炉座的矮椭球星系是银河系的卫星星系，也是费米望远镜搜寻暗物质时观测的星系之一

## 四、搜寻光子 - 类轴子振荡

轴子是粒子物理中被提出来解决强相互作用的电荷 - 宇称难题（也就是第 1 章提到的著名的强 CP 问题）的一种新基本粒子。研究发现，它也很好地符合暗物质的主要特性，因此轴子及由其推广而来的类轴子也是一类引人瞩目的暗物质候选粒子。在电磁场中，轴子和类轴子可以与光子发生相互转化，根据这一特性，我们可以通过搜寻 γ 射线源的能谱中可能存在的光子 - 类轴子振荡特征结构来间接探测轴子和类轴子粒子。

γ 射线观测在搜寻轴子和类轴子信号方面具有的独特优势，可以和其他探测方式互补。相较于直接探测轴子（类轴子）的地面实验，在某些特定的质量区域上，利用 γ 射线观测开展的间接探测研究已经被证实可以达到更高的探测灵敏度。特别是对于 neV 质量范围的类轴子，费米望远镜对 NGC 1275 的 γ 射线观测对光子 - 类轴子耦合常数给出了目前最强的限制结果。另外，费米望远镜在对银河系内部一些明亮的超新星遗迹和脉冲星的观测过程中，还找到了一些疑似的光子 - 类轴子振荡结构，不过拟合数据给出的类轴子参数空间和现有的太阳轴子望远镜（CERN Axion Solar Telescope, CAST）实验结果冲突，这意味着这些振荡结构可能源自未知的系统误差。间接探测轴子和类轴子也是 VLAST 的关键科学目标之一，超高的能量分辨率使其在类轴子振荡特征结构的搜寻中具有显著的优势。

根据现有的技术储备，如果得到支持，科研团队有望在 2029 年之前完成卫星研制任务。一旦研制成功并顺利运行，它将确立我国在高能 γ 射线空间探测领域的领导地位，带来暗物质、高能天体物理、宇宙线物理等研究领域的突破性进展。

### 4.6.3 量子测量“加盟”暗物质追捕

2021 年，中国科学技术大学与德国科学家合作开发出一种新型超灵敏量子精密测量技术，并用于暗物质粒子的直接搜寻，这一成果充分展示了量子测量与暗物质探测这两个前沿科学领域的交叉融合。

理论预测，暗物质与原子核会发生极微弱的相互作用，这种相互作用相当于在原子核自旋上施加一个微小磁场——赝磁场（在物理实验中人为产生的磁场，它可以通过特定的物理过程或材料特性模拟真实磁场的效应，但并不涉及真实的磁场源）。研究组利用自旋放大器放大暗物质产生的赝磁场，大大提高了暗物质的搜寻灵敏度，完成了 feV（飞电子伏，$10^{-15}$ eV）~ peV（皮电子伏，$10^{-12}$ eV）低能区暗物质的实验直接搜寻，实验结果比先前国际最好水平提高了至少 5 个数量级。相比传统的大型暗物质科学装置，该设备只需日常桌面尺寸的空间布局。

2024 年，该团队又利用相关技术（图 4-34），将此前国际上的探测界限提高了 50 倍以上，提高了找到暗物质粒子的可能性。此外，这项研究还具有长远的应用价值，比如通过提高核磁共振的精度来实现精准医疗，以及开展更为精密的深海探测等。

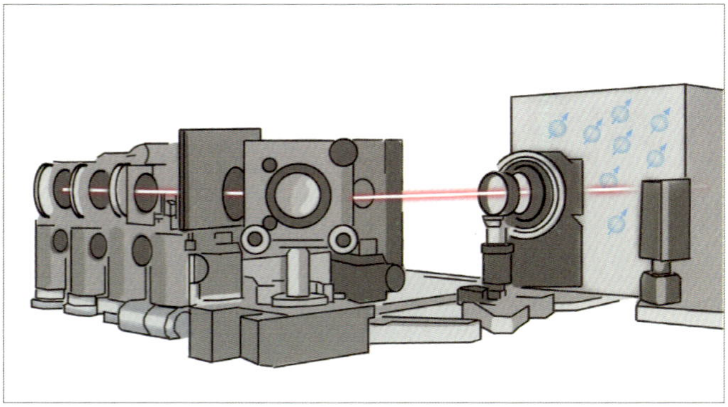

图 4-34 利用量子精密测量技术探测轴子暗物质诱导的自旋相互作用图

## 4.6.4 框定暗物质粒子质量范围

2021 年，科学刊物《物理快报 B》上刊登了英国萨塞克斯大学一项关于暗物质的研究进展：科学家计算出了暗物质粒子的质量范围，介于 1/1 000 ~ 1 000 万 eV 之间，这一范围比科学界以前认为的（图 4-35）要窄。

这项研究对科学家有两方面的帮助；一是它大大缩小了暗物质的搜索区域，有助于为未来的暗物质“捕手”锁定搜寻区域；二是可能有助于揭示宇宙中是否存在神秘的未知附加力。

虽然还有很多难题待解，但这一发现对实验物理学家来说是个好消息，因为这有助于他们进一步发现暗物质的真正本质。

图 4-35　不同暗物质候选粒子的质量范围

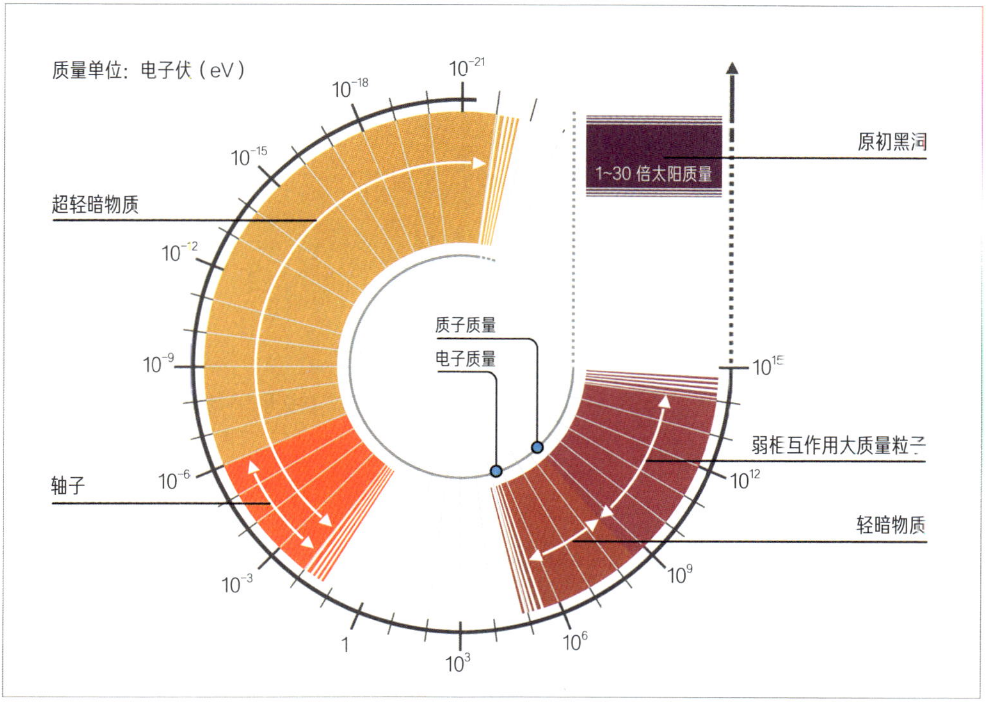

# 4.7 八年悟道，惊喜不断

## 4.7.1 “悟空”的高光时刻

“悟空”凭借其高能量分辨率和大接受度，在宇宙线能谱直接探测中形成了独特的优势。“悟空”8 年运行期间取得 8 项重要科学成果（截至 2023 年底），一次又一次地让国际同行刮目相看。现在，让我们一起回顾一下“悟空”的那些“高光时刻”。

### 一、绘出国际上精度最高的 TeV 电子能谱

2017 年 11 月 29 日，“悟空”的首批科学成果在《自然》杂志发布，科研人员绘出了国际上最精确的高能电子宇宙线能谱，并发现了约 1 TeV 处的拐折结构，打开了 TeV 以上高能电子宇宙线探测的新窗口。这张能谱上，在 1.4 TeV 的超高能段还突然出现了剧烈波动，形成了一个异常跳点，暗示着这里可能存在一种全新的物理现象。该成果（详见 4.2 节介绍）入选 2018 年度中国科学十大进展。

### 二、首次利用空间实验实现对高达 100 TeV 宇宙线质子能谱的精确测量

2019 年 9 月 28 日，基于前两年半的在轨观测数据，悟空号国际合作组在《科学 - 进展》杂志发表了 40 GeV ~ 100 TeV 能段的宇宙线质子能谱精确测量结果，在国际上首次利用空间实验实现对高达 100 TeV 的宇宙线质子能谱的精确测量。科研人员以高置信度揭示了

质子能谱在 14 TeV 处的变软拐折行为，可能是邻近宇宙线加速源留下的印记。该成果（详见 4.4 节介绍）入选 2019 年度中国十大天文科技进展。

### 三、对 TeV 以上能段宇宙线氦核进行最精确的能谱测量

2021 年 5 月 18 日，“悟空”团队精确测量了 70 GeV ~ 80 TeV 能段的宇宙线氦核能谱，以高置信度揭示氦核能谱在 34 TeV 处的变软拐折行为（图 4-36）。氦核能谱和此前“悟空”团队绘出的质子能谱表现出非常类似的行为，预示着它们可能有着共同的起源。一种推测认为，它们有可能来自距地球几百至几千光年范围内的超新星遗迹。

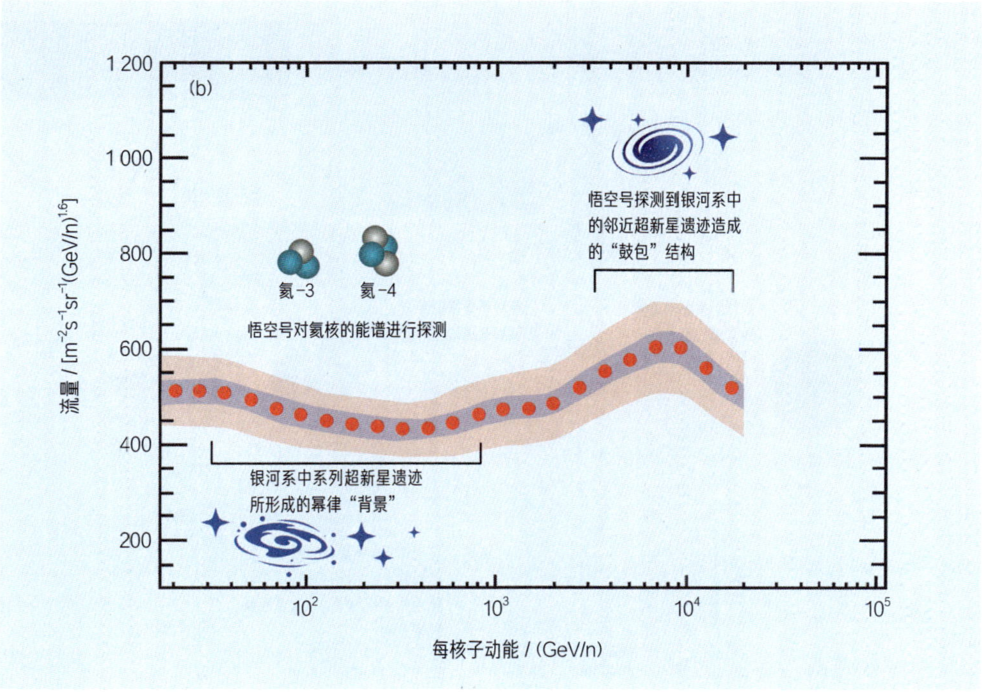


图 4-36　悟空号测量的氦核能谱

### 四、对宇宙线正负电子福布斯下降进行最高时间分辨率和最高能量覆盖测量

1937 年，美国物理学家福布斯（Scott Forbush）发现，当太阳耀斑出现后，地球附近的宇宙线流量会在十几小时内快速下降，又在一两周的时间里逐渐恢复到正常水平，这个现象被称为“福布斯下降”（图 4-37）。后来，科学家逐渐认识到福布斯下降与日冕物质抛射相关。这些带有磁场的等离子体物质在行星际空间中的运动速度非常快，会产生激波，并增强其附近的磁场。当日冕物质裹挟着激波和磁场穿过地球附近时，就像一个扫把，把地球附近的宇宙线粒子都扫走了，导致了宇宙线流量快速降低；当它离开地球后，宇宙线流量又缓慢恢复到正常水平。

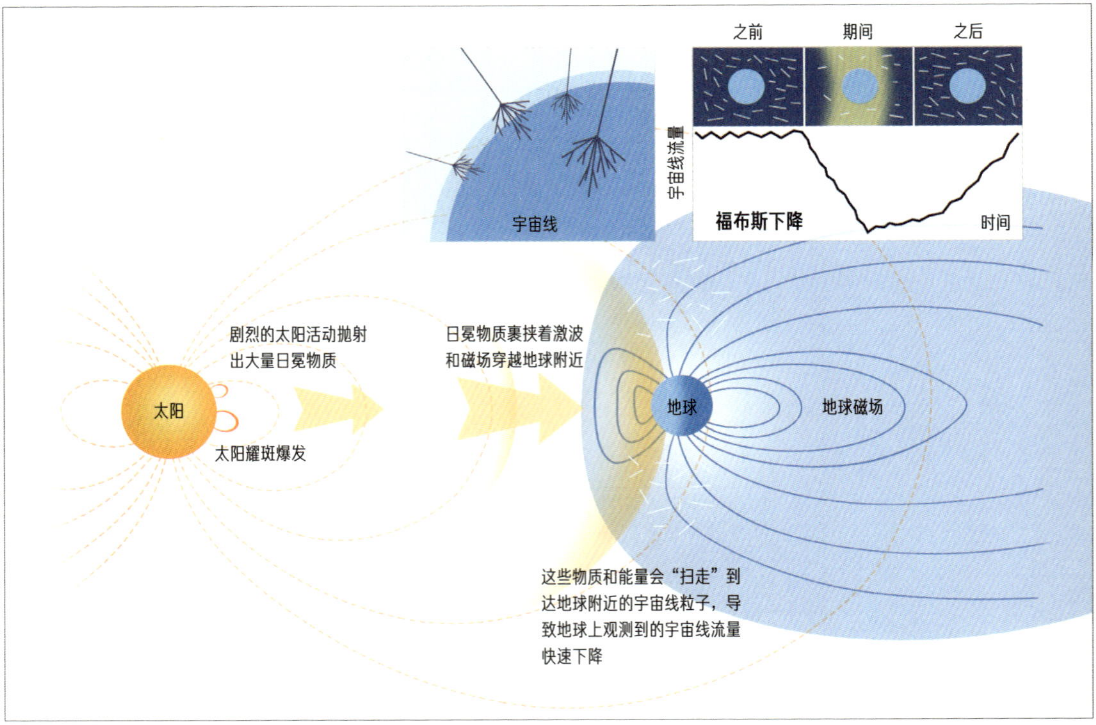


图 4-37　福布斯下降原理示意图

福布斯下降是探索宇宙线在太阳系内运输过程和行星际环境的重要手段。以前，在地面布设的中子监测器探测的是宇宙线原子核和空气发生反应后产生的次级中子，不能得到不同组分粒子的福布斯下降行为，而且也不能有效给出不同能量的下降行为，关于宇宙线正负电子的福布斯下降更是鲜有观测。因此，通过卫星实验直接观测福布斯下降事件（特别是正负电子的福布斯下降）具有重要的科学意义。

2017 年 9 月，“悟空”记录到一次巨大的太阳耀斑后发生的福布斯下降行为。基于“悟空”的数据，科学家获得了 2 ~ 20 GeV 能段的福布斯下降的精细行为，时间分辨率达到 6 h。虽然这只是“悟空”的“副业”，但这次发现仍是国际上对宇宙线正负电子的福布斯下降进行的最高时间分辨率和最高能量覆盖的测量，对现有理论模型提出了新的挑战，为人类理解宇宙线在太阳系内的运输过程以及其和太阳活动的关系提供了新的数据。

## 五、对暗物质湮灭截面或衰变寿命给予最强限制

宇宙中存在不同方向和能量的 γ 射线辐射，它们通常来源于宇宙线粒子和物质及辐射场的相互作用。因为宇宙线的加速和能损过程通常不会集中于某一个能量，因此天体物理过程产生的 γ 射线辐射是一个连续谱。假如我们在 γ 射线能区发现一条单能线谱，那它将几乎只能来自新物理过程，比如暗物质粒子的湮灭。悟空号的最佳能量分辨率优于 1%，居于世界领先地位，在线谱搜寻方面具有独特的优势。

基于“悟空”前 5 年的在轨观测数据，科学家在 10 ~ 300 GeV 的能区内进行了线谱信号搜寻，没有发现存在暗物质产生的高能 γ 线谱信号，对暗物质湮灭截面或衰变寿命给出了迄今最强的限制（图 4-38），有效缩小了暗物质的搜索范围，证明了它在暗物质搜寻方面的潜力。

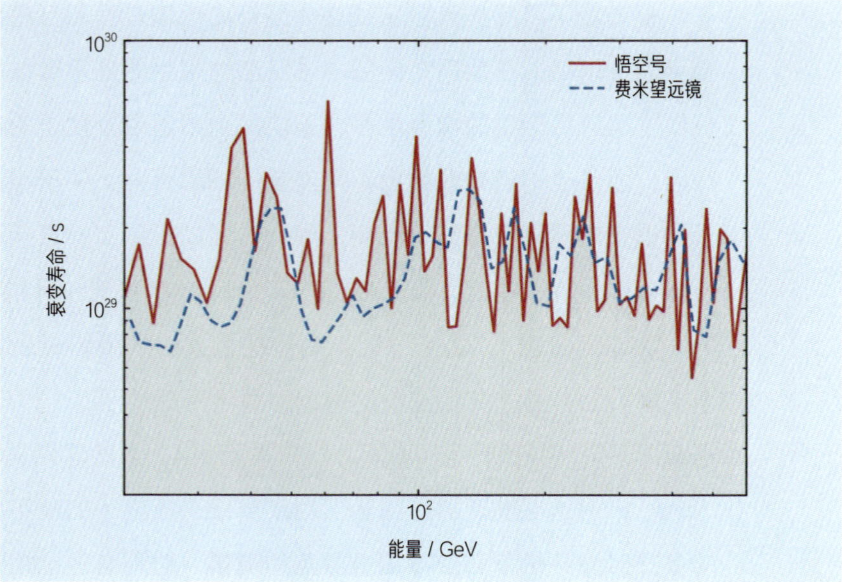


图 4-38 悟空号对产生单能 γ 射线谱的暗物质衰变寿命排除区域（阴影部分）

## 六、首次实现对 1 TeV/n 以上硼 / 碳和硼 / 氧流量比的精确测量

在宇宙线中，碳核、氧核等属于恒星核合成过程中产生的原初粒子，而硼核则主要是碳核、氧核在传播过程中和星际物质发生碰撞后产生的次级粒子。因此，通过对宇宙线中硼 / 碳和硼 / 氧流量比的精确测量，可以研究宇宙线在传播路径上的相互作用过程。

基于卫星前 6 年的观测数据，悟空号国际合作组精确测量了 10 GeV/n ~ 5.6 TeV/n 能段的硼碳比例和硼氧比例能谱，首次以高置信度发现二者在 100 GeV/n 处出现了明显的拐折行为（图 4-39），这意味着高能段宇宙线传播速度比预想的更慢，经典的宇宙线传播模型需要进行重要的修改。这个结果对揭示宇宙线的传播机制以及星际介质的湍动属性具有十分重要的意义，也意味着之前基于反物质宇宙线的暗物质间接探测的天体物理背景需要重新估计。

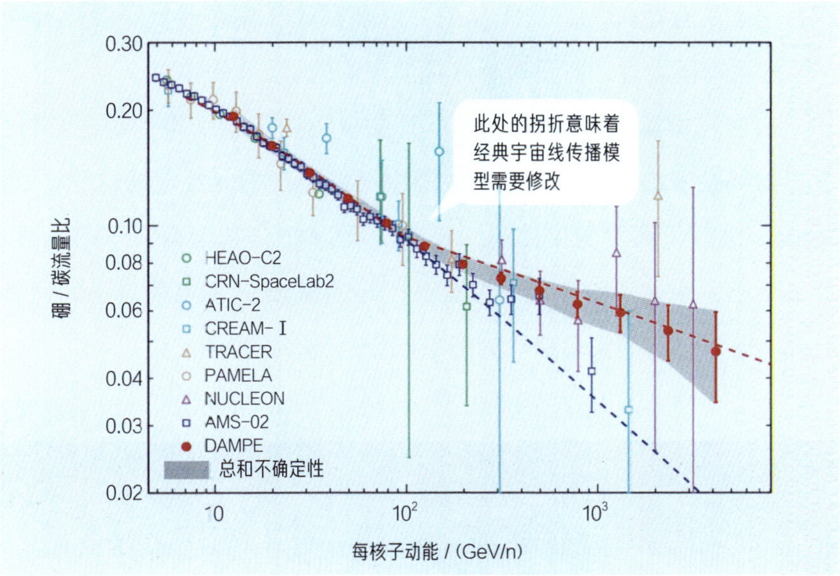


图 4-39　悟空号宇宙线硼碳比例（红点）和其他实验结果对比，蓝色虚线为传统模型预期

## 七、最严格的 2e/3 分数电荷粒子通量上限

对于带整数电荷的粒子，人们并不陌生。质子带 1 个单位的正电荷，电子带 1 个单位的负电荷。1909 年，密立根（Robert Millikan）通过油滴实验首次测量了电子携带的电荷量 e。自那以后，人们探测到的带电粒子都携带整数倍的电子电荷，因此，e 也被认为是自然界中最小的电荷。

1964 年，盖尔曼（Murray Gell-Mann）和茨威格（George Zweig）提出夸克模型，其中夸克作为基本粒子携带分数电荷（e/3 或 2e/3）。量子色动力学理论表明，由于“夸克禁闭”，并不存在单个的自由夸克。然而，迄今提出的一些新理论拓展了粒子物理标准模型，认为携带分数电荷的自由粒子仍可能存在。在其中一种理论中，分数电荷粒子被假定为一种重轻子，参与电磁相互作用和弱相互作用，具有很强的穿透能力。几十年来，许多实验一直在寻找分数电荷粒子，一旦有所发现，将是对标准模型理论的重要超越。

悟空号国际合作组经过分析卫星在轨前 5 年采集的超过 90 亿个宇宙线粒子的数据，对宇宙空间中可能存在的分数电荷粒子（图 4-40）进行了高灵敏度搜寻，没有发现 2e/3 分数电荷粒子的信号，但是给出了空间实验中迄今为止最严格的 2e/3 分数电荷粒子的通量上限，比以往同类实验最优的结果低 2 ~ 3 个数量级。

图 4-40　宇宙空间中可能存在的分数电荷粒子示意图

## 八、46 GeV ~ 316 TeV 能段宇宙线质子 + 氦核精确能谱

在 100 TeV 以上的更高能段，受限于电荷分辨率下降和统计量急速减小，悟空号暂无法对质子能谱和氦核能谱分别进行精确测量。而如果将质子和氦核作为一个整体，悟空号的测量上限将显著提高。2023 年，悟空号国际合作组发表了 46 GeV ~ 316 TeV 能段的宇宙线质子 + 氦核能谱精确测量结果，进一步确认了宇宙线质子和氦核能

谱在 10 TeV 以上存在新的能谱拐折结构，并发现 100 TeV 以上存在新的能谱变硬结构的迹象（图 4-41）。同时，该结果可以与地面间接探测实验结果直接进行对比检验，进而联合得到跨越 6 个数量级的宇宙线质子 + 氦核能谱测量结果，这对研究银河系宇宙线起源问题具有重要意义。

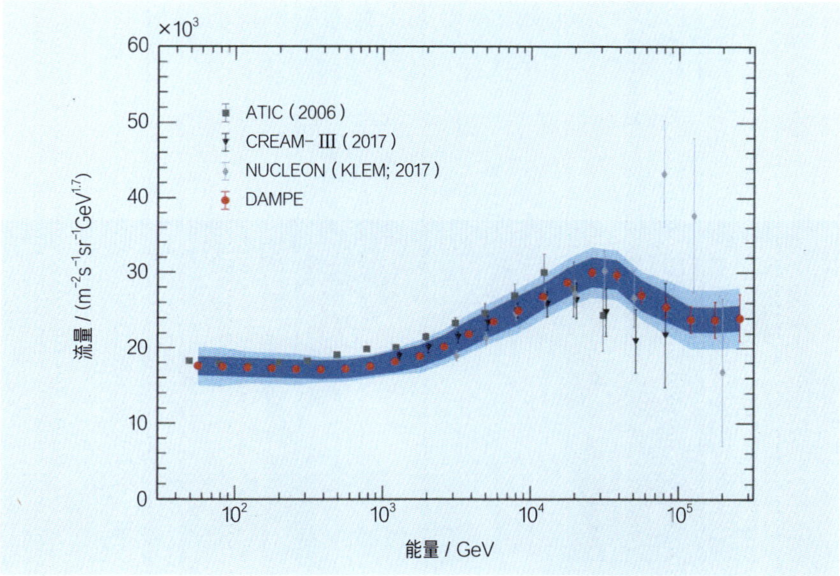


图 4-41　悟空号测得的 46 GeV ~ 316 TeV 能段宇宙线质子 + 氦核能谱与其他空间直接探测实验结果

## 4.7.2　数据共享，引领开放合作的全球力量

空间 γ 射线观测作为人类认识宇宙的重要手段，在宇宙起源、暗物质探测等科学前沿问题的研究中发挥着积极作用。国际上已有的 γ 射线空间望远镜的观测显示，在 γ 射线波段存在多种天体以及丰富的天体物理过程，它们都非常值得研究。

悟空号在 2 GeV 以上的 γ 射线数据中已认证出超过 200 个恒稳 γ 射线源（包括活动星系核、脉冲星、脉冲星风云和超新星遗迹等），可用于深入研究活动星系核的黑洞喷流成分、脉冲星产生脉冲辐射的机制以及超新星遗迹对宇宙线加速的贡献等。之前，费米望远镜发现了位于银河系中心的巨大 γ 射线泡（图 4-42），悟空号的 γ 射线科学数据将对 γ 射线泡的形成机制提供新的观测信息。

“γ 射线科学数据在暗物质间接探测研究中具有特殊的研究价值，一是源于 γ 光子不带电荷，在传播过程中不会被磁场偏转，能够更好地携带暗物质空间分布的信息；二是悟空号具有极高的能量分

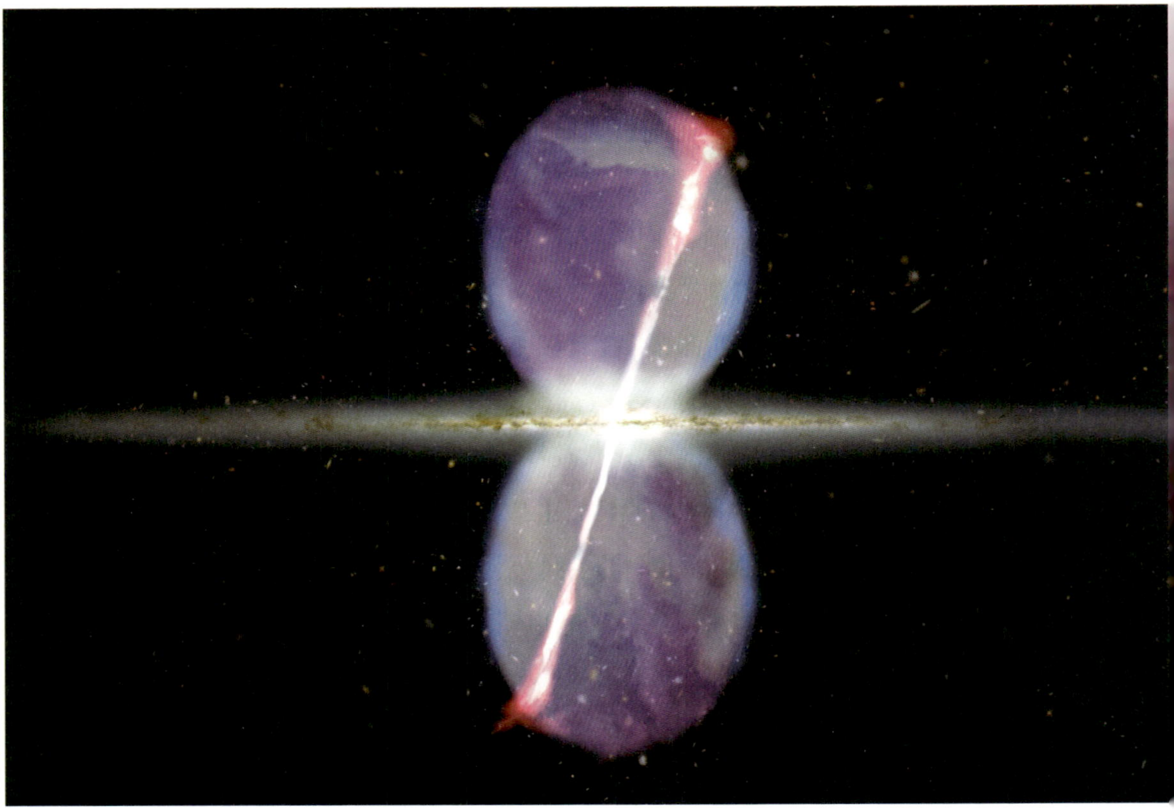

图 4-42　银河系 γ 射线泡

辨率，有望帮助研究者了解暗物质的性质。”段凯凯博士是悟空号 γ 射线分析组核心成员，他阐释了 γ 射线科学数据的重要价值。这些数据（图 4-43）不仅可用于研究活动星系核中的黑洞喷流成分、脉冲星的脉冲辐射机制，还能探究超新星遗迹对宇宙线的加速作用。

γ 射线科学数据主要包括两类：光子数据文件和卫星状态文件。光子数据文件是从卫星探测到的事例数据中经过光子挑选得到的。文件主要记录光子数据的物理信息和 GTI（好时间段）信息。物理信息包括光子到达时间、重建能量、重建方向、触发类型等信息，GTI 信息记录卫星观测模式的时间信息。卫星状态文件主要记录卫星的时间、位置、速度、指向和有效时间等信息。

既然是“中国猴”，“悟空”也表现出了中国人的大气与格局。2021 年 9 月 7 日，国家空间科学数据中心与紫金山天文台联合公布了“悟空”的首批 γ 射线科学数据，公开发布了 2016 年 1 月 1 日至

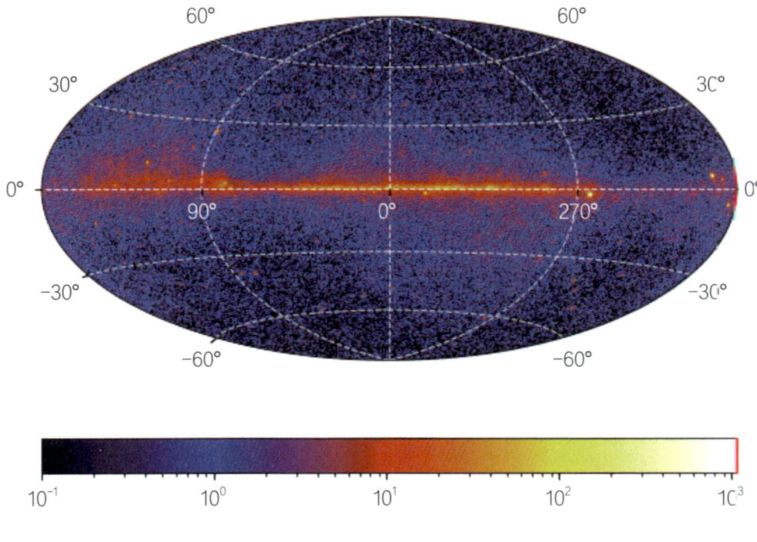


图 4-43　悟空号 γ 射线科学数据全天计数图

2018 年 12 月 31 日的 γ 射线科学数据（共计 99 864 个事例），以及与其相关的卫星状态文件（共计 1 096 条记录），人们可通过国家空间科学数据中心或紫金山天文台网站获取，供科学研究使用。为了便于全球的科学家进行数据分析，项目组还同时提供了 γ 射线高级数据分析软件。

后续，项目组将持续发布 γ 光子科学数据，开展数据分析与应用技术及工具的研发，为公众提供更多样、更精细、更透明的数据共享与应用服务。用首席科学家常进的话说，生活在同一片天空下，我们不能藏私，要汇集“人类最聪明的脑袋”来一起搜寻暗物质。

作为悟空号的首席科学家，常进经常被问到这样一个问题：如果“悟空”没有找到暗物质粒子，怎么办？他经常这样回答：“既然打开了新窗口，即使看不到绿树红花，也会有蓝天白云。”面对一片未知的宇宙，处处都是前所未见的风景。

作为我国空间科学卫星系列的首发星，“悟空”在粒子鉴别、能量分辨和能段覆盖等方面国际领先，但其造价却远低于国际同类探测器。它的设计制造、成功发射、良好运行以及与地面科学家成功的协同工作，共同证明了中国在空间科学领域取得的长足进步。

迄今为止，“悟空”仍在不断积累高质量观测数据。接下来，“悟空”还将继续在宇宙空间中尽情遨游、上下求索。它也期待着更多科学家都能参与进来，更新的实验手段和探测器能被发明出来，帮助人类不断拓展宇宙新知的边界，尽快解开暗物质这个世界之谜，为空间科学的宏伟画卷增添新的色彩（图 4-44）。

图 4-44　期待悟空号取得更多的科学成果

# 第5章

# 暗物质“大家”说

暗物质概念自诞生以来，长期是科学界的前沿热点，更引发了全社会科学爱好者的广泛关注。在这一章，我们不仅邀请到了专业领域的科学大家带来最新的暗物质科普，更面向公众广泛征集、精选科幻短篇，希望借此机会将大众对暗物质的热情化作全社会崇尚科学、热爱科学的新一轮热潮。

# 5.1 暗物质研究新进展与前景展望

刘江来

上海交通大学

## 5.1.1 暗物质是什么

众多天文观测发现，宇宙中存在大量既不发光也不参与电磁相互作用的物质，我们称其为暗物质。近年来，普朗克卫星观测宇宙大爆炸的电磁遗迹（宇宙微波背景辐射）后得出，暗物质约占宇宙总质能（质量和能量）的 27%，是已知由标准模型粒子构成的物质的 5 倍多。然而，暗物质的本质仍然是个谜，是当今物理学和天文学亟待解决的重大问题。如果能在实验中探测到暗物质并研究其物理属性，将是物理学的革命性突破。

粒子物理学家提出，暗物质非常有可能是一种超出粒子物理标准模型的新粒子。在最简单的模型下，假设这种新粒子与物质间的相互作用位于弱相互作用量级或者更低的水平，就正好可以解释现今观测到的宇宙中的暗物质丰度。粒子物理学家给出了多种可能的暗物质粒子模型，主要的候选者包括大质量弱相互作用粒子、轴子、惰性中微子以及暗光子等。

暗物质粒子的实验探测主要有 3 个方向：间接探测、直接探测和加速器探测。在过去的几年中，多个实验在这 3 个方向上不断提高探测灵敏度。在间接探测方面，诸如悟空号以及阿尔法磁谱仪 2 等空间实验积累了更多数据，给出了更加精确的暗物质探测结果。在直接探测领域，国际上采用稀有气体和半导体等材料在深地实验室开展了多个探测实验，包括位于中国锦屏地下实验室的 PandaX 液氙实验和 CDEX 高纯锗实验。在加速器探测方面，大型强子对撞机上的暗物质搜寻深入更加复杂的参数空间，并为即将开始的更高能量、更大亮度的 Run3 阶段取数做准备。

## 5.1.2 暗物质几种研究方式及进展

### 一、间接探测

暗物质粒子的间接探测是通过探测暗物质粒子湮灭后的产物，从而分析研究暗物质与普通物质间相互作用的研究方向。在宇宙中，由于暗物质是占主导地位的物质形式，它很大程度上影响了星系以及大型天体系统的形成，并且在这些星系及大型天体系统的中心保有非常高的密度。根据粒子模型，这样高温高密的暗物质区域有可能因为暗物质湮灭而向外辐射特征能量的粒子，比如光子、中微子以及各种带电粒子。

能量在 keV 至 GeV 区间的 γ 射线光子是最常见的探测目标，因为光子作为中性粒子不受星际间电磁场的干扰，可以锁定光子来源从而降低探测本底。过去，有多个实验探测到了空间中 γ 射线的可疑超出，包括美国的费米望远镜对于银河系中心的观测，以及XMM- 牛顿望远镜和钱德拉 X 射线天文台对于矮星系的观测。这些实验观测引起了学术界的广泛争论，因为观测到的 γ 射线超出也可能由复杂的反常天体过程产生，所以现在关于其是否为暗物质信号仍没有定论。

与光子类似，中微子同样不受星际间电磁场的影响，是可以用来探测暗物质湮灭信号的理想探针；但是中微子仅参与弱相互作用，需要非常巨大的探测器才能捕捉到它。例如超级神冈探测器、南极冰立方中微子天文台，这些位于深处的巨型中微子探测器，也对可能由暗物质湮灭产生的中微子进行过探测，但并没有发现在统计学上具有显著意义的可疑超出。

带电粒子，如质子（传统意义上的宇宙线）、电子、正电子以及重核离子，也同样可能带有暗物质湮灭的信息。测量其通量并与天文宇宙学理论模型进行比对，或可揭示可能的暗物质信号。

## 二、直接探测

暗物质粒子穿越地球时，可能与普通物质发生直接相互作用而留下能量沉积，这便是暗物质直接探测实验所搜寻的目标。直接探测的主要目标分为对大质量弱相互作用粒子（WIMP）和轴子的探测两大类，它们使用的探测器类型各有特点。

对 WIMP 的探测需要在“极其安静”的深地低本底环境中进行，原因在于高能宇宙线轰击大气时会产生大量次级粒子，这样会在海平面处产生相当多的辐射本底，其中又以穿透性颇高的 μ 子最令 WIMP 探测实验烦恼，所以需要有特殊的地底实验室环境，利用顶部的厚厚岩石屏蔽高能 μ 子。目前，全球有多个地下实验室能够进行极低本底的暗物质和其他稀有物理过程探测实验，其中中国锦屏地下实验室为世界最深，其岩石覆盖厚度达到 2 400 m，可以很有效地屏蔽高能 μ 子以实现较低本底。另外，由于地磁场在地面上分布不均，地球上的 μ 子及大气中微子通量并非处处均等。中国锦屏地下实验室所在位置的 μ 子通量比其他国际地下实验室低一半以上，下文介绍的中国暗物质探测实验 PandaX 以及 CDEX 都设立在此实验室中。

WIMP 探测器技术经过几十年的发展，主要分化为以下几类：气泡室、闪烁体、低温量热器、半导体探测器以及惰性元素探测器。气泡室和闪烁体是 WIMP 探测早年使用较多的技术：气泡室利用过热液体特性，仅探测高电离密度粒子电离介质时产生的气泡，从而有效降低 γ 射线和 β 射线产生的本底；闪烁体探测电离能量沉积后产生的闪烁光，选取合适的闪烁体可以达到较低的能量阈值，有利于 WIMP 探测。

随着技术的发展，探测声子（晶格振动的能量量子，其行为像一个粒子，是一种准粒子）振动的低温量热器技术以及探测电离能量电信号的半导体探测技术相继成熟，可以显著降低探测的能量阈值。更为重要的是，各种“混合型”技术发展迅猛，显著提高了 WIMP 探测的灵敏度。所谓“混合型”探测技术，不仅仅探测粒子电离介质过程中产生的光、电、热信号的其中某一种，而是同时探测其中的两种，以此得到更好的粒子鉴别能力，有效降低本底。其中比较有代表性的是低温量热器技术结合光读出或电读出形成的探测技术，以及光电双读出的惰性液体投影室技术，分别在低质量 WIMP（小于 5 GeV）及高质量 WIMP（大于 5 GeV）参数区引领着 WIMP 探测灵敏度的提高。

惰性液体时间投影室主要使用液氩和液氙为探测介质。以液氙为介质的实验20多年来由三大实验——中国的PandaX、欧美的XENON以及美国的LUX/LZ实验形成“三足鼎立”的竞争态势，不断刷新着高质量WIMP探测的灵敏度。目前，3个实验组都已经将其探测器升级成了多吨级的探测器——PandaX-4T、XENONnT以及LZ，其中PandaX-4T的4 t级液氙实验在2020年底完成了安装和调试，成为国际上首个投入运行的多吨级液氙探测实验。PandaX-4T在2021年上半年试运行的曝光量达到0.63 t · a，比前一期实验（PandaX-Ⅱ）提高了近2倍。PandaX-4T探测器中应用了一系列新开发的技术：研制了新一代超大尺寸、高透光的时间投影室探测器，大幅提高了探测器电场的均匀性和电子信号放大率，从而实现高分辨率的信号重建；采用了无触发数据读出方式，有效降低了微弱信号的探测阈值；研制了新型低温精馏氙系统，成功提纯6 t原料氙，将放射性杂质氪-85的含量降低到原来PandaX-Ⅱ的1/20；有效利用液氙自屏蔽并结合多种放射性测量方法和表面清洗工艺，将单位探测靶中的放射性本底降低到原来的1/6，放射性杂质氡-222的含量降低到原来的1/6。通过这些新技术，PandaX-4T首批数据的探测灵敏度较PandaX-Ⅱ提高了2.6倍，最终给出了WIMP和原子核自旋无关散射截面的世界最强限制。这批数据也显示，在WIMP质量为10 GeV/$c^2$的附近区域，PandaX-4T实验开始触碰到所谓的“中微子地板”，即有可能探测到太阳中核聚变产生的硼-8中微子同氙原子核的相干散射信号，这种散射将是未来探测中微子的一个重要途径。与此同时，国际上开始计划几十吨级的“终极”液氙探测实验，其中一个目标是将暗物质探测灵敏度推进到“中微子地板”。PandaX实验团队已经开展了相应的关键技术研发，将下一阶段PandaX-xT几十吨级探测器提上日程；而国际上，欧美XENON以及美国LUX/LZ合作组也将合并为DARWIN合作组，共同开发50 t级探测器。除了液氙，以液氩为靶物质的探测器对高质量 WIMP 也有很好的探测灵敏度。几十吨级的低本底氩探测器的研发也在持续推进中。

在低质量 WIMP 的探测领域，各种“混合型”探测技术和半导体探测器被视为未来实验探测的发展趋势。中国 CDEX 实验利用点电极高纯锗探测器，将实现低能量阈值的探测，对轻质量暗物质具有高灵敏度。2021 年 CDEX 实验公布了利用 942.5 kg · d 曝光量的数据寻找有效场暗物质信号的结果。

在直接探测实验中，暗物质和靶物质相互作用转移动量小，可以用有效场理论来研究。在非相对论的近似下，有效场的算符形式可以系统地呈现，进而为多种可能的暗物质理论模型提供全面的覆盖。在这个分析中，CDEX 实验将探测阈值降低到了 160 eV，针对轻质量暗物质，系统性地给出了非相对论下多种类型的有效场模型的耦合常数的上限。同时，利用手征有效场理论，该实验获得了 6 GeV/$c^2$ 质量以下世界最强的 WIMP 与 π 介子散射截面的排除限。

目前 CDEX 实验正在开展 50 kg 级高纯锗探测阵列实验（CDEX-50）的研发，预期将探测灵敏度提高 2 个数量级以上。未来，CDEX 计划升级为吨级的探测器。

对于轴子或类轴子粒子探测来说，我们拥有多种探测技术，它们能覆盖的质量范围巨大，从 feV 到 keV，跨越 18 个数量级。探测技术主要使用光晕仪（haloscope）、日光镜（helioscope）和实验室方法。

日光镜观测法用来探测太阳产生的轴子或类轴子，比如国际轴子天文台（IAXO）实验，原理是在暗室空间内通过强磁场将太阳产生的轴子转换为光子，并通过探测这些光子来实现对轴子的探测。实验室方法以“光子穿墙”为主要设计理念，比如 ALPS- Ⅱ实验，设计为两个加有强磁场的空腔，中间有足够厚的墙，从一端空腔向墙发射准直激光，光在强磁场下有概率转换为轴子穿过墙，并在另一端强磁场下转换为光子而被探测到。

在大多数轴子质量区间，有比较高灵敏度的探测方法是光晕仪。光晕仪是一个比较宽泛的概念，它探测轴子或类轴子与静磁场耦合留下的信号。根据特定的耦合类型（与光子、电子还是核子的耦合），光晕仪还可以分为多种子类型。

欧美国家的轴子探测技术较为成熟，而我国近些年来量子探测技术的迅猛发展也催生了不少使用量子技术来对轴子进行探测的项目。例如基于自旋的碱金属原子磁力计就可以被用来探测 0.01 ~ 10 feV 的轴子与原子核的相互作用，并达到世界领先的灵敏度。

此外，轻质量的轴子也有可能被剧烈的天体过程（如太阳的辐射释放）加速至比较高的速度，在深地低本底的大型 WIMP 探测器中留下可探测的能量。2020 年，位于意大利格兰萨索地下实验室的 XENON1T 液氙实验在 0.65 t · a 曝光量的低能量电子反冲数据中观测到了大于 3 倍标准偏差的疑似信号，可以用轴子暗物质、非弹性散射暗物质、中微子反常磁矩等模型来解释，引起了暗物质理论界和实验界的广泛关注，大家都急切地期待同类型实验的进一步验证。

中国 PandaX- Ⅱ二期 580 kg 级液氙实验积累了 100 t · a 的曝光量数据。研究团队直接从刻度数据中分析了氙中的主要放射性杂质本底（如氚、氡和氪）的特征谱，并基于这些高可靠性的本底特征谱对电子反冲数据进行了深入分析。这是对 XENON1T 观测到的疑似信号唯一的同类型独立检验。PandaX- Ⅱ的结果显示该疑似信号和当前数据并不矛盾，不过需要提高数据统计量和探测灵敏度来给出确定性结论。

## 三、加速器探测

探测暗物质是大型对撞机实验的重要方向之一。大型对撞机通过加速质子或者电子，使其达到很高的能量并发生对撞，由此可以模拟宇宙早期的环境，并有可能产生暗物质。相比于间接探测和直接探测，对撞机探测不依赖暗物质在宇宙中的局域分布和速度分布，可以纯粹地测量暗物质的基本属性及其相互作用信息。多年来，对撞机实验不断提高对撞能量，扩大探索范围，并且和直接探测、间接探测相互补充、相互检验。如果对撞机发现新粒子的迹象，还需要直接探测和间接探测去确认其是不是暗物质成分。

在对撞机中，高能粒子碰撞通过某种超出标准模型的相互作用产生暗物质粒子，或者产生一些其他较重的不稳定的新粒子，它们进而衰变产生暗物质粒子。暗物质一旦产生出来，由于其和普通物质的相互作用极其微弱，将会逃离探测器，只有伴随暗物质产生的可见粒子被探测到。由于对撞能量很高，对撞机实验还可以直接去寻找暗物质和普通物质相互作用的中间媒介子，这也是对撞机探测暗物质的一个显著优点。

欧洲核子研究中心的大型强子对撞机是目前世界上能量最高的对撞机，其质子对质子的对撞能量可达 13 TeV。在大型强子对撞机上有 4 个大型探测器——大型离子对撞探测器（ALICE）、超环面仪器（ATLAS）、紧凑 μ 子线圈（CMS）和底夸克探测器（LHCb）。其中超环面仪器和紧凑 μ 子线圈开展广泛的新物理探测，从多个反应道寻找暗物质及其中间媒介子。底夸克探测器实验由于其独特的性能，可以对暗物质粒子候选者中的长寿命粒子开展研究。对于矢量媒介子，对撞机实验可以有效覆盖轻质量暗物质参数空间；而对于轴矢量媒介子，直接探测实验则可以对大范围暗物质质量参数给出严格的限制。

对撞机实验在探测各种复杂末态方面拥有出色的灵敏度，使其可以系统搜寻完备暗物质模型，如超对称理论和一些希格斯相关的暗物质理论。以超对称理论为例，最轻的超对称粒子是暗物质粒子的候选者，这种暗物质粒子是超对称粒子级联衰变的最后产物，同时伴随着一些标准模型粒子。

### 5.1.3 暗物质探测的科学及应用前景展望

#### 一、科学前景

暗物质探测实验除了搜寻暗物质粒子，还能实现对更多物理目标的研究。对于加速器探测以及间接探测而言，对暗物质粒子信号的搜寻本就是其众多物理目标之一，它们的其他物理目标就不在本文赘述了。而对于暗物质直接探测器（尤其是 WIMP 探测器）来说，由于其能够实现前所未有的超低本底以及 keV 级的能量阈值，因此对多种稀有的物理过程都具有极高的灵敏度，其中比较有代表性的是对于无中微子双 β 衰变以及中微子相干散射过程的搜寻。

理论物理学家普遍认为，中微子是自身的反粒子，即马约拉纳中微子。马约拉纳中微子可以为中微子的微小质量提供完美解释，也可能同宇宙演化中的反物质消失之谜相联系。NLDBD 是寻找马约拉纳中微子的黄金通道。国际上已有多个实验利用氙 -136、碲 -130、锗 -76 等同位素对 NLDBD 开展搜寻，其中基于富集氙 -136 的实验包括日本的 KamLAND-ZEN（800 kg）和美国的 EXO（200 kg），KamLAND-ZEN 对马约拉纳中微子有效质量的上限达到 50 meV 的国际最高水平。这些实验都需要对目标元素进行富集，造价非常高昂，而暗物质直接探测实验因为其大体量，利用天然丰度的靶物质就可以同时对暗物质及 NLDBD 开展研究。PandaX- Ⅱ于 2019 年首次利用液态自然氙探测器寻找马约拉纳中微子，随后，PandaX-4T 精确测量了氙 -136 的 NLDBD 半衰期，进一步验证了液氙实验在中微子研究上的强大潜力。

中微子与原子核的相干弹性散射（CEvNS）是粒子物理标准模型下的一个基本物理过程，也是能量为 MeV 量级的中微子与物质的主要相互作用过程。CEvNS 不仅为研究中微子的性质提供了独特的探针，也为利用中微子进行反应堆监测提供了新思路。同时，来自太阳等天体的中微子的 CEvNS 信号将成为未来暗物质探测实验不可避免、不可分辨的实验本底，也成为这些实验测量天体中微子、实现“多信使”天文学探测研究极端宇宙瞬变现象必不可少的重要手段之一。2017 年，COHERENT 实验利用美国橡树岭国家实验室的散裂中子源，使用碘化铯探测器首次测量到了 CEvNS 过程，但是如果要探测能量更低、更为稀有的天体中微子 CEvNS 以及反应堆中微子 CEvNS 过程，就需要用到极低本底暗物质探测器技术。大型 WIMP 探测实验对于太阳硼 -8 中微子 CEvNS 的搜寻已经逐渐展开（如 XENON1T 实验），但目前还没有找到可靠的信号；而对于反应堆中微子的探测，目前国内外多个正在运行或建设中的实验，都是沿用暗物质直接探测技术，比如使用高纯锗探测器的 Dressden- Ⅱ实验。

## 二、应用前景

除了科学上的应用，暗物质探测器也会催化相当一部分的技术革新和转化。比如，未来用于暗物质探测和 NLDBD 探测的大型液氙探测器，需要在同位素提纯、高灵敏探测技术以及超痕量放射性本底测量及控制上有技术革新及突破。特定种类的同位素是国家重要战略资源，掌握同位素分离的量产化具有深远的科学和技术意义，可加强国内特种、稀缺同位素的供应，在医疗诊断、生命科学、半导体、国家战略安全等领域有重要应用价值。而探测技术的发展，能够在 keV 到 MeV 能量范围内高效并精确测量粒子的三维空间位置（3 个维度），再加上时间和能量，共 5 个维度的信息。这种 5D 成像技术将给粒子谱仪领域带来重大变革，可应用于核物理、核安保、核医学等相关领域。超痕量放射性本底的测量和控制技术，将推动多个高精尖产业领域新技术的衍生，例如利用放射性控制及无杂金属粉末制备技术加速航天器材料精深加工，在半导体及精密仪器行业中推动低噪声低本底电子学，在生物制药中标记小分子及生物蛋白以理解生命活动本质，以及利用痕量放射性进行医疗诊断等。

# 5.2 粒子暗物质与宇宙演化

陈学雷

中国科学院国家天文台

## 5.2.1 引言

20 世纪 30 年代，兹威基首次推测出星系团中存在暗物质。到了 20 世纪 70 年代，观测表明星系中也存在暗物质，暗物质的存在逐渐被普遍接受，此后暗物质模型成为星系宇宙学的主流理论。

1998 年，天文学家发现了一个令人震惊的事实：宇宙不仅在膨胀，而且这个膨胀的速度还在加快。为了解释这一现象，科学家提出了暗能量的概念，它被认为是推动宇宙加速膨胀的神秘力量。暗物质和暗能量加起来占了宇宙总质能的 95%，而我们熟悉的普通物质，也就是重子物质，其比例仅为约 5%。

21 世纪初，在各种先进设备的帮助之下，“精确宇宙学”时代到来，一些重要宇宙学参数的测量精度达到了 1% 量级，宇宙学常数冷暗物质模型成为标准宇宙学模型，对于宇宙演化给出了相当明确的、定量化的描述，并得到大量天文观测结果的支持，但对于暗物质到底是什么，直到现在仍没有答案。

自 20 世纪 70 年代以来，人们已提出了很多关于暗物质的假说和猜想。从不同的角度，我们可以将其分为不同的种类。

从暗物质本质的角度看，可以分别考虑由宏观天体组成的暗物质和由粒子组成的暗物质。前者可以是由大量不发光的重子暗物质组成的天体，如所谓晕族大质量致密天体，或者也可以是宇宙早期产生的原初黑洞。后者可能包括粒子物理标准模型中的粒子，如中微子（最早的粒子物理标准模型中的中微子是零质量的，这里指的是有质量的中微子），但更多的是物理学家猜想存在的一些新粒子，例如超对称暗物质、惰性中微子（指没有参与弱相互作用的中微子）、轴子或类轴子等。

宏观天体暗物质模型受到了观测的严格限制。例如，银晕中的晕族大质量致密天体可引起微引力透镜事件，通过微引力透镜巡天，基本可以排除晕族大质量致密天体作为暗物质主要成分的可能性。另外，如果假定重子物质在宇宙早期均匀分布，那么大爆炸核合成中残留的氘和氦-3的丰度将对重子物质的平均密度非常敏感。根据观测到的氘和氦-3丰度，重子物质的平均密度只能占宇宙平均密度的百分之几，不可能是暗物质的主要成分。

重子物质的平均密度对于宇宙微波背景辐射各向异性角功率谱中的第二振荡峰强度也会有明显影响。根据相关观测结果，宇宙重子平均密度也远低于暗物质密度。而宇宙微波背景辐射与大爆炸核合成给出的重子密度基本一致，也增强了我们对这些观测给出的限制的信心，这些观测基本排除了任何重子物质作为暗物质主要成分的可能性。

值得一提的是，原初黑洞与一般的宏观天体不同，它们形成时间很早，甚至早于大爆炸核合成与宇宙微波背景辐射形成的时间，因此不受以上宇宙微波背景辐射与大爆炸核合成观测的限制，但微引力透镜观测对原初黑洞仍然提供了某种程度的限制。近年来，随着引力波探测取得成功，人们对原初黑洞作为暗物质候选者又产生了一些兴趣。本文将不讨论原初黑洞暗物质，而主要聚焦于粒子暗物质。

对于粒子暗物质，从唯象的角度，可以根据暗物质在宇宙演化中所起的作用将其划分为冷暗物质（在宇宙早期运动速度远低于光速）、热暗物质（在宇宙早期运动速度接近光速）、温暗物质（介于冷暗物质和热暗物质之间）。

根据暗物质粒子的交互性，可以将其分为大质量弱相互作用粒子、模糊暗物质（fuzzy dark matter）、衰变暗物质（decaying dark matter）、激发暗物质（excited dark matter）、强相互作用粒子暗物质（strongly interacting massive particle, SIMP）、自相互作用暗物质（self interacting dark matter, SIDM）等。冷暗物质包括 WIMP、轴子等，而 WIMP 又包括超对称暗物质等多种粒子。

尽管至今我们尚未直接或间接地探测到暗物质，但在暗物质粒子候选者列表中，已有数种通过观测被排除。比如，标准模型中微子是一种热暗物质，热暗物质由于具有较大的扩散速度，在早期宇宙中会将一定尺度以下的涨落“抹平”，从而压低小尺度结构功率谱。如果暗物质主要为热暗物质，那么根据中微子的具体数量和暗物质密度估计，在此后宇宙结构的形成过程中，由于缺乏小尺度涨落，将首先形成尺度大于星系的结构。观测表明情况并非如此。因此，早在 20 世纪 80 年代初期，就基本排除了热暗物质作为暗物质主要成分的可能性，不过在混合暗物质模型中可以存在一定量的热暗物质。

另外，天文观测对于衰变暗物质、激发暗物质、强相互作用粒子暗物质、自相互作用暗物质、轴子和类轴子暗物质等模型也设定了一系列限制。实验室中的暗物质搜寻主要针对轴子和 WIMP，而很多超对称暗物质也属于 WIMP。近年来，WIMP 搜寻实验设定了更为严格的 WIMP 粒子截面上限，这也间接排除了之前所提议的“自然”的超对称暗物质模型的主要参数空间。

暗物质作为宇宙的一种主要物质成分，其产生过程也是宇宙起源理论的一个重要组成部分，而作为宇宙中的一种主要物质成分，暗物质无疑对于宇宙演化有重要的影响。这不仅仅体现在其强大的引力作用上，其独特的性质也对宇宙演化产生了不可忽视的效应。对宇宙演化的深入研究，也提供了测定暗物质性质的机会。

本文将回顾和概述粒子暗物质的起源，以及几种不同的粒子暗物质模型对于宇宙演化的影响。当然，暗物质对宇宙演化的影响存在非常丰富的可能性，限于篇幅，这里只能讨论少数几种情况。

## 5.2.2 暗物质的产生过程

通过对宇宙微波背景辐射各向异性的分析，可以确定在宇宙微波背景辐射形成的宇宙等离子体复合时期（Recombination era），暗物质已存在并通过其引力发挥作用。目前对于暗物质的产生，研究焦点主要集中在 WIMP、轴子和原初黑洞。

### 一、WIMP 暗物质

WIMP 暗物质是指那些参与弱相互作用、不参与强相互作用和电磁相互作用且具有较大质量的暗物质。其中，超对称暗物质就是一个典型的例子。超对称理论假定存在一种不同自旋粒子之间的对称性，即所谓超对称。没有“破缺”的超对称预测：粒子与其超对称粒子除自旋外，其他性质（如电荷或其他量子数、质量等）都相同。在目前已知的粒子中，并没有这种对称性，因此超对称模型假定已知的粒子都有具有不同自旋的、尚未被发现的超对称伙伴。由于超对称性破缺，这些超对称粒子获得了更大的质量。

在超对称模型中，一般假定存在一个称为 R- 宇称的分立对称性守恒，标准模型粒子与对应的超对称粒子具有不同的 R- 宇称，因此具有最低质量的超对称伙伴粒子不会衰变为标准模型粒子而具有稳定性。如果这种超对称粒子既没有电荷也没有色荷，就可以作为很好的 WIMP 暗物质。最典型的是中性微子（neutralino），这是光子的超对称伙伴光微子（photino）、Z 玻色子的超对称伙伴 Z 微子（Zino）、两个中性希格斯玻色子的超对称伙伴希格斯微子（Higgsino）的混合体。此外，中微子的超对称伙伴超中微子（sneutrino）、引力子的超对称伙伴引力微子（gravitino）以及轴子（如果存在）的超对称伙伴轴微子（axino）等原则上也有可能作为暗物质。

按照大爆炸理论，宇宙在初生之时，温度与密度极高，这使得各种物质粒子之间频繁地相互作用。在这样的环境下，暗物质粒子与其他粒子间会进行相互转化和相互散射。除了受到一些守恒量的约束，暗物质粒子的数量是由热力学平衡决定的。考虑到暗物质粒子相互作用可能比较弱，随着宇宙膨胀温度和密度降低，其与其他粒子之间的相互转化和相互散射迅速减少。这种反应减缓的速度往往超过宇宙膨胀的速度，因此当平均反应时间大于宇宙膨胀的特征时标——哈勃时标时，反应基本停止，暗物质退耦，这很可能比普通物质的退耦要更早。在此之后，稳定的暗物质不再与其他粒子相互转化，其数量“冻结”。

对于 WIMP 粒子来说，其湮灭截面为典型的弱相互作用截面。理论计算给出的暗物质相对密度（暗物质密度与宇宙临界密度之比）数量级在 1 左右，与暗物质实测相对密度 0.3 在同一个数量级上，这就是所谓 WIMP 奇迹。湮灭截面越大，其退耦越晚，而按照平衡态理论，越晚退耦，暗物质粒子相对密度越低。

在进行 WIMP 直接探测的实验中，为了屏蔽宇宙线，研究者在地下建造了深地实验室。这样的屏蔽方式可以阻挡大部分粒子，暗物质粒子则能自由地到达探测器。探测器由一些冷冻的、高度灵敏的物质制成，WIMP 暗物质与探测器内的物质原子发生碰撞时，会引起原子电离、激发、晶格振动等现象，从而被探测到。自 20 世纪 80 年代以来，经过不断改进，目前的 WIMP 直接探测实验已经达到了对 WIMP 暗物质进行探测的灵敏度。尽管如此，目前的直接探测实验还没有探测到暗物质的存在。欧洲的 DAMA/LIBRA 实验探测到了一种年调制信号——这有可能是暗物质引起的，但也存在其他可能，而且这一信号也没有得到其他实验的证实。

当然，也有几种可能使 WIMP 仍可以作为暗物质候选者，但不可避免的是，这些模型放弃了 WIMP 奇迹。例如，暗物质粒子的产生方式可以是非热产生（nonthermal production）：假定暗物质并不是直接从热平衡中退耦产生，而是通过非热产生，例如通过衰变而来，那么这种粒子就可以更早从热平衡中退耦，因而具有更高的相对密度。

还存在非对称暗物质的假设。一般假定暗物质正反粒子数量相同，或者干脆就是同一种粒子，通过两个粒子湮灭转化为其他粒子。若在宇宙早期产生了正反粒子不对称，则当数量较少的暗物质反粒子全部耗尽后，残余的暗物质正粒子就可以全部保留下来，不再湮灭。

暗物质粒子退耦又可以细分为热退耦（thermal decoupling）和动力学退耦（kinetic decoupling）。前者即上面所述的暗物质粒子与其他粒子相互转化，保持数量平衡，后者是指暗物质粒子与其他物质组分弹性散射交换能量。对于 WIMP 暗物质，动力学退耦发生于热退耦之后，但一般也发生在宇宙早期。此后的暗物质作为非相对论物质，其温度按照 $T \propto a^{-2}$（这里 $a$ 是宇宙标度因子）演化，而光子气体及与光子保持热平衡的重子气体按照 $T \propto a^{-1}$ 演化。因此，随着宇宙膨胀，$a$ 增大，暗物质的温度迅速下降，远低于光子和重子气体。这一现象在最近对宇宙初期的 21 cm 信号（中性氢原子的超精细跃迁会发出波长为 21 cm 的谱线，这种信号在天文学中有着重要应用）

的研究中找到了有趣的应用。

### 二、轴子

轴子最初是为了解释量子色动力学中的CP（电荷宇称）守恒而引入的。

近年来，一些宇宙学家提出的类轴子则完全放弃了与量子色动力学的联系，而是仅假定其为一种低质量的标量粒子。质量很低的标量粒子也被称为模糊暗物质（fuzzy dark matter），这时其德布罗意波长可以与星系尺度相比，因此在星系以下的尺度上具有平滑效果，有助于解决所谓冷暗物质模型的小尺度危机问题。

在早期宇宙中，轴子有多种可能的产生机制。和其他粒子一样，轴子也可以通过热过程产生，并随后像其他粒子那样退耦。这种由热过程产生的轴子的密度与中微子相近，但鉴于目前研究的轴子质量都相对较小，因此这种生成方式所得到的轴子密度相对较低，对宇宙的演化也只有微小的影响。

轴子还有其他的产生机制，比如其中主要的一种是错位（misalignment）机制。此外，如果破缺发生于暴胀之后，有可能形成拓扑缺陷，如宇宙弦（cosmic string）等，它们进一步衰变为轴子，由于其很低的速度，同样也会表现为冷暗物质。这种衰变产生的轴子数量有很大不确定性，既可能少于也可能多于错位机制产生的轴子。

## 5.2.3 暗物质与宇宙结构形成

暗物质由于其引力作用，在星系形成与演化中扮演着重要角色。虽然早期宇宙呈现出高度的均匀性，但在引力的驱使下，它逐渐变为一个充满各种星系的非均匀宇宙。如果没有暗物质而只有已观测到的普通物质，引力将小得多，宇宙结构形成的速度将大大降低。

20 世纪 80 年代，人们基于冷暗物质模型构建了星系和大尺度结构形成的定量化理论。随着 1998 年暗能量的发现，这一理论逐步完善，演化为现今的标准宇宙学模型——宇宙学常数冷暗物质模型。这一理论总体上能够很好地描述观测到的星系形成和演化现象。但在某些观测尤其是小尺度的观测中，存在与理论不完全吻合的地方。例如，在 n 体模拟中，像银河系这样大小的星系暗晕周围有成百上千的子暗晕，但人们只观测到了几十个卫星星系，而且已发现的这些卫星星系还比模拟中最大的卫星星系小。n 体模拟得到的暗晕中心密度轮廓普遍比较陡（随着到中心距离缩短，密度迅速升高），但是观测发现，一些主要由暗物质组成的矮星系中心密度轮廓并不那么陡，有些甚至拥有近乎常密度的核心。

这些问题很可能是由于一些天体物理效应造成的，如气体冷却、恒星形成和反馈、再电离等，而且数值模拟和观测的可靠性也未必很高（例如，不同模拟得到的结果就不完全一致），但暗物质的实际性质不同于冷暗物质模型也是一种可能性。例如，在温暗物质模型和模糊暗物质模型中，小尺度功率谱压低会抑制暗晕子结构的形成；自相互作用暗物质模型、衰变暗物质模型等也会影响暗晕的密度轮廓。

暗物质性质对物质功率谱的影响是热点研究话题。早期宇宙中充满了由光子、质子和电子相互交融而成的等离子体“浓汤”。暗物质也存在于早期宇宙中，但如果暗物质和光子及普通物质的相互作用比较弱，就会很快脱离与光子及普通物质的相互作用，早早在引力作用下形成较强的不均匀分布。这时由光子、质子和电子组成的等离子体在其引力作用下落入其引力势阱中，引力和光子辐射压驱使等离子体振荡起来。这种振荡的幅度和模式一方面取决于等离子体的密度和温度，另一方面取决于暗物质的密度和分布。

当宇宙大爆炸结束时，等离子体迅速复合，宇宙变得透明，光子终于能够自由穿梭在宇宙空间里，但振荡的印记却完好地保留了下来。那时的炽热光子经过 100 多亿年的传播，变成了我们如今观测到的宇宙微波背景辐射。同时，暗物质和普通物质也同样留下了振荡的痕迹。通过观测星系的大尺度空间分布的密度起伏，也能找到类似宇宙微波背景辐射中的振荡特征，即重子声学振荡。通过分析宇宙微波背景辐射功率谱和重子声学振荡，研究者可以推断出重子物质、光子和暗物质所占宇宙的比例，甚至暗物质的其他性质。

宇宙微波背景辐射的各向异性以及之后宇宙中的结构形成，其原始的种子都来自微小的原初扰动。现有的主流理论认为，这些原初扰动起源于宇宙暴胀期间的微小量子涨落，而这些涨落在暴胀过程中被拉伸至宏观尺度并得到固定。这些原初扰动形成后在宇宙早期的进一步演化可以用转移函数（transfer function）描述，暗物质的性质对于转移函数或者说原初扰动的演化有一定的影响。

除了引力作用造成的结构增长（这仅由暗物质的量和原初扰动的幅度决定），物质也会从高密度区域向低密度区域扩散，这种扩散效应会导致原初扰动的减弱。所有热运动的粒子均存在扩散效应，但与那些以接近光速运动的相对论性粒子相比，非相对论运动性粒子的效应可以忽略。如果暗物质粒子相互作用微弱，那么它就可以自由流动。如果暗物质粒子的随机热运动速度接近光速，就会发生较大范围的扩散，会把扩散尺度之下的小尺度结构“抹平”，在热暗物质（例如标准中微子暗物质）模型中就是如此。

这时不均匀性只出现在较大尺度上，宇宙将先形成一些大结构如星系团甚至更大的结构，当然这些大结构形成之后，由于非线性演化和冷却效应，可以分裂成小尺度的星系。但是，在 20 世纪 80 年代，人们就已认识到这不符合对星系的观测结果。因此，热暗物质模型被排除了，只有冷暗物质模型和温暗物质模型还有可能（在温暗物质模型中，暗物质粒子的运动速度远小于光速，但比冷暗物质模型中的还是高一些，因此可以抹掉小于星系尺度的一些涨落）。

这直接排除了粒子物理标准模型中看上去最像暗物质的粒子——中微子。因为中微子质量太小，在宇宙早期会获得很高的运动速度，属于热暗物质。随着大尺度结构功率谱测量精度的提高，现在可以期望用这一压低效应精确测量中微子的质量。此外，如果暗物质为冷暗物质，那么它将与中微子以不同的速度扩散。通过对不同族群星系的观测，也可以实现对中微子质量的测量。

另一种扩散来自光子。在暗物质粒子与其他粒子动力学退耦之前，它与光子形成的等离子体流体是紧密耦合的。光子由于频繁地与等离子体中的电子发生散射，其自由路径相对较短，所以其扩散效应相对较小。但这种碰撞衰减（collisional damping）或称 Silk 衰减（Silk damping）非常重要，可以抹平这一尺度以下的扰动，因此形成最小质量的暗晕，与暗物质的作用性质有密切的关系。例如，对 WIMP 暗物质，最小的暗晕可能质量小于 $10^{-6}$ 倍太阳质量，即与地球质量相当或更小。

尽管轴子和类轴子这类暗物质候选粒子的质量很小，但通过错位机制或宇宙弦衰变机制产生时仍有很低的速度，因此也可作为冷暗物质。但是，这类暗物质在小尺度上还是有不同的表现。另外，轴子暗物质理论上还有可能形成由引力束缚的天体——玻色星（轴子星），理论中还有很多有趣的现象，能够影响星系的演化，限于篇幅这里不再赘述。

## 5.2.4 宇宙的黑暗时代与黎明

宇宙的黑暗时代是指从宇宙大爆炸后的等离子体复合时期到第一代恒星诞生之间的时段。在此之前的宇宙中充斥着较高能量的光子，这些光子导致宇宙中的普通物质（主要是氢和氦）处在电离状态。大爆炸后约 38 万年的时候（对应红移约为 1 100），这些光子随着宇宙的膨胀而逐渐发生红移至红外波段，能量不再足以电离氢或氦，于是自由电子与氢、氦原子核构成的等离子体复合为中性的原子，光子可以自由传播而不再发生散射，宇宙变得透明。这一时期的宇宙分布相当均匀，其中尚未有恒星和星系的形成。除氢、氦以及少量的大爆炸核合成时期产生的轻核如氘、锂外也没有其他元素，因此称之为黑暗时代。

此后，在引力的作用下，微小的密度扰动逐渐增强，暗物质坍缩形成暗物质晕。在这些较小的暗物质晕内，由于质量不足，不会有恒星诞生。但当这些晕质量增加到一定程度后（$10^6$ ~ $10^8$ 倍太阳质量），晕中开始形成第一代恒星（对应红移为 20 ~ 30，极个别最早形成的红移可能达到 60），黑暗时代结束，宇宙迎来黎明。不过，有时我们仍将从第一代恒星的形成一直到宇宙再电离为止的时期称为黑暗时代的晚期。

恒星发出的光可以电离周围的气体，在核反应中形成的一些重元素可能在第一代恒星演化末期的超新星爆发中被散入宇宙，从而影响新恒星的形成。随着时间的推移，更多的恒星诞生，最终导致宇宙整体再次电离，这发生在红移大约为 10 的时期。

宇宙黑暗时代由于缺少恒星和星系，探测起来更为困难。中性氢原子能够吸收或发射波长为 21 cm 的光子，因此有可能用红移到不同波长的 21 cm 信号来观测黑暗时代。不过，21 cm 信号比较微弱，而其他前景信号如银河系产生的同步辐射等比 21 cm 信号强几个数量级，因此对其进行探测是相当困难的。

研究宇宙的黑暗时代，常常假设暗物质仅仅通过引力与其他物质相互作用。但是，暗物质也有可能发生湮灭或衰变，释放出能量以影响电离历史。例如，即使暗物质中只有极少一部分衰变了，也足以提供在黑暗时代再次电离宇宙的能量，这是因为这时的宇宙变稀薄了，因此较复合时期更容易被电离。同时，气体也会被加热到较高的温度。利用这一效应可以限制暗物质的衰变。

暗物质的湮灭速率正比于暗物质密度的平方，这意味着在高红移时，其湮灭速率要远大于现在。对于通常的热产生 WIMP 暗物质来说，这一效应仍然可以忽略，但对其他的暗物质模型比如轻暗物质，用现有观测数据就可以利用这一效应给出很强的限制。此外，在暗晕中的湮灭也可能影响宇宙的再电离历史，可能有部分再电离能量源于暗物质。

暗物质也有可能对气体起到冷却作用。2018 年，美国的 EDGES 实验通过对全天的辐射谱进行测量，发现了一个位于 78 MHz 处的吸收特征。这一频率对应的红移为 17.2，正好大致是宇宙黎明时代。虽然理论预测在宇宙黎明时代可以产生吸收谱，但 EDGES 实验探测到的吸收强度高达 0.55 K，远超多数模型所预测的 0.1 K，在标准理论中的最大预测值也不过 0.2 K。要产生如此强的吸收信号，要求宇宙黎明时代的气体比理论预期的更冷。一种实现这种冷却的途径是依靠暗物质与普通物质之间的一些（万有引力之外的）相互作用。

这些暗物质在大爆炸中退耦较早，因此比普通物质更冷一些，但由于它和普通物质之间存在一些相互作用，因此它会对普通物质气体产生冷却效果，从而使其温度降低。为了使普通气体能把热量传给暗物质，这要求暗物质粒子不能太重。同时，这种相互作用也不能过强，否则会干扰到宇宙微波背景辐射。因此，我们假定暗物质粒子与普通物质粒子之间的相互作用与它们之间的相对速度有关，相对速度越低，相互作用越强。宇宙大爆炸时期气体温度高，原子运动速度快，相互作用就比较微弱。而到了宇宙黑暗时代，气体温度降低了，这种相互作用就强了。一种实现这种相互作用的方式是假定暗物质粒子带有微电荷（milli-charge），这样就可以冷却气体而又不违反观测限制。不过，由于受到各种观测结果的严格限制，这种微电荷暗物质在总暗物质中的比例只能是很小的一部分。

轴子暗物质有另一种实现对重子气体冷却的途径。轴子是一种假想的玻色子，在较低的温度和较高的密度下可以实现玻色 - 爱因斯坦凝聚，即大部分粒子处于基态。这一凝聚体可以作为总体与重子通过万有引力交换能量。这一过程在宇宙早期发生，可导致重子气体温度整体下降。通过选取适当的参数，可以使这一温度下降发生在适当的时期，从而解释 EDGES 实验的观测结果。这些例子说明了暗物质相互作用的多种可能性。

不过，EDGES 实验得到的结果仍然存在争议，比如，SARAS（造型天线测量射电背景谱）实验就并未在这一频率范围内探测到类似的吸收谱。一些系统误差有可能影响实验结果，特别是电离层和地面反射的影响等，这在地面实验中不易克服。一种可能的解决途径是进行空间观测，例如在月球轨道上的观测，以避免这些系统误差，实现更高精度的测量。笔者目前建议的鸿蒙计划，即将此作为核心科学目标之一。

### 5.2.5 总结

暗物质的提出已有 90 多年，然而迄今为止，我们还并不了解其本质，宇宙比我们所能想象的更为奇特和复杂！尽管尚未探测到暗物质，但人们通过综合运用已知的物理学规律和大量天文观测，已经“排查”了很多候选者，同时也提出了许多有趣的假设。这些关于暗物质的研究亦展示了它在宇宙演化中所起的至关重要的作用。当暗物质之谜最终被揭开之时，我们可能会进入一个超越现有物理理解的全新领域，从而使我们对宇宙的认识进入更深的层次。

# 5.3 悟空号的“史前史”及对科研创新的思考[①]

甘为群

中国科学院紫金山天文台

## 5.3.1 引言

2008 年，紫金山天文台取得了一项突出的重大研究成果：当年 11 月 20 日出版的《自然》杂志发表了常进研究员为第一作者的《宇宙电子在 300 ~ 800 GeV 能量区间发现“超”》的研究论文，同期杂志还发表了对常进研究员的专访，以及一篇专门的评述文章。很快，这一研究成果在国际上引起强烈反响。美国的《科学》《今日物理》、英国的《物理世界》《新科学家》等著名杂志和美国航天局网站、美国能源部网站，以及包括《纽约时报》在内的世界各大主流媒体均予以专文介绍与评述。他们指出，这可能是暗物质粒子存在的证据。这一结果一旦被最终证实，是诺贝尔奖量级的成就。苏定强院士认为，这是近年来国内天文界的两个重要成就之一。

一项重大成就的取得，人们关注的往往是结果。但重大成就究竟是如何取得的，用科学发展观探究其中的过程，对我们如何科学地开展科研管理大有裨益。

①本节甘为群研究员的文章是在悟空号立项之前撰写的。

## 5.3.2 早期的积累

常进 1992 年从中国科学技术大学近代物理系硕士毕业，来到紫金山天文台空间天文实验室工作。当时的室主任安排他具体研究探测器的本底问题，该课题其实是一个很难啃的硬骨头，需要具备很强的物理背景，不仅要了解探测器本身的物理性质、辐射与物质的各种相互作用，还需要了解宇宙中各种辐射和粒子的性质及其与探测器的关联。常进为了钻研该课题，查阅了大量的第一手资料。虽然后来的研究结果与老师最初的设想不完全一致，但这早期的科研锻炼，培养了他出色的专业能力，也与后来他取得的成就息息相关。

## 5.3.3 机遇

1993 年底，在当时台领导的支持下，紫金山天文台空间天文实验室承接了 921-2 空间天文分系统的研制任务。常进被委派参加 γ 射线谱仪的研制，任主管设计师。

在紧张的工作之余，他积极思考紫金山天文台空间天文实验室的未来发展。从 1994 年底开始，他参加了由当时北京天文台艾国祥院士发起的空间太阳望远镜计划（Space Solar Telescope，SST），具体承担空间紫外望远镜的技术方案调研，后来又承担了宽波段谱仪的技术方案设计。1996 年，空间太阳望远镜计划的德方负责人向艾国祥院士提出，希望派一名年轻科研人员去德国和他一起从事宇宙线研究。当时艾院士把这个机会给了紫金山天文台，考虑到常进有扎实的物理背景，完全可以胜任这一工作，台里便推荐了他。加之当时空间太阳望远镜一时还上不去，且 921-2 项目的载荷研制也已通过了初样阶段，常进得以在 1998 年初赴德进修。

正是这一年半的进修，使常进的业务水平有了质的提升。他作为核心成员参加了美国的南极气球实验（ATIC）项目，提出了原 ATIC 项目中没有的科学目标：高能电子的探测。经过深入的研究与论证，ATIC 项目的原设计方案得以调整和完善。

## 5.3.4 坚持不懈

由于历史的原因，1997 年制订的紫金山天文台发展规划并未将空间天文作为重点研究方向，尽管当时空间天文实验室正在承接台上资金投入最大的 921-2 项目。当时，仅给了空间天文实验室 3 个创新名额。常进 1999 年从德国回来，正好面临这样的窘境。无奈之下，常进的创新岗位暂挂在太阳高能物理研究团组，但仍从事空间天文实验室的工作。这期间，常进除了承担 921-2 项目 γ 射线谱仪正样研制、酝酿太阳高能小卫星，还继续了他在德国开始的 ATIC 高能电子探测研究。

2000 年，ATIC 在南极进行了首次飞行。常进随后对 ATIC 观测数据进行了分析，经过仔细筛选和辨别，在数以万计的高能粒子事件中，他找出了数十个高能电子，隐约看到了高能电子能谱存在“超”的迹象。但由于数据量实在太少，结果的不稳定性较大，加上仪器的其他各种因素无法很好排除，因此结果只能在项目组内部进行讨论，无法取得广泛认可。

这期间，日本同行很看好常进的工作，主动邀请他去日本参加空间站上暗物质探测仪器的研制工作。需要说明的是，此时常进的职称和学历都缺少竞争力，日本学术振兴会（JSPS）的项目对职称和学历有明确的规定，每年在中国的遴选比例不高于 1/15。但他们在这件事上体现出了灵活性，由日本空间和宇航科学研究院（ISAS）原总装直接推荐，常进作为特别人才不受限制。到了日本，常进不负众望，为上述暗物质探测仪器的设计发挥了重要作用。

2002 年，ATIC 在南极进行了第二次飞行任务。年底拿到观测数据后，常进经过半年多的数据分析，再次获得了与第一次相同的结果。在 2003 年 7 月的国际宇宙线大会上，常进公布了这一重大发现，虽然引起了轰动，但作为一项重大成果，不免有人持怀疑态度。因为 ATIC 毕竟是一个复杂的仪器，从观测结果中提取极其微弱的高能电子信息，涉及方方面面的各种因素，将它们一一排除并非易事。

这里还有一些插曲。常进 2003 年 10 月从日本回国短暂休整期间，做了两件事：一是自主争取到了国家探月工程嫦娥一号卫星上有效载荷 γ 射线谱仪的研制任务，二是酝酿“暗物质探测卫星”计划，后者得到陆埮院士的支持。

当时，暗物质研究在物理学界刚刚热起来。2003 年 10 月底，我在北京参加中国天文学会理事会，在去会议室的路上，我向叶叔华院士介绍了常进的重要研究结果。叶院士听完当即表示，这么重要的结果，应该在第 2 天的全国天文大会的开幕式上报告。在当晚的理事会上，叶院士打了一个“横炮”，打乱了原先定下的第 2 天开幕式议程，临时增加了一个介绍常进成果和“暗物质探测卫星”的报告。而当时常进还在南京，并且第 2 天中午就要飞去日本，没有办法亲自报告，只好由我来代其报告，而常进连夜准备了报告用的 PPT。

当时，国家天文台艾国祥台长在会上提出疑问，认为天文观测上暗物质存在的证据有很多，常进的工作只是其中之一，并无特别重要之处。我当时就和他解释这一看法不妥。会议中途休息时，我一直在和艾院士争论，他后来要提前离会，我一直争论到他上车离去，情急之下，最后讲了一句颇有得罪的话。没想到，第 2 天见到艾院士时，他不仅没有生气，反而说他回去后又仔细地思考了常进的工作，决定支持我们的工作，并承诺予以经费支持。此后在多个场合，艾院士都公开表扬常进有很好的创新想法，并很快兑现了在经费上支持的承诺。

之后在2003年11月初召开的天文学发展战略研讨会，以及2004年2月在理论物理所召开的暗物质探测与研究研讨会上，我们均报告了常进的研究结果和由他提出的用卫星探测暗物质的想法。记得何祚庥院士在会议的总结发言中还专门提到常进提出的“暗物质探测卫星”计划。除了给予学术上的支持，这里还需要特别感谢南京大学方成院士，他从南京大学的研究经费中划拨了20多万元，支持常进的项目，用来购买所需的晶体，给予了实质性的合作与支持。

常进在暗物质探测领域的工作和提出的“暗物质探测卫星”计划，并非一帆风顺。他基于ATIC前两次飞行数据所做的发现明显可以在《自然》杂志上发表，为什么迟迟不发表？这是疑问之一。疑问之二，有人认为，常进提出的“暗物质探测卫星”方案与美国的ATIC和日本的空间站上的探测方案有一些类似。为此，常进承受了很大压力。

作为常进的同事，我理解他的苦衷。在一个大项目中要发表重要文章不是一件简单的事。作者数量就高达几十人，每个人都有自己擅长的方面，整体的沟通和协调显得尤为复杂。常进只能对提出的每一个疑问进行认真的研究，给出让提问者满意的回答，这无疑是一个旷日持久的过程。

这期间我对常进工作的重要性有了新的认识：一次是在2004年的国际空间研究委员会（COSPAR）大会上，常进作完报告后，会场讨论十分热烈，会后还有许多人找他讨论，其中不乏国际大家；另一次是我访问莫斯科大学，看到核物理研究所所长的报告中用到常进的结果，他告诉我说，常进的这个研究结果非常重要。

从2003年得到结果，到2008年发表结果，这是一个漫长的过程，没有坚定的信念，一般人很难坚持下来，但常进做到了。对于疑问之二，常进多次解释，他作为 ATIC 和日本空间站项目的核心成员，这两个项目的电子探测方案本身就是以他为主提出来的。但这一说法并没有得到广泛的认可，以致在 2005 年国防科工委组织的对“十一五”科学卫星计划的遴选中，“暗物质探测卫星”名落孙山，连技术预研也没得到支持。常进在暗物质探测上的首创性，是在《自然》杂志文章发表后才得到认可。

## 5.3.5 最后成功

功夫不负有心人。2007 年底至 2008 年初，经过重大改进的 ATIC 在南极进行第四次飞行，紫金山天文台派人专门参加了气球放飞工作。改进后的 ATIC 在灵敏度方面大幅提高，对观测结果的分析再一次明确地证实了常进针对前两次飞行得到的分析结果。此时，欧洲和俄罗斯联合研制的帕梅拉探测器对高能正电子的探测也暗示常进的成果是可信的。接下来，发表结果立刻成了国际上的竞争热点，最终常进的结果抢先一步在《自然》杂志上发表，引起国际学术界的轰动。《科学》杂志在 2008 年底对 2009 年重大科学突破的展望中，再一次提到常进的工作，认为“300 ~ 800 GeV 超”将会在 2009 年得到进一步证实，可见其意义重大。顺便说一句，常进为第一作者的《自然》杂志文章中，明确写明了紫金山天文台对这一工作的贡献，这也间接印证了常进提出“暗物质探测卫星”方案的原创性。

## 5.3.6 对科研创新的启示

常进这一重大成果的取得，首先得归功于他个人的不懈努力和对科研的热忱。我们暂且不总结他个人的经验，这里主要从科研管理的角度，为如何做好今后的科研管理工作，尤其是鼓励出大的创新成果，提供一些借鉴。

## 一、营造宽松的学术环境

常进关于高能电子探测的思想是在德国形成的，如果当时一味从用人的角度考虑，不放常进出国，或不同意他的出国延长申请，那么常进可能就无法走到今天的高度。因此，对于优秀的人才，采取适当宽松灵活的政策是必要的。特别是当常进从德国回来不久，紫金山天文台领导便再一次同意常进赴日本长期工作。正是在日本，常进完成了关键的 ATIC 第二次飞行数据的研究。宽松的环境，使常进对紫金山天文台有着一份强烈的归属感，最终他的成就也使紫金山天文台受益。我们应该以人为本，让政策更有利于创新和培养人才，从而推动更多的杰出成果和杰出人才的涌现。

## 二、把握新的学科增长点，争取必要的支持

紫金山天文台在暗物质研究方面的早期资金主要来源于科技部的重大国际合作项目、江苏省自然科学基金的重点项目，以及江苏省的“333 人才工程”。之后，又陆续得到国家基金委面上项目、国家天文台空间预研项目、中国科学院基础局项目、南京大学 985 合作项目等基金的支持。比较起来，紫金山天文台在早期对空间天文实验室支持的力度不够，这可能还是受早期规划的制约。1997 年的规划以及早期的创新规划中，空间天文都没有被列入台里发展的重点。直到 2005 年制订的紫金山天文台发展规划中，空间天文才被列入重点，也就是从 2005 年开始，紫金山天文台空间天文实验室才开始享受相应待遇，进入快速发展阶段。

领导要经常跟科研人员沟通，在看到有重大成果的苗头时，要及时把握新的学科增长点。要审时度势，勇于突破“过时”的条条框框，及时调整发展战略，集中有限资源，合理安排，抓住机遇。如果我们早做了准备，我们的“暗物质探

测卫星”计划就可以早点实现。

发展战略规划研究应该是一项常态化工作，根据国内外科学发展的态势以及国家重大战略需求进行调整。通过召开战略研讨会或组织专门调研小组的形式，使战略研究更加系统和规范。明确科研工作的重点，理清发展的思路，才能更好地凝聚人心，形成合力。

## 三、学术评价标准的多元化

常进的职业生涯走出了一条不同寻常的路径。常进于 1999 年 1 期创新期间为副研究员，2002 年 2 期创新时（36 岁）为研究员，2007 年被定为 3 级研究员。应该说，在常进发表这篇《自然》杂志文章之前，对他的学术评价是公正的。他的所有头衔都不是通过暗物质研究取得的，他是 921-2 项目 γ 射线谱仪的主管设计师、嫦娥一号卫星 γ 射线谱仪的项目负责人、“太阳爆发探测小卫星”（SMESE）上载荷高能暴谱仪（HEBS）的技术负责人、空间太阳望远镜载荷研制负责人以及中国“暗物质探测卫星”项目的提出者等。他不经常发表论文，所以不能用发表论文来衡量他的工作，而他现在又发表了最重要的论文。试想一下，如果单纯以论文来衡量，5 年不发 SCI 论文，还能立足吗？很庆幸，紫金山天文台的文化使他在做出重大成果前就得到了认可，这无疑是我们学术评价体系中值得关注的事情。常进获得研究员头衔先于其获得博士学位，这也反映了紫金山天文台不唯学位而重水平的优良传统。

学术评价标准的多元化，注重实绩，注重能力，注重潜力，这些都应该更好地坚持和发扬。曾经的科研绩效奖励政策，在一定的时期里的确发挥了应有的作用。但随着创新活动的深入，需要科学地评估原有政策，探讨如何更好地运用好学术评价和科研绩效奖励政策，使之更利于研究人员出成果，尤其是出大的成果，这是一个需要深入研讨的问题。

## 四、体制、机制与战略眼光

一个能力强的人，需要提供给他一个舞台。紫金山天文台为常进研究员提供了空间天文实验室，但常进接手实验室的时候，情况很困难，承担的 921-2 项目面临结束，新的课题不知在何方，空间太阳望远镜启动不了，高能小卫星启动预研后再无法推进，连常进自己的创新岗位也不得不挂靠在太阳高能物理研究团组。回想起这段往事，令人五味杂陈。好在，实验室在常进的领导下慢慢走出困境，但如果在体制上获得更多扶持会更好。

空间天文实验室为紫金山天文台做出了卓越的贡献，多次获国家和省部级奖项，这次又取得了举世瞩目的成就。我们应该反思问题，用更加战略的眼光，来看待紫金山天文台空间天文的发展。我和其他两位同志负责的中国科学院方向性项目“中国空间天文中长期发展规划研究”已经完成，预期中国的天文卫星观测时代即将到来，为此，我们应该做好充分准备。

## 五、国际合作与自主创新

紫金山天文台的这一成果是国际合作的结晶，除了第一作者常进是中国人，其余 18 名作者分别来自美国、德国和俄罗斯的 5 个研究单位，并且文章的通讯作者是美国 ATIC 项目的负责人。关于通讯作者问题，在文章投给《自然》杂志前还经过几番讨论，按理说这个成果从思想提出，到仪器改进、观测实施、结果分析、反复检验、最后成文，都是以紫金山天文台为主在进行，但毕竟 ATIC 项目是美国的项目，美国为此投资数千万美元，所以他们要求做通讯作者也不是完全没有道理。这样，就有可能产生一个问题：如果以后真的涉及若贝尔奖之类的成果奖励，应该授予谁呢？

当国际合作达到一定的程度以后，也就是当我们的自主创新占到相当份额的时候，就必须注意“以我为主”来开展国际合作了。紫金山天文台早在 2003 年就提出“暗物质探测卫星”计划，当时正是基于这样的考虑。只可惜当时没有合适的机会，之后在 2005 年的项目遴选中又没有被选上。好在现在这篇《自然》杂志文章的发表，引起了国际上的广泛关注，也引起了各级领导的重视。我们因此期待着，“以我为主”的“暗物质探测卫星”项目能够早日启动，以从源头上证实暗物质粒子的存在，对世界科学做出重大的原创性贡献。

# 5.4 深渊里的呼唤：触碰隐藏的暗物质文明（科幻）

张爱国

电子工程师

去刑场的路沙石遍地，很荒芜，大概是因为这条路很久都没有人走过了。

我被无形的能量带固定住手脚，毫无尊严地趴在车里，脖子上挂着牌子，上面写着当地人的文字：极刑，彻底湮灭，不回收。毕竟在这里待了3个月，多少能看懂一些。

车子吱呀呀地晃了一下。

“到了。”机械师幽幽地说。

车厢的侧面无声地消失，好像溶解在了空气里，刺骨的冷风霎时就吹了进来。一路上坐在我身边一动不动的执事抬起手杖，微微泛着绿色的牵引光束把我送到了不远处乱石搭出的平台上。他的呼吸在空中划出两道若隐若现的烟柱。星空在他身后闪烁。

“周教授，你还有什么话说吗？我要开始行刑了。”

他的汉语说得怪怪的，但我也没机会纠正他了，就这样吧。石头硌得我很疼。

“伙计，能不能给我转个角度，别让我趴在这里。我要看着天，看着地球，看着我的家乡死去。”

“没有光子转换器你什么都看不见的。”他冷冷地说。

“我知道，但现在是窗口期，他们就在我身边，我可以想象。”

执事的手杖轻轻画了个圈，我也像一条在煎锅里的咸鱼一样掉了个面。

“谢了，你动手吧。”

一条极细的射线，照在我的脚上。果冻状的皮肤顿时泛起一阵涟漪，发出耀眼的光芒。我看到自己的脚正被一点一点擦除，却没有一点痛苦。

死亡悄无声息地靠近，再过几分钟，宇宙中将再也没有任何粒子以我的形式聚合。

永别了！这个世界！

其实要说起来，3个月前，我已经和世界道别过一次了。我的尸体直愣愣地躺在办公室的地板上，很快就被火化下葬。而我的家人、朋友、同事也为我办了一场不错的葬礼。但我没有机会亲自参加，只能通过迈哈迪借给我的潜望镜远远看着他们哭泣。

后来我仔细回忆过自己的一生，我觉得，3个月前的那天晚上，是所有原因融合发展的必然结果。那一天其实从1年前我琢磨出那个新的暗物质理论开始，就成了我注定会抵达的终点，时间不急不躁地慢慢推着我走过来。如果再大胆一点假设，继续往前追溯，这个未来也许从我大学选择物理这个专业时就成形了。这种追溯还可以再向前，比如追溯到我高中物理奥赛拿奖，比如追溯到我初中物理考了满分，比如我小学时，父亲带我去看日全食。甚至或许从我刚刚在母体内孕育的那一刻起，这一天就成了我的命中注定。谁知道呢。

在那天晚上之前，我是物理学界一颗冉冉升起的新星，万众瞩目，去哪里都会受到英雄般的追捧。而在那之后，我就离开了人世间，在人类看不到的地方苟且偷生。

命运的转折点，发生于迈哈迪敲我桌子的那个时刻。

那天晚上，我正独自坐在办公室修改着论文。秋季的“天体物理学会”论文提交的截止日期近在眼前，可是我的仿真数据却怎么也不能和实际观测数据相吻合，急得我抓耳挠腮。

突然，桌面发出了很清晰的“咚咚”两声，杯里还剩个底子的咖啡也泛起了涟漪。我抬头四处环视，并没有发现谁在敲桌子。是不是自己精神太紧张，出现了幻听？

就在这时，桌面上的“咚咚”声又来了一次，比刚才还要响亮。一团黑烟在桌子旁边闪着金光凭空冒出，逐渐幻化出一个像是浑身缠着黑色绷带的木乃伊。他只有两根手指，正扶着我桌子的一角。

作为一个优秀的物理学家，我自然是从不相信怪力乱神的，但这诡异的场景着实不能用现有的知识来解释。我的大脑瞬间短路，一股寒意从脚底蔓延到后脑勺。

“现在可以看见我了吗？”木乃伊说话了，带着嘈杂的电流噪声，像是调不准台的收音机。

“可，可……”我下意识地点点头。

“周教授，我今天来，是要带你离开地球的。请你立即放下手头的工作跟我走。”他的语气不容置疑，充满了命令的味道。

“去……去哪？”

“另一个地球。”

“离这里有，呃，多少光年？”

“现在正是两个地球重合的窗口期，路上不需要花费多少时间。”

“请等一下。”我对他摆了摆手。他看起来挺吓人，但是说话却很正常，这不禁让我的恐惧消散了一些，理智很快回归了。“等一下，这位陌生人，我不是任你摆布的物件。首先你要告诉我，你是谁？为什么凭空冒出来？准备带我到哪里去？然后，最重要的是，我为什么要和你走？”

木乃伊把手搭在我肩膀上，“窗口期很宝贵，没时间耽误，路上说”。

我感到自己的内脏仿佛瞬间被抽空，然后离开了那个皮囊，悬浮起来随着木乃伊在空中左摇右摆。而原先坐在椅子上的我的身体，立刻倒了下去，变成了一具苍白的尸体。我眼中的世界开始变得奇怪，像是着了火的塑料那样扭曲摇曳。

“对接，偏移修正，锁定……好了。”木乃伊喃喃自语，最后啪的一下在肚子上拍了一下，我们俩就不再移动了。他抬起头对着我说：“我叫迈哈迪，来自主体宇宙，而你们是残缺宇宙的孩子。”木乃伊的声音越来越清晰洪亮，电流声迅速衰减。

“什么主体宇宙，什么残缺宇宙。你……迈哈迪……先生？能不能多解释一点，我真的听不懂。你到底在干什么？”

“主体宇宙，就是宇宙的主体。我还以为这样的翻译不会让你困惑。你们世界的物质只占宇宙总物质的不到20%，剩下都是主体宇宙的。你们有一个专门的名词来描述的，叫……”

“暗物质！”我和他异口同声说了出来。

我懂了。原来，暗物质世界竟然诞生了文明，还绑架了我！意识到这一点，物理学家独有的那种惊喜超越了一切，扫光了所有的恐惧和不安。

“所以，迈哈迪先生，你是把我从我的……呃，残缺宇宙中，带进了暗物质宇宙，对吗？”

“严格来说，不是带，这趟旅途的路程为0。我只是把你身体的粒子复制了一份，并且转换成了这边的粒子。就是这样。请你再稍等一下，马上就好了。”

他的声音已经完全没有了噪声，而眼前扭曲的画面也变得清晰起来。

出现在我眼前的，是一片紫色的世界。地面是紫色的，天上密集的繁星闪烁着刺眼的紫光。原先那个逼仄的办公室和脏乱的办公桌早已不见踪影。我们站到了一片广袤的紫色荒原上。

“欢迎来到这个宇宙真正的舞台，周教授。”迈哈迪身上的绷带消失了，露出了原本的样子——他看起来像一条长了四肢的鳐鱼。而我还基本保持着人类的外形，就是材质貌似变成了半透明的紫色凝胶。

“你的绷带哪去了？”

“那是潜水服。去你们的世界，不穿潜水服我会死的。”

“我回去是不是也要穿成那样？”

“你不能回去了。”

“为什么！”

“因为你的暗物质理论是正确的，这对于人类来说还为时尚早。”

“啊？”我目瞪口呆，一时不知该说什么好。

“这是什么道理！提出正确的理论，就要被抹杀吗？”

“这也是无奈之举。”迈哈迪张开双臂，“对你们来说，主体宇宙蕴含着全新的物理规律和无尽的资源。而你们的文明还处于蒙昧的阶段，根本无法驾驭这一切。过早接触，会给两个宇宙都带来灾难。这是在保护你们。”

他意味深长地停顿了一下，“也是在保护我们自己”。

“你没有权利来干涉地球文明的进程，也没有资格来对地球文明做任何评估。”我被他傲慢专断的态度激怒了。

“周教授，老实说，在发现你们之前，我们也没有想过给自己赋予如此重大的责任。任何结果，都是有原因的，不是吗？虽然你研究了这么久的主体宇宙，并且对于主体宇宙的物理框架构思非常接近正确答案——应该说，你是你们那个星球上最了解我们的人。但其实，你的这点知识，还根本算不上懂这个世界，连这里的最弱小、最愚笨的文明，都不如。”他迈开双腿，开始健步前行，并且对我招手，示意我跟着他往前走。

“你应该无法想象，一个从来都没有战争、所有个体都安居乐业的社会是什么样子。因为残缺宇宙天生就不兼容这样的生活。可是，在这里，周教授，在主体宇宙里，每一个文明都是这样的，文明内部和文明之间都没有战争。”

“可是，你们怎么解决不断增长的资源需求和有限资源的矛盾？怎么处理文明之间的冲突？”我追上他，一边走一边问。

“很简单，这样的问题都不存在，也就不需要解决。周教授，我相信你是相当理性和高素质的人，但是你的思维方式依然摆脱不了残缺宇宙天生带有的那种戾气。首先你要知道，在这里，文明发展主要体现在文化艺术的发展和科学技术的发展。群体规模的增长和地盘的扩大从来都不是评判标准。我们发现的最小文明，是只由单个个体组成的超迷你文明。他无法繁衍后代，可是寿命却没有上限，所以仅仅依靠自己，他的超迷你文明也从原始的刀耕火种进化成了可以在宇宙中自由翱翔的星际文明。其次，这里每一个文明都有星际旅行的能力，文明之间就不会爆发不可调和的冲突。只要双方的势力范围相互触碰，立刻会有一方主动退让，去无垠的宇宙中拓展自己的生存空间，而不是选择在一个狭小的地方打个你死我活。”

“星际旅行，有这么简单吗？”

“在这里，确实不难。一方面是因为这里的星体密度比你们那里大得多，星际旅行的距离也要小很多。另一方面……周教授，还记得你自己的暗物质理论吗？”

“当然，我的基本观点是，暗物质宇宙会有第 5 种基本力，一种类似于电磁力的力。”

“这就是我们要中断你研究的原因。因为你猜对了。你的理论会引导人们找到真相。但这里可不止有 5 种基本力，而是有 8 种。”

“8 种！”我惊讶地张大了嘴巴。

“没错，就是 8 种。除了你们已经探明的电磁力、强相互作用力、弱相互作用力、引力这 4 种力，主体宇宙中还存在着另一套类似于电磁力和强 / 弱相互作用力的 3 种力，它们主要参与主体宇宙的物质构成和互动。这就有 7 种力了。最后还有一种力，我们还没有完全搞明白，暂时叫它胀力。它与前 7 种力都不发生作用，仅仅是让这个宇宙的时空变得更大。”

难怪我的仿真数据总是和现实有很大差距，原来是我对于额外基本力的猜想过于保守了！那个胀力,应该就是我们以为的暗能量了。

“宇宙刚刚诞生的时候，就好像是一锅沸水，所有的力和物质都混在一起沸腾。而当它逐渐冷却时，随着温度的降低，这 8 种力和物质也会按照不同的顺序冷却析出。最后当所有东西都分离出来以后，宇宙就变成了一个漂亮的、晶莹剔透的大冰块——当然这只是比喻，我相信你明白我的意思。可是这个过程快结束的时候，因为胀力的异常涨落，出现了一个带瑕疵的结晶核，结果这个瑕疵迅速扩大到了整个宇宙，使得不到 20% 的物质急速冷却，还没有等待最后 3 种力析出，就已经从宇宙中剥离出去了。这就是你们的世界，一个残缺的、不完整的世界。因为少了 3 种基本力，虽然同处于一个时空内，但你们的宇宙却无法和主体宇宙互动，你们看不见我们，听不见我们，只能通过引力的暗示来猜测我们的存在。而在主体宇宙中，想搞清楚基本力却非常容易。在此基础上，对这个世界的物质可以进行任意的操作，想实现星际旅行也就不是难事了。”

“天哪！好想把这里的事情立刻转告地球……”

“不！”迈哈迪怒目圆睁，“绝对不可以！不与地球文明发生任何接触是这里的最高法律——除非是我带你来的这种紧急避险的情况，否则会被处以极刑！当地球文明第一次进入我们视线的时候，着实把我们吓出了一身冷汗。这颗不起眼的星球上几乎所有的生物都在为了生存而斗争。人类更是喜欢用最厉害的武器去对付同胞。历史的每一步发展，都充满了血腥和战斗。你们是我们见过最凶神恶煞的文明，如果人类大量进入主体宇宙，这里将会生灵涂炭。”

“人类不是洪水猛兽！迈哈迪先生。”我义正词严，“温柔的品质，对于我们的生存来说的确不是必需的，但大部分人也没有放弃利他、友爱、互相帮助甚至是自我牺牲的品质。这难道不能证明，人类的本性是善良的吗？我想如果人类文明诞生在主体宇宙中，绝对不会是今天这样。”

迈哈迪低沉地说：“可惜历史没有假设。”

这时候我发现他带我来到了一间外形洁白光滑、底部宽阔的圆锥形建筑，门大开着，里面闪烁着幽暗的光。他毫不犹豫地走了进去，我也就跟着他进了屋。

这里面早已站了许多长得和他一样的“海鲜人”，大家都好奇地打量着我。

“周教授，接下来，你要在这里做出你人生的重大选择。你的面前有两条路。”迈哈迪转过身来，“第一，学习我们的文化知识，最终成为我们社会中的一员。第二，拒绝融入，寻找一个荒无人烟的地方终此一生。当然，无论选择哪条路，你生存所需要的任何物资都可以得到保证。”

“我只想回家。”

“这不可能，我一开始就告诉过你。人类现在还不能接触主体宇宙的秘密。”

“你们对人类太没有信心了。”

“这是非常客观的评估。”

“可是……”

“周教授，不要再在没有意义的问题上争执了。现在，你只有两个选择。”

“既然是这样，我要求被处以极刑。迈哈迪先生。请用反物质彻底抹杀我存在过的痕迹。”我盯着他的眼睛，冷冷地说。

这是我第一次看到他惊讶的表情，看起来非常滑稽。

“为什么？”

“我永远都不会背叛自己的同胞。这两条路无论哪一条，我都会在漫长的岁月中，不断尝试与他们取得联系，并且传递被你们禁止的信息。换句话说，我待在这里，早晚会触犯你们的最高法律，并且最终被处以极刑。既然这件事不可避免，为什么不尽早拥抱它呢？”

安静的大厅内响起了嗡嗡的议论声。

“你是认真的吗？”

“当然，这是为你们好。要不然，等我真的把消息传递过去，你们再处刑，岂不是晚了？”

议论声渐渐小了下去，看起来他们已经得到了某种结论。

“周教授，你的决定让我们很意外，但你说的确实有道理。看来，我们不得不杀掉一个优秀的外星科学家了。”

“很高兴我们可以达成共识。”

“那么，你打算什么时候赴死呢？”

“我希望在下一个和地球重合的窗口期里被处决。我要死在家乡的土地旁。”

迈哈迪沉重地点了点头，他的表情有些苍凉。

于是，3 个月后的今天，我如愿以偿地躺在了处刑台上。

我的下半身已经消失，现在分解光束已经扫到了我的肚子。

就是这样，让分解来得更猛烈些吧！

当迈哈迪证实这里有 8 种基本力后，我立刻就想到了我提出的暗物质模型中的一种预言：在暗物质宇宙中，一定存在着一种冷湮灭现象。当正负粒子相遇的时候，因为第五种基本力的存在，纯粹的能量会有相当一部分被转化为高能的 α 射线。这是我家乡可以探测到的东西，是我的同胞可以听懂的语言。只要燃烧我自己，就可以给人类送去一个信号，留下一条重要的线索。就像长发公主从高塔上抛下的头发，最终一定会有勇士顺着这条天藤爬上来。也许迈哈迪知道我的意图，也许不知道。但是我感谢他成全了我，让我如愿以偿地变成了一座耀眼的烽火台。

此时此刻，美丽的地球就在我的身边，有很多探测卫星都“睁大了眼睛”，仔细地收集着数据。突然迸发出来的高能粒子正在捶打它们灵敏的探测器。那是你们身处另一个维度的前同胞，给你们最饱含深情的告别！

悟空号，你看到我了吗？

# 5.5 暗物质引擎：你们是远航一代！（科幻）

何永强

科研工作者，科幻爱好者

在我出生的时代，人类刚遭受了一场浩劫。地球磁场忽然翻转，磁层大幅减弱。失去了天然保护，致命的宇宙线和太阳 X 射线暴肆无忌惮地轰击着地面，人类损失了近二分之一的人口。

人们只能抛弃曾引以为傲的地表城市，转而移居地下，但灾难并未结束。能利用的诸多地球资源已经接近枯竭，依然被困在地球的人类，无疑正走向慢性死亡。我从小所受的教育，几乎都是有关“资源危机”的。懵懂之时，便在昏暗的灯光下朗读着：“关掉一盏灯，少扔一件衣，捡起一粒米，节约一滴水……”

老师斩钉截铁地告诉我们，人类必须离开地球，只有移民到其他星球，才有繁衍下去的机会。那时候，我最害怕上的课就是虚拟体验课。每个小朋友都要在虚拟现实中去体验和感受一个可怕的场景：在极度贫瘠的大地上，风沙漫天，土地龟裂，渺无人烟，充斥着让人无助的恐惧。老师说，那就是现在的地表，“小朋友们，你们的理想是什么？”“移民外星球！”我们按照老师之前教的异口同声地回答道。

太阳系内没有第二个适合人类生存的天体，对火星之类的太阳系行星进行改造比向太阳系外移民还要困难和昂贵。在太阳系内的其他天体上生活或是建设太空居住区，都不能将生存危机缓解多久。人类设置的移民目标是半人马座内的比邻星 b，这颗行星位于红矮星比邻星周围的宜居带，质量约为 1.3 倍地球质量，科学家确定那里有液态水和大气层的存在。这是一颗离地球最近的宜居行星，距离地球约4.2 光年，从宇宙的尺度来说，这几乎是近在咫尺，但对人类来说却是无法企及的距离。

我的父亲是一名宇宙能源学家，他曾告诉我，仅靠化学燃料动力，想要实现人类大规模飞出太阳系无疑是痴人说梦，人类必须寻找更高能量密度的动力。还记得小时候每天随他去工作站，我曾问父亲，为什么我们要离开地球，如果我们节省资源去生活，不也可以吗？父亲说 :“地球就像摇篮，成年之后的人类文明必然要走出摇篮，走向更广阔的宇宙。因为资源永远有限，但需求永远无限。”我那时还小，听不懂他说的话，但我知道父亲很伟大，我告诉他，自己长大后也要像他一样。他抓着我的手说 :“未来真的要靠你们，你们是远航一代。”

那时对宇航能源的研究主要分为两派，一个是核聚变派，另一个是父亲所属的暗物质派。他曾忧心忡忡地说，核聚变作为宇宙航行的动力是不够的，以其能量密度计算，即使输出效率达到理想值，也只能将飞船最高速度提升到光速的 5%。算上加速和减速阶段的时间，要以这种速度到达比邻星 b 至少也需要近百年，以人类的寿命根本不可行。他一直笃信,能够让人类远航的能源就在看不到的暗物质中。

父亲对暗物质研究的深入程度远超前人，他首先精确测量出不同种类的暗物质粒子碰撞湮灭时爆发的巨大能量，也计算出了暗物质在宇宙空间的分布规律。但是暗物质粒子不参与电磁相互作用，根本无法捕捉，更不用说设计制造出暗物质引擎了。他曾给我穿上厚厚的防护服，带我来到地面，指着天空告诉我，暗物质就在这里。但对地表的恐惧让年幼的我惴惴不安，没有仔细听他在说些什么。

他觉得暗物质蕴藏的能量是宇宙的“本源能量”，是智慧生命实现星际旅行的必由之路，只是我们还没有找到正确的运用方法。但显然决策者更倾向于看得到的希望，可控核聚变研究得到的资助越来越多，在我迈入大学的时候，忽然有了突破性进展。那几乎是大灾难的阴霾后，人们期盼许久的光芒！人类行走在荒原中，在夜晚到来之前，终于点燃了核能源这一火堆。可控核聚变不仅极大地改变了人类社会的面貌，更是引发了社会心理的巨大变化。

可能核聚变派也没有想到，很多人失去了移民外星的意愿。随着能源前所未有地充沛，除了用于改善人们的生活质量，也让虚拟现实技术飞速完善。现实中的痛苦、不甘和迷茫，让越来越多的人成为“梦遁族”——长期沉迷于元宇宙的人。

我们这一代人的青年时光是割裂的，仿佛有着两种人生。一面是地下城中昏暗无奈的窘迫，一面是元宇宙中唾手可得的快乐。海量能源支撑下的元宇宙，越发高度逼真，当虚拟世界看上去与现实无二后，哪个为真，还重要吗？大部分人类欢欣鼓舞，对移民外星不再热衷，认为资源问题已经解决，田园牧歌般的生活将永远持续下去。甚至流行起在元宇宙中驾驶着巨型飞船“遨游太空”，因为这种方式可以方便快捷地满足猎奇之心。

我也忘记了从小受到的教育，忘记了奋斗终身、郁郁不得志的父亲。等再见到他时，忽然发现他苍老了很多。他的一生都在期待着发现暗物质能量的秘密，他曾经以为自己肩负着拓展人类未来生存空间的重担，但蓦然回首却发现同行者越来越少，甚至他自己的孩子也已渐行渐远。

我告诉父亲，我们现在有了可控核聚变，拥有几乎无限的能源，没有必要离开地球了。父亲摇摇头说，表面上看现在能源很“充沛”，但是人类生存是需要系统资源的，比如稀土和磷矿。没有了稀有金属，我们的电子产业将难以为继；磷矿不可再生，却是粮食生产不可缺少的。核聚变产生的能量并不能直接转化为维持生存的口粮，对大部分人来说，生存危机依然存在。

我嘲笑父亲的迂腐，如今人类甚至可以直接合成淀粉和蛋白质。在元宇宙中，人性中对探索的追求也可以得到充分的满足，如今完全没有必要踏出地球半步。我还告诉他，我放弃了宇航能源专业，决定改行做一名元宇宙的星球设计师，我们现在是“元宇宙一代”。父亲听完后一语不发，父子两人不欢而散。

20 年后，我已人到中年，拥有了 7 个孩子，其中 6 个是人造胚胎培养的，他们每天无忧无虑，全然不知家门外的危机。全球人口的快速膨胀，让地下定居点变得拥挤不堪，科技带来的新能源增加，却赶不上人口增长和无限欲望的消耗。“人类唯一能从历史中吸取的教训就是，人类从来都不会从历史中吸取教训。”危机总是会被盲目的自信所掩盖。父亲曾说过的话不幸言中，他可能没想到的是，过度使用核聚变还带来了意外的灾难。

人类核聚变发电的本质依然是“烧开水”，无论是远古的火电站，还是近代的核裂变电站，以及现今的核聚变电站，都需要热能—机械能—电能的转换过程，由此导致的能量损耗很大，最终这些损失的能量都变成了“热量”，进一步加剧了温室效应，导致地下定居点的热均衡失调，国际上的几个大国整日争吵着要增加各自的“排热份额”。人们在地下的居住点越来越深，生存空间越来越小，甚至有人不惜面对致命射线重回地表。

终于有人再次开始提起移民外星了。当初我们本该依靠着新能源的兴起，开展全面的工业科技复兴，坚定移民外星的目标，然而却沉迷在了虚拟的快乐中；我们本应该在各种不可再生资源尚且能够支撑的时候，及早开始行动，却错失良机。

直到这时，人们才发现摇篮已变牢笼。人类依然处于荒原，可控核聚变能源其实是人类手中的“最后一根火柴”，这最后一点光亮幻灭后，才看到真正的夜晚已然到来。

在聚变发动机的轰鸣声中，一些人勉强走出地球，在火星建立了居住地。还有载人飞船经过数年漫长的旅途到达了谷神星，但是柯伊伯带就是人类太空航行的终点了。无论是技术还是资金，都不足以让人类再飞出奥尔特云，离开太阳系。人类就像玻璃瓶里的苍蝇，看似前景一片光明，实际上根本没有出路。

试图前往比邻星的飞船，即使用人类最强的氦-3聚变发动机，经测算飞船总质量也要达到34亿t，根本不可能造得出来。资源危机依然没有解决，生存空间也没有真正拓展，人类社会接近崩溃。在全球性生存危机到来后，一些人拼命地想办法，另一些人则拼命地制造更大的问题。战争的火药味已经越来越浓，不同的利益集团摩拳擦掌，核聚变武器一天之内就能灭绝所有的人类。无数人希望能够得到一张船票，飞到火星上苟延残喘。

我多年辛劳积攒下的钱，恰好够一家人出逃。这些年中，因为观念不合，我与父亲联系不多。事业上的受挫让他越发抑郁，他始终无法与自己和解，精神上遇到了很大的问题。后来母亲离世，他更觉得自己的家庭、子女甚至宇宙都背叛了他。

我犹豫再三，打算给父亲打个电话，没想到却先接到了他病危的消息。我一时无法接受，焦急地想去见他最后一面，但去往他所在的定居点需要很长的时间，有可能会耽误我去往火星的航班。妻子希望我不要去，斯人已逝，生者才更重要。但我心中始终有很重要的东西放不下，我总觉得他在冥冥之中还有话要对我说。

我在妻子的愤怒和孩子的挽留中启程，但还是没有来得及看他最后一眼。医院只留给我一张照片，说父亲最后的时间里，都在紧握着这张照片，可能对他很重要吧。我接过照片，眼泪不由得充盈眼眶，这是小时候父亲带我去看星空时偶然所拍。照片中的父亲那么年轻，像个青年诗人，而后来脑海中的他却常常是笼罩在烟雾里、蜷缩在电脑屏幕前的身影。

那年时光已然模糊不清，依稀记得父亲指着天空说道，暗物质就在那里，人类离开地球的路也在那里。我久久凝视着这张照片，忽然一个前所未有的想法蹦出了脑海。我在做工程师工作的时候，有一种实用的思路叫作“黑箱方法”，指的是由于系统过于复杂，无法探究其本质，那么就把这个系统看成一个“黑箱”，通过输入信息和输出信息的变化关系，来认识它，利用它。为什么不把暗物质也看成一个黑箱，只关注它的输入和能量输出呢？父亲曾研究过，不同的暗物质粒子发生碰撞时，它们会相互湮灭并将所有的质量转换成能量，暗物质产生的能量几乎是同等质量 TNT 的 50 亿倍。与其探究本质，不如先利用，后研究。

一瞬间，仿佛有一道光贯穿了我的身体，我明白，在这一刻，我继承了父亲的衣钵。我立刻打电话给妻儿，兴奋地告诉他们，我找到了利用暗物质的方法，不用去火星了，我们可以去更遥远的地方。妻子接电话时已经整装待发，她先是震惊，继而又显现出了愤怒。她觉得我不是疯了，就是想抛弃家庭。

妻子和孩子终于还是去了火星，而我留了下来。我无法劝阻他们，因为我也不知道自己能不能成功。我向周围的人一遍又一遍解释我关于暗物质引擎的想法，但无一例外收获的都是嘲笑。

我离开喧闹的地下城，回到了父亲生活的地方，那里有父亲留下的大量研究资料和存储起来的食物。在我潜心钻研的时候，地球终于不堪重负，无数人在不甘中撒手人寰，稍有能力的大多去了火星。但是很快，火星的资源也开始入不敷出。在一场大骚乱之后，我失去了和妻儿的联系。有人在火星居民点引爆了核聚变电站，巨大的爆炸威力让整个火星在夜晚可以清晰目视。

我无心过度悲伤，因为此时我也已探究出暗物质引擎的秘密。暗物质引擎从本质上讲是一个盒子，盒子里有一扇门朝着运动的方向开启，用于吸收暗物质。当暗物质进入盒子后，门会关上，而盒子会收缩以压缩暗物质，进而增加湮灭速度。一旦暗物质粒子转化为能量，背向运动方向的门就会打开，能量就会推动飞船前进。这个循环将在整个太空航行中重复进行。它可以从宇宙中收集丰富的暗物质，而且行进速度越快，吸收暗物质的速度也就越快。

当第一台暗物质引擎制造成功后，我泪流满面，我完成了父亲未竟的事业，成了人类在黑夜荒原中的点火人。我想仰天告诉父亲，人类有救了！

当我再次驱车前往曾经人口密集的地下城时，已经不知道过去了多久，这里已不似人类居住的地方。我从车上搬出了剩下的食物，很快就吸引了很多衣衫破烂的人围拢过来。我对他们高喊，和我一起上飞船吧，我制造出了暗物质引擎，可以一起去比邻星了！但是并没有人应和我，他们争抢着吃完最后的食物，便又眼神涣散地离开，去找寻下一餐的来源。

我大声地呼喊，船坞里有很多的飞船，只要你们帮助我把暗物质引擎装好，我们就可以一起离开这里。但是没有人在乎我说什么，他们的眼神中只剩下麻木和漠然。我忽然感到一阵孤独……

正绝望之时，人群中忽然伸出了几个小脑袋，大声地问我，你真的能带我们离开吗，去比邻星，去宇宙里？这是几个孩子，我使劲点了点头。

几天后，人类第一艘暗物质引擎飞船从地球飞起，它开始很慢，但随着暗物质能量的供给，速度提升很快。看着在飞船里欢呼的孩子们，我心里默默地喊道：你们是远航一代！

# 参考文献


[1] 常进，郭建华，伍健，等 . 暗物质粒子探测 [J]. 现代物理知识，2016，28（1）：42-47.
[2] 袁强 . 暗物质的天文证据 [J]. 科学 24 小时，2018（9）：8-10.
[3] 毕效军 . 暗物质粒子探测及进展 [J]. 现代物理知识，2018，30（2）：9-13.
[4] 苏萌 . 暗物质的天文学探测 [J]. 科技导报，2016，34（5）：14-21.
[5] 冯磊 . 暗物质到底有多冷 [J]. 科学 24 小时，2018（9）：11-13.
[6] 岳骞 . 我国的深地实验室 CJPL 和 CDEX 暗物质直接探测实验 [J]. 现代物理知识，2018，30（2）：14-22.
[7] 谌勋，刘江来，季向东 . PandaX 暗物质直接探测实验 [J]. 现代物理知识，2018，30（2）：23-28.
[8] 李金 . 怎样直接探寻暗物质 [J]. 现代物理知识，2018，30（1）：50-54.
[9] 刘浩 . 研究暗物质有什么用 [J]. 科学 24 小时，2018（9）：17.
[10] 佚名 . 探索“暗物质”的大科学装置 [J]. 科学家，2018（4）：108-113.
[11] 唐琳 . 空间科学先导专项：探索中国空间科学发展之路 [J]. 科学新闻，2018（9）：36-43.
[12] 王赤，宋婷婷，时蓬，等 . 10 年见证中国空间科学发展进入新时代 [J]. 科技导报，2022, 40(19): 6-14.
[13] 藏京京，李翔 .“悟空号”探索宇宙核心秘密 [J]. 科学 24 小时，2018（9）：4-7.
[14] 董铁矿，雷仕俊 . 捕捉暗物质粒子 [J]. 科学 24 小时，2018（9）：14-16.
[15] 毕效军，董永伟 . 中国空间站高能宇宙辐射探测设施 HERD[J]. 现代物理知识，2020，32（5）：40-44.
[16] 袁强 . 电子能谱：拐折和超出结构 [J]. 中国国家天文，2023，17（7）：24-25.
[17] 袁强 . 质子能谱：谱分布中的“踝”和“膝”[J]. 中国国家天文，2023，17（7）：26-27.
[18] 袁强 . 氦核能谱：再现“踝”和“膝”[J]. 中国国家天文，2023，17（7）：28-29.
[19] 范一中，常进，郭建华，等 . 甚大面积伽马射线空间望远镜计划 [J]. 天文学报，2022，63（3）：13-30.
[20] 岳川 . 硼碳和硼氧比例能谱：宇宙线传播新特征 [J]. 中国国家天文，2023，17（7）：30-31.
[21] 李翔 . 伽马光子线谱：寻觅暗物质的铁证 [J]. 中国国家天文，2023，17（7）：32-33.
[22] 藏京京 . 宇宙线与太阳活动关系：福布斯下降效应 [J]. 中国国家天文，2023，17（7）：34-35.
[23] 张云龙 . 分数电荷粒子存在吗？ [J]. 中国国家天文，2023，17（7）：36-37.
[24] Chang J，Adams J H，Ahn H S，et al. An excess of cosmic ray electrons at energies of 300-800 GeV[J]. Nature，2008，456（7220）：362-365.
[25] 喻菲，王晨曦 . 寻找暗物质：打开认识宇宙的另一扇门 [M]. 北京：科学出版社，2016.
[26] 冯磊，袁强 . 寻找神秘未知粒子的“芳踪”[EB/OL].（2020-03-13）[2021-11-17]. https://mp.weixin.qq.com/s/bwGK7_V1UJ5j-TOqIXhMcg.
[27] 杨频萍，吴红梅 . 访紫金山天文台副台长常进：捕捉暗物质的人 [EB/OL].（2018-09-19）[2021-12-15].http://jsnews.jschina.com.cn/zt2018/docs/201809/t20180919_1923246.shtml.
[28] 陈芳，蒋芳，董瑞丰 .“搭便车”的历史偶遇——暗物质卫星“悟空”首席科学家常进的 20 年求索 [EB/OL].（2017-12-15）[2022-11-15]. http://www.xinhuanet.com/politics/2017-11/30/c_1122038123.htm.
[29] 吴晶晶 . 探寻暗物质踪迹的“中国心”[N]. 中国科学报，2013-04-08（1）.
[30] 扈永顺 . 重磅丨“悟空”发现暗物质？ [EB/OL].（2017-11-30）[2021-12-15].https://mp.weixin.qq.com/s/kNyMfLh2VijZfgsHCnvFAQ.
[31] 常进，冯磊，郭建华，等 .“悟空”玉宇探测暗物质——暗物质粒子探测卫星简介 [J]. 科技导报，2016，34（5）：22-25.
[32] 常进 . 空间间接探测暗物质粒子 [J]. 现代物理知识，2018，30（2）：29-32.
[33] 李金 . 寻找缺失的宇宙——暗物质 [M]. 北京：清华大学出版社，2018.
[34] 紫微 .“悟空”号 8 周岁丨超期服役的宇宙线猎手又有新猎物 [EB/OL]( 2023-12-17 )[2024-07-26]. https://mp.weixin.qq.com/s/5r6znGTglGB1j-l-z7-ACg.

本书为“两型社会、生态文明与绿色发展”智库成果、
湖南经济改革发展与研究中心成果、国家社科基金项目
（14BJY138）成果

乡村振兴战略文库



# 供给侧改革背景下
# 农业绿色发展评价指数研究

金赛美◎著

A STUDY ON AGRICULTURAL GREEN DEVELOPMENT EVALUATION INDEX UNDER THE BACKGROUND OF SUPPLY-SIDE REFORM

经济管理出版社
ECONOMY & MANAGEMENT PUBLISHING HOUSE

**图书在版编目（CIP）数据**

供给侧改革背景下农业绿色发展评价指数研究／金赛美著．—北京：经济管理出版社，2018.1
ISBN 978-7-5096-5525-2

Ⅰ.①供… Ⅱ.①金… Ⅲ.①绿色农业-农业发展-评价指标-中国 Ⅳ.①F323

中国版本图书馆 CIP 数据核字（2017）第 297617 号

组稿编辑：杨　雪
责任编辑：许　艳
责任印制：黄章平
责任校对：赵天宇

出版发行：经济管理出版社
（北京市海淀区北蜂窝 8 号中雅大厦 A 座 11 层　100038）
网　　址：www.E-mp.com.cn
电　　话：（010）51915602
印　　刷：北京玺诚印务有限公司
经　　销：新华书店
开　　本：720mm×1000mm/16
印　　张：11
字　　数：180 千字
版　　次：2018 年 1 月第 1 版　　2018 年 1 月第 1 次印刷
书　　号：ISBN 978-7-5096-5525-2
定　　价：45.00 元

让农业变成有希望的产业。

——习近平

# 序

金赛美博士长期致力于农业经济学研究，并一贯保持着强烈的社会责任感和开阔的学术视野，在这一领域提出了不少具有创新性的理论观点和政策建议。金博士作为一位中青年学者，在她的专著《现代农产品市场体系构建研究》出版之后，又写出新著《供给侧改革背景下农业绿色发展评价指数研究》。本书基于农业绿色发展的内涵及其特征，选取适用性指标，运用因子分析法和层次分析法，总结分析国内外绿色发展评价指标及评价方法，结合我国供给侧结构性改革和农业绿色发展的关系，探索我国农业绿色发展评价采用指标体系的可能性，建立农业绿色发展评价指标体系。利用模糊综合评价方法，对我国农业绿色发展状况进行评价分析，在供给侧结构性改革的背景下，探索我国农业绿色发展过程中所遇到的问题，并针对实证分析，提出促进农业绿色发展的政策建议。本书以较高的质量完成了供给侧结构性改革背景下我国农业绿色发展评价指数构建与应用的研究，既难能可贵，也实属不易。作为她的博士生指导老师，本人长期从事农业经济管理学科的教学与科学研究工作，对金赛美博士毕业后仍秉承研究生学习期间所确定的学术旨趣，不断深化对现代农产品市场体系及农业绿色发展的研究而感到高兴和自豪，因此，本人很乐意应其邀请，就她这一新著的主要内容与特色作些介绍和推荐。

习近平总书记在 2015 年 11 月 10 日中央财经领导小组第十一次会议上首次提出“供给侧结构性改革”，紧接着，2016 年、2017 年中央一号文件也明确提出了农业供给侧结构性改革。供给侧结构性改革是指从提升供给的质量出发，通过改革的手段进行结构调整，合理地进行资源要素配置，减少无效供给，扩大有效供给，提高供给结构对需求变化的适应性，推动经济持续健康发展。从中共十八大提出“建设美丽中国”的要求以来，习近平总书记曾在多个场合对绿色发展理念进行了系列阐述。中共十八届五中全会提出：“坚持绿色发展，必须坚持节约资源和保护环境的基本国策，坚持可持续发展，坚定走生产发展、生活富裕、生态良好的文明发展道路，加快建设资源节约型、环境友好型社会，形成人与自然和谐发展现代化建设新格局，推进美丽中国建设，为全球生态安全作出新贡献。”但从国内外研究现状来看，在我国坚定不渝走可持续发展道路过程中，学者对于农业绿色发展指标体系的研究尚不多见，为此，本书作者主要从以下方面对构建我国农业绿色发展评价指数展开研究。

一是总结近年来我国农业绿色发展的经验、模式和成果，为实现我国农业绿色发展提供理论依据和借鉴意义。为了加快推进绿色发展，国内外涌现出一大批关于绿色生产、绿色供应链、绿色产品、绿色消费、绿色建筑等有关绿色发展的研究成果，本书从绿色发展评价指标、绿色发展评价指标体系研究存在的问题、指标体系赋权方法和绿色发展评价方法四个方面入手分析总结国内外绿色发展的研究成果，为我国农业绿色发展提供借鉴。

二是分析供给侧结构性改革与农业绿色发展的关系，构建科学合理的农业绿色发展评价指标体系。根据供给侧结构性改革“三去一降一补”的五大任务，从去库存、补短板和降成本这三方面出发阐述了供给侧结构性改革和农业绿色发展的关系。农业供给侧结构性改革是我国供给侧结构性改革的重要组成部分，同时，也推动着我国农业朝着绿色、可持续的方向发展。本书在供给侧结构性改革的背景下，从绿色生产、绿色产品、经济效率、人民生活水平和生态环境出发，结合自然农业理论、有机农业理论、生物农业理论、高产优质高效农业理论、生态农业理论、绿色农业理论、现代农业理论和可持续农业理论，讨论农业绿色发展的内涵、构成及其特征，构建我国农业绿色发展评价指标体系。农业的绿色发展不同于绿色农业发展，农业绿色发展是一个综合的概念，它涉及社会、经济和环境等多个方面，因此，建立农业绿色发展指标体系也是一项复杂的工作，本书力求构建科学合理的农业绿色发展评价指标体系。

三是对我国农业绿色发展进行实证评价分析，在供给侧结构性改革背景下，为实现我国农业绿色发展提供理论依据，对我国整体的农业绿色发展具有借鉴意义。首先，基于构建的农业绿色发展评价指标体系，从国家统计局、中国绿色食品网、环境保护部、中国农业与经济社会发展统计数据库等权威网站，以及《中国农村统计年鉴》、《中国环境统计年鉴》、《中国卫生统计年鉴》收集我国2006~2015年各个三级指标的数据，通过这些数据评估2006~2015年我国农业绿色发展水平，得到绿色发展指数。结果表明，我国农业绿色发展水平近年来一直呈现上升趋势，表明我国各个部门对农业可持续发展十分重视。其次，为了更好地分析我国农业绿色发展水平，对农业绿色发展评价指标体系的各二级指标进行了比较分析，发现绿色生产指标、绿色产品指标是紧密相关的，而且两者的波动幅度较大，绿色生产在2008~2009有所下降，紧接着绿色产品在2009~2011年出现了急剧的下降，这时，农业绿色发展水平出现了小幅度的下降，由此可以看出，绿色生产、绿色产品指标对农业绿色发展水平是至关重要的。其他一些指标也在一定程度上影响着农业绿色发展水平。最后，根据近年来农业绿色发展水平状况、各个二级指标的比较分析情况，结合我国农业绿色发展中存在的问题，我们给出了相应的建议。

四是中国各区域农业绿色发展指数的实证研究。中国地域辽阔，农业绿色发展水平在一定程度上是有差异的。首先，在农业绿色发展指标体系的基础上，对2015年中国各省份的农业绿色发展水平进行测量、排序，得出中国各省份农业绿色发展的状况，并将其与全国农业绿色发展进行比较，计算出各省份相较于全国而言的农业绿色发展水平。结果表明，上海、北京、天津、浙江、广东、江苏、重庆、山东、福建、山西是农业绿色发展水平良好的省份，吉林、安徽、宁夏、黑龙江、广西、云南、贵州、甘肃、新疆、海南是农业绿色发展水平较差的省份。为了更直观地比较中国不同地区农业绿色发展的差异，根据31个省份农业绿色发展水平的测量结果及排序，将各省份的农业绿色发展分为三个等级，将排在前10位的省份的农业绿色发展水平定义为良好，将排在后10位的省份的农业绿色发展水平定义为较差，其余省份的农业绿色发展水平定义为中等，在中国政区图上用不同的颜色来表示农业绿色发展水平等级。其次，我们评价比较了各省份二级指标的发展水平。最后，我们根据各个省份农业绿色发展水平的排名以及各个二级指标的发展情况，结合中国各区域的地理位置、气候环境等因素，分析各个区域发展水平存在差异的原因，并给出相应的建议。

五是提出实现我国农业绿色发展的政策建议。根据农业绿色发展评价指标体系，分析我国近年来农业绿色发展的情况以及发展过程中存在的问题，结合我国供给侧结构性改革，提出相应的政策建议。

通过以上研究，笔者在本书中提出了以下主要观点：

第一，农业发展的资源承载能力。农业发展的资源承载能力主要是指一个国家或地区内的各种农业自然资源对该国家或地区内人口及经济发展的支撑能力。农业的绿色发展要求资源的承载能力不仅能够满足当代人的需求，而且能够满足后代人的需求，要做到资源的承载能力在农产品发展需求水平之上，从而保持农业的可持续发展。

第二，农业发展与环境的协调能力。农业的绿色发展注重各种农业自然资源的合理开发和利用，在不破坏生态环境的情况下，追求生产水平的提高和经济的发展。若通过对各种农业自然资源进行掠夺式的开采来促进农业的快速发展，势必会对自然资源产生长远的不利影响，进而影响农业生产的进一步发展。良好的生态环境是农业发展的基础。

第三，农业生产过程的绿色化。农业的绿色发展强调的是“绿色”，在农业生产过程中，要合理配置各种农业自然资源，提高资源的利用率，避免使用剧毒农药、化肥等化学物质，保障农产品的质量安全，提高农产品的品质，做到农业生产过程的绿色化。

第四，农业生产发展水平及其能力。农业的生产发展水平是指农业作为一个产业在整个国民经济中的发展状况。农业的生产能力是指其满足社会经济发展和人民生活水平不断提高所带来的对农产品的要求的能力，也就是指在生态环境、自然资源的约束下，尽可能多地提供农产品，追求其与经济社会的同步增长。

归纳来看，本书对供给侧结构性改革背景下我国农业绿色发展评价指标体系的构建展开研究，构建了我国农业绿色发展评价指标体系，有利于定量分析我国农业绿色发展趋势。与此同时，构建我国农业绿色发展评价指标体系，有利于提出促进我国农业绿色发展的有效政策建议，也有利于科学把握我国农业绿色发展的影响因素和内在规律。

本书作为作者农业经济问题研究中承前启后的一个阶段性的成果，首先，在农业绿色发展评价指标体系的构建上涵盖了“生态环境指标”、“经济发展指标”、“绿色生产指标”、“绿色产品指标”和“人民生活指标”五个方面，从这五个方面出发，基本上可以考察农业在经济发展、绿色环保和社会进步方面的综合发展。其次，对农业绿色发展评价指标体系的定位上，主要注重“供给侧结构性改革”、“绿色”和“发展”相结合，农业的前提是发展，但这种发展又不同于以往传统意义上的发展，它是一种顺应供给侧结构性改革的绿色的科学发展，在农业发展中加入了当前农业经济政策和绿色的思想，是一种动态农业发展。最后，在样本的选取上，本书以全国为分析对象，由于选取的各项指标中存在单位不一致的问题，在各项指标数据收集后，对不同量纲的指标进行一致性处理。因此，既有一定的学术厚度，又有较强的现实针对性，这正是本书问世的意义之所在。

权以为序。

雷海章

（系华中农业大学经贸学院和土地管理学院原院长、教授、博士生导师）

作于二〇一七年金秋

# 目　录

**第一章　绪论** ………………………………………………………… 1

第一节　研究背景与意义 ……………………………………………… 1

一、研究背景 …………………………………………………… 1

二、研究意义 …………………………………………………… 3

第二节　国内外研究现状 ……………………………………………… 6

一、国内外绿色发展评价指标 ………………………………… 6

二、国内外绿色发展评价指标体系研究存在的问题 ………… 20

三、指标体系赋权方法 ………………………………………… 22

四、国内外绿色发展评价方法 ………………………………… 26

第三节　研究目的、思路及内容 ……………………………………… 30

一、研究目的 …………………………………………………… 30

二、研究思路 …………………………………………………… 31

三、研究内容 …………………………………………………… 33

本章小结 ………………………………………………………………… 34

**第二章　农业绿色发展评价指标体系构建的理论分析** ……………… 36

第一节　供给侧结构性改革背景下农业绿色发展评价指标体系构建 ………………………………………………………… 36

一、供给侧结构性改革与农业绿色发展的关系 ……………… 36

二、农业绿色发展评价采用指标体系的可能性 ……………… 39

三、农业绿色发展评价指标体系的构建意义 …… 46
第二节　农业绿色发展评价指标体系构建的理论基础 …… 48
一、农业绿色发展的内涵及其特征 …… 48
二、农业绿色发展的评价目的 …… 52
三、农业绿色发展的评价原则 …… 53
第三节　农业绿色发展评价指标体系构建的方法论 …… 54
一、构建思路 …… 54
二、构建原则 …… 54
三、构建模式 …… 56
四、构建步骤 …… 63
本章小结 …… 66

**第三章　农业绿色发展评价指标体系构建 …… 68**

第一节　供给侧结构性改革背景下全国适用性指标的选取 …… 68
一、评价指标体系二级指标的选取 …… 69
二、评价指标体系三级指标的选取 …… 71
第二节　农业绿色发展评价体系具体指标解释 …… 76
一、绿色生产指标 …… 76
二、绿色产品指标 …… 78
三、经济发展指标 …… 79
四、人民生活水平指标 …… 81
五、生态环境指标 …… 82
第三节　农业绿色发展评价指标适用性分析 …… 84
一、评价指标与供给侧结构性改革的耦合性 …… 84
二、评价指标与评价区现状的耦合性 …… 85
本章小结 …… 86

**第四章　指标体系在我国农业绿色发展评价中的应用 …… 88**

第一节　指标数据选取及处理 …… 88

一、基础数据来源及处理 …… 88
二、指标实际值计算 …… 95
第二节　中国农业绿色发展实证分析 …… 98
一、层次分析法和专家咨询法 …… 98
二、中国农业绿色发展水平测量 …… 100
三、各二级指标发展水平测量 …… 101
第三节　评价结果分析与建议 …… 103
一、评价结果分析 …… 103
二、农业绿色发展现状及存在的问题 …… 105
三、建议 …… 108
本章小结 …… 110

**第五章　中国各区域农业绿色发展指数的实证研究 …… 111**

第一节　中国各区域农业绿色发展实证分析 …… 111
一、中国各区域农业绿色发展指标体系说明 …… 112
二、中国各区域农业绿色发展指标的得分情况 …… 114
三、中国各区域农业绿色发展状况 …… 115
第二节　各二级指标的比较分析 …… 117
一、绿色生产指标 …… 118
二、绿色产品指标 …… 120
三、经济发展指标 …… 122
四、人民生活水平指标 …… 124
五、生态环境指标 …… 127
第三节　评价结果分析与建议 …… 131
一、评价结果分析 …… 131
二、农业绿色发展存在的问题 …… 132
三、建议 …… 133
本章小结 …… 134

第六章　结论与展望 …………………………………………… 136
第一节　结论 …………………………………………… 136
一、中国近年来农业绿色发展状况 …………………………… 137
二、中国各地区农业绿色发展状况 …………………………… 142
第二节　展望 …………………………………………… 145
一、中国整体农业绿色发展 …………………………… 145
二、中国各地区农业绿色发展 …………………………… 146
本章小结 …………………………………………… 146
附　录 …………………………………………… 147
参考文献 …………………………………………… 153
后　记 …………………………………………… 161

# 第一章 绪论

中国是一个农业大国，一直以来农业的可持续发展备受各界关注。工业化和城市化转型时期，由于工业污染和自然资源过度开发，我国农产品质量较低、资源较为匮乏，阻碍了农业的健康发展，为了解决这一问题，经济学家们进行了许多研究。本章将围绕国内外农业绿色发展的现状与相关研究成果，在供给侧结构性改革背景下，讨论农业绿色发展指标体系的研究意义、现状、思路及内容框架。

## 第一节 研究背景与意义

### 一、研究背景

需求侧管理曾对我国经济增长做出了巨大贡献。1998 年，我国在较短的时间内走出了亚洲金融危机的阴影；2008 年，从全球经济形势上看，我国率先实现了复苏，并对其他各国走出金融风暴起到重大作用；2014 年，我国国内生产总值（GDP）首次突破 10 万亿美元，达到 636463 亿元，一直到现在都稳居世界第二。除此之外，我国的基础设施建设等也正在不断完善。

但随着我国社会经济水平的发展，需求侧管理的副作用日益显现。2008 年全球金融危机以后，由于外需直线下滑，我国经济增速呈缓慢下降趋势，经济增长率由从前的两位数下降为一位数。2015 年以来，我国经济下行的趋势不变，国家统计局数据显示，4 月我国社会消费品零售总额、工业增加值和固定资产投资同比增速全面下降，我国经济出现了经济增速降低、财政收入增幅降低、工业品价格降低、实体经营盈利降低和经济风险概率升高等状况，为了保持经济的稳定发展，政府积极实行以货币政策或财政政策为主的需求侧管理，但它的有效性具有边际递减效应，并产生了一定的副作用。

我国的经济现状表面上是需求不足，实质是供给侧的有效性欠缺。2015 年 11 月 10 日，习近平总书记在中央财经领导小组第十一次会议上首次提出“供给侧结构性改革”，2016 年 5 月 16 日，习近平总书记在中央财经领导小组第十三次会议上提出供给侧结构性改革的主攻方向是要减少无效供给，扩大有效供给，指出“当前和今后一个时期，我国经济发展面临的问题，供给和需求两侧都有，但矛盾的主要方面在供给侧。例如，我国农业发展形势很好，但一些供给没有很好适应需求变化，牛奶就难以满足消费者对质量、信誉保障的要求，大豆生产缺口很大而玉米增产则超过了需求增长，农产品库存也过大了”。2016 年中央一号文件也明确指出“推进农业供给侧结构性改革，加快转变农业发展方式，保持农业稳定发展和农民持续增收，走产出高效、产品安全、资源节约、环境友好的农业现代化道路”。

供给侧结构性改革是指从提升供给的质量出发，通过改革的手段进行结构调整，合理地进行资源要素配置，减少无效供给，扩大有效供给，提高供给结构对需求变化的适应性，推动经济持续健康发展。2015 年 12 月 18~21 日在北京举行的中央经济工作会议明确了供给侧结构性改革五大任务：去产能、去库存、去杠杆、降成本和补短板。从产品角度出发，绿色环保产品是短板；从产品质量的角度看，高质量的产品是短板；从产业的角度出发，新兴产业和现代农业是短板。补短板即扩大有效供给。2015 年中央经济工作会议指出：“要继续抓好农业生产，保障农产品有效供给，保障口粮安全，保障农民收入稳定增长，加强农业现代化基础建设，落实藏粮于地、藏粮于技战略，把资金和政策重点用在保护和提高农业综合生产能力以及农产品质量、效益上。”2016 年 5 月 16 日，习近平总书记在中央财经领导小组第十三次会议上指出，随着我国经济水平的不断提高，人民群众对产品的品质有了更高的要求，由于我国商品质量无法跟上，越来越多的人选择到国外购买高品质的商品，造成了需求外溢，因此我们要提高产品的质量，扩大有效供给，满足有效需求。

在供给侧结构性改革背景下，我国农业农村绿色发展既存在着许多有利条件，又面临着许多发展难题。2016 年中央一号文件提出，怎样加快转变农业发展方式，提高农产品的有效供给，实现资源可持续利用，推动农业绿色发展，是我国现在必须解决的现实难题。“十三五”规划建议提出了创新、协调、绿色、开放和共享五大发展理念，绿色发展是一个全新的概念，是首次作为五大发展理论之一并被系统化。绿色发展是将生态文明建设融入社会、政治、经济和文化建设的各个方面，是以效率、和谐以及持续为目标的经济增长和社会发展方式。具体来说有以下三点：一是把社会、经济和环境的可持续发展作为目标；二是把资源环境作为经济发展的内在因素；三是把经济发展过程以及结果的“生态化”、“绿色化”作为主要内容。在农业现代化建设方面，绿色发展是指走生态安全、优质高效、环境友好和资源节约的现代化农业道路，建设高效农业、生态农业、循环农业和绿色农业等现代化农业发展模式；在拓展发展新空间方面，绿色发展是指发展新能源和节能环保等新兴产业，支持传统产业绿色化改造。我国是一个农业大国，2016 年中央一号文件指出要“实现农业绿色发展”，农业绿色发展对我国至关重要。

## 二、研究意义

第一，绿色生产。绿色生产是指以减少污染、节约能源和降低消耗为目标，以管理、技术创新为手段，对产品生产全过程进行污染控制，使污染产生量降到最低的一种综合性措施。绿色生产的积极意义主要体现在以下两个方面：一是减少污染物的排放和原材料的浪费，保护生态环境，发挥农业的多功能性，推动观光农业的发展；二是生产安全、优质、营养的产品，增加农民的收入，提高人民的生活质量。

第二，绿色包装。绿色包装又称为环境之友包装或无公害包装，是指对人类健康和生态环境无害，能循环使用，适应于可持续发展的包装。绿色包装的积极意义主要体现在以下几个方面：一是减少环境污染，保护环境和维护生态平衡；二是使用绿色包装的产品，在市场上更容易被消费者接受，在贸易中更容易被外商接受，顺应全球环保发展趋势；三是推动环境和资源利用的协调发展。

第三，绿色运输。绿色运输是指以减少废气排放、节约能源为目标，合理地选择运输路线和运输工具。绿色运输的积极意义主要体现在以下几个方面：一是减少废气的排放，优化生活环境；二是加速我国运输的绿色化建设，提高国际竞争力；三是建设绿色运输通道，提高运输效率、生产经营效率，减少运输包装，降低运输中货物的损坏率；四是绿色运输管理，有助于我国的可持续发展战略。

第四，绿色消费。绿色消费即对绿色产品需求、购买和消费的一种活动，是指从满足生态需求出发，以保护环境和有益健康为目标，一种高层次的具有生态意识的理性消费。绿色消费的积极意义主要体现在以下几个方面：一是迫使生产者放弃粗放型的生产模式，减少对环境的污染，合理地利用资源，逐渐进入一种可持续生产模式；二是引导人们追求健康、科学、环保的消费方式，优化生态环境，提高人们的生活质量。

整体来看，在供给侧结构性改革背景下，绿色生产、绿色包装、绿色运输以及绿色消费追求的是资源的循环再利用、清洁生产以及绿色产品，这些可以有效地提高劳动生产率、土地利用率，加强农业总投资强度、农业科技投资强度和农业科技贡献率等，扩大产品的有效供给，满足我国的有效需求，逐步建设资源节约型和环境友好型社会，逐渐改善我国生态、生活和生产环境，促进我国农业绿色发展进程。在供给侧结构性改革背景下研究我国农业绿色发展评价指标体系的构建是非常有必要的，主要体现在以下几个方面：

第一，构建我国农业绿色发展评价指标体系，有利于定量分析我国农业绿色发展趋势。2016年中央一号文件明确提出了“加强资源保护和生态修复，推动农业绿色发展”，并对此提出了四点政策建议。文件指出，要推动农业可持续发展，必须确立保护生态环境、节约自然资源的观念，形成合理高效地利用资源、安全优质地生产产品的农业发展新格局。虽然推进农业绿色发展的重要性已经被政府以及国内外专家所认可，但是目前关于农业绿色发展的衡量和考核尚没有相关标准，也没有一套统一的评价指标体系，所以，构建一套评价指标体系，有助于在理论层面上定量分析我国农业绿色发展趋势及现状，为实践工作者提供理论依据及理论指导，为生产实践活动的评价或考核提供一个参考评估工具，为生产实践活动的结果提供一个相对的衡量标准。

第二，构建我国农业绿色发展评价指标体系，有利于提出促进我国农业绿色发展的有效政策建议。在供给侧结构性改革背景下，我国农业绿色发展面临的主要问题是如何在保护生态环境和资源循环再利用的条件下，从绿色生产、绿色包装、绿色运输和绿色消费出发，联结劳动力、土地、资本和创新四方面，合理地进行资源要素配置，鼓励自主创新，增强农业总投资强度和农业科技投资强度，提高农业劳动生产率、土地利用率和农业科技贡献率等，提高产品质量，扩大有效供给，使农民收入不断提高，全体居民生活质量得以不断提高。因此，从我国农业现状出发，制订科学合理的农业绿色发展评价指标体系，为找出我国农业绿色发展的影响因素提供了参考依据，为提出促进农业绿色发展的有效政策建议提供了科学指导。

第三，构建我国农业绿色发展评价指标体系，有利于科学把握我国农业绿色发展的影响因素和内在规律。农业绿色发展的相关理论包括生态农业、循环农业、物理农业和绿色农业等，从农产品流通来看，涉及绿色生产、绿色包装、绿色运输和绿色消费等方面，从供给侧的角度来看，涉及劳动力、资本、土地和创新四个方面，农业绿色发展在各个方面都有体现，关系到农村建设问题和国家粮食安全问题。制定农业绿色发展指标体系，科学把握农业绿色发展的内在规律，为促进农业现代化、绿色化生产提供了参考依据，为节约资源、降低环境污染提供了指导标准，为更好地推进农业绿色发展提供了科学依据。

## 第二节 国内外研究现状

### 一、国内外绿色发展评价指标

目前，国内外专家、学者对于农业绿色发展评价指标体系的研究尚不多见，但在构建绿色发展评价指标体系方面进行了许多研究，这些可以为构建我国农业绿色发展评价指标提供参考依据。主要研究成果包括以下三个方面：绿色国民经济核算、绿色发展多指标测度体系以及绿色发展综合指数。国民经济核算传统上是反映经济总量的情况，随着时代的变迁，人们越来越关注生态环境的健康发展，所以，世界各国开始研究绿色国民经济核算体系，该体系在反映经济总量的情况下，还能反映经济活动对生态环境所造成的污染代价；绿色发展多指标测度体系是指在不需要对指标权重进行分配的情况下，通过一系列的重要指标多角度地反映绿色发展情况，虽然这种指标体系可以直观地反映出影响绿色发展的促进因素和制约因素，但它无法从整体上来评价绿色发展的情况；绿色发展综合指数是指在选定指标的情况下，基于指标的重要性对选择的指标赋予相应的权重，再进行加权综合所得到的指标体系。综合指数主要是通过排名来显示一个国家或一个地区在某一段时间内绿色发展水平所处的位置，同时还可以通过纵向比较反映绿色发展总体水平的动态变化趋势，但它不能反映影响绿色发展的促进因素和制约因素。

1. 国外绿色发展评价指标

（1）绿色国民经济核算。1987 年，挪威出版了核算 1978 ~ 1986 年土地利用、能源、森林、矿产资源和鱼类的“挪威自然资源核算”报告①，是最早对自然资源进行核算的国家，为绿色国民经济核算提供了参考依据。在挪威自然资源核算的基础上，芬兰制定了包括大气污染、森林资源和环境保护支出在内的自然资源核算体系。美国基于联合国推出的 SEEA 构建了综合经济与环境的卫星账户（Integrated Economic and Environment Satellite Accounts，IEESA），IEESA 主要分三个阶段进行：第一阶段是详细地核算矿产资源，如金属、天然气、石油和煤炭等；第二阶段是详细地核算自然资源，如土地利用、水资源和森林等；第三阶段是详细地核算更广泛的环境资产，如清新空气的经济价值等 。IEESA 将资源环境当作生产资本看待，建立详细的核算标准，重点从交易市场的商品理念考察资源环境与社会经济之间的相互作用（BEA，1994）②。德国以自然环境和经济活动之间的相互影响为框架结构，借鉴 SEEA 的基本理论和原则，从环境压力、环境状态和环境反映出发，以流量核算（实物量）、自然资源存量核算（实物量）和环境保护价值量核算为主要内容，构建德国环境经济核算体系，但该核算有一定的局限性，不能很好地反映资源环境的结构性变化，导致不能够准确地制定出环境政策建议（吴优，2005）③。加拿大根据 SEEA 的基本理论和原则建立了包括环保支出账户、自然资本存量以及能源流等在内的资源环境核算体系（Statistics Canada，2006）④。墨西哥以联合国推出的 SEEA 为依据制定了符合国情的墨西哥经济与生态核算体系（SEEAM），对大气污染、水污染、石油和森林资源等进行核算（周国梅和周军，2009）⑤。由于资源环境的多样性、复杂性，绿色国民经济核算方法

---

① K. H. Alfsen, T. A. Bye and L. Lorentsen. Natural Resource Accounting and Analysis: The Norwegian Experience 1978-1986 [R]. Statistisk sentralbyrå, 1987.

② Bureau of Economic Analysis (BEA). Integrated Economic and Environmental Satellite Accounts [J]. Survey of Current Business, 1994 (4): 33-49.

③ 吴优. 德国的环境经济核算 [J]. 中国统计，2005 (6): 46-47.

④ Statistics Canada. Concepts, Sources and Methods of the Canadian System of Environmental and Resource Account [R]. Statcan. gc. ca, 2006.

⑤ 周国梅，周军. 绿色国民经济核算国际经验 [M]. 北京：中国环境科学出版社，2009: 99-101.

尚不成熟，大多数国家都采取从某一个角度出发进行局部绿色核算，并有一定的成效（邱琼，2006）[①]。如挪威的能源核算，芬兰的木材和林木产品的实际物质核算，印度尼西亚的土地、石油和森林核算，德国和美国投入产出的环保支出账户核算，加拿大的废弃物产出、环保支出账户和自然资源存量核算等。

近30年来，经济和工业发展的不利影响引起了人们的兴趣和关注。尽管如此，环境议程在区域研究文献中还没有得到很大的重视。在此情况下，G. David等借鉴了对可持续发展转型的研究成果，探讨了"清洁技术"经济区域期货的一系列选择，改变现有的生产和消费模式，促进生态的可持续发展（G. David等，2017）[②]。Kemp René等通过考察发展中国家社会经济发展过程中的分阶段绿色技术的经验和障碍，将太阳能光伏和能源效率作为绿色工业政策的重点，调查绿色产业政策问题，并提出相应的绿色过渡方法，对发展中国家政府做到落实绿色技术的问题提供了具体指导（Kemp René等，2017）[③]。企业社会责任（CSR）可以被概念化为私营部门投资与可持续发展相一致并形成可持续发展的机制。近年来，许多发展中国家已经通过了由政府和多边机构提出的绿色经济的新经济模式。在这个蓬勃发展的社会经济背景下，企业将会实践企业社会责任。这里，S. Kalim U. 等通过结构方程模型技术来分析从绿色经济路径上的五个加勒比国家收集的实证数据，探索绿色经济中这种企业社会责任的决定因素。研究结果表明，企业层面的环境政策对于在绿色经济环境中成功地将企业社会责任与可持续发展相结合至关重要（S. Kalim U. 等，2016）[④]。

（2）绿色发展多指标测度体系。近年来，人们逐渐意识到经济发展与

① 邱琼．绿色GDP核算研究综述［J］．中国统计，2006（9）：8-9.

② G. David，O' Neill，Kirstie. Future Green Economies and Regional Development：A Research Agenda［J］. Regional Studies，2017，51（1）：161-173.

③ Kemp René，N. Babette. Green Transition，Industrial Policy，and Economic Development［J］. Oxford Review of Economic Policy，2017，33（1）：66-84.

④ S. Kalim U.，A. Surendra，R. Meena. Aligning Corporate Social Responsibility with Green Economy Development Pathways in Developing Countries［J］. Sustainable Development，2016，24（4）：237-253.

环境保护是紧密相连、相辅相成的，为了进一步实行绿色增长战略，2009年，经济合作与发展组织（Organization for Economic Co-operation and Development，OECD）在部长级理事会上拟定了一个包括生态环境、经济发展、社会进步和科学技术在内的框架体系，并制定了绿色增长战略。该战略以经济增长为目的，充分考虑环境资源的价值，从经济角度出发采用低成本高收益的方式来处理水污染、大气污染和气候变化等环境污染问题。以所拟定的框架体系为基础，OECD 建立了包含各国体制特征、结构特征、经济和生态部分信息的绿色增长指标体系，该体系共包括 4 个一级指标、14 个二级指标和 23 个三级指标，在各个国家得到了广泛应用。如捷克基于 OECD 指标框架体系，将公平和可持续发展注入该体系中，构建了符合其国情的、用以衡量经济活动、生态环境和社会水平的指标体系（Czech Statistical Office，2011）[①]；墨西哥以 OECD 指标框架体系为依据，运用 DPSR 模型衡量生产过程、贸易流动以及消费模式对生态环境所造成的影响（INEGI，2011）[②]。与此同时，联合国环境规划署（United Nations Environment Programme，UNEP）也开始探寻绿色经济衡量框架体系，为各个国家提供理论依据和实践指导。虽然 UNEP 绿色经济衡量框架的基本理论与 OECD 绿色增长战略框架有很多相似之处，都涵盖了环境、经济和社会领域，但它们的侧重点不同，UNEP 更加侧重保护生态环境，将更多的资金投入环境治理和保护中，而 OECD 更加侧重经济发展，强调在经济增长的过程中缓解环境压力。为了保护生态环境和促进经济健康发展，2009 年美国加州开始制定绿色创新制度体系，用来监测包括可回收资源和交通运输在内的整体绿色经济发展情况，并衡量绿色创新如何推动加州经济的发展。到 2012 年，美国加州绿色创新测度体系共包含了绿色科技创新、低碳经济、能源效率、可再生能源和交通运输 5 个一级指标，这 5 个一级指标

① M. Hájek, T. Hák, S. Janoušková, et al. Green Growth in the Czech Republic: Selected Indictors [R]. Czech Statistical Office, 2011.

② National Institute of Statistics and Geography of Mexico (INEGI). Green Growth Indicators for Mexico [R]. INEGI, 2011.

再细分为 18 个二级指标，该指标体系更加重视科技创新在绿色经济发展中的作用（NEXT10，2012）①。

亚太地区是由经济增速相对较快的国家组成的，随着经济的快速增长，亚太地区各国面临的生态环境问题也日益严重。为了保护生态平衡、改善人们的居住环境、促进经济健康发展以及减少贫困区域，联合国亚太经济与社会理事会（United Nations Economic and Social Commission for Asia and the Pacific，UNESCAP）构建了一套评估环境发展水平对亚太地区经济健康发展影响的生态效率指标体系，该体系从宏观经济层面、经济各部门层面（包括农业、工业、制造业、公共和开放的私人服务行业以及交通运输）出发，以低消耗低污染的经济增长为目的，考察资源消耗强度和环境影响程度，据此构建 31 个指标（UNESCAP，2009）②。生态效率指标体系在各个国家得到了广泛应用。

基于新型城镇化发展道路与模式，结合生态城镇化的具体内涵，陈晓红和周智玉构建了包括优良的环境质量、洁净的能源消费、完善的生态功能、优化的城镇布局四方面在内的生态城镇化目标体系，并针对我国新型城镇化的现存问题，从这四方面提出来相应的对策建议（陈晓红和周智玉，2015）③。全球化将现代世界带向绿色能源。绿色能源是与传统能源技术相比具有较低环境影响的清洁能源。绿色能源在任何国家的战略能源规划过程中发挥重要作用。关于能源资源，印度在世界舞台上占有重要地位。然而，不同地区和领土的能源系统在各种参数上有所不同。因此，B. Chiranjib 等基于绿色能源规划和调度问题的各种方法的研究成果，分析了可持续发展的详细绿色能源规划，以找到最合适的能源管理共同战略。结果表明，在现代电力管理中，不同绿色能源的表现是针对多个标准进行

---

① NEXT10. 2012 California Green Innovation Index [R]. NEXT10，2012.

② UNESCAP. Eco-efficiency Indicators：Measuring Resource-use Efficiency and the Impact of Economic Activities on the Environment [R]. UNESCAP，2009.

③ 陈晓红，周智玉．关于生态城镇化理论与实践的若干思考 [J]. 湖南商学院学报，2015 (1)：5-9.

评估，而不是考虑单一因素消耗（B. Chiranjib 等，2017）①。

（3）绿色发展综合指数。为了填补可持续发展量化指标的空白，世界经济论坛、耶鲁大学和哥伦比亚大学联合构建了环境可持续性指数（ESI），该指标体系主要由环境系统、缓解压力、社会和体制能力、减少人类损害以及全球参与 5 个部分组成，共包含 20 个指标，68 个变量，研究生态环境与经济活动之间的相互关系，更加关注环境可持续发展方面。环境可持续性指数（ESI）广泛应用于各国，利用环境可持续性指数（ESI）可以进行排名分析。美国排在第 51 位，虽然其环境管理体制较为健全、科技创新水平较高，但仍然存在着资源消耗过大、污染物排放量过高、温室气体排放指标较高等环境问题；澳大利亚排名第 13 位，虽然其地广人稀，人类造成的损害较低，但是其温室气体排放量较高，生物多样性遭受威胁；巴西排在第 20 位，其生态效率、水资源、土地等环境系统方面表现较好，只是存在生物多样性的威胁；印度排名第 119 位，其存在着水质差、水存量少和土地利用不合理等诸多环境问题（张坤民和杜斌，2002）②。

在环境可持续性指数（ESI）的基础上，世界经济论坛、耶鲁大学环境法律与政策中心以及哥伦比亚大学国际地球科学信息网络中心（CIESIN）联合建立了环境绩效指数（EPI），主要以减少环境对人类健康造成的压力、提升生态活力以及推动对自然资源的良好管理为目的，定量评估环境绩效变化情况，以探寻出哪些国家环境绩效落后，需要改善。但环境绩效指数（EPI）的真正目标不在于排名，而是更深层次地对数据和指标进行详细的分析。

从“两型社会”的特征与内涵出发，陈晓红等构建了“两型社会”成效评估的指标体系，通过利用向量夹角和距离函数，建立了“两型社会”

---

① B. Chiranjib, B. Sumit, R. Amitava, P. Krishna Murari. Optimal Green Energy Planning for Sustainable Development: A review [J]. Renewable & Sustainable Energy Reviews, 2017 (17): 796-813.

② 张坤民，杜斌．环境可持续性指数：尝试评价国家或地区环境可持续能力的指标［J］．环境保护，2002 (8): 24-29.

成效评估模型，与中国“两型社会”建设的现状相比，进一步构建了GM（1，1）与ARMA相结合的模型，对“两型社会”的现状和未来发展趋势进行了综合分析（陈晓红等，2014）①。绿色供应链管理是绿色发展的一个重要组成部分，发展供应商的环境绩效对于绿色供应链管理至关重要。Fuzzy MOORA运用名义组技术确定绿色供应商开发计划的评估标准，采用模糊MOORA，在信息不完善的情况下对绿色供应商开发计划进行排名和评估，达到在不确定情况下对各种绿色供应商开发计划进行预测的目的，其中使用灵敏度分析确定和测试标准权重对模型参数中替代程序的影响（Şişman，2016）②。同时，A. Anjali和K. Govindan解决了绿色供应商开发计划评估的问题，并提出了一种基于解决方案的模糊NGT（名义组技术）——VIKOR（VlseKriterijumska Optimizacija I Kompromisno Resenje）。NGT用于确定评估绿色供应商开发计划的标准；模糊理论用于解决替代品的定性（语言）等级，以及在缺乏定量信息的情况下使用的选定标准；VIKOR用于生成绿色供应商开发计划排名，并推荐实施最佳方案。该研究进行灵敏度分析以确定建模参数对替代品排名结果的影响，提供了数值应用（A. Anjali和K. Govindan，2016）③。Feng、Chao等基于数据包络分析法（DEA）和41个地区（包括165个国家/次地区）的面板数据的绿色发展绩效指数（GDPI）来估计全球绿色发展绩效模式及其影响因素。结果表明：①全球绿色发展格局极不平衡，发达国家/地区自21世纪以来一直处于绿色发展的领先地位，而大多数发展中国家/地区的国内生产总值相对较低，并正在沿着一条下降的道路发展；②GDPI与经济发展水平之间存在U形环境库兹涅茨曲线（EKC），拐点为2424美元；③GDPI与生活高度、能源结构和综合油价正相关，与生态承载能力负相关；④自2007年下

① 陈晓红，刘翔，胡东滨．“两型社会”建设成效评估体系及其应用［J］．系统工程理论与实践，2014（1）：2565-2572.

② Şişman，Bilal. Bulanık MOORA Yöntemi Kullanılarak Yeşil Tedarikçi Geliştirme Programlarının Seçimi ve Değerlendirilmesi［J］. Journal of Yasar University. 2016，11（44）：302-315.

③ A. Anjali，K. Govindan. Green Supplier Development Program Selection using NGT and VIKOR under Fuzzy Environment［J］. Computers & Industrial Engineering，2016（91）：100-108.

半年以来发生的金融危机对全球绿色发展产生了负面影响（F. Chao 等，2017）[①]。

2. 国内绿色发展评价指标

（1）绿色国民经济核算。相对而言，我国对绿色国民经济核算的研究起步较晚，但发展得很快。1999 年，北京大学开始了关于“可持续发展下的绿色核算”的课题研究，基于地区资源—能源—经济—环境综合绿色投入产出表构架，结合宁夏 1997 年投入产出表，对宁夏进行一些初步核算分析并提出相关政策建议（雷明和胡宜朝，2004）[②]。2001 年，国家统计局正式尝试编排“全国自然资源实物表”，开始进行自然资源核算，其中实物表包括水、森林、矿产和土地 4 种自然资源，主要对这 4 种自然资源进行存量规模和结构状况的研究（齐援军，2004）[③]。2004 年，国家统计局、国家发展和改革委员会、国家林业局和原国家环境保护总局等联合开展了“绿色 GDP 核算体系研究”课题，研究的主要成果有《中国资源环境经济核算体系框架》以及《基于环境的绿色国民经济核算体系》（曹茂莲、张莉莉和查浩，2014）[④]。2005 年，王金南等从绿色国民核算体系的系统性和科学发展观的角度出发，阐述了构建我国绿色国民经济核算必须遵守的四项原则以及必须着手的五项重要工作，包括选择合适的目标、明确研究的重点、制定研究的尺度、建立研究的队伍以及构建评价的标准（王金南等，2005）[⑤]。郭菲菲和滕琛从绿色理念、可持续发展的角度出发，结合新疆地区的实际情况，在现有国民核算的基础上，探求除去矿产资源成本后的国内生产总值（GDP），并应用于新疆地区，核算了 2001～2009 年新疆

---

① F. Chao, W. Miao, L. Guan-Chun, H. Jian-Bai. Green Development Performance and its Influencing Factors: A Global Perspective [J]. Journal of Cleaner Production, 2017 (144): 323-333.

② 雷明，胡宜朝．地区投入产出表编制——宁夏 1997 年绿色投入产出表编制与分析［J］．统计研究，2004（6）：36-42.

③ 齐援军．国内外绿色 GDP 研究的总体进展［J］．经济研究参考，2004（88）：25-29.

④ 曹茂莲，张莉莉，查浩．国内外实施绿色 GDP 核算的经验及启示［J］．环境保护，2014，42（4）：63-65.

⑤ 王金南，蒋洪强，曹东，等．中国绿色国民经济核算体系的构建研究［J］．世界科技研究与发展，2005，27（2）：83-88.

的绿色 GDP 状况（郭菲菲和滕琛，2012）①。2012 年，高蕾在总结国内外关于绿色国内生产总值（GDP）核算的研究成果的基础上，结合陕西省自然资源与生态环境的现状，建立了陕西省绿色国民经济核算模型体系，并给出了具有可操作性的绿色国民经济核算指标，对陕西省国民经济发展具有一定的理论指导意义（高蕾，2012）②。2013 年，基于前人的研究，贾湖和于秀丽从民生与社会进步、经济发展、资源节约和环境友好这 4 个方面构建了绿色 GDP 非货币化核算体系，并应用于北京、上海、湖南、内蒙古、四川和广东 6 个省份，评价结果和直观分析结果大致相同（贾湖和于秀丽，2013）③。胡鞍钢和周绍杰基于我国绿色发展的现状，分析了绿色发展的功能界定、机制建设以及发展战略。在功能界定方面，绿色发展观强调自然系统、社会系统和经济系统间的整体性和协调性，是第二代可持续发展观。在机制建设方面，构建了以绿色福利为目标、绿色财富为基础、绿色增长为手段的绿色发展“三圈模型”，分析了经济系统、自然系统和社会系统的共生性和交互机制。在发展战略方面，探讨了包括识别能力、投入能力和评估能力在内的绿色发展能力，包括绿色规划、绿色金融和绿色财政在内的绿色发展战略。并给出了实施绿色发展战略的政策建议，全面推进我国的经济建设、社会建设、文化建设和生态建设（胡鞍钢和周绍杰，2014）④。郑瑞坤基于当前联合国提倡的绿色经济特征，从理论上分析了绿色生产函数，指出 SEEA 框架的绿色 GDP 核算并不反映绿色增长的成果，并提出在中国现行国民经济核算体系下包括绿色增长的最终成果形式、绿色增长核算的产业部门分类、统计指标核算范畴、价值测度等基本

① 郭菲菲，滕琛．矿产资源纳入绿色 GDP 核算对新疆 GDP 的影响分析［J］．绿色科技，2012（6）：235-236.

② 高蕾．陕西省绿色国民经济核算模型构建［J］．科技信息，2012（11）：12-13.

③ 贾湖，于秀丽．基于 MCDM 的非货币化绿色 GDP 核算体系和六省市算例［J］．干旱区资源与环境，2013，27（8）：6-13.

④ 胡鞍钢，周绍杰．绿色发展：功能界定、机制分析与发展战略［J］．中国人口·资源与环境，2014，24（1）：14-20.

核算内容在内的绿色增长估算的基本理论框架（郑瑞坤，2015）①。2016年，赵欣娜基于绿色投入产出表，从行业间关联度、双因素效率层面的角度出发，通过消耗系数和消耗关系的变动，评估双因素能源—经济—环境效率，分析产业结构调整与资源环境的关系（赵欣娜，2016）②。近年来，技术变革的程度偏向于环境因素对工业可持续发展至关重要。S. Shuai 等利用1994~2011年上海32个工业子行业的跨境生产函数随机边界分析方法和32个工业子行业的面板数据，将前沿技术结构的演变动态与技术变革方向的演变动态结合起来计算生产要素的产出弹性和绿色全要素生产率的增长率。此外，调查和比较四个生产要素的技术变革程度，即资本、劳动力、能源和碳排放。结果表明，上海工业绿色全要素生产率呈上升趋势，其增长率主要取决于技术效率的变化。提高劳动生产率、研发力度和能源效率可以有效提升绿色技术效率，资本深化对绿色技术效率有缓解作用。上海工业生产技术变化偏向能源利用和资金节约，引发了工业发展的高能耗需求。在经济发展和节能减排政策的双重影响下，偏向于环境因素（碳排放）的技术变化程度呈强弱变化，表明上海工业技术变革的绿色不稳定，工业发展模式的绿色转型需要进一步推进（S. Shuai 等，2016）③。

我国充分利用国际合作平台，多次与国际领先水平的国家合作来进一步发展绿色国民经济核算体系。1998~2001年，国家统计局和挪威统计局合作，共同编制了1987年、1995年以及1997年中国能源生产与使用账户，并测算了甲烷、氮氧化物、二氧化碳、二氧化硫和颗粒物等8种大气污染物排放量（李德水，2004）④。1998年，国家环境保护总局与世界银行合作，基于世界银行的“真实储蓄率”概念，进行真实存储率核算，最

① 郑瑞坤．中国国民经济核算框架下的绿色增长估算研究［J］．生态经济，2015，31（8）：40-46.

② 赵欣娜．绿色核算下的双因素效率分析［J］．中国市场，2016（3）：34-35.

③ S. Shuai，L. Ranran，Y. Zhenbing，L. Chengyu. Does Directed Technological Change Get Greener：Empirical Evidence from Shanghai's Industrial Green Development Transformation［J］．Ecological Indicators，2016（69）：758-770.

④ 李德水．努力探索中国绿色国民经济核算体系——在“建立绿色国民经济核算体系国际研讨会”开幕式上的讲话［J］．环境经济，2004（8）：3-4.

先应用于福建三明和山东烟台，2000 年，开始对中国环境污染损失评估方法进行研究（邱琼，2006）[①]。2004~2006 年，国家环保总局与世界银行合作开展了《建立中国绿色国民核算体系研究》的项目，该项目的主要研究成果有《中国绿色国民经济核算研究报告（2004）》和《中国绿色国民经济核算体系框架》等，其中《中国绿色国民经济核算研究报告（2004）》基于环境实物核算、环境价值量核算和经环境污染调整的 GDP 核算对全国 31 个省份进行分析[②]。

（2）绿色发展多指标测度体系。生态效率概念是一种崭新的环境管理方式，广泛应用于 OECD 国家，能够明确地表达社会、经济和环境这三者之间的关系。2003 年，周国梅、彭昊和曹凤中在生态效率概念的基础上，提出了我国当前发展循环经济的实质是提高生态效率，为了对循环经济的发展进行衡量和评价，利用生态效率指标体系框架，初步构建了循环经济的评价指标体系，该指标体系由总体层、系统层、状态层和变量层这四个层次层层递进构成，总体层指循环经济指标体系，系统层由经济效益指标体系、资源能源效率指标体系、生态环境效益指标体系和循环特征指标体系组成，状态层由 8 个指标构成，分别是经济效益指标体系下的经济发展指标和工业经济效益指标、资源能源效率指标体系下的能源消耗指标和物质消耗强度指标、生态环境效益指标体系下的污染排放控制指标和污染排放强度指标、循环特征指标体系下的废物回收循环利用指标与物质节约使用和污染物排放减少指标，每个指标包含多个变量，用来衡量和评价我国循环经济的发展（周国梅、彭昊和曹凤中，2003）[③]。赵彦云、林寅和陈昊以美国加州为例，介绍了国外建立绿色经济发展测度体系的相关经验，为建立适合我国国情的绿色经济测度体系、发展我国绿色经济提供科学的依

---

① 邱琼．绿色 GDP 核算研究综述［J］．中国统计，2006（9）：8-9.

② 参见国家环境保护总局和世界银行 2006 年发布的《建立中国绿色国民经济核算系统研究报告》。

③ 周国梅，彭昊，曹凤中．循环经济和工业生态效率指标体系［J］．城市环境与城市生态，2003（6）：201-203.

据（赵彦云等，2011）①。

我国绿色经济测度指标体系包括经济增长指标、环境保护指标和资源节约指标这3个一级指标，人均GDP、人均废水排放量、人均氮氧化物排放量、人均二氧化硫排放量、人均烟粉尘排放量、单位GDP能耗这6个二级指标，其中，人均GDP用来表示经济增长指标，人均废水排放量、人均氮氧化物排放量、人均二氧化硫排放量和人均烟粉尘排放量用来表示环境保护指标，单位GDP能耗用来表示资源节约指标。2013年，刘西明运用我国绿色经济测度指标体系，衡量了2000~2011年绿色经济发展水平，并给出了相应的政策建议，着力推进绿色发展、低碳发展和循环发展，建设美丽中国（刘西明，2013）②。薛珑在现有研究经验的基础上，依据绿色经济发展测度体系建立原则，从四个方面入手，建立了包括绿色经济效率、绿色资源环境、绿色科技创新和绿色经济政策在内的绿色经济发展测度体系，共4个一级目标、9个二级准则和38个三级指标；并对济南市“十一五”期间的绿色经济发展情况进行了实证研究（薛珑，2012）③。肖宏伟等在绿色转型发展的现状下，基于国内外绿色指数、低碳经济等相关理论和评价指标体系研究成果，从环境保护、资源利用、竞争力提升三个方面入手，构建了适合我国国情的绿色转型发展指标体系，同时综合评价了我国30个省市的绿色转型发展情况，并结合现实需求提出了绿色转型发展评价政策实施建议（肖宏伟等，2013）④。为了实现人类可持续发展的目的，绿色发展已成为当代社会的主流。“绿色湖南”是湖南“转方式建两型”的四张“名片”之一。根据工业绿色发展指标的概念，Zhu Yulin等选择了2012年湖南省14个不同城市的相关面板数据，以能源消耗和碳排放为投入指标，第二产业的GDP为产出指标，建设工业绿色发展指标并使用

---

① 赵彦云，林寅，陈昊．发达国家建立绿色经济发展测度体系的经验及借鉴［J］．经济纵横，2011，302（1）：34-37.

② 刘西明．绿色经济测度指标及发展对策［J］．宏观经济管理，2013（2）：39-40.

③ 薛珑．绿色经济发展测度体系的构建［J］．统计与决策，2012（18）：21-24.

④ 肖宏伟，李佐军，王海芹．中国绿色转型发展评价指标体系研究［J］．当代经济管理，2013，35（8）：24-30.

DEA 的 CRS 模型计算和排列湖南省 14 个城市的工业绿色发展指标（Zhu Yulin 等，2014）①。李琳和楚紫穗依据指标体系的构建原则，构建了区域产业绿色发展指数评价指标体系，运用主成分分析法对我国 2007~2012 年 31 个省份的产业绿色发展指数进行评估和多层次的动态比较，并根据实证的结果提出简要政策启示（李琳和楚紫穗，2015）②。袁润松等以节能减排与经济增长为目标，结合方向距离函数和 SBM 模型，构建了绿色发展效率指标，并运用全局 Luenberger 指数和共同前沿方法对绿色发展效率指标进行分解。从管理、技术创新、技术差距三个方面入手，实证分析中国绿色发展现状、区域差异及其成因（袁润松等，2016）③。

（3）绿色发展综合指数。2006 年，中国科学院可持续发展战略研究者提出资源环境综合绩效指数（REPI），并认为绩效指数越高，资源环境绩效水平或节约程度越低。在国家层面上，该指数包括了 3 个污染物排放指标和 4 个资源消耗强度指标，通过对不同指标赋予相应权重，评估我国各省的资源环境综合绩效（中科院可持续发展战略研究组，2006）④。基于资源环境综合绩效指数（REPI），黄和平根据实际情况对 REPI 进行了合理的改动，认为绩效指数越高，资源环境绩效水平或节约程度就越高，并将改动后的 REPI 应用于江西省（黄和平，2010）⑤。

环境绩效指数（EPI）是一套比较完整的定量评估体系，广泛应用于各国，具有一定的影响力。2009 年，在环境绩效指数（EPI）的基础上，美国耶鲁大学和中国环保部联合构建了一套符合中国国情的环境绩效评估

① Zhu Yulin, Yang Jiahui, Hu Leyi, Chen Qianying. Calculation and Analysis of the Industrial Green Development Index in Hunan Province [J]. Meteorological & Environmental Research, 2014, 15 (11): 34-37.

② 李琳，楚紫穗. 我国区域产业绿色发展指数评价及动态比较 [J]. 经济问题探索，2015 (1): 68-75.

③ 袁润松，丰超，王苗，等. 技术创新、技术差距与中国区域绿色发展 [J]. 科学学研究，2016, 34 (10): 1593-1600.

④ 中科院可持续发展战略研究组. 2006 中国可持续发展战略报告——建设资源节约型和环境友好型社会 [M]. 北京：科学出版社，2006.

⑤ 黄和平. 基于生态效率的资源环境绩效动态评估——以江西省为例 [J]. 资源科学，2010, 32 (5): 924-931.

技术体系，该指标体系包括了农业、林业、气候变化和空气污染等在内的33个指标以及12个环保政策类别，并应用于中国的各个省份（Chinese Academy for Environmental Planning，2011）①。

国家统计局中国景气监测中心、北京师范大学和西南财经大学合作完成了《2010年中国绿色发展指数年度报告——省际比较》，该报告构建了比较成熟、透明的绿色发展评估指标体系，该指标体系包括资源环境承载潜力、经济增长绿化度和政府政策支持度这3个一级指标，以及9个二级指标和55个三级指标，在指标赋权方面，先听取经济、资源、统计等各个领域专家的意见，对其意见进行分析总结，然后对指标进行相应的赋权；对2010年绿色发展指标体系不断改进，得到《2011年中国绿色发展指数报告——区域比较》，建立了中国城市绿色发展指标体系，该指标体系共包含3个一级指标、9个二级指标以及43个三级指标，并应用于我国的34个城市（北京师范大学科学发展观与经济可持续发展研究基地、西南财经大学绿色经济与经济可持续发展研究基地和国家统计局中国经济景气监测中心，2011）②。

绿色发展和转型已成为世界性的潮流和趋势，需要发展相应的指标或指标体系来对绿色发展进行评估、引导和监测，促进绿色发展。刘纪远等基于绿色发展的国际经验，以人力资本、经济资本、自然资本和社会资本为核心，结合中国实际情况，提出了中国西部地区绿色发展概念框架。该框架综合考虑了中国西部在绿色发展道路上的挑战与机遇，分析西部地区社会经济发展、自然环境和生态环境保护在发展过程中相互促进和制约的关系，明确了中国西部地区社会发展、生态友好和内生增长的绿色发展目

① Chinese Academy for Environmental Planning. Towards a China Environmental Performance Index (CEPI) [R]. 2011.

② 北京师范大学科学发展观与经济可持续发展研究基地，西南财经大学绿色经济与经济可持续发展研究基地，国家统计局中国经济景气监测中心 . 2011 中国绿色发展指数报告——区域比较 [M]. 北京：北京师范大学出版社，2011：7-20.

标。并针对该框架提出了中国西部地区绿色发展的政策建议（刘纪远等，2013）①。陈劭锋和刘扬基于国内外已有绿色发展指标或指标体系的研究成果，采用资源环境绩效指数法（一种绿色发展综合评估方法），综合评估包括中国在内的世界主要国家的绿色发展水平并对绿色发展水平进行了横向和纵向对比分析，指出了各国绿色发展水平在世界上的地位及其变化趋势（陈劭锋和刘扬，2013）②。朱斌、吴赐联和谢哲依据构建的绿色经济评价指标体系，运用经熵权改造的 TOPSIS 模型和线性回归模型分析及评价福建省九地市的绿色经济发展情况。实证结果表明，福建省绿色经济综合指数总体水平不高，并且各评价子系统发展不平衡。回归分析发现绿色发展投资、绿色经济效率、绿色经济结构和绿色环境友好 4 个子系统是影响绿色经济发展进程的关键因素（朱斌等，2015）③。

## 二、国内外绿色发展评价指标体系研究存在的问题

关于绿色发展评价指标体系，国内外不断涌现出新的研究成果，逐渐形成的理论框架和方法体系也在不断地完善、成熟，虽然国内外绿色发展评价指标体系的已有研究成果具有重要的指导和借鉴意义，但也存在着一些不可忽视的问题，是目前研究所面临的共同挑战。

第一，国内外绿色发展评价指标体系主要用于全面反映绿色发展水平，由于国内外区域经济发展进程的差异，指标体系研究的侧重点也有所差别。国外发达国家的经济已经发展到了一定的水平，人们更多地关注自身的生活质量以及所居住的生活环境，因而国外的研究多侧重于资源环境、社会福利和人类福祉；而国内正处于工业化和城市化转型时期，所以国内的研究更加侧重于经济发展，对自然资源、生态环境和人类福祉的关注相对较少。

---

① 刘纪远，邓祥征，刘卫东，等．中国西部绿色发展概念框架［J］．中国人口·资源与环境，2013，23（10）：1-2.

② 陈劭锋，刘扬．绿色发展的一种综合评估方法及应用［J］．科技促进发展，2013（4）：40-47.

③ 朱斌，吴赐联，谢哲．绿色经济发展的综合评判与发展对策研究［J］．长安大学学报（社会科学版），2015，17（4）：48-54.

第二，国内外绿色发展评价指标体系的研究集中于国家、区域以及城市这三个方面，而根据实际具体情况对具体行业进行绿色发展评价指标体系的研究相对较少。我国不仅地域辽阔，而且各省市、各地区的自然资源、生态环境和经济发展都存在着很大差异，另外，目前我国正处于绿色经济转型和产业结构转型期间，所以我们不光要把研究集中于国家、区域和城市这三个方面，还要将其拓展至某个具体的行业，加快推动我国朝着绿色经济方向发展。

第三，国内外绿色发展评价指标体系受主观因素和文化因素的影响较大。尽管各类学者、专家在建立指标框架、选取指标以及对指标赋予权重时都尽量做到排除主观情感和人们固有的价值观念，但是绿色发展综合指数还是或多或少地掺杂着人们的主观价值和文化因素，受到现实社会的制约。而我国当前处于工业化和城市化转型时期，亟须绿色发展评价指标体系的科学理论指导，故指标体系尽量避免主观因素和文化因素。

第四，大部分国内外绿色发展评价指标体系的评估质量较低，这主要是因为数据的不完整性。基于历史和地域的原因，目前我国各地统计指标还不够全面，数据还不够完整，统计资料还不够完善，统计口径还不够统一，相关数据的不全面性、不协调性以及不统一性，造成了绿色发展评价指标体系的评估质量较低，与数据完整、公开和及时的国际水平存在一定的差距。要进一步完善我国绿色发展评价指标体系，就得尽快加强自然资源、生态环境的数据基础建设并设计社会公平指标。

第五，国内外绿色发展指标体系的研究主要集中于绿色 GDP、可持续发展以及其他资源环境等指标体系上，对资源型城市的特色研究较少涉及。基于国内外的经济发展水平和绿色研究趋势，各类学者、专家的研究往往趋于大众化，对一些还未谈论到的或涉及甚少的绿色发展评价研究关注度不够，各类学者、专家应避免惯性思维，勇于创新，积极推动对资源型城市的特色研究。另外，在对资源型城市的特色研究上，人们很少区分不同类型资源城市的共同点和区别点，使指标体系的构建略显粗简。

总之，虽然国内外绿色发展评价指标体系不断完善、不断全面，但仍然缺乏对该指标体系的系统的、全面的、深入的研究。

## 三、指标体系赋权方法

绿色发展评价指标体系是一个有多个评价指标的系统，大部分评价指标体系构建以后，最核心的问题是各个指标权重的计算。权重是指低一级的各个指标在高一级的指标中所占的比重，这个比重应按低一级的各个指标在高一级指标中的作用和地位来决定。就目前的研究来看，主要采取德尔菲法（即专家咨询法）、层次分析法和熵权法等。

德尔菲法（Delphi Method），即专家意见法或专家函询调查法。该方法主要是调查者制定调查表，并依据系统的程序将其以函件的方式发给各位专家，专家成员之间不得进行任何讨论，不得有任何横向联系，采取匿名方式发表意见，经过反复的征询和反馈，收集各方意见，最终专家成员之间的反馈意见逐渐趋于一致，该意见是具有较高准确率的集体反馈成果。德尔菲法实质上是反馈匿名咨询法，该方法有三个主要的特点，分别是小组统计回答、多次反馈和匿名性。它的大体流程是，制定调查表→匿名征求专家成员的意见→对意见进行归纳、整理和统计→再匿名反馈给专家成员并征求意见→再进行归纳、整理和统计，如此反复，直至意见趋于集中。2013 年，谢淑娟、匡耀求、黄宁生和赵细康从能源利用低碳化水平、农业生产要素产出效率、农业碳汇效应和农业生产方式低碳水平这 4 个方面出发构建指标体系，结合德尔菲法，设定低碳农业发展水平的评价标准，并将其应用于广东省（谢淑娟等，2013）[①]。2015 年，刘翠莲、杨柳和刘健美在云模型的基础上，结合德尔菲法，确定了港口绿色发展评价指标体系中各指标的权重，并将该体系应用于天津港，根据分析提出相应的政策建议（刘翠莲、杨柳和刘健美，2015）[②]。评估全球环境公益物品可

---

① 谢淑娟，匡耀求，黄宁生等．低碳农业评价指标体系的构建及对广东的评价［J］．生态环境学报，2013，22（6）：916-923.

② 刘翠莲，杨柳，刘健美．云模型在港口低碳绿色发展评价中的应用［J］．上海海事大学学报，2015，36（4）：31-36.

以调动国际资源对其进行保护。虽然声明偏好的估值方法已广泛应用于个别国家的公共物品估值，但由于其较为复杂且成本较高，调查显示全球公共物品申请很少。当现有的相关研究很少时，利益转移实际上是不可行的。依赖专家意见的德尔菲法提供了第三种选择。Strand Jon 等通过向四大洲 37 个国家的 200 多名环境评估专家提供估计亚马孙雨林保护价值的方法，来预测亚马孙森林由本国人民保护的支付意愿（WTP）的结果。专家估计，到 2050 年，亚马孙森林为避免 30%的森林损失，平均每户家庭所支付的价值从亚洲低收入国家的几美元到加拿大、德国和挪威的近 100 美元不等。平均（PPP 调整）家庭收入的弹性趋于一体。德尔菲研究的结果与加拿大和美国最近的人口偏好调查结果相似，并使用类似的估值方案（Strand Jon 等，2017）①。

层次分析法（Analytic Hierarchy Process，AHP）是由美国匹茨堡大学运筹学家托马斯·莎迪（T. L. Saaty）教授于 20 世纪 70 年代初在研究课题“根据各个工业部门对国家福利的贡献大小而进行电力分配”时提出来的。层次分析法是指将所要研究的问题看作一个系统，再逐项分析系统内的各个指标，分析各个指标在系统内的作用、所处的位置以及指标之间的相互关系，在分析的基础上定量地指出各层次中各个指标的相对重要性，并计算出各指标的相对重要性权重②。层次分析法最大的特点是思维过程数学化，减少了指标权重确定过程中的主观情感，适合处理不易量化、决策准则多以及结构复杂的问题。该方法的大致流程是，建立递阶层次结构→构造两两比较判断矩阵→针对某一标准计算指标权重。其中计算指标权重的方法有两种，分别是几何平均法和规范列平均法。2011 年，王艳、王颖、郝有利、姜法竹、翟旭军在建立评价指标体系的基础上，运用层次分析法对体系中的各指标进行权重计算，构建了三江平原农业循环经济发展水平评价体系，并综合评价分析了 2003~2008 年三江平原农业循环经济发展状

① Strand Jon, Carson Richard T. , Navrud Stale et al. Using the Delphi Method to Value Protection of the Amazon Rainforest ［J］. Ecological Economics, 2017 (31): 475-484.

② 赵焕臣，许树柏. 层次分析法 ［M］. 北京：科学出版社，1986.

况，给出了发展的制约因素和促进因素（王艳等，2011）①。选择合适的多标准决策分析方法或其组合对于支持废物管理部门的可持续性决策至关重要。没有一种方法是理想的，所以有时可能需要组合方法。Stefanović Gordana 等以检查信息缺陷分析与综合参数在可持续废物管理中的使用能力为目标，使用层次分析过程进行情景排序，并将结果与通过信息缺失方法的参数分析和合成获得的结果进行比较。根据尼什（Niš）市的垃圾组成，制定了四项废物处理方案，并选择了九项指标。获得的结果表明，无论使用什么方法，层次分析过程或信息缺失方法下的参数分析与合成，情景排序无显著差异。最好的可持续废物管理方案是包括有机废物堆肥和无机废物回收利用的方案（排名优先级为 39.3%）。该研究说明了信息不足时的分析与综合方法，可以用于评估废物管理情景的可持续性（Stefanović Gordana 等，2016）②。中国黄土高原退化生态系统非常脆弱，对区域可持续发展具有重要的影响。Kang Hou 等以陕西省延安黄土高原为研究区，对该区域生态环境状况进行了定量评价。其根据 1997 年、2004 年和 2011 年延安的自然因素、环境因素和社会经济因素，分析了地理信息系统（GIS）应用软件对生态脆弱性的动态变化；使用层次分析法（AHP）模型，模型包含土地利用、土壤侵蚀、地形、气候、植被和社会经济数据等变量。评估结果分为五类：潜在、轻微、轻、中、重。结果表明，该研究区的生态脆弱性水平较轻，南部四县生态脆弱性指数低于北方四县。1997~2011 年大部分地区生态环境质量逐步提高（Kang Hou 等，2016）③。

熵权法是由信息量创始人（美国）C. E. Shannon 申农（香农）引入

① 王艳，王颖，郝有利，等．三江平原农业循环经济的综合评价［J］．黑龙江八一农垦大学学报，2011，23（2）：94-98.

② Stefanović Gordana, Milutinović Biljana, Vučićević Biljana, et al. A Comparison of the Analytic Hierarchy Process and the Analysis and Synthesis of Parameters under Information Deficiency Method for Assessing the Sustainability of Waste Management Scenarios［J］. Journal of Cleaner Production, 2016（130）：155-165.

③ Kang Hou, Xuxiang Li, Jingjing Wang, Jing Zhang. Evaluating Ecological Vulnerability Using the GIS and Analytic Hierarchy Process（AHP）Method in Yan'an, China［J］. Polish Journal of Environmental Studies, 2016, 25（2）：599-605.

的，目前广泛应用于社会经济、工程技术等领域，是指依据指标变异的大小确定指标的权重。基于信息论基本原理的解释，如果某个指标的信息熵越小，那么该指标值的变异程度越大，从而提供的信息量越大，在综合评价中所起的作用就越大，显而易见权重也就越高；相反，如果某个指标的信息熵越小，那么该指标的变异程度越小，从而提供的信息量越小，在综合评价中所起的作用越小，该指标所取的权重也就越小。熵权法的主要特点是运用评价指标的固有信息来计算指标的权重，该方法的大致流程为，各指标数据标准化→求各个指标的信息熵→确定各指标权重。2008 年，潘安兴和王芳构建了农业循环经济发展评价指标体系，并利用熵权法进行指标权重的确定，对 2005 年四川省各地区进行农业循环经济发展的综合评价（潘安兴和王芳，2008）①；2012 年，黄羿、杨蕾、王小兴和夏斌从宏观城市建设、微观技术创新以及中观产业发展这 3 个方面出发，建立了城市绿色发展评价指标体系，并运用熵权法确定指标权重，综合评价广州市绿色发展的现状（黄羿等，2012）②。为了评估绿色技术创新对战略性新兴产业生态经济效益的影响，Sun Li-yan 等采用熵权重 TOPSIS 法进行评估。通过分析绿色技术创新的影响因素，建立了积极因素和障碍因素的评价指标体系。其首先提出了评估过程，其次选择了六种行业作为实证分析的研究对象，最后提出了对策。这些发现可以避免人为因素导致的赋权的主观性，并解决样本量和数据分布的局限性，可以帮助研究人员根据评估结果精确地发现缺陷（Sun Li-yan 等，2017）③。

评价指标建立以后，可以运用德尔菲法、层次分析法和熵权法等来进行指标权重的分配，其中德尔菲法常与层次分析法联用，首先根据德尔菲

---

① 潘安兴，王芳．基于熵值法的区域农业循环经济发展评价——以四川省为例［J］．农机化研究，2008（7）：44-47.

② 黄羿，杨蕾，王小兴，夏斌．城市绿色发展评价指标体系研究——以广州市为例［J］．科技管理研究，2012，32（17）：55-59.

③ Sun Li-yan，Miao Cheng-lin，Yang Li. Ecological-economic Efficiency Evaluation of Green Technology Innovation in Strategic Emerging Industries Based on Entropy Weighted TOPSIS Method［J］. Ecological Indicators，2017（73）：554-558.

法得到专家成员评分结果，其次运用层次分析法建立两两比较判断矩阵，计算各指标的比重（韩玉等，2013）[①]。就目前的研究来看，大部分指标权重分配是运用德尔菲法来进行的，主要是因为德尔菲法可操作性强，当然在具体操作时，应扩大专家调查样本数，尽量减少主观情感带来的偏差。

## 四、国内外绿色发展评价方法

从评价方法来看，研究者大多采用数据包络分析法、因子分析法、灰色关联分析法和模糊综合评价法等。

数据包络分析法（Data Envelopment Analysis，DEA）是由美国著名运筹学家 A. Charnes 和 Cooper 提出来的，该方法是数理经济学、管理科学与运筹学交叉研究的一个新领域。数据包络分析法是指在多项投入指标和多项产出指标的基础上，运用线性规划的方法，对具有可比性的单位进行相对有效性评价的一种数量分析方法。该方法适宜于处理多项投入指标和多项产出指标方面的内容，现已广泛应用于各个行业和部门。2011 年，宋朝鹏、段史江、张文平、任胜超、许自成和宫长荣运用数据包络分析法（DEA），基于我国烟草农业正处于由传统管理模式向现代管理模式转型的时期，构建了现代烟草农业评价指标体系，将其应用于武隆各地区，并给出结论及相应的具体措施（宋朝鹏等，2011）[②]。中国经济在过去 30 年中取得了显著成绩，同时也给自然资源和环境污染造成了巨大的压力。Chen Liang 和 Jia Guozhu 对中国区域产业进行环境效益分析。引入数据包络分析法（DEA），并引入考虑不良输出的基于松弛的测量（SBM）模型来测量不同区域的环境效率。引入大数据理论，对区域的输入输出数据进行采集和选择。此外，Chen Liang 和 Jia Guozhu 使用 2008～2012 年的数据评估中国工业的环境效率。结果表明，除了几个发达省份，中国工业的环境效率

① 韩玉，龙攀，陈源泉，等．中国循环农业评价体系研究进展［J］．中国生态农业学报，2013，21（9）：1039-1048.

② 宋朝鹏，段史江，张文平，等．DEA 方法在现代烟草农业资源配置效率评价中的应用［J］．云南农业大学学报，2011，26（2）：224-228.

普遍较低。而过去5年来，各地区的环境效益并没有增加。此外，中国各地区的环境效率存在较大差异。最后，他们建议中国政府关注环境效益低下以及区域产业发展不平衡的问题（Chen Liang 和 Jia Guozhu，2017）①。数据包络分析（DEA）和动态 DEA 的传统模型无法预测决策单元（DMU）的未来效率。换句话说，所有型号的 DEA 和动态 DEA 都会根据过去的性能来评估和排列 DMU。Shabanpour Hadi 等为 DEA 领域开辟了新的视角，因为他们提出了从以前的监督模式向包含新贡献的未来规划方法的转变。人造神经网络（ANN）首次与动态 DEA 结合，以预测 DMU（绿色供应商）的未来效率。为此，Shabanpour Hadi 等首先使用 ANN 预测绿色供应商的投入、产出和链接，其次将来自 ANN 的预测数据用于动态 DEA。动态 DEA 同时评估过去、现在和未来时期的绿色供应商。同时他们进行了一项案例研究，研究方法表明拟议方法的适用性（Shabanpour Hadi 等，2017）②。

因子分析法是由英国心理学家 C. E. 斯皮尔曼在推想学生的各科成绩之间存在着某些潜在共性因子的基础上提出来的。该方法利用了降维的思想，从多个变量中提取隐藏的具有代表性的因子，提取出来的因子彼此之间互不相关，每一个因子代表着一种重要的影响因素，即将相同本质的变量归入一个因子，这样既可以减少变量的个数，又能反映原来多个变量的大部分信息。2008年，冯华和宋振湖基于循环经济理论，结合我国农业循环经济发展，建立农业循环经济发展程度的评价指标体系，并以山东省各个市为例进行主成分分析，评价山东各市的农业循环经济发展程度，为推动区域农业循环经济发展提供了理论依据，并提出相应的建议来加快山东

① Chen Liang, Jia Guozhu. Environmental Efficiency Analysis of China's Regional Industry: A Data Envelopment Analysis (DEA) Based Approach [J]. Journal of Cleaner Production, 2017, 2 (142): 846-853.

② Shabanpour Hadi, Yousefi Saeed Saen, Reza Farzipoor. Forecasting Efficiency of Green Suppliers by Dynamic Data Envelopment Analysis and Artificial Neural Networks [J]. Journal of Cleaner Production. 2017, 2 (142): 1098-1107.

各市农业循环经济发展（冯华和宋振湖，2008）①。2011 年，关海玲、陈建成和李卫芳建立了都市农业发展指标体系，并运用因子分析法对我国西部、中部和东部地区具有代表性的城市进行了都市农业发展水平初步评估，且比较分析了其差异原因（关海玲、陈建成和李卫芳，2011）②。Zhang Jing 等调查了中国 74 个城市的主要空气污染物及其空间和季节性分布，利用因子分析和聚类分析识别大气污染物的主要因素（Zhang Jing 等，2016）③。

关联度是指两个系统之间的因素随不同对象或时间变化的关联性大小的量度，在系统中，如果两个因素的发展趋势具有相同性，那么这两个因素关联程度较高；如果两个因素的变化趋势不具有一致性，那么这两个因素的关联程度较低。灰色关联分析法是基于因素之间变化趋势的相似或相异程度的一种定量化的比较分析方法，其基本思想是根据数列的相近性和可比性分析因素之间的相关程度，依据曲线间的相似程度判断关联程度。灰色关联分析法的大致流程为，确定影响系统的比较数列和反映系统行为特征的参考数列→对比较数列和参考数列进行无量纲化处理→求比较数列和参考数列的灰色关联系数→求关联度→关联度排序。2010 年，张宝东、孙占祥、白伟、郑家明、刘洋、侯志研、冯良山和杨宁在多年实验研究和问卷调查的基础上，结合辽宁地区自然特点与种植模式的现状，采用灰色关联分析法对辽宁地区的六种经典种植模式进行了评价，该研究成果对保护辽宁地区生态环境、发展立体农业起到了非常重要的作用（张宝东等，2010）④。Xiusheng Hou 和 E'e Zhang 根据灰色关联动态分析，分析了农业的

---

① 冯华，宋振湖．山东省农业循环经济发展评价［J］．中国人口·资源与环境，2008，18（4）：94-98.

② 关海玲，陈建成，李卫芳．我国都市农业评价指标体系的实证研究——基于因子分析［J］．技术经济，2011，30（4）：42-46.

③ Zhang Jing，Zhang Lan-yue，Du Ming，et al. Indentifying the Major air Pollutants base on Factor and Cluster Analysis，a Case Study in 74 Chinese Cities［J］．Atmospheric Environment，2016（144）：37-46.

④ 张宝东，孙占祥，白伟，等．基于灰色关联度分析的辽西地区典型种植模式评价［J］．生态学杂志，2010，29（12）：2452-2456.

总体结构和内部结构，并分析了山东农业在2003~2014年的灰色关联序列积分。此外，研究分析了特定农业部门和山东农业结构对自然、政策和农业现代化的贡献，最后提出了发展对策和建议（Xiusheng Hou 和 E'e Zhang，2016）①。温室气体排放量的增加，特别是二氧化碳排放量的增加，导致全球气温上升。作为发展中国家，中国已成为世界上最大的二氧化碳排放源。减少二氧化碳排放量是非常重要和紧迫的。Huang Mingqiang 和 Wang Bo 基于灰色关联分析，对1995~2010年中国二氧化碳排放量影响的驱动力进行了调查。发现人均GDP、人口、煤耗、石油消费、天然气消费、工业结构和城市化都起着至关重要的作用，据此提出了提高能源效率和降低二氧化碳排放强度的一些有效建议（Huang Mingqiang 和 Wang Bo，2016）②。

模糊集合理论的概念是美国自动控制专家查德（L. A. Zadeh）教授为了表达事物的不确定性于1965年提出来的。模糊综合评价方法基于模糊数学的综合评价方法将定性评价转化为定量评价，即运用模糊数学对受到多种因素影响的对象做出一个总的评价。该方法能够解决所遇到的难以量化的问题，适合解决各种非确定性的问题。模糊综合评价法的大致步骤为，模糊综合评价指标的构建→构建权重向量→构建评价矩阵→评价矩阵和权重的合成。2010年，许林和宋光辉基于珠三角都市型农业的发展现状，运用熵权法和模糊综合评价法对珠三角都市型农业发展水平进行实证研究，并给出相应的政策建议（许林和宋光辉，2010）③。2014年，黎捷、王雪兰和王琪在建立生态文明指标体系原则的基础上，构建了中山市生态文明评价指标体系，并利用层次分析法对体系中的各指标进行权重计算，运用模糊综合评价法算出中山市生态文明评价等级，得出相应的结论（黎捷、

① Xiusheng Hou, E'e Zhang. Research on the Agriculture Production Structure in Shandong Province Based on the Grey Relational Dynamic Analysis [J]. Agricultural Science & Technology, 2016, 17 (7): 1753-1756.

② Huang Mingqiang, Wang Bo. Factors Influencing $CO_2$ Emissions in China Based on Grey Relational Analysis [J]. Energy Sources Part A: Recovery, Utilization & Environmental Effects, 2016, 38 (4): 555-561.

③ 许林，宋光辉. 珠三角都市型农业（UA）评价指标体系构建及实证研究 [J]. 软科学，2010，24（5）：95-100.

王雪兰和王琪，2014）①。Li Ranran 等提出了基于模糊推理系统和水污染指数的模糊改善水污染指数。这种方法不仅可以提供综合水质等级，而且可以定量评价水质状况，方便同级水质比较。他们使用该方法评估中国四川曲河水质。评估结果显示，曲河水质呈下降趋势，2010 年总体水质最差。空间变化表明南坝剖面的水质是阴性。为了进行比较，研究还采用模糊综合评价法和灰色关联法评估曲河水质。这三种方法的评估结果表明，该研究所提出的方法是可靠的（Li Ranran 等，2016）②。

数据包络分析法、因子分析法、灰色关联分析法和模糊综合评价法主要是宏观层面的评价方法，这些评价方法除了单独使用外，还可以混合使用，例如数据包络分析法常与因子分析法一起使用。微观层面的评价方法主要包括物质流分析、能值分析和生命周期评价等。物质流分析的基本原理是物质平衡理论；能值分析将体系内的不同要素转化为太阳能，克服了传统分析中不同物质的不可相加性；生命周期评价是评价与工艺、产品或行动相关的环境负荷的客观过程，不适合评价大范围复杂的系统。

## 第三节　研究目的、思路及内容

### 一、研究目的

在供给侧结构性改革背景下，研究我国农业绿色发展评价指标体系，主要有以下几个目的：

第一，总结近年来我国农业绿色发展的经验、模式和成果，为实现我

---

① 黎捷，王雪兰，王琪．中山市生态文明评价指标体系及模型构建研究［J］．安徽农业科学，2014（33）：11810-11812.

② Li Ranran, Zou Zhihong, An Yan. Water Quality Assessment in Qu River Based on Fuzzy Water Pollution Index Method［J］. Journal of Environmental Sciences（Elsevier），2016（50）：87-92.

国农业绿色发展提供理论依据和借鉴。为了加快推进绿色发展，国内外涌现出一大批关于实现绿色发展的研究成果，分析总结国内外绿色发展的研究成果，为我国农业绿色发展提供借鉴。

第二，分析供给侧结构性改革与农业绿色发展的关系，在供给侧结构性改革背景下，构建我国农业绿色发展评价指标体系。农业的绿色发展不同于绿色农业发展，农业绿色发展是一个综合的概念，它涉及社会、经济和环境等多个方面，因此，建立农业绿色发展指标体系也是一项复杂的系统工程，本书力求构建科学合理的农业绿色发展评价指标体系。

第三，对我国农业绿色发展进行评价分析。利用构建的农业绿色发展评价指标体系，评估我国农业绿色发展水平，得到绿色发展指数，在供给侧结构性改革背景下，为实现我国农业绿色发展提供理论依据，对我国各地区的农业绿色发展具有借鉴意义。

第四，提出实现我国农业绿色发展的政策建议。根据农业绿色发展评价指标体系，分析我国近年来农业绿色发展的情况以及发展过程中存在的问题，结合我国供给侧结构性改革提出相应的政策建议。

## 二、研究思路

第一，通过总结分析国内外绿色发展评价指标及评价方法，结合我国供给侧结构性改革和农业绿色发展的关系，探索我国农业绿色发展评价采用指标体系的可能性，建立农业绿色发展的理论框架。

第二，根据农业绿色发展的内涵及其特征，选取适用性指标，运用因子分析法和层次分析法，结合近年来我国推行的供给侧结构性改革，建立农业绿色发展评价指标体系。

第三，根据所构建的农业绿色发展评价指标体系的数据需要，在我国各个权威网站收集相关统计资料，收集评价所需的数据。

第四，利用模糊综合评价方法，对我国农业绿色发展状况进行评价分析，在供给侧结构性改革的背景下，为我国农业绿色发展提供相应的政策建议。

我国农业绿色发展评价指标体系的构建与应用思路如图 1-1 所示。

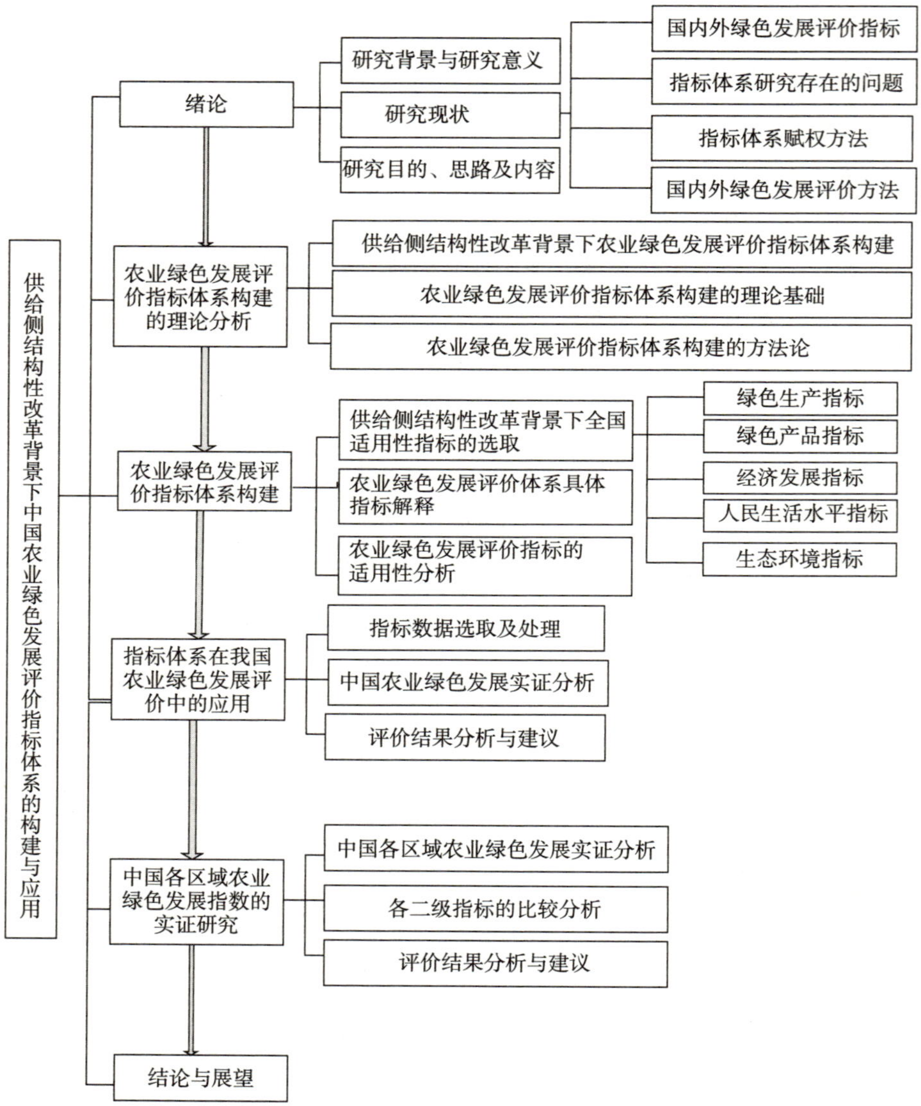


**图 1-1　我国农业绿色发展评价指标体系的构建与应用思路**

## 三、研究内容

本书共分六章。

第一章是本书的绪论，首先交代了在我国供给侧结构性改革背景下本书研究的背景与意义；其次回顾国内外绿色发展评价指标以及评价方法，探索国内外促进农业绿色发展的基本经验，总结国内外绿色发展评价指标体系研究存在的问题，为建立我国农业绿色发展评价指标体系提供借鉴；最后提出了本书的研究目的、研究思路以及研究内容。

第二章是本书的理论基础，首先总结分析农业绿色发展与供给侧结构性改革的关系，探索在供给侧结构性改革背景下农业绿色发展评价采用指标体系的可能性；其次分析农业绿色发展的内涵及其特征，农业绿色发展理论相对于农业传统理论而言，经历了有机农业理论、自然农业理论、生态农业理论、绿色农业理论和可持续农业理论，农业绿色发展涵盖了社会、经济和环境三个方面，根据农业绿色发展的内涵确定农业绿色发展评价目的以及评价原则；最后提出我国农业绿色发展的构建思路、构建原则、构建模式和构建步骤。

第三章是本书研究的重点，根据评价的目的，按照一定的评价原则，在供给侧结构性改革的背景下进行指标的选取；根据构建的思路，按照构建的原则，运用科学的方法建立农业绿色发展评价指标体系。在指标体系的构建过程中，阐述了指标权重的确定以及具体的测算方法；对建立的指标体系构成进行分析，确保该指标体系的可行性和科学性。

第四章是本书的实际测算部分，利用构建的农业绿色发展评价指标体系对我国农业绿色发展情况进行评价分析，在评价分析的过程中，需要收集指标体系中所需的相关统计资料和数据，对数据进行标准化处理；基于我国农业绿色发展的现状，对我国农业绿色发展进行预测评价，为实现我国农业绿色发展提供理论依据与借鉴。

第五章根据农业绿色发展指标体系，讨论分析中国各个区域 2015 年农业绿色发展状况并进行排名，从地理位置、气候条件、生态环境等方面分析各区域农业绿色发展的差异，提出相应的建议。之后比较分析各区域农业绿色发展指标体系下各二级指标的发展水平，并对其进行分析。

第六章是本书的结论部分，对本书所涉及的各方面进行总结。根据我国农业绿色发展现状以及农业绿色发展的预测情况，结合供给侧结构性改革，探索我国农业绿色发展过程中所遇到的问题，并针对实证分析，提出促进农业绿色发展的政策建议。

# 本章小结

本章探讨了本书的研究意义、研究背景，从绿色发展评价指标、绿色发展评价指标体系研究存在的问题、指标体系赋权方法和绿色发展评价方法四个方面入手概述了国内外研究现状。随着国内外经济的发展，人们越来越关注居住环境的质量、产品的品质，各国专家学者也越来越致力于绿色生产、绿色供应链、绿色产品、绿色消费、绿色建筑等有关绿色发展的研究。迄今，对绿色发展评价指标的研究成果主要分为绿色国民经济核算、绿色发展多指标测度体系和绿色发展综合指数这三个方面。其中，绿色国民经济核算以经济发展为主；绿色发展多指标测度体系是在不需要赋予权重的多指标体系下测量绿色发展的情况；绿色发展综合指数是根据体系中各个指标的重要程度，对各个指标赋予相应的权重，再对绿色发展情况进行测量。利用指标体系对各行各业的绿色发展情况进行测量时，首先要做的就是构建一个科学的绿色发展评价指标体系。对此，国内外专家学者已有许多文献成果，文献结果揭示了研究者大多采用数据包络分析法、因子分析法、层次分析法、灰色关联分析法和模糊综合评价法等方法，在很多情况下，都是多种方法混合使用，以达到对绿色发展评价指标体系的最优构建。在指标体系构建过程中，迄今为止主要是运用德尔菲法（即专家咨询法）、层次分析法和熵权法等对所构建的指标进行赋权。本章在概述国内外绿色发展评价指标的基础上，提出了本书的研究思路以及研究内容。本书主要分为六章：第一章为绪论，讨论了研究意义、研究背景和研究目的。第二章为农业绿色发展评价指标体系构建的理论分析，阐述了供给侧结构性改革与农业绿色发展的关系以及农业绿色发展的内涵，揭示了供给侧结构性改革背景下我国农业绿色发展评价指标体系构建的可能性。第三章为农业绿色发展评价指标体系构建，选取全国适用性指标，建立评价指标体系。第四章为指标体系在我国农业绿色发展评价中的应用，在指标数据选取及处理的基础上，通过中国2006~2015年相关数据，大致地了解我国农业绿色发展水平、农业绿色发展趋势。第五章为中国各区域农业绿色发展指数的实证研究，中国地域辽阔，农业绿色发展水平在一定程度上是有差异的。在农业绿色发展指标体系的基础上，对2015年中国各省份的农业绿色发展水平进行测量、排序，得出中国各省份农业绿色发展的状况，并与全国农业绿色发展进行比较，计算出各省份相较于全国而言的农业绿色发展水平。第六章为结论与展望。

# 第二章　农业绿色发展评价指标体系构建的理论分析

农业供给侧结构性改革是我国供给侧结构性改革的重要组成部分，并与供给侧结构性改革“三去一降一补”五大任务息息相关，其实质是牵引农业朝着可持续、绿色方向发展。基于供给侧结构性改革与农业绿色发展的关系，本章将围绕农业绿色发展的内涵和特征，探讨农业绿色发展指标体系构建思路、构建模式和构建方法论。

## 第一节　供给侧结构性改革背景下农业绿色发展评价指标体系构建

### 一、供给侧结构性改革与农业绿色发展的关系

供给侧结构性改革是指从提高产品质量出发，运用改革的办法进行结构调整，矫正扭曲的资源要素配置，减少无效供给，扩大有效供给，促使经济社会健康持续地发展。2015 年 12 月 18~21 日中央经济工作会议提出了 2016 年推动供给侧改革“三去一降一补”的五大任务，即去产能、去库存、去杠杆、降成本和补短板。这五大任务与农业绿色发展息息相关，以下从这五大任务出发，结合绿色生产、绿色包装、绿色运输和绿色消费来阐述供给侧结构性改革和农业绿色发展的关系。就农业的特点而言，这

五大任务不能简单地一一对应，必须从农业的实际情况出发，来讨论供给侧结构性改革与农业绿色发展的关系。

1. 去库存与农业绿色发展

进口、国内生产和库存是我国农产品供给来源。随着经济社会和科学技术的快速发展，我国大部分农产品的供给数量越来越充足，如粮食、食用油和棉花等生活必需品供给库存水平已相对较高，羊肉、牛肉等过去供给偏紧的农产品也出现了供给数量相对充足的情况。特别地，对于粮食来说，我国农产品规模较小加之农产品成本相对较高，使国内的大部分农产品价格显著地高于国际市场，造成了国内的消费需求主要来源于国外进口而国内生产的粮食则成为我国储备的局面。另外，我国农业、工业和服务业已发展到了一定的阶段，市场对各行业的需求也有所改变，各行各业都亟须进行产业结构的调整，特别是农业。因此，我国亟须通过供给侧结构性改革来解决国内库存过多的问题，进行产业结构优化调整，把我国生产数量过多、耗用大量资源、卫生保障不好以及产品质量不高的农产品数量降下来。实施农产品绿色生产、绿色包装以及绿色运输。

2016 年中央一号文件从继续加强现代农业基础、提高农业质量效益出发，提出了要大力优化农业生产结构和区域布局，因地制宜地生产农产品，这既可以提高农产品的品质，又可以促进农业绿色发展。例如，针对我国玉米种植面积较大且库存水平较高的问题，可以适当地调减非优势地区玉米种植，这样既可以提高玉米的品质，又可以改善玉米的供求关系。2017 年中央一号文件提出“优化产品产业结构，着力推进农业提质增效”，在国内方面，根据南北地区不同的地域性特征，对南北地区实施不同的农业产业发展规划。对不同的地区，因地制宜地发展特色农业，带动农业朝着高产高质的方向发展，优化产业区域结构。推进农业新产业、新业态的发展，拓展农业产业链、价值链。在国外方面，综合利用国际市场，优化国内农产品供给结构，建立良好的农产品国际贸易环境。

2. 补短板与农业绿色发展

随着我国农业的发展，农产品的供给数量已经不再是社会经济发展的主要矛盾，我国农产品生产能力已经达到了一个新的高度。在农产品供给数量提高的同时，我国的环境污染日益严重。一方面，农民在农业种植中长期使用大量的剧毒农药、化肥以及对大多数使用后的农用塑料薄膜处理不当，使有害的化学物质渗透到土壤和农产品中，不仅降低了农产品的品质，还污染了地下水资源，造成一些河流、湖泊出现了富营养化；另一方面，在家禽养殖的过程中，由于缺乏必要的科学技术以及贪图方便，很多养殖污水和家禽粪便不经任何处理直接排放到土壤中，不仅降低了农村居民的生活环境，还造成水资源和土壤的污染。因此，我国亟须通过供给侧结构性改革补短板来解决农业污染问题。

2016 年，中央一号文件明确提出要加快农业环境突出问题的治理，实施农药和化肥零增长行动，实施种植业和养殖业废弃资源的再利用，实施无害化处理示范点，加强农业污染防治力度，综合治理重金属污染区、地下水漏斗区和生态严重退化地区，实施食品安全战略。实现农产品的绿色生产、绿色包装。加快形成产地环境良好、产品质量安全的农业绿色发展新格局。2017 年，中央一号文件提出“推行绿色生产方式，增强农业可持续发展能力”，集中治理农业环境突出问题，增加土壤有机质，积极推进农业绿色生产、节水灌溉，这样既达到了市场对农产品品质的要求，又能保护生态环境。2017 年中央一号文件也明确提出了“补齐农业农村短板，夯实农村共享发展基础”，要加强建设和完善农村农业基础设施，深入开展美丽农村建设，积极推进垃圾分类和资源化利用。

3. 降成本与农业绿色发展

目前，我国农业成本高的原因主要分为以下几个方面：第一，随着我国城镇化和工业化的快速发展，城镇建设用地规模增大，而农村用地规模没有相应地减少，导致农村大量田地空置，农村土地利用率不高，低端供给产业在农业中占据了很大的比重；第二，农村青壮年大量涌入城市，导致农村劳动力流失，造成农业生产劳动力成本逐渐升高，农业劳动生产率不高；第三，随着化肥、农药等化学物质的普及，农业生产过程中化肥、农药滥用现象严重，物化投入较高；第四，我国农业生产属于粗放型发展模式，农业资源转化率不高，农业之间互联互通性还不强，产品附加值低、产品品质低等问题明显。因此，我国亟须推进农业供给侧结构性改革来解决农业生产成本和农产品交易成本过高的问题，实施绿色生产，提高产品供给质量，提高农业供给效率。

2016 年，中央一号文件明确指出要加强农业资源的高效利用，从基本建立农业资源高效利用的政策和技术支撑体系出发，改变农业生产中生产方式粗放的状况，缓解环境制约，实现持续发展的要求。另外，为了推进农业供给侧结构性改革，2016 年中央一号文件提出要用开放发展和协调发展等新理念统筹国际国内两个市场、两种资源，促进结构调整，提高国内农业供给体系效率，从而降低农业生产成本和农产品交易成本。2017 年，中央一号文件提出了“强化科技创新驱动，引领现代农业加快发展”，加快推广农业科技成果，开发农村人力资源，推进农业的可持续发展。

总而言之，农业供给侧结构性改革是我国供给侧结构性改革的重要组成部分，是用创新和发展等新理念来解决当前农业发展难题的实践形式和有效途径，有利于更好地保证农产品质量安全，提高我国农业收益，改善农业生态环境，提高农民的收入。习近平总书记指出，“重农固本，是安民之基”。农业供给侧结构性改革作为提高农业供给体系质量和效率的重要方法，必须落到现代农业发展和全面建设小康社会的目标上。2017 年中央一号文件也着重强调“以推进农业供给侧结构性改革为主线，围绕农业增效、农民增收、农村增绿，加强科技创新引领，加快结构调整步伐，提高农业综合效益”。

## 二、农业绿色发展评价采用指标体系的可能性

在供给侧结构性改革背景下，农业绿色发展评价指标体系是对 2016 年中央一号文件明确提出的“加强资源保护和生态修复，推动农业绿色发展”进行科学评价和定量考核的依据，主要是为资源、环境和社会发展的协调程度提供一个评价工具。建立农业绿色发展评价指标体系是一项具有创造性且科学及严谨的工作，因此确定农业绿色发展评价指标体系既要实

事求是，又要勇于创新，与时俱进；既要借鉴国内外相关的研究成果，又要结合本国的实际情况。

目前，实现农业绿色发展是国内外学者共同探讨的问题，各国由于自身的实际情况不同，农业绿色发展的模式也各不相同。下面从国际和国内两个方面来阐述农业绿色发展的模式。

1. 国外农业绿色发展模式

（1）美国农业的绿色发展。美国农业的绿色发展主要是以可持续理论为主线，以减量、再利用和再循环为原则，突出强调各种农业资源的合理利用和永续开发的重要性。美国农业的绿色发展主要有两种代表性的模式：第一种模式是有机农业生产，有机农业总体上是指生产过程中避免使用农药、有害化肥等化学物质，同时，杜绝采用基因育种和改良。有机农业最初是由美国农场自发形成的，并没有统一的规定标准，后来，随着美国有机认证机构的不断完善，有机产品的生产、加工以及运输都必须满足相关的认证标准。第二种模式是农业绿色发展中涉及生产的集约化、专业化以及规模化等的产业化，美国农业的主要特点之一就是农场主负责农产品的种植和生产，流动销售环节由专业的企业来经营，将农产品的生产和经营分离，明显降低了农产品的交易成本。

（2）英国永久农业发展模式。在探索农业绿色发展的过程中，英国创造了一种独特的模式——永久农业发展模式。该模式从资源合理利用和不破坏环境出发，强调在土地开发过程中多种植植被，对土地资源起到绿色覆盖和保养作用，并且强调对土地资源的集约、高效利用，积极鼓励建立土地资源自我调节系统，根据各种相关元素的有效配置来实现利益最大化。同时，构建农业绿色发展规划和相关的法律法规，逐渐规范农业的绿色发展。永久农业发展模式是一套完整的种植、生产形式，例如，在产品生产过程中，要求农户对各种资源进行循环再利用。

（3）德国生态农业发展模式。1991 年，德国大力宣传并推行生态农业经营，生态农业开展得较早的国家之一便是德国。德国的生态农业以走可持续发展道路为目的，生产安全、高品质的食品，生态农业在德国的经济发展中占据着重要的位置。德国主要是从以下三个方面来大力发展生态农业的：第一，德国大力支持农业新技术的开发与利用，政府每年都会投入大量的资金来研发农业新技术，政府的资金支持促进了农业生产力的快速提高。第二，在产品的种植、运输以及销售方面，德国制定了一套严格的绿色标准。同时，德国加强了生态农业立法制度，并逐渐制定及完善相应的法律法规。第三，德国政府基于生态农业的生产者、经营者和消费者各个主体，多层次宽领域地对生态农业进行调控。德国制定了一系列的关于生态农业的扶持和优惠政策，而且在农业新技术的应用过程中，德国特别重视新技术的实际运用。

（4）荷兰集成农业发展模式。荷兰集成农业发展模式是在遵循农业生产要求的基础上，强调农业、资源和环境相协调的可持续发展，将科学技术融入农业设备中，政府以一定的补贴将这些设备销售给农户，有助于调动农户发展集成农业的积极性，有效解决了农业技术开发成本高以及风险高等难题。荷兰主要从以下几个方面来推动农业的绿色发展：第一，荷兰在农业发展的过程中，既强调发挥本国的区位优势，也注重农业一体化经营的实现，不断优化其资源配置方式。第二，荷兰将产品的产前、产中和产后有机结合起来，形成一个有机整体。在销售过程中紧靠产品链，并以此为核心，围绕消费者需求和市场变化，形成了较为完善的农产品流通和销售体系。第三，荷兰重视农业生产中农户的教育问题，将农户的农业教育和新的科学技术紧密联系起来。

2. 中国农业绿色发展模式

（1）“多位一体”农业绿色发展模式。“多位一体”农业绿色发展模式以追求农业的绿色发展为目标，将包括畜、草、沼在内的各种资源有机结合起来，着力加强各种资源的再循环、再利用，提高各种资源的效率。“多位一体”农业绿色发展模式的典型代表就是贵阳市，贵阳市在农业生产过程中，以沼气的推广应用为核心，加大对农业技术研发的财力、物力和人力支持，并制订了相应的法律法规，形成了“草、果、畜、沼、路、水”多位一体的发展模式。多位一体也是我国农村循环经济发展模式的一种探索。

（2）产业化主导的农业绿色发展模式。产业化主导的农业绿色发展模式是我国农业绿色发展过程中比较普遍的一种模式，该模式在农业生产过程中，坚持以市场需求为导向，以产业基础建设为基本要求，坚持生产的“绿色化方向”，实现农业生产的优质、高产、高效和可持续发展。我国产业化主导的农业绿色发展模式主要有三种代表性的模式：市场启动型、协会拉动型和品牌带动型。市场启动型是指通过市场带动绿色农产品生产基地的建设，建立健全绿色经济市场体系；协会拉动型是指将各个养殖大户、营销大户联合起来，向市场提供带有绿色标识的农产品；品牌带动型是指通过品牌效应来促进企业的发展。

（3）立体复合型农业绿色发展模式。立体复合型农业绿色发展模式是基于自然生态系统中各种生物的特性，实现不同物种的一种有机协调发展。该模式以种植养殖相结合为主，目前，我国的种植养殖模式主要包括“猪—沼—菜”、“猪—沼—茶”、“牧—沼—粮”、“牛—沼—果园”等。立体复合型农业绿色发展模式充分利用了生态系统中的食物链结构，将种植业、养殖业和工业有机联系起来，实现了各种资源的循环多级利用，既防止了污染，改善了生态环境，又带来了较大的经济效益。

根据国内外农业绿色发展模式可知，虽然农业绿色发展的表现形式不同，但本质都是从环境保护和可持续发展出发，在农业生产过程中坚持走资源节约型和环境友好型的道路，实现人、经济、环境和自然的和谐发展。国内外的各个专家学者基于本国农业绿色发展模式，相应地提出了农业的绿色发展评价指标体系。

国外对农业绿色发展评价指标体系的研究侧重于指标之间的互动分析。美国环境保护署选取了土地生产力、农作物生产力、灌溉水质和水量、土地利用以及农业化学物质使用等指标对农业环境进行评价。英国的管理部门在分析农业实际变化情况的过程中，采用了耕种管理、资源使用、农药、投入以及保护农业土地的价值 5 个指标。在对农业的发展状况进行监测的过程中，欧洲共同体建议选取农业能源、化肥、农药、土地利用变化和人均耕地这5个指标。随着社会科技的不断发展，越来越多的学者用更为合适的、多样的方法来构建农业绿色发展的新框架。欧盟最重要的农业政策改革之一是执行“2000年议程”，该议程为补贴管理建立了新的框架。绝大多数产品与作物和动物生产脱钩，这一新政策框架的主要目标之一是改善其对环境的影响。此外，市场力量的影响大幅度增加，因此需要实施新的效率评估和预测工具来评估欧盟的农业发展情况。考虑到数据包络分析法（DEA）的有效性，G. Vlontzos 和 P. M. Pardalos 利用它计算和量化欧盟各国主要部门的环境效率。在 G. Vlontzos 和 P. M. Pardalos 的文章中，DEA 方法用于评估温室气体排放效率，确定欧盟国家主要部门的效率变化，并在共同农业政策（CAP）的强烈影响下，以此方式量化其对国家基础的积极或消极影响，同时提供反向行动的暗示。结果显示，欧盟国家的环境效率之间具有显著差异，且较不发达国家而言更低。此外，其产量在很大程度上取决于农作物的国家是否实现了低效率。人造神经网络（ANNs）被用作估计欧盟国家主要部门未来在温室气体（GHG）排放量方面表现的工具，温室气体排放量是农业生产过程中的不良产出。这些方法的结合为 CAP 评估和预测提供了一种新的方法，为欧盟农业生产提供了一个新的适度调整的市场导向框架（G. Vlontzos 和 P. M. Pardalos，2017）①。农业生态系统模型和保护规划工具需要有关农业管理业务的空间和时间上的明确输入数据。Holm Kipka 等开发了土地利用和农业管理实践网络服务（LAMPS），为美国48个州指定地区的用户提供作物轮作和管理信息。LAMPS 链接三个数据源：①基于国家农业统计局（NASS）近年来提供的高分辨率遥感数据的 CropScape Web 服务的年度农田数据层（CDL）；②由美国地质调查局编制的灌溉面积图；③美国农业部自然资源保护局的土地管理和运营数据库（LMOD），包含农业管理实践。他们详细描述了 LAMPS 中生成作物轮作和管理信息的工作流程，包括将 CropScape 的年度

① G. Vlontzos, P. M. Pardalos. Assess and Prognosticate Green House Gas Emissions from Agricultural Production of EU Countries, by Implementing, DEA Window Analysis and Artificial Neural Networks [J]. Renewable and Sustainable Energy Reviews, 2017 (16): 155-162.

作物序列与 LMOD 中的区域作物轮作匹配的算法的细节。使用 Web 服务的说明是用示例输入和响应列表进行指定。他们以美国科罗拉多州的 15 个地区作为研究区域，使用作物类型的地面观测来演示和评估 LAMPS 输出。LAMPS 能够自动检测作物轮作，这与地面观测相似，但优于仅使用 CropScape 检测主导作物序列。LAMPS 可供公共使用以及进一步的全国评估，并可以扩展到与农业模式建模相关的其他空间数据配置（Holm Kipka 等，2016）①。

国内对农业绿色发展评价指标体系的研究侧重于农业的可持续发展评价。崔元峰、严立东、陆金铸和屈志光从生态、经济和社会三个角度出发，考虑其各个子系统下的指标，综合这些指标测算出我国农业绿色发展水平评价体系（崔元峰等，2009）②。张臣民在农业绿色发展效率的基础上，提出了市场短缺、市场开放程度和与国际接轨的质量标准是影响农业绿色发展的主要因素（张臣民，2007）③。靳明从供给方面的制约、需求方面的制约、市场环境方面的制约以及政府政策方面的制约出发，具体阐述了其对我国农业绿色发展的影响（靳明，2006）④。中国的绿色粮食政策（GFGP）是为了提高生态安全而实施的。因此，农业能源和农用化学品投入显著增加，以改善粮食安全，增加 GFGP 执行地区农民收入。Xiuhong Wang 等在分析受 GFGP 影响的农业系统的可持续性的情况下，考虑经济盈利能力和环境可持续性。以盐池县为案例研究区，采用能量综合法，对中国西北地区 GFGP 前后农业系统的可持续性进行了研究。研究发现，1991~2008 年，研究区农业系统总能源投入和能源产出增加。然而，系统的可持续性下降，2001 年 GFGP 发布后，这一下降尤为明显。不可再生购

① Holm Kipka, Timothy R. Green, Olaf David, et al. Development of the Land-use and Agricultural Management Practice web-Service (LAMPS) for Generating Crop Rotations in Space and Time [J]. Soil and Tillage Research, 2016 (155): 233-249.

② 崔元峰，严立东，陆金铸，屈志光．我国绿色农业发展水平综合评价体系研究［J］．农业经济问题，2009（6）：78-83.

③ 张臣民．吉林省绿色农业发展研究［D］．东北师范大学硕士学位论文，2007.

④ 靳明．绿色农业产业成长研究［D］．西北农林科技大学博士学位论文，2006.

买资源的投入不仅会降低中国西北地区 GFGP 的有效性，而且阻碍了 2005 年中国启动的节能减排政策。可以认为西北地区可持续农业发展应以有效利用可再生资源和发展低碳农业经济为基础（Xiuhong Wang 等，2014）①。随着全球变暖，中国南方潮湿地区的干旱频率正在上升。Houquan Lu 等对华南地区农业水资源承载力（AWRCC）的气象干旱对农业用水资源的影响进行了调查。他们根据气候和农业的分布将整个研究区分为三个区域，用作物最大可利用水资源的概念来计算 AWRCC。同时，根据作物需水量与降水量的差异，提出了适合水稻种植面积的农业干旱强度指数（ADI），分析了 1961 ~ 2010 年干旱旱灾面积和作物产量。结果显示，ADI 和 AWRCC 与研究区实际干旱发生面积和食物产量显著相关，表明 ADI 和 AWRCC 可用于干旱相关研究。季节性干旱对 AWRCC 的影响强烈依赖于作物生长季节和种植结构。气象干旱对农业水资源的影响在水资源丰富的地区尤其在西南地区受到干旱的影响最为明显。在干旱季节的西南地区，减少干旱季节作物和水稻的种植面积可以在干旱年份改善 AWRCC。同样，减少双季稻米种植面积可能会在干旱年份改善 AWRCC 的季节性水稻种植系统。其研究结果凸显了调整农作物比例的重要性，这样能提高农业水资源的利用效率，减轻一些潮湿地区的干旱危害（Houquan Lu 等，2017）②。迄今为止，相关部门结合国家生态文明建设的要求，提出并制定了一系列的考核性指标体系，其中有三个对农村绿色发展指标体系的构建具有重要意义。第一，环保部提出的生态文明示范区创建指标。该指标体系主要包括《生态县建设指标》，从环境保护、社会进步和经济发展三个方面出发，共包含 36 个指标（2007）；《国家生态文明建设试点县指标（试行）》，从生态人居、生态环境、生态文化、生态制度和生态经济出发，共包含了 35 个指标（2013）；《国家生态文明建设示范村镇指标（试行）》，基于生产

---

① Xiuhong Wang, Jianxiu Shena, Wei Zhangc. Emergy Evaluation of Agricultural Sustainability of Northwest China before and after the Grain-for-green policy [J]. Energy Policy, 2014 (67): 508-516.

② Houquan Lu, Yihua Wu, Yijun Li, Yongqiang Liu. Effects of Meteorological Droughts on Agricultural Water Resources in Southern China [J]. Journal of Hydrology, 2017 (548): 419-435.

发展、乡风文明、生态良好及生活富裕建立了指标体系。第二，农业部“美丽乡村”建设目标体系。农业部在2013年下发了《“美丽乡村”创建目标体系》，在生产、生态及生活和谐发展的基础上，从生产发展、支撑保障、生活舒适、文化传承和民生和谐出发，制定了20项具体指标。第三，各地根据国家新农村建设的目标原则所制定的新农村建设量化考核指标体系。例如，重庆市从生产条件、产业发展、农民素质、农村道路、农村社保、农民收入、文明风气、民主政治和人居环境出发，制定了新农村建设具体量化指标。

综上所述，国内外对农业的可持续发展评价指标体系进行了较为系统的研究和分析，这些指标体系涉及环境、社会和经济等多个方面，为本书建立农业绿色发展评价指标体系提供了借鉴意义。本书根据国内外的研究成果，结合我国现阶段的供给侧结构性改革政策，建立侧重于“绿色”的指标体系。

## 三、农业绿色发展评价指标体系的构建意义

相对于发达国家而言，我国绿色发展起步较晚，无论是在技术还是规模上，都有待于进一步的提升。绿色发展是从资源承载力和生态环境容量出发，以环境保护和可持续发展为理念，以经济、环境和社会的协调发展为目标的一种新型发展模式。然而将绿色发展理念融入农业是一项非常有创意的提法，农业的绿色发展是指在农业发展过程中，将农业和环境结合起来，既保障绿色农产品的供给，又保护环境，达到农业与环境的和谐发展。农业绿色发展理论是相对于传统农业发展理论而言的，世界各国也正在积极探索和研究农业绿色发展。目前，有关农业绿色发展的理论众多，主要包括有机农业理论、生态农业理论、绿色农业理论和可持续发展农业理论等，这些农业发展理论本质上是强调农业发展、自然资源和生态环境的协调发展。农业绿色发展既是历史发展的必然选择，也是保障人类长期居住环境的内在要求。

为了取得农业和环境的和谐，2016年4月27日，社会科学文献出版

社、中国社会科学院农村发展研究所在北京联合举行了《农村绿皮书：中国农村经济形势分析与预测（2015～2016）》发布会，农村绿皮书指出“应将农业绿色转型发展提升为国家战略，并以严格的制度对农业生产资料企业以及农业生产主体的生产行为进行规范，同时，还应建立农业生产技术的生态风险评估机制以及农产品生产链条监管的长效机制”。更进一步地，2016年，中共中央、国务院发布了《关于落实发展新理念加快农业现代化实现全面小康目标的若干意见》，文件明确提出“加强资源保护和生态修复，推动农业绿色发展，推动农业可持续发展，必须确立绿色农业就是保护生态的观念，加快形成资源利用高效、生态系统稳定、产地环境良好、产品质量安全的农业发展新格局”。农业绿色发展首次被写入中央一号文件，具有重要的理论和实践意义，它指出农业发展的路径要向绿色轨道调整。

目前农业绿色发展的研究主要集中于学理上的讨论，很少涉及指标体系的构建。这里构建我国农村绿色发展评价指标体系具有重要的理论和现实意义。

一方面，在理论应用上，构建农业绿色发展评价指标体系，将绿色经济学融入农业这一传统行业，既发展了绿色经济学这一新兴学科，又在一定程度上推广和完善了绿色经济学。另一方面，在总结国内外关于农业绿色发展的研究成果时发现，很少有专家学者对农业绿色发展评价指标体系有过系统的研究，所以，本书中我国农业绿色发展评价指标体系的构建具有重要的理论意义。

在现实应用上，只有积极探索构建我国农业绿色发展指标体系，进入实际的操作层面，定量分析评价我国的绿色农业发展整体水平，才能为我国农业的绿色发展过程提供一个参考评估工具，为我国农业的绿色发展结果提供一个相对的衡量标准。从政府的角度来看，指标体系的构建有助于其科学地把握农业绿色发展的影响因素和内在规律，为促进农业现代化、绿色化生产提供了参考依据，为节约资源、降低环境污染提供了指导标准，为更好地推进农业绿色发展提供了科学依据，对我国制定相关的农业发展政策或农业的绿色改革具有重要作用。从社会的层面来看，指标体系的构建可以使人们理解什么是农业绿色发展的具体表现，使人们更加了解我国农业绿色发展的基本情况和存在的问题，对推进我国农业的绿色发展具有一定的意义。

农业是最本质的物质生产部门，是国民经济的基础，是工业化、城市化顺利进行的保障。转变农业发展方式，是实现农业现代化的必然要求，对经济发展方式的转变具有重要意义。我国可持续发展战略的重要组成部分是农业的绿色发展，而转变农业发展方式的核心，就是实现农业的绿色发展。农业绿色发展指标体系的构建，对加快实现农业发展方式的转变具有重要的作用，不仅可以提高农业产品的质量和竞争力，还可以为我国国民经济的快速发展提供有力的保障。

## 第二节　农业绿色发展评价指标体系构建的理论基础

### 一、农业绿色发展的内涵及其特征

1. 农业绿色发展的相关理论

（1）自然农业理论。自然农业是“二战”后由日本的福冈正信首次提出来的，是指与自然规律和谐发展的农业，即运用自然的力量实现农业的发展。具体来说，自然农业是以免耕为主要特点；以铺秸秆，种三叶草、紫花苜蓿、菊苣等生物措施代替化学和机械除草；以生物链的自然调节代替化学农药，控制有害生物；以绿肥、秸秆还田、粪肥等有机肥代替化肥。用身边的自然资源、天然物质制作所需的生产资料，使土壤和水得到净化，生态环境得到恢复，农业经济得到发展。

（2）有机农业理论。有机农业的思想最早是由法国和瑞士提出来的，有机农业理论是指基于自然规律和生态学原理，在农业的发展过程中，不使用任何农药、化学合成的肥料以及一些生产调节剂，而是使用有机肥料、有机饲料等，达到种植业、养殖业与自然环境的和谐发展。有机农业注重可持续发展技术的创新与应用，它主要是一种农业生产体系的持续发展。

（3）生物农业理论。奥地利最早提出生物农业理论，20 世纪 70 年代初，英国也开始提出“生态农业”的概念。该理论是基于“石油农业”发展起来的。生物农业理论是指在农业的发展过程中，从生物的角度出发，使用生物农药、基因管理等，用生物学的方法来促进农业的生产力发展，建立并完善农业循环系统，促使农业和环境的协调。

（4）高产优质高效农业理论。高产指提高包括农林牧副渔等多种农业资源的产出率，提高单位面积产量；优质指追求包括品种改良、结构优化、产品优质等在内的农产品的使用价值；高效指以提高经济效益为核心，兼顾生态效益和社会效益，提高农业的综合效益。总之，高产优质高效农业是指从全面发展的理念出发，遵循价值规律、利用科技进步，合理开发各种农业资源，生产出质量好、品质高的农产品。

（5）生态农业理论。生态农业是继石油农业后世界农业发展的一个重要阶段，是作为“石油农业”的对立面出现的。生态农业是指基于生态学、生态经济学原理和应用系统工程方法，因地制宜地提高生物能的转化率、废弃物的再循环利用率和太阳能的利用率等，以尽可能少的投入，获得尽可能多的产出，使农业发展处于一个良性循环状态，达到农业发展、经济效益和资源环境的协调发展。

（6）绿色农业理论。绿色农业是与传统的依靠化肥、农药和农机具的“石油农业”相对的，绿色农业是指在农业生产的过程中，采用集约的发展方式，利用绿色技术，减少高耗能农用机械的使用，避免食品污染，生产绿色产品，为农业的可持续发展奠定基础。绿色农业是以绿色产品的生产为核心的，所以，在很大程度上可以说是消费者与企业之间的关系。

（7）现代农业理论。现代农业理论是一套建立在现代自然科学基础上的农业科学技术的农业发展理论，从农业生产的性质来看，主要是指第二次世界大战后经济发达国家和地区的农业。现代农业是将现代科学技术与农业结合起来，用科学的方法提供农业生产资料，优化农业管理方法，提高农业生产的社会化程度，逐步形成良好的、高效能的生态系统。

（8）可持续农业理论。可持续农业是在有机农业、生物农业和生态农业等理论的基础上发展而来的，它贯穿着可持续发展的思想。可持续农业理论是指利用技术变革和体制变革，维护水、土地和动物等遗传资源，以使用和保护自然资源的方式，合理开发利用自然资源，保护并改善生态环境，不断提高农民的收入和生活水平，使农村和农业的生态、经济健康、全面持续地发展。

2. 农业绿色发展的概念

农业绿色发展建立在自然资源、生态环境、经济发展、人民生活水平和政府管理协调发展的基础上，提高资源利用效率，加强政府管理水平，改善环境污染现状，坚持切实走节约自然资源和保护生态环境的科学发展道路，达到人、社会、环境的和谐发展。农业绿色发展本质上是从绿色生产和绿色产品出发，注重合理利用资源和保护环境，促进经济可持续发展，提高人民的生活水平。

由以上关于农业绿色发展的定义可以得到，本书界定的农业绿色发展是科学发展观以及创新、协调、绿色、开放、共享五大发展理念在农业上的应用，是一个综合的概念，主要包括生态环境、经济发展、绿色生产、绿色产品和人民生活水平这五个方面的内容。

农业的绿色发展注重对生态环境的保护，随着我国农业的快速发展，农村环境问题日益突出，逐渐引起了专家学者的注意，要实现农业的可持续发展，必须保护并改善农村的生态环境，为农业的发展提供一个绿色的环境。

农业的绿色发展并不是一味地追求“绿色”、追求生态环境的建设而忽视经济发展的基础性地位，我们要通过把握发展规律、创新发展理念、转变发展方式，提高发展效率，实现经济又好又快发展。对于农业来说，经济的健康发展本身就是一种“绿色”。

农业的绿色发展强调的是农业生产过程中的“绿色”，在农业的发展过程中，要合理配置资源，提高各种农业资源的利用率，保护农村生态环境，协调好资源环境间的关系，走资源节约型和环境友好型的道路。

农业的绿色发展不光强调农业生产过程中的绿色生产，也重视绿色产品的大量增加，在农产品生产过程中，要加大绿色农产品的种植面积，积极建设绿色食品加工产业，实行绿色包装、绿色运输，保障农产品的质量。

农业的绿色发展的最终目标是提高人民的生活水平，科学发展观明确提出“要始终把实现好、维护好、发展好最广大人民的根本利益作为党和国家一切工作的出发点和落脚点，尊重人民主体地位，发挥人民首创精神，保障人民各项权益，走共同富裕道路，促进人的全面发展，做到发展为了人民、发展依靠人民、发展成果由人民共享”。对于农业发展而言，只有人民的生活水平提高了，农业才算是真正的绿色发展。

3. 农业绿色发展的特征

农业绿色发展的特征包含以下几个方面：①综合性。农业的绿色发展不只是强调“绿色”，强调生态环境的保护，而是更多地注重自然资源的合理利用开发、生态环境的逐步恢复、农业经济的不断发展与人民生活水平的日益提高，是资源、环境、社会和经济的共同发展。②整体性。农业绿色发展不是某一部分人（如农民）的发展，农业绿色发展包括生态环境、自然资源、社会水平以及经济等各方面。对生产者而言，农业绿色发展保障了产品品质，强化了产品品牌效应，提高了农民收入；对消费者而言，农业绿色发展满足了其对产品品质、营养方面的要求，提高了他们的生活质量。因此，农业绿色发展是全人类的全面发展、共同富裕。③延续性。农业绿色发展注重“绿色”，强调可持续发展，是近期发展和长期发展的有机统一，不同的国家在不同时期、不同阶段都要坚持处理好人与自然的和谐发展以及人与人的和谐发展。④内生性。农业的绿色发展是系统内部各种变量相互作用的结果。

农业的绿色发展涉及生态环境、自然资源、经济发展和社会水平等各个方面，是一个综合概念。所以，应该采用统筹兼顾的方法，促进资源环境、人民生活和经济社会的协调可持续发展，只有这样，才能实现农业的绿色发展。

## 二、农业绿色发展的评价目的

农业的绿色发展理论是基于绿色经济学发展而来的，绿色经济学的基本原理是将生态环境作为重要因素，追求经济和环境的协调发展。2016 年中央一号文件也明确指出“加强资源保护和生态修复，推动农业绿色发展”、“推动农业的可持续发展，必须确立发展绿色农业就是保护生态的观念”。农业绿色发展的评价目的实质上是要准确、科学、全面地评估农业发展的资源承载能力、评估农业发展与环境的协调能力、评估农业生产过程的绿色化、评估农业生产发展水平及其能力。

第一，评估农业发展的资源承载能力。农业发展的资源承载能力主要是指一个国家或地区内的各种农业自然资源对该国家或地区内人口及经济发展的支撑能力。农业的绿色发展要求资源的承载能力不仅能够满足当代人的需求，而且能够满足后代人的需求，要做到资源的承载能力在农产品发展需求水平之上，保持农业的可持续发展。

第二，评估农业发展与环境的协调能力。农业的绿色发展注重各种农业自然资源的合理开发和利用，在不破坏生态环境的情况下，追求生产水平的提高和经济的发展。若对各种农业自然资源进行掠夺式的开采，以此来促进农业的快速发展，势必会对自然资源产生长远的、不利的影响，进而影响农业生产的进一步发展。良好的生态环境是农业发展的基础，所以，要协调好农业发展和生态环境之间的关系。

第三，评估农业生产过程的绿色化。农业的绿色发展强调的是“绿色”，在农业生产过程中，要合理配置各种农业自然资源，提高资源的利用率，避免使用剧毒农药、化肥等化学物质，保障农产品的质量安全，提高农产品的品质，做到农业生产过程的绿色化。

第四，评估农业生产发展水平及其能力。农业的生产发展水平是指农业作为一个产业在整个国民经济中的发展状况。农业的生产能力是指其满足社会经济发展和人民生活水平不断提高的能力，也就是指在生态环境、自然资源的约束下，尽可能多地提供农产品，追求其与经济社会的同步增长。

## 三、农业绿色发展的评价原则

根据绿色经济学发展原理，农业绿色发展的评价原则主要包括整体效益最大化原则、生态破坏最小化原则、节约原则、协调发展原则、综合开发原则、动态发展原则、循环利用原则等。

整体效益最大化原则是指以综合效益最大化为原则，即不仅要重视经济效益还要重视社会效益，在农业经济发展的同时注重环境资源的可承受能力。

生态破坏最小化原则是指在农业发展过程中以保护生态环境为基础，以绿色发展为总基调，在发展的过程中同时实现生态破坏最小化。

节约原则是指要改变以往的“粗放型”的经济发展，对各种农业自然资源要合理开发、使用，做到物尽所能，既节约资源又促进发展。

协调发展原则是指经济建设、环境保护和社会效益的统筹规划、共同发展，把环境保护纳入经济和社会的发展中，推进三者的协调可持续发展。

综合开发原则是指对目前尚未充分利用的农业资源进行物质技术投入，对尚未利用的农业资源进行深层次的开发，达到农业资源的综合开发利用。

动态发展原则是指经济发展、环境保护和社会效益是动态发展的，当其中一方出现变化的时候，其余两方要做出相应的调整，达到三方的和谐发展。

循环利用原则是指将农业发展中出现的废弃物转变为可再利用的材料，在下一阶段的经济发展中继续使用，既保护环境又避免浪费。

# 第三节　农业绿色发展评价指标体系构建的方法论

## 一、构建思路

供给侧结构性改革背景下农业绿色发展评价指标体系的构建思路主要有以下几个方面：

首先，农业绿色发展评价指标体系是对农业发展水平的一个综合性评价体系，因此，本书在指标体系的构建上涵盖了“生态环境指标”、“经济发展指标”、“绿色生产指标”、“绿色产品指标”和“人民生活指标”五个方面，从这五个方面出发，基本上可以考察农业在经济发展、绿色环保和社会进步方面的综合发展。

其次，在农业绿色发展评价指标体系的定位上，本书注重“供给侧结构性改革”、“绿色”和“发展”相结合，农业的前提是发展，但这种发展又不同于以往传统意义上的发展，它是一种顺应供给侧结构性改革的绿色的科学发展，在农业发展中加入了当前农业经济政策和绿色的思想，是一种动态农业发展。

最后，本书构建了我国农业绿色发展评价指标体系，并利用构建的指标体系对农业绿色发展的影响因素进行了分析。因此，在样本的选取上，本书以全国为分析对象，对于选取的各项指标中存在的单位不一致问题，在收集各项指标数据后，对不同量纲的指标进行一致性处理。

## 二、构建原则

随着国家越来越重视生态文明、环境保护和绿色发展，国内涌现出了大量有关的文献，国内外各位专家学者对生态文明指标体系提出了相应的构建原则。朱绪荣、邓宛竹和张忠明（2012）① 基于现代农业的内涵和特征，提出了现代农业示范区规划指标体系的构建原则，包括系统性原则、科学性原则、指导性原则和可操作性原则；文春波等（2015）② 从国内现有生态文明建设方面的相关指标体系出发，根据河南省资源环境特征和经济发展，提出了依据全面性原则、特色性原则、可操作性原则、可比性原则和简约性原则来构建河南省生态文明指标体系框架；陈丽丽等（2015）③ 根据生态文明以及指标体系的相关内涵，提出农村生态文明指标体系的构建原则必须具有整体性、科学性和层次性。生态文明建设成为解决中国严重资源环境问题的关键战略之一。然而，如何界定和如何评估生态文明（EC）值得深入探讨。Xiaohong Zhang 等基于科学性、整体性的指标体系构建原则，构建了以人为本的 EC 指标体系，该指标体系由一套指标组成，即生理平衡度（DPE）、心理失衡程度（DPI）、人与环境不平衡程度（DI-HE）、人类发展程度（DHP）、经济与环境不协调程度（DDEE）生态文明指数（ECI），然后用指标体系来研究 1980~2010 年中国欧共体建设的趋势（Xiaohong Zhang 等，2016）④。本书在参照其他一些指标体系构建的基础上，在构建我国农业绿色发展评价指标体系中遵循以下五个原则。

整体性原则：评价指标体系是由多个指标组成的复杂系统，它包含了各个不同的层面，必须考察各个不同层面的相互联系、相互影响，并进行多方面的分析。本书农业绿色发展评价指标体系主要包括生态环境、经济发展、绿色生产、绿色产品和人民生活水平五个层面，这五个方面相互联系、相互影响，从这五个层面出发进行多方面的分析。

---

① 朱绪荣，邓宛竹，张忠明．现代农业示范区规划指标体系构建方法研究［J］．中国农学通，2012，28（35）：107-115.

② 文春波，郝民杰，耿峰，等．河南省生态文明指标体系研究［J］．环境与可持续发展，2015，40（3）：169 -171.

③ 陈丽丽，刘宁，王远，等．农村生态文明指标体系的构建［J］．江苏科技信息，2015（22）：22-24.

④ Xiaohong Zhang，Yanqing Wang，Yan Qia，Jun Wu，Wenjie Liao，Wei Shui，Yanzong Zhang，Shihuai Deng，Hong Peng，Xiaoyu Yu，Hui Qi. Evaluating the Trends of China's Ecological Civilization Construction using a Novel Indicator system［J］．Journal of Cleaner Production，2016（133）：910-923.

科学性原则：评价指标体系构建的各个步骤都要以科学的标准为基础，选择科学的计算方法，严格按照规定来选取指标以及赋予权重等，尽可能使用国家统计部门公布的指标。本书选择的指标既紧扣农业绿色发展的本质、内涵和特征，也反映出供给侧结构性改革对农业绿色发展的联系和影响，体现供给侧结构性改革背景下农业绿色的潜在发展。

层次性原则：评价指标体系虽说是由多个指标组成的复杂系统，但它并不是杂乱无章的，而是一个有机整体。对该系统进行细化分层，使指标体系结构清晰、层次分明和便于计算。本书的一级指标是农业绿色发展评价体系，二级指标有五个，分别是生态环境、经济发展、绿色生产、绿色产品和人民生活水平，再在这五个指标下分别设置三级指标，这三层指标构成指标体系。

可操作性原则：可操作性是指标体系构建中一个非常重要的原则，选取的评价指标要清晰明确、易于获得，要利用已有的资源进行指标的构建，以便使指标体系构建的每一个步骤都是可实际操作的。本书选取的各种评价指标的数据均可从国家权威统计年鉴和有关部门网站上获取，对于一些缺失的指标数据，采用相似指标数据进行替代。

简约性原则：选取的指标要少而精，在数量上要少，在质量上要精，既要具有数量上简洁性，又要体现指标体系所反映的核心问题，以便于指标体系框架的构建。本书选取一级指标 1 个、二级指标 5 个、三级指标 25 个，集中地反映农业绿色发展中“绿”的思想，这种“绿”不同于以往的文献中提到的绿色发展，这种“绿”是包含供给侧结构性改革的绿色发展。

## 三、构建模式

近年来，各国逐渐意识到环境与发展是相辅相成的。国内外许多专家学者基于当时经济、环境和社会的发展，提出了许多绿色发展的构建模式。

2009 年，经济合作与发展组织（Organization for Economic Co-operation and Development，OECD）部长级理事会上，制定了绿色增长战略，并从经济角度出发，为解决环境污染和气候变化问题，拟定了集经济、环境、技术、社会、发展为一体的综合框架。该体系框架中包含了生产、自然资产基础、消费、政策这 4 类一级指标，以及 14 个二级指标和 23 个三级指标（见图 2-1）。

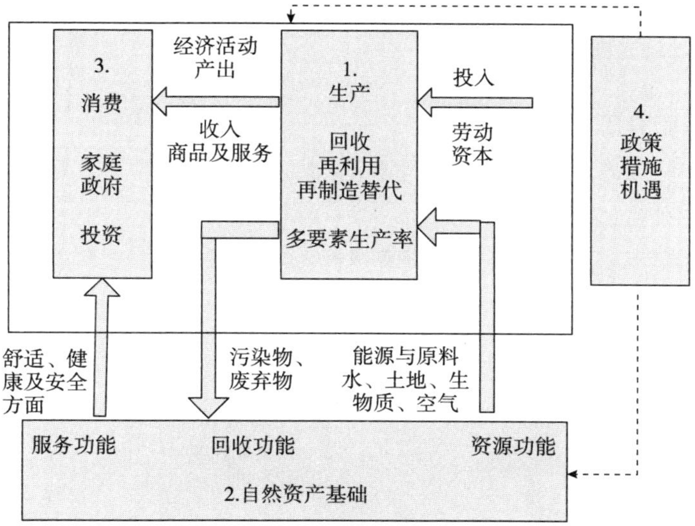


**图 2-1　OECD 绿色增长战略框架**

捷克以 OECD 绿色增长战略框架为基础，结合自身的经济发展、生态环境和社会水平等实际情况，将可持续发展和公平加入 OECD 绿色增长战略框架，即从环境和资源生产率、自然资产基础、生活质量的环境因素、政策响应和经济机遇、可持续发展和公平这 5 个层面出发构建了绿色增长指标框架（见图 2-2）。

联合国环境规划署（United Nations Environment Programme ，UNEP）从经济转型、资源效率、社会进步和人类福祉三方面建立了绿色经济衡量框架，其中经济转型包括的行业有农业、建筑业和制造业等；资源效率包括能源消耗强度、原材料消耗强度和单位 GDP 废物产生量等；社会进步和人类福祉包括调整后的净储蓄、贫困减少指数和真实进步指数等。具体绿色经济衡量框架如图 2-3 所示。

2012 年，加州创建了绿色创新测度体系，共包含绿色科技创新、低碳

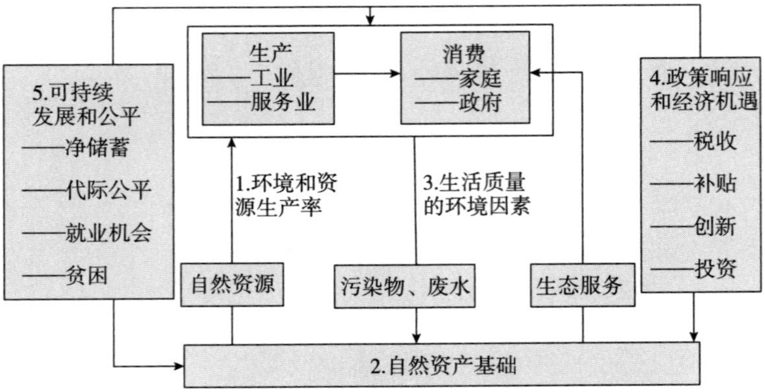


**图 2-2　捷克绿色增长指标框架**

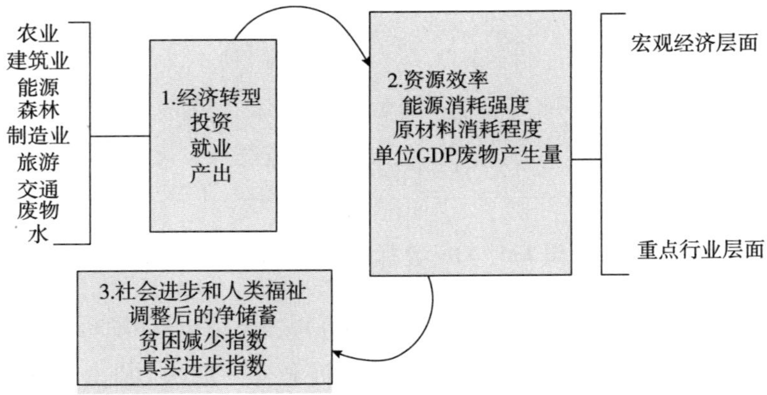


**图 2-3　UNEP 绿色经济衡量框架**

经济、能源效率、可再生能源和交通运输五个部分，绿色科技专利项目、人均 GDP 和人均温室气体排放、按行业分类的电力消费量、可再生能源发电量占总能源发电量的比重、来自地面交通的温室气体排放量等 18 个分指标。该指标体系十分重视低碳经济和科技创新，以低碳经济为核心，把科技创新应用于绿色发展的全过程。具体指标体系如表 2-1 所示。

近年来，面对我国环境、资源和经济发展的矛盾日益突出，环境污染和温室气体效应日益明显的状况，北京师范大学等研究机构制定了一套适合

**表 2-1　加州绿色创新测度体系**

| 一级指标 | 二级指标 |
| --- | --- |
| 绿色科技创新 | 1. 清洁技术风险资本投资额<br>2. 绿色科技专利项目<br>3. 绿色科技专利份额 |
| 低碳经济 | 1. 人均 GDP 和人均温室气体排放<br>2. 温室气体排放强度<br>3. 二氧化碳排放强度<br>4. 温室气体来源分布 |
| 能源效率 | 1. 能源生产力<br>2. 能源消费总量<br>3. 按行业分类的电力消费量<br>4. 电力消费总量 |
| 可再生能源 | 1. 可再生能源发电量占总能源发电量的比重<br>2. 按种类分的可再生能源发电量 |
| 交通运输 | 1. 来自地面交通的温室气体排放量<br>2. 车辆英里数<br>3. 替代原料和传统天然气消耗量<br>4. 替代性燃料交通工具注册数量<br>5. 替代性燃料消耗占交通运输能源消耗比重 |

中国国情的绿色发展指数指标框架。该指标框架包括经济增长绿化度、资源环境承载潜力和政府政策支持度 3 个一级指标，第一产业指标、第二产业指标、资源与生态环境保护指标、基础设施和城市管理指标等 9 个二级指标。具体绿色发展指数指标如表 2-2 所示。

**表 2-2　中国绿色发展指数指标二级框架**

| 一级指标 | 二级指标 |
| --- | --- |
| 经济增长绿化度 | 1. 绿色增长效率指标<br>2. 第一产业指标<br>3. 第二产业指标<br>4. 第三产业指标 |
| 资源环境承载潜力 | 1. 资源与生态环境保护指标<br>2. 环境与气候变化指标 |

续表

| 一级指标 | 二级指标 |
|---|---|
| 政府政策支持度 | 1. 绿色投资指标<br>2. 基础设施和城市管理指标<br>3. 环境治理指标 |

朱绪荣等（2012）为了能客观地评判现代农业发展水平与进程，以高产、优质、高效、生态和安全为总目标构建了示范区规划目标指标体系构建框架，共包括农业效益水平、主导产品供给保障水平、农业基础设施与物质装备水平、农业科技支撑水平、农业规模化水平、产业化经营组织水平、农业可持续发展水平、农业政策支持水平 8 个一级指标，47 个二级指标。具体指标体系框架如图 2-4 所示。

Mathias Kirchner 等已经开发了一个综合建模框架（IMF）来量化农业景观中生态系统服务（ES）和经济发展（ED）的指标。他们以奥地利为例进行研究，评估了不同的农业政策途径和区域气候变化情景的 ES 和 ED 的影响、权衡和协同效应。农业集约化和激励性使用供应 ES（如生物质生产）导致更高的宏观经济产出（如 GDP），但通常会减少与监管和维护（如生态完整性、气候监管）以及文化服务（景观多样性）相关的 ES。他们揭示了某些 ES（如生物量生产和土壤有机碳储量）的协同作用以及奥地利异质农业景观的国家平均值的大空间偏差。气候变化情景导致 ES 和 ED 指标的显著变化，通常需要通过刺激土地利用集约化来放大权衡。他们的研究结果描述了不同 ES 和 ED 指标之间的复杂关系以及考虑空间异质性和区域气候变化的重要性。这一评估可以帮助改善农业环境计划的目标，以便提供更加平衡和有效的供水和促进农村发展（Mathias Kirchner 等，2015）①。具体框架如图 2-5 所示。

① Mathias Kirchner, Johannes Schmidt, Georg Kindermann, Veronika Kulmer, Hermine Mitter, Franz Prettenthaler, Johannes Rüdisser, Thomas Schauppenlehner. Ecosystem Services and Economic Development in Austrian Agricultural Landscapes — The Impact of Policy and Climate Change Scenarios on Trade-offs and Synergies [J]. Ecological Economics, 2015 (109): 161-174.

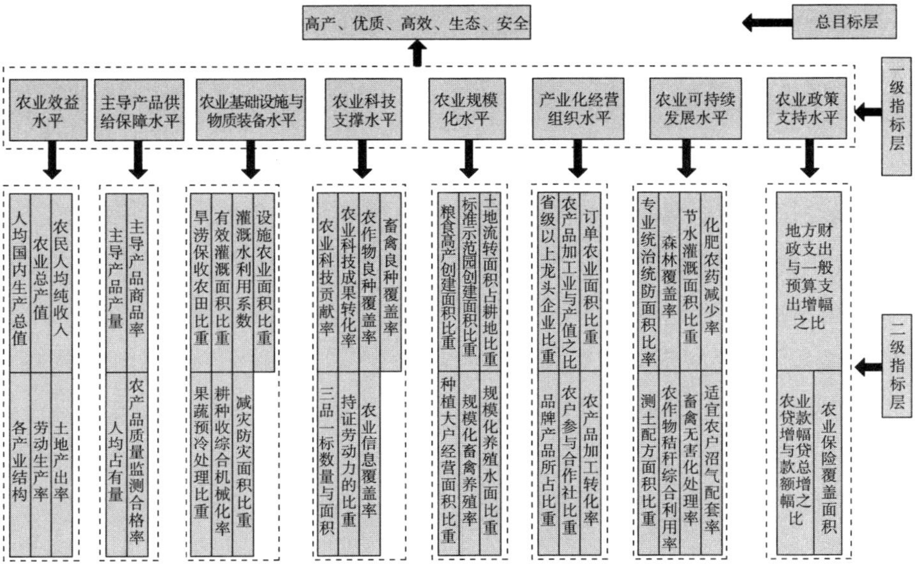


**图 2-4　示范区规划目标指标体系构建框架**

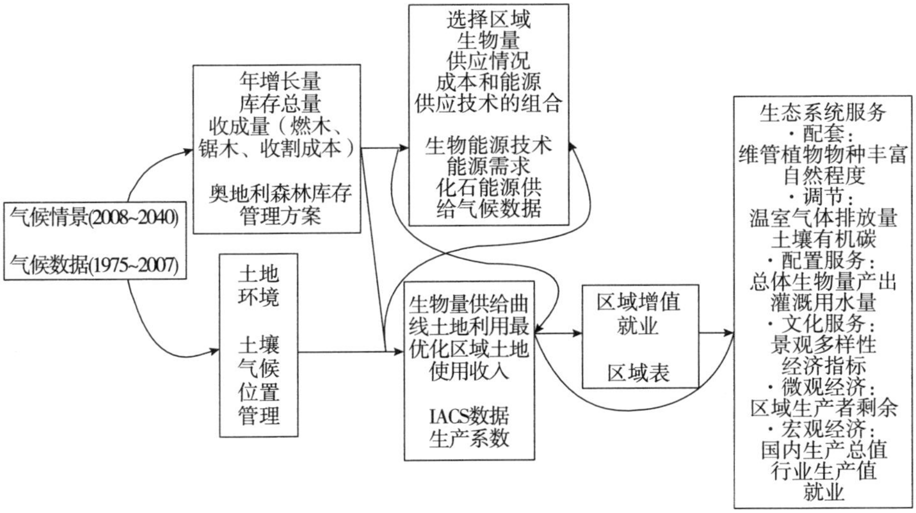


**图 2-5　综合建模框架**

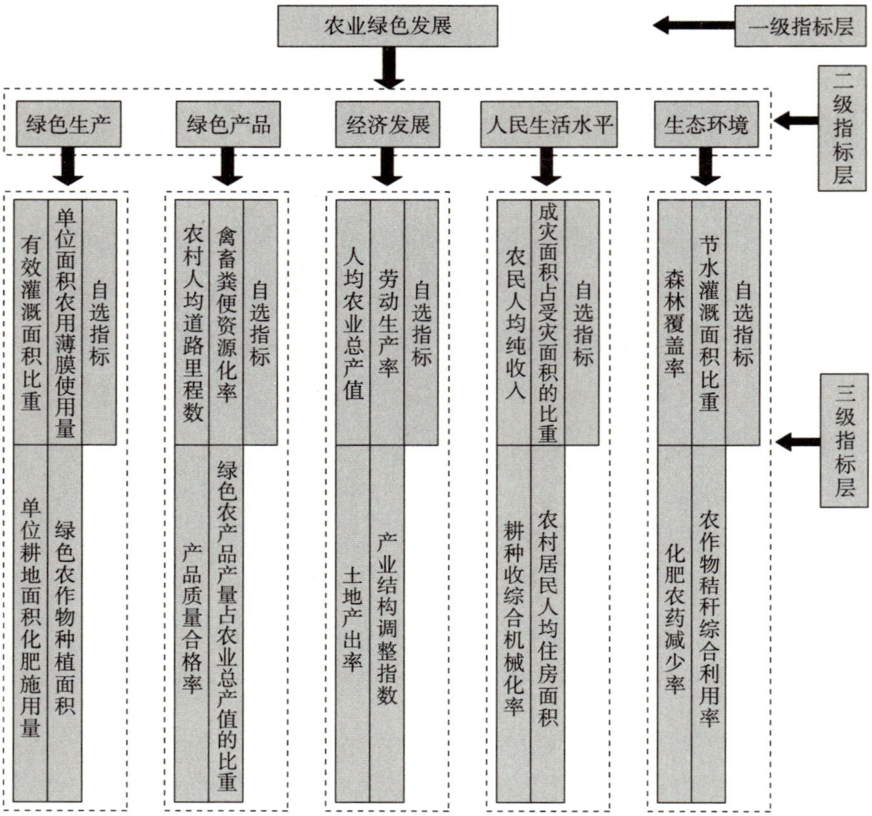


**图 2-6　农业绿色发展指标体系构建框架**

本书参考国内外各种绿色发展构建模式，在考虑我国实际情况、具体国情的基础上，依据农业绿色发展的内涵和特征，并遵循农业绿色发展的一般规律和发展趋势，提出了我国农业绿色发展评价指标体系。该指标体系由三级指标构成，具体如下：一级指标——农业绿色发展，这是总目标层；二级指标——它将一级指标得到 5 个组成部分，分别是绿色生产、绿色产品、经济发展、人民生活水平和生态环境；三级指标——它将 5 个二级指标分别进行分解，得到 25 个具体指标，如绿色农作物种植面积、绿色农产品产量占农业总产值的比重、土地产出率、农民人均纯收入、化肥农药减少率等。具体指标体系框架如图 2-6 所示。其中各个二级指标下设置 5 个自选指标，总共 25 个自选指标，再采用问卷调查的方法进行筛选，每个二级指标下选用 1 个自选指标，共 5 个自选指标。

## 四、构建步骤

基于本书对农业绿色发展的分析，构建我国农业绿色发展评价指标体系有以下几个步骤：

1. 对各个指标数据进行标准化处理

由于各个指标的单位不一致，缺乏指标间的可比性，因此，需要对评价的指标进行一致性处理。在收集各个指标数据后，除正指标外，采用标准化的方法对不同量纲的指标数据进行标准化处理；另外，在收集指标数据的过程中，难免会遇到数据缺失的情况，对于缺失的数据采用中位数填补法或零值填补法进行处理。

标准化的方法有很多种，最常用的有最小—最大标准化、Z-score 标准化、按小数定标标准化。其中，最小—最大标准化是指将原始数据进行线性变换，把原始数据映射成［0，1］上边的值，计算公式如下：

新数据=(原始数据-最小值)/(最大值-最小值)

Z-score 标准化适用于数据超出取值范围的离群情况或最大值和最小值未知的情况，计算公式如下：

$y_{ij}=(x_{ij}-x_i)/\sigma_i(i=1，2，\cdots，n；j=1，2，\cdots，n)$

其中，$y_{ij}$为标准化后的数据；$x_{ij}$为原始数据；$x_i$为第 i 个指标数据的均值；$\sigma_i$为第 i 个指标数据的标准差。

按小数定标标准化是指通过小数点移动的位数进行标准化，计算公式如下：

新数据=原始数据/(10×j)，j 为原始数据中最大绝对值的个数

本书使用最小—最大化标准化进行数据的无量纲化处理。

2. 给各个指标赋予权重

权重是指各个指标重要程度的差异，权重问题是农业绿色发展评价指

标体系的核心问题，主要依据指标的价值、作用以及可靠程度，给各个指标赋予相应的权重。权重赋予的方法有很多，目前主要运用的有因子分析法、层次分析法和专家咨询法等。

运用因子分析法对各个指标赋予相应的权重，因子分析法的步骤如下：

（1）计算评价指标的相关系数矩阵 R，根据相关系数矩阵、KMO 值、Bartlett 球形检验结果判断评价指标体系是否适合进行因子分析。

（2）计算相关系数矩阵 R 的特征值，特征值对应的标准化特征向量为 A，令 F=AX'，其中 F 为主因子矩阵。

（3）确定因子贡献率以及累积贡献率，因子贡献率越大，表明该因子概括各个指标的能力越强。

（4）基于特征值大于 1 来选取主成分个数，选取的因子基本上反映了原始变量的主要信息。

（5）建立公共因子得分模型。

在确定因子贡献率以及累积贡献率后，可以得出各个因子的权重。因子分析法的一般数学模型为

$$x_{m\times1}=A_{m\times n}\cdot F_{n\times1},\quad SD=K_{1\times n}\cdot F_{n\times1}$$

其中，$x_{m\times1}$为变量矩阵，它的每一个分量代表一个指标；$F_{n\times1}$为 n 维不可测向量，它的每一个分量代表一个主成分指标；$A=(a_{ij})$为因子载荷矩阵，$a_{ij}$为因子载荷；SD 为农业绿色发展水平指数；$K_{1\times n}$为因子权重矩阵，其中因子权重等于因子贡献率与累积贡献率的比率。

运用层次分析法对各个指标赋予相应的权重，步骤如下：

（1）建立层次结构模型。最上层为目标层，通常只有一个因素；中间层为准则层或指标层，通常是多个元素，同时可以是多层；最下层为决策层或对象层，同一层的因素对上一层因素有影响，同时又支配下一层的因素。

（2）将每一层次的各要素相对于上一层次的各要素进行两两比较判断，得出相对重要程度的比较权重。在层次结构中，设上一层元素 C 为准

则，所支配的下一层元素为$u_1$，$u_2$，…，$u_n$，对于准则 C 的相对重要性即权重，通常分为以下两种情况：第一种情况，权重可以直接确定。如果下一层元素$u_1$，$u_2$，…，$u_n$对准则 C 的重要性是定量的，则其权重可直接确定，例如货币、重量等。第二种情况，权重无法直接确定。如果下一层元素$u_1$，$u_2$，…，$u_n$对准则 C 的重要性无法直接定量，只能定性，则采取两两比较方法来确定权重，该方法的主要思想是根据元素$u_i$和$u_j$对准则 C 的重要程度，按 1~9 比例标度对重要性程度赋值。这里属于第二种情况。

（3）构造判断矩阵。为了讨论的简便，我们假定只有一个决策准则 C，$A_i$为 n 个被比较对象，$B=(b_{ij})_{n\times n}$为比较矩阵，其中$b_{ij}=b_i-b_j$，i，j=1，2，…，n。比较矩阵 B 可以通过两种方法来构造：第一种方法，用数字表示比较对象$b_i$的等级，然后利用“差”构造$b_{ij}$，即$b_{ij}=b_i-b_j$，i，j=1，2，…，n。第二种方法，根据主观判断直接确定$b_{ij}$。根据构造的比较矩阵 B，结合比较矩阵的互反性，利用指数函数$e^x$构造判断矩阵$A=(a_{ij})_{n\times n}$，其中$a_{ij}=e^{b_{ij}}$，i，j=1，2，…，n，并且该矩阵满足非负性、互逆性和传递性要求。

（4）计算最大特征根以及相对应的特征向量，进行层次单排序。通常情况下运用幂法、和法或根法计算判断矩阵 A 的最大特征根$\lambda_{max}$和相对应的经归一化后的特征向量$W=(w_1, w_2, \cdots, w_n)^T$，这里，$AW=\lambda_{max}W$。

（5）自上而下用上一层的要素的组合权重为权数，对本层次各要素的相对权重向量进行加权求和，并进行层次总排序，得出各层次要素相对于系统总体目标的组合权重。

（6）对层次单排序和层次总排序进行一致性检验。若检验通过，特征向量（归一化后）即为权向量：若不通过，需重新构造比较矩阵。

运用专家咨询法对各个指标赋予相应的权重，步骤如下：

（1）确定影响农业绿色发展的因素，设计有关农业绿色发展分析对象征询意见表。

（2）向专家提供农业绿色发展的背景资料，以匿名方式征询各个专家的意见。

（3）对专家意见进行分析汇总，将统计结果反馈给各个专家。

（4）专家根据反馈结果修正自己的意见。

（5）通过多轮匿名征询和意见反馈，形成最终分析结论。

若用因子分析法对各个指标赋予权重，由于选取的指标较多，易造成多重共线性，降低了各个指标权重的有效性。若用层次分析法给各个指标赋予权重，由于样本数据较大，在构造判断矩阵时，计算较为困难，而且不能消除指标间的信息重叠。因此，本书在利用层次分析法建立农业绿色指标体系框架后，遵循科学性、简单易操作的原则，运用专家咨询法对各个指标赋予权重。

3. 计算样本的综合评价指标值

依据层次分析法和专家咨询法得出农业绿色发展水平指标权重，由农业绿色发展指标权重及各指标的数据计算样本的综合评价指标值，根据评价指标值，结合中国农业绿色发展的现状进行相应的分析。

# 本章小结

本章从理论上分析了农业绿色发展评价指标体系的构建。首先，根据供给侧改革“三去一降一补”的五大任务，从去库存、补短板和降成本这三方面出发阐述了供给侧结构性改革和农业绿色发展的关系，农业供给侧结构性改革是我国供给侧结构性改革的重要组成部分，同时也推动着我国农业朝着绿色、可持续的方向发展。其次，总结了国内外已有的农业绿色发展模式，进一步表明供给侧结构性改革背景下农业绿色发展指标体系构建的可能性。国外的农业绿色发展模式主要包括永久农业发展模式、生态农业发展模式和集成农业发展模式，国内的农业绿色发展模式主要有“多位一体”农业绿色发展模式、产业化主导的农业绿色发展模式和立体复合型农业绿色发展模式。国内外农业绿色发展模式的表现形式各不相同，但本质都是从环境保护和可持续发展出发，在农业生产过程中坚持走资源节约型和环境友好型的道路，实现人、经济、环境与自然的和谐发展。在国内外农业可持续发展模式的基础上，结合我国现阶段的供给侧结构性改革政策，建立侧重于“绿色”的指标体系，即构建农业绿色发展评价指标体系。在构建农业绿色发展评价指标体系之前，我们得先了解什么是农业绿色发展。本章从绿色生产、绿色产品、经济效率、人民生活水平和生态环境出发，结合自然农业理论、有机农业理论、生物农业理论、高产优质高效农业理论、生态农业理论、绿色农业理论、现代农业理论和可持续农业理论，讨论了农业绿色发展的内涵及其特征。在明确农业绿色发展的概念后，我们提出了中国农业绿色发展指标体系的构建思路、构建模式以及构建方法论。

# 第三章 农业绿色发展评价指标体系构建

农业绿色发展不同于绿色农业这一概念，绿色农业是农业绿色发展的一个子集。整体来说，农业绿色发展是指供给侧结构性改革背景下农业的可持续、绿色发展。本章基于前两章农业绿色发展评价指标体系的理论分析，以资源环境、经济发展、社会进步的和谐发展为目标，从绿色生产、绿色产品、经济效率、人民生活水平和生态环境五个方面出发构建农业绿色发展指标体系。

## 第一节 供给侧结构性改革背景下全国适用性指标的选取

2015 年底，中央农村工作会议首次提出了农业供给侧结构性改革；2016 年中央经济工作会议的关键词是“供给侧改革”，提出了“三去一降一补”五大任务，即去产能、去库存、去杠杆、降成本和补短板；2017 年中央经济工作会议首次提出了“深入推进农业供给侧结构性改革”，农业成为供给侧结构性改革的重要一环。2017 年中央经济工作会议中，将增加绿色优质农产品供给放在了突出位置，这符合现阶段我国绿色农业的发展趋势，同时也将是农业供给侧改革的主要着力点。

2017 年中央经济工作会议提出的农业供给侧结构性改革，使绿色农业概念受益。绿色农业主要包括观光农业、绿色动植物农业、设施农业、环保农业、蓝色农业、菌类农业、园艺农业、白色农业、信息农业、黑色农业等，一般情况下，绿色农业是指“三品”，即无公害农产品、绿色农产品、有机农产品。目前，我国大力倡导发展绿色农业，提高我国农产品的品质和质量，尽量多地提供品种优良、无毒无害无污染的农产品，坚持走绿色农业道路。提高农业生产的质量和效益，提高农业综合效益，提高农产品国际竞争力。

对于2017年中央经济工作会议强调的“要把增加绿色优质农产品供给放在突出位置”、“深入推进农业供给侧结构性改革”，郭伟文认为，在接下来的2018年“中央一号文件”中以及中央农村工作会议会有更为详细的说明和部署。例如，向消费者提供无公害、绿色、有机农产品；呼吁一系列企业参与农产品生产、流通等过程，像测土配方施肥、使用无污染农药、食品安全监测、食品回溯等，对于已遭到破坏的土地，要大力推进土壤修复；政府加大对现代农业发展的扶持力度等。

从2015至今的各项工作会议可以看出，中央对供给侧结构性改革背景下的农业绿色发展是高度重视的。农业供给侧结构性改革并不是简单粗暴地去农业产能，而是对农产品价格和供需关系进行调整。在对农作物结构进行适当调整的同时，对农村土地进行集约化利用，将小农户种植转化为大农户机械化种植，提高种植效率，大力推进绿色农业发展，提供绿色优质农产品。农业供给侧结构性改革和农业绿色发展是融会贯通、相互影响的。因此，讨论供给侧结构性改革背景下我国农业绿色发展评价指标体系是十分重要的，在供给侧结构性改革现状下进行全国适用性指标选取也是十分必要的。

## 一、评价指标体系二级指标的选取

本书的一级指标是农业绿色发展。农业绿色发展的评价是一个集社会发展水平、生态环境、自然资源和经济发展于一身的复杂系统工程，应该从人民生活水平、资源环境、经济发展等全方面多角度地进行综合考虑。

将农业作为一个生态—经济—社会的复杂生态系统，沿用可持续发展的研究方法，结合供给侧结构性改革，通过系统的分析，从资源环境、经济发展、社会进步等方面进行农业绿色发展评价指标的选取。基于本书的实际情况，将从绿色生产、绿色产品、经济发展、人民生活水平、生态环境 5 个方面分析我国农业绿色发展评价指标体系。

第一，绿色生产指标。绿色生产指标突出农业生产过程的绿色化，提高产品品质，响应农业供给侧结构性改革。绿色生产是以科学管理和绿色技术为手段，以减少污染、节约能源、降低损耗为目标，对农业生产全过程进行监控，使农业生产全过程的污染物量达到最小的一种生产方式。在农业资源方面，它要求合理开发利用农业自然资源和二次资源、农业资源节约化和循环化；在农业生产方面，它要求土壤肥力的可持续化、控制化肥农药以及植物生产调节剂的使用量、畜禽粪便资源化等；在人民生活方面，它要求空气质量良好、水资源没有受到污染、可获得无毒无害无污染的农产品。

第二，绿色产品指标。绿色产品指标注重农产品在加工运输销售方面的绿色化。绿色产品是指生产过程及其本身节能节水、无毒无害、可再生可回收、技术和质量合格、符合环境保护和可持续发展的一类产品。在农产品生产加工方面，它要求灌溉水达到水质标准、产品加工的集约化和产业化、使用对人类和生物无毒无害的可降解材料进行包装等；在产品运输方面，它要求对果蔬进行适当的预冷处理、建立并完善农村基础设施建设（如农村人均道路里程数）等，保障产品的新鲜程度和营养价值；在产品销售方面，它要求产品符合质量安全监测标准、合理处理农业剩余产品。

第三，经济发展指标。经济发展指标强调农业发展的总结构和总产量。经济发展既包括财富和经济总体的量的增长，也包括经济结构、社会结构、人民生活质量、投入产出效益等质的变化。与供给侧结构性改革和农业绿色发展相结合，经济发展主要表现在高效开发利用各种农业自然资源，提高劳动生产率、土地产出率，调整农业产业结构，提升农产品附加值、人均农林牧渔产值，实现经济效益的可持续发展，使农产品在市场中具备较强的竞争力。农业发展模式具有生命力的关键在于经济效益的可持续发展。

第四，人民生活水平指标。人民生活水平指标重视农业发展带给农村居民的综合效益。农村居民生活水平包括娱乐方式、各种生活用品的数量以及质量、农民收入、物价、物质福利等多个方面。人民生活水平指标要求农业发展不断提高农村居民的生活水平和生活质量，维持农村居民的持久利益。另外，农村居民生活质量的不断提高在很大程度上源于农业的发展速度和发展质量。大力推进现代农业发展，实现农业的绿色发展，最终目的是提高人民生活水平，因此，人民生活水平指标是农业绿色发展中一个非常重要的指标。

第五，生态环境指标。生态环境指标强调在农业发展过程中对生态环境的保护和修复。生态环境是指与人类生活和生产活动密切相关的水资源、生物资源、土地资源、气候资源等自然力量的总和。生态环境指标要求农业发展统筹兼顾、综合决策资源开发和环境保护，合理开发各种农业自然资源，同时大力保护和建设生态环境，对于已遭到破坏的生态环境，要对其进行修复和污染防治。积极倡导农业的绿色发展，不仅符合我国现代农业的发展趋势，而且也能积极响应现阶段日益突出的生态文明和环境保护问题。

## 二、评价指标体系三级指标的选取

农业绿色发展评价指标体系的二级指标分别是绿色生产指标、绿色产品指标、经济发展指标、人民生活水平指标、生态环境指标，在每个二级指标下分别选取评价指标体系的三级指标。在评价指标体系三级指标的选取上，本书根据对农业绿色发展的内涵、特征以及相关理论的综合分析，结合供给侧结构性改革，选取了一些重要的发展特征指标，再综合运用理论分析法、问卷调查法、专家咨询法、频度统计法对选取的指标进行筛选。本书中三级指标分为必选指标和自选指标，必选指标是目前农业发展、绿色发展常涉及的一些指标，自选指标是一些带有争议性的、个别学者专家注重的指标。

三级指标选取的具体过程如下：首先，为了体现评价指标体系指标的科学性原则，在政府平台或权威网站上收集各种有关农业绿色发展的研究报告、文献、专著等；其次，统计出各种资料中出现的有关农业绿色发展的频率较高的指标，并注明指标的出处和公式说明；最后，采用问卷调查法和专家咨询法，根据问卷调查结果和专家意见，对所收集到的指标进行筛选或修改。在频度统计法、问卷调查法、专家咨询法的基础上，结合指标的可操作性原则，选取评价指标体系三级指标中的必选指标。

与此同时，在初次的问卷调查结果和专家意见中，难免会出现一些具有争议性的或某些专家注重的指标，我们将这些指标作为评价指标体系的自选指标，即自选指标来自选取必选指标后所剩余的那些指标。将这些具有争议性的指标进行汇总，并标注指标的出处、含义或计算公式，再次利用问卷调查法和专家咨询法对这些指标进行筛选，通过两次结果，进行指标间两两重要性的比较，最终得到评价指标体系三级指标中的自选指标。

根据上述必选指标和自选指标的选取过程对其进行选取并汇总，最终得到本书评价指标体系的三级指标。在各种评价方法、评价原则的基础上，结合中国的实际情况，本书构建的指标体系共包含 1 个一级指标，5 个二级指标，25 个三级指标，其中三级指标中包含 20 个必选指标和 5 个自选指标。中国绿色发展评价指标体系具体如表 3–1 所示。

**表 3–1　中国农业绿色发展水平评价指标体系**

| 一级指标 | 二级指标 | 三级指标 |
|---|---|---|
| 农业绿色发展指标 | 绿色生产指标 | 有效灌溉面积比重 |
| | | 单位耕地面积化肥施用量 |
| | | 单位面积农用薄膜使用量 |
| | | 绿色农作物种植面积 |
| | | 自选指标 |

续表

| 一级指标 | 二级指标 | 三级指标 |
|---|---|---|
| 农业绿色发展指标 | 绿色产品指标 | 产品质量合格率 |
| | | 农村人均道路里程数 |
| | | 禽畜粪便资源化率 |
| | | 绿色农产品产量占农业总产值的比重 |
| | | 自选指标 |
| | 经济发展指标 | 人均农业总产值 |
| | | 劳动生产率 |
| | | 土地产出率 |
| | | 产业结构调整指数 |
| | | 自选指标 |
| | 人民生活水平指标 | 农民人均纯收入 |
| | | 成灾面积占受灾面积的比重 |
| | | 财政支农与一般预算支出之比 |
| | | 农村居民人均住房面积 |
| | | 自选指标 |
| | 生态环境指标 | 森林覆盖率 |
| | | 节水灌溉面积比重 |
| | | 化肥、农药减少率 |
| | | 农作物秸秆综合利用率 |
| | | 自选指标 |

表3-1中，本书构建的评价指标体系的一级指标——农业绿色发展指标为我们所要测量的目标。二级指标共5个，分别是测量农业生产过程绿色化程度的绿色生产指标，测量农产品加工运输存储及销售方面绿色化程度的绿色产品指标，测量农业发展效率的经济发展指标，测量农村居民生活水平和质量的人民生活水平指标，测量农业发展过程中生态环境保护和修复的生态环境指标。

三级指标的选取保持布局上的均衡，在绿色生产指标、绿色产品指标、经济发展指标、人民生活水平指标、生态环境指标这5个二级指标下面各选取5个三级指标，共得到25个三级指标，其中20个必选指标和5个自选指标。

对于自选指标，我们依据二级指标将其分为5组共28个，具体自选指标如表3-2所示。之后，我们采用问卷调查法和专家咨询法，根据问卷调查结果和专家咨询意见，在每组二级指标下面选取1个自选指标，得到5个自选指标，根据多种方法，最终得到绿色生产指标、绿色产品指标、经济发展指标、人民生活水平指标、生态环境指标二级指标下面的自选指标分别为农业科技进步贡献率、农田灌溉用水有效利用系数、单位面积农业GDP产值、耕种收综合机械化率、环境保护投入占财政总投入的比重。

**表3-2　自选指标**

| 一级指标 | 二级指标 | 三级指标中的自选指标 |
|---|---|---|
| 中国农业绿色发展评价体系 | 绿色生产指标 | 农业科技进步贡献率、畜禽粪便资源化率、人均农业科研经费投入、水土流失面积比率、农田水利设施建设、农业劳动力人均受教育年限 |
| | 绿色产品指标 | 农产品加工转化率、农田灌溉水质达标率、果蔬预冷处理比率、化肥农业残留抽检合格率、农业废物处理率、农村固体废弃物排放量、农田灌溉用水有效利用系数 |
| | 经济发展指标 | 农村每万人拥有农业科技人员数、单位耕地面积粮食产量、成灾面积占受灾面积的比重、除涝面积、单位面积农业GDP产值 |
| | 人民生活水平指标 | 耕种收综合机械化率、农业保险覆盖面、人均污水净化池个数、农村社会救济费、农村人均消费水平、各地区农村改水、改厕投资 |
| | 生态环境指标 | 专业统治统防面积比重、适宜农户沼气配套率、沼气池产气总量、环境保护投入占财政总投入的比重、灌溉水利用系数 |

基于农业绿色发展的内涵、特征、相关理论，结合农业绿色发展评价原则的整体效益最大化原则、生态破坏最小化原则、节约原则、协调发展原则、综合开发原则、动态发展原则、循环利用原则等，通过利用理论分析法、问卷调查法、专家咨询法、频度统计法等多种方法，在一级指标农业绿色发展下选取了 5 个二级指标，这 5 个二级指标影响着上一层的农业绿色发展指标，紧接着在每个二级指标下面各选取 5 个三级指标，这 5 个三级指标反映了各自二级指标的发展状况，最终得到完整的中国农业绿色发展评价指标体系，具体如图 3-1 所示。

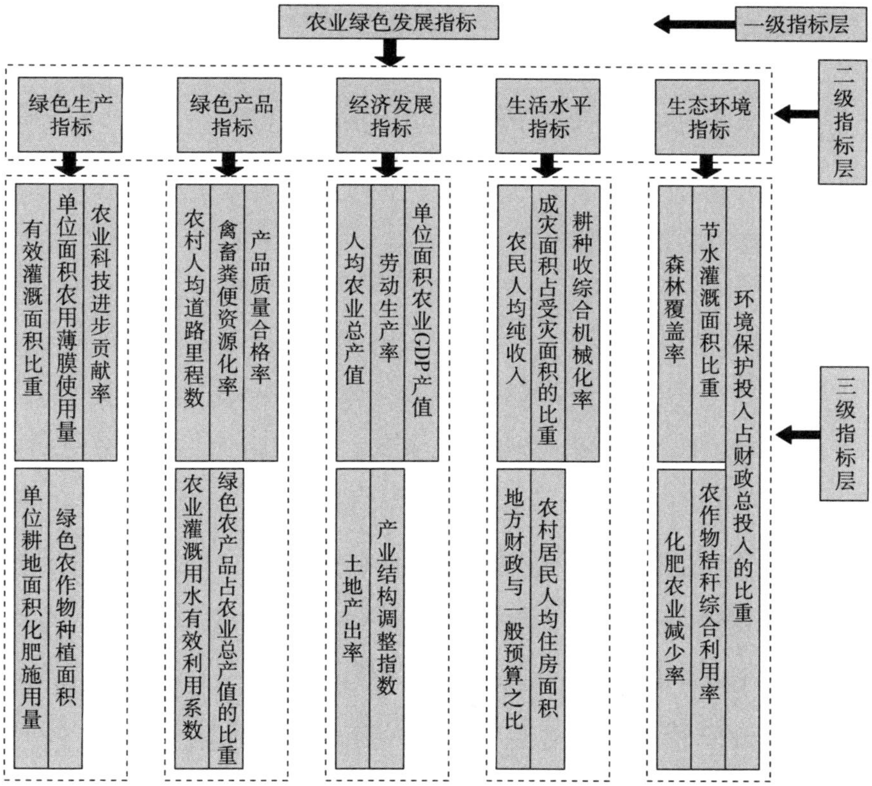


**图 3-1　农业绿色发展指标体系**

## 第二节　农业绿色发展评价体系具体指标解释

本书在阐述农业绿色发展内涵、特征的基础上，从供给侧结构性改革背景出发，结合整体性原则、科学性原则、层次性原则、可操作性原则和简约性原则，构建了农业绿色发展指标体系，该指标体系共包含 1 个一级指标，5 个二级指标，25 个三级指标。为了对我国农业绿色发展进行实时实地测量，对每个具体指标进行解释、标明出处、写出计算公式是十分必要的。以下以二级指标为分类标准，将 25 个指标分为五组，对绿色生产指标、绿色产品指标、经济发展指标、人民生活水平指标、生态环境指标五个指标下面的具体指标进行解释。

### 一、绿色生产指标

绿色生产指标这个二级指标下面包含的三级指标有有效灌溉面积比重、单位耕地面积化肥施用量、单位耕地面积农用薄膜使用量、绿色农作物种植面积、农业科技进步贡献率。下面具体解释这 5 个三级指标。

第一，有效灌溉面积比重。有效灌溉面积是指有一定水源、地块较为平整、灌溉工程或设备基本配套、当年可进行正常灌溉的种植面积。一般情况下，有效灌溉面积等于灌溉设施已配备的条件下，能够进行正常灌溉的水田和水浇地面积之和。它是反映我国田地抗干旱能力的一个主要指标。耕地面积是指通过开垦以种植农作物并经常进行耕种的土地面积，主要包括熟地、抛荒未满三年的土地、休闲地和新开荒的土地。有效灌溉面积比重的计算公式如下：

有效灌溉面积比重=有效灌溉面积/耕地面积

第二，单位耕地面积化肥施用量。农用化肥包括磷肥、氮肥、钾肥和复合肥，农用化肥施用量是指当年内实际用于农业生产过程的化肥数量，化肥施用量要求按折纯量计算数量。折纯量是指把磷肥、氮肥、钾肥分别按含五氧化二磷、含氮、含氧化钾的百分之一百成分进行折算后的数量，复合肥按其所含主要成分进行计算。折纯量的计算公式如下：

折纯量=实物量 × 某种化肥有效成分含量的百分比

耕地面积主要包括熟地、抛荒未满三年的土地、休闲地和新开荒的土地，是指通过开垦以种植农作物并经常进行耕种的土地面积。单位耕地面积化肥施用量的计算公式如下：

单位耕地面积化肥施用量=化肥施用量/耕地面积

第三，单位耕地面积农用薄膜使用量。农用薄膜是应用于农业生产的塑料薄膜的总称，主要包括轻薄型薄膜、多用途薄膜、长寿薄膜、防虫薄膜、除草薄膜。农用薄膜残留量不断地增加，阻碍了水分的渗透，影响了土壤的吸湿性，降低了肥力性能，破坏了土壤结构，从而阻碍了农作物的生长发育，甚至引起了土壤的盐碱化，使地下水难以下渗，最终导致农产品大幅减产。单位面积农用薄膜使用量的计算公式如下：

单位面积农用薄膜使用量=农用薄膜使用量/耕地面积

第四，绿色农作物种植面积。对绿色农作物的种植是有诸多要求的，最基本的就是土壤、水源以及空气质量要达到绿色农作物种植的标准，如今绿色农作物越来越受人们的欢迎，绿色农作物种植面积的逐步扩大也体现着我国农业绿色发展的趋势。绿色农作物是指基于可持续发展原则，按特定生产方式生产，无毒无害无污染的优质、营养、安全农产品。绿色农作物种植面积指标是指有机食品、无公害化产品、绿色食品等农作物的种植面积。绿色农作物种植面积的计算公式如下：

绿色农作物种植面积=有机食品种植面积+绿色食品种植面积+无公害食品种植面积

第五，农业科技进步贡献率。随着社会的不断发展，农业科学技术在农业生产、运输与产品管理方法等方面发挥着日益重要的作用，“农业科技成果”是“农业科学技术成果”的简称，指在农业方面的科技成果，主要包括种植业、林业、畜牧业、渔业等方面。农业科技进步率是农业总产值增长率中扣除新增投入量产生的总产值增长率之后的余额。农业科技进步率除以农业总产值增长率，就是农业科技进步贡献率。农业科技进步贡献率的计算公式如下：

农业科技进步贡献率=农业总产值增长率−物质费用产出弹性 × 物质费用增长率−劳动力产出弹性 × 劳动力增长率−耕地产出弹性 × 耕地增长率

## 二、绿色产品指标

绿色产品指标这个二级指标下面包含的三级指标有产品质量合格率、农村人均道路里程数、畜禽粪便资源化率、绿色农产品产量占农业总产值的比重、农业灌溉用水有效利用系数。下面具体解释这 5 个三级指标。

第一，产品质量合格率。随着人民生活水平的提高，消费者越来越关注农产品的质量、安全和营养价值，产品质量合格率表示为农产品抽检质量合格数与总抽检数之比，这一指标从总体上反映了农产品的质量、安全状况，是农产品卫生状况的一个重要指标。农产品质量安全指标主要包括果蔬农药残留量、瘦肉精、氯霉素污染等。近几年来，我国积极履行职责，全面加强监管，坚持农产品质量安全监管工作“产出来”和“管出来”两手抓。

第二，农村人均道路里程数。农产品，特别是绿色农产品（由于其对土壤、水源等方面的高标准）的生产地大部分分布在农村。要对这些产品进行运输，除了保鲜保质技术外，农村交通也是至关重要的。各类农产品尤其是果蔬采摘后要运用一定的设备和技术将田间热散去，冷却到适宜贮藏和运输的低温状态。但由于目前保鲜保质技术有限，农村的基础设施特别是运输公路就显得非常重要。农村道路里程数暗示了农产品的运输时间、运输速度以及运输质量，反映了农产品的保鲜程度，是农产品质量情况的一个主要指标。农村人均道路里程数的计算公式如下：

农村人均道路里程数=公路里程/农村总人数

第三，畜禽粪便资源化率。畜禽粪便是良好的农业生产肥料，对禽畜粪便进行资源化处理，不仅可以提高农产品的绿色化程度，还能达到保护环境的效果。畜禽粪便资源化率指标是指天然有机质通过微生物的分解或发酵而形成肥料的比率。天然有机质是地表各种环境介质中重要的化学成分，分布广泛、养分全面，但必须经过微生物分解转化后才能被农作物吸收。常用的自然肥料品种包括人粪尿、厩肥、沼气肥、绿肥、沤肥、堆肥和废弃物肥料等。

第四，绿色农产品产量占农业总产值的比重。当今，人们越来越关注农产品的绿色化程度，看重农产品的健康、安全。绿色农产品是指按照特定生产方式生产，经过特定机构组织认证，可以使用绿色食品标志，无污染的优质、安全、营养农产品。农业总产值即农林牧渔业总产值，是指以货币表现的农、林、牧、渔业产品和进行农林牧渔业生产活动的各种支付性服务活动的价值总和。绿色农产品产量占农业总产值的比重指标反映了绿色农产品的市场份额，其计算公式如下：

绿色农产品产量占农业总产值的比重=(绿色食品产量+有机食品产量)/农林牧渔产值

第五，农业灌溉用水有效利用系数。农业灌溉用水有效利用系数指在一次灌水期间被农作物利用的净水量与水源渠首处总引进水量的比值，是衡量灌区从水源引水到田间作物吸收利用水的过程中灌溉水利用程度的重要指标。

## 三、经济发展指标

经济发展指标这个二级指标下面包含的三级指标有人均农业总产值、劳动生产率、土地产出率、产业结构调整指数、单位面积农业 GDP 产值。下面具体解释这 5 个三级指标。

第一，人均农业总产值。人均农业总产值即人均农林牧渔业总产值，是指以货币表现的农、林、牧、渔业产品和进行农林牧渔业生产活动的各种支付性服务活动的价值总和，它反映了一定时期内农业生产的总规模和总成果。一般情况下农业总产值通过农、林、牧、渔业产品及其副产品产量分别乘以各自单位价格求得；对于少数生产周期较长，当期没有产品或产品产量难以统计的农产品，则采用间接方法匡算其产值。综上所述，农业总产值等于农林牧渔服务业产值与四业产品产值之和。人均农业总产值的计算公式如下：

人均农业总产值=农林牧渔业总产值/第一产业劳动人口

第二，劳动生产率。劳动生产率是指一定时期内劳动者所创造的劳动成果与其相对应的劳动消耗量的比重，劳动力水平是指同一劳动在单位时间内生产产品的数量。本书所涉及的劳动生产率是指单位劳动力的农业产值增加值，它是反映农村居民生活水平的一个重要指标。其计算公式如下：

劳动生产率=农业产值增加值/农村劳动力总人数

第三，土地产出率。土地产出率是指在一定时期内单位土地上农业的平均产值，它是反映一个国家农业生产力水平的一个综合性的经济指标。在当前土地资源比较紧缺的状况下，合理开发利用土地，从整体上提高土地利用率，能够实现经济的可持续发展。土地产出率的计算公式如下：

土地产出率=农业总产值/农作物播种面积

第四，产业结构调整指数。产业结构即国民经济的部门结构，是指国民经济各产业部门之间以及各产业部门内部的构成。产业结构调整包括产业结构合理化和高级化两个方面，合理利用资源、各产业部门协调、提供给劳动者充分就业的机会、应用先进的产业技术是产业结构合理性的标志。本书产业结构调整指数是指农村非农业的产值占农业总产值的比重，其中农村非农业的产值等于国内总产值（GDP）减去农业总产值。产业结构调整指数的计算公式如下：

产业结构调整指数=(国内总产值-农业总产值)/农业总产值

第五，单位面积农业 GDP 产值。国内生产总值是指在一定时期内在一国境内运用全部生产要素所生产的最终产品与服务的价值总和，是衡量国民经济发展的一个重要指标。农业 GDP 产值是指在一定时期内生产的农产品的价值，即第一产业总产值。单位面积农业 GDP 产值是指农业 GDP 产值与耕地面积的比重，该指标反映了我国农业发展的经济效益，是我国农村农业发展的一个重要指标。单位面积农业 GDP 产值的计算公式如下：

单位面积农业 GDP 产值=农业 GDP 产值/耕地面积

## 四、人民生活水平指标

人民生活水平指标这个二级指标下面包含的三级指标有农民人均纯收入、成灾面积占受灾面积的比重、财政支农与一般预算支出增幅之比、农村居民人均住房面积、耕种收综合机械化率。下面具体解释这 5 个三级指标。

第一，农民人均纯收入。在农业不断发展的过程中，农民人均纯收入反映了整个农村农民生活的质量。纯收入指的是农村居民当年从各个来源渠道得到的总收入中相应地扣除获得收入所发生的费用后的收入总和。纯收入主要用于当年的消费支出、储蓄、再生产投入、各种非义务性支出。农民人均纯收入是指经国家统计局批准，按农村人口平均的纯收入水平，它反映了一国农村居民收入的平均水平。

第二，成灾面积占受灾面积的比重。农民的直接经济来源是农作物，农作物的收成对农民的收入水平而言是至关重要的。成灾面积是指在一定时间内因遭受霜冻、病虫害、旱灾、水灾、风雹灾等其他自然灾害，农作物实际收获量较常年产量减少 3 成以上的播种面积。受灾面积是指在一定时期遭受上述自然灾害后，农作物较正常年景产量减产一成以上的农作物播种面积。成灾面积占受灾面积的比重是指成灾面积除以受灾面积，它反映了农村基础设施和设备水平，是反映一个国家在农业方面减灾防灾能力的一个重要指标。成灾面积占受灾面积比重的计算公式如下：

成灾面积占受灾面积比重=成灾面积/农业受灾总面积

第三，财政支农与一般预算支出增幅之比。财政支农表现了政府对农业发展的支持，近年来，中央逐渐加大了对农业、农村、农民的财政支持力度。财政支农是指国家财政对农民、农村、农业的支持，是国家财政支持农民、农村、农业的主要手段，主要包括资金投入、优惠政策和制度建设，是国家与农民分配关系的重要内容。财政支农与一般预算支出增幅之比用财政每年安排支农的资金增幅总额与当年总预算支出值增幅总额的比例来表示，主要反映一个国家对农民、农村、农业的支持程度。其计算公式如下：

财政支农与一般预算支出增幅之比 = 财政支农资金增加值/预算总支出增加值

第四，农村居民人均住房面积。衣食住行是人们的基本需求，只有基本需求得到满足，人们才会考虑更高一级的需求，如农产品的品质和营养价值。农村居民人均住房面积反映了人们基本需求的满足程度。人均住房面积包括人均住房居住面积和人均住房建筑面积，农村居民人均住房面积反映了人民的生活条件，生活质量。

第五，耕种收综合机械化率。农业机械化水平的提高代表了整个农业的进步，也预示着农民体力劳动的减轻。用农业机耕、机播、机收水平来表示农作物耕种收综合机械化率，该指标反映了农业机械用具在农业发展中的重要地位，是农业先进生产力的具体表现，农作物耕种收综合机械化的广泛应用，既提高了农业劳动生产率，也提升了农业综合效益。2016 年 1 月 19 日，全国农业机械化工作会议提出“加大农机化供给侧结构性改革步伐，加快打造中国农业机械化升级版，为现代农业建设提供更有力支撑”。农作物耕种收综合机械化率的计算公式如下：

耕种收综合机械化率 = 30%机械耕作率 × 30%机械播种率 × 40%机械收获率

## 五、生态环境指标

生态环境指标这个二级指标下面包含的三级指标有森林覆盖率、节水灌溉面积比重、化肥农药减少率、农作物秸秆综合利用率、环境保护投入占财政总投入的比重。下面具体解释这五个三级指标。

第一，森林覆盖率。以前对森林不合理地开发利用，如过度砍伐树木，使森林面积大幅度下降，生态环境遭到破坏。森林覆盖率是指一个国家森林面积占土地面积的百分比，又称为森林覆被率。该指标反映了一个国家森林资源丰富程度和绿化实现程度，是森林开发利用方针的重要依据。本书的森林覆盖率是指农村林地的覆盖程度，是农村生态环境保护程度的一个重要指标。森林覆盖率的计算公式如下：

森林覆盖率=林木种植面积/土地总面积

第二，节水灌溉面积比重。节水灌溉是最大限度提高单位灌溉水量农作物产量的一种灌溉措施，指在农业生产过程中以最低限度的用水量来获得最大的产量和效益。农业节水灌溉面积比重用农业节水灌溉面积与农业灌溉总面积的比例来表示，它反映农村居民的节水意识程度，是生态环境保护的一个重要指标。其计算公式如下：

农业节水灌溉面积比重=节水灌溉面积/农业灌溉总面积

第三，化肥农药减少率。化肥农药减少率是指单位化肥农药减少量与控制前单位化肥农药使用总量之比，反映了化肥、农药使用量减少的状况，是衡量农产品质量和农村生态环境的一个重要指标。中国农业资源环境目前遭受着内源性和外源性的双重污染，影响了农业的可持续发展。因此，化肥、农药减量使用对农业资源环境至关重要，通过优化施肥、用有机肥代替部分化肥以及综合体系的运用，把化肥使用量降下来。另外，采取生态控制、物理防治、生物防治等绿色防控技术将农药使用量减下来，实现化肥、农药使用量零增长。这既能培肥土壤地力、提高农产品产量和品质，又能保护农业生态环境。化肥农药减少率的计算公式如下：

化肥农药减少率=单位化肥农药减少量/控制前单位化肥农药使用总量

第四，农作物秸秆综合利用率。农业作物秸秆综合利用率是指秸秆利用数量与农作物秸秆生产数量之比，它反映了一个国家对农作物秸秆综合利用的程度，是衡量大气污染的一个重要指标。我国是农业大国，农作物秸秆是农业的副产品，秸秆主要包含氮、钾、磷等营养元素和木质素、粗蛋白、纤维、淀粉、酶等有机物，可以当作肥料、燃料、生物基料、饲料和工业原料等。但目前大部分农作物秸秆没有得到充分利用，既浪费了农业资源，又污染了农村大气环境。农作物秸秆综合利用率的计算公式如下：

农作物秸秆综合利用率=秸秆利用数量/农作物秸秆生产数量

第五，环境保护投入占财政总投入的比重。金山银山不如绿水青山，良好的生态环境是农业绿色发展的基本要求，环境保护投入对我国农业的健康发展起到了积极的作用。环境保护投入占财政总投入的比重是指国家财政总投入中农村环境保护投入所占的份额，它反映了我国政府对农村生态环境的重视程度，体现了农业政策支持水平。其计算公式如下：

环境保护投入占财政总投入的比重=国家财政环境保护支出/国家财政一般公共服务支出

## 第三节　农业绿色发展评价指标适用性分析

借鉴国内外有关绿色发展指标体系的研究结果，结合中国农业发展的实际情况，本书选取了绿色生产指标、绿色产品指标、经济发展指标、人民生活水平指标、生态环境指标 5 个二级指标，在每个二级指标下面分别选取三级指标。这些指标既符合当前所提出的农业供给侧结构性改革的需求，又体现了中国农村农业的绿色发展。以下从农业供给侧结构性改革和中国地区现状来进行评价指标的适合性分析。

### 一、评价指标与供给侧结构性改革的耦合性

推进农业供给侧结构性改革，加快培育农业农村发展新动能，建设农业现代化新局面，既是农业发展的内在要求，也是供给侧结构性改革的重要一环。2016 年，农业经济发展持续保持稳中有进的良好趋势，表现出了阶段性的变化，主要包括以下四个方面：第一，消费者对农产品的需求越来越趋于品牌化、多样化和高端化，引导农业为满足这些需求而不断地朝着提高农产品质量的方向发展；第二，农业除了提供农、林、牧、渔产品外，还出现了观光农业、旅游农业、休闲农业、生态农业、“互联网+”等

新兴农业模式，既能保护环境，又能提高农民收入；第三，在家庭经营的基础上，农业合作社使农业经营格局发生了重大变化，农业规模化水平不断提高；第四，农业的支持保护理念由单纯地靠政府支持转变为产业政策和财政政策共同支持，充分发挥市场在资源配置中的作用。

农业供给侧结构性改革的重点在农业的供给侧，要通过改革的办法进行结构调整，提高供给质量，保障有效供给，与有效需求相适应，增加农民收入，最终使农业朝着绿色生态可持续、更加关注满足产品“质”的要求转变。要实现这一目标，关键在于以下两个方面：第一，要实现中高端农产品的有效供给。通过供给侧四大要素——土地、资本、劳动力、技术组合来促进制度创新，降低农业生产成本，提升全要素生产力，提高农产品的质量，增加农民的收入，增强农业的综合竞争力。第二，要实现农业的绿色发展。通过合理开发利用农业自然资源和农业废弃物，实现农业生产从粗放式、外延式的增长方式向集约式、内涵式的发展方式转变，朝着资源节约型、环境友好型的方向发展，促进农业的可持续发展。

本书的评价指标体现了我国正在进行的农业供给侧结构性改革的内容。绿色生产指标下面的绿色农作物种植面积、绿色产品指标下面的绿色农产品占农业总产值的比重、生态环境指标下面的森林覆盖率都集中反映了我国农业绿色发展中的“绿”，体现了农业供给侧结构性改革中的农业的可持续发展；绿色生产指标下面的单位耕地面积农用薄膜使用量和单位耕地面积化肥施用量、绿色产品指标下面的产品质量合格率和农业灌溉用水有效利用系数、生态环境指标下面的化肥农药减少率都表明了农业发展过程中农产品质量提高的程度，体现了农业供给侧结构性改革中提高有效供给的要求。另外，推进农业供给侧结构性改革的最终目的是促进农业经济发展，提高人民生活水平质量。本书中的经济发展指标和生活水平指标正是反映农业供给侧结构性改革最终目的的两个重要指标。

## 二、评价指标与评价区现状的耦合性

中国是农业大国，但近几年来，我国农业经济发展相对滞后，究其原因，主要有以下几个方面：第一，目前中国大多数地方还是小农经营模式，尤其是在一些贫穷落后的地区，采用的还是原始的耕种方法。这种生产模式下农产品单一、产业结构不合理，不能很好地推进并应用绿色科技成果，阻碍了农业的发展。第二，农产品产量易受天气、自然灾害的影响。若当年风调雨顺，则农产品产量高，农民的收入相对提高，若当年发生旱灾或洪涝等自然灾害，则农产品产量急剧下降，农民生活可能陷入困境。第三，中国目前农业生产过程机械化率较低，导致生产率低，过量使用化肥农药，农产品质量得不到保证。面对这些问题，中国大力推进农业供给侧结构性改革和农业绿色发展。

本书的评价指标是从中国的权威网站获取的，符合中国的实际情况。绿色生产指标、绿色产品指标、经济发展指标、人民生活水平指标和生态环境指标都集中说明了中国近几年农业发展的现状，既反映了中国的绿色农业发展状况，也体现了农村居民生活水平质量。如三级指标绿色农作物种植面积、绿色农产品产量占农业总产值的比重、农业作物秸秆综合利用率等体现了我国农业绿色发展的情况，农村人均道路里程数、人均农业总产值、农民人均纯收入、耕种收综合机械化率等反映了我国农村生活水平的情况。同时，我们对本书所涉及的指标进行了统一的标准化处理，尽量消除区域差异性。

## 本章小结

在明确分析了构建农业绿色发展评价指标体系的理论基础之后，本章主要讨论了供给侧结构性改革背景下农业绿色发展的全国适用性指标的选取。首先，农业绿色发展指标为本指标体系的一级指标，依据农业绿色发展的概念、农业供给侧结构性改革的内容，在一级指标下面选取了 5 个二级指标，分别是绿色生产指标、绿色产品指标、经济发展指标、人民生活水平指标和生态环境指标，这5个指标将经济发展、生态文明和社会进步结合在一起，共同叙述了农业的绿色发展。其次，在每个二级指标下面，本章分别设立了5个三级指标，共得到25个三级指标。至此，我们已经构建了农业绿色发展评价指标体系，该指标体系共1个一级指标，5个二级指标，25个三级指标。其中，各个下一层的指标均对上一层的指标产生影响。在构建指标体系之后，为了方便后边章节的计算，本章给出了各个指标的具体解释以及计算公式。最后，本章对所构建的评价指标体系进行了耦合性分析，从农业供给侧结构性改革和中国地区现状来进行评价指标的适合性分析。

# 第四章　指标体系在我国农业绿色发展评价中的应用

数年来，经济学家们围绕农业发展与生态环境两者之间的关系进行了比较系统的研究，不过对农业绿色发展指标体系的讨论却不多。为了了解近年来我国农业绿色发展的情况，本章将上一章所构建的指标体系应用于我国2006~2015年农业绿色发展，并提出相应的政策建议。

## 第一节　指标数据选取及处理

### 一、基础数据来源及处理

农业绿色发展评价指标体系共包含5个二级指标，分别为绿色生产指标、绿色产品指标、经济发展指标、人民生活水平指标和生态环境指标，绿色生产指标、绿色产品指标体现了农业绿色发展中的“绿”，反映了农业发展的绿色化程度，经济发展指标、人民生活水平指标、农业绿色发展中的“发展”，反映了农业绿色发展的经济效益，生态环境指标体现了农业绿色发展中的“绿”和“发展”的协调程度，反映了农业发展的绿色化程度与农业发展的经济效益结合，两者相辅相成，共同发展。各二级指标下设立5个三级指标，共得到25个三级指标，每5个三级指标对应上边的1个二级指标，并影响对应的二级指标，进而影响所设立的一级指标。这里，从国家统计局、中国绿色食品网、环境保护部、中国农业与经济社会发展统计数据库等权威网站，以及《中国农村统计年鉴》、《中国环境统计年鉴》、《中国卫生统计年鉴》找到了本书所选取的25个指标的指示数据。以二级指标作为分类标准，具体指标数据选取如下：

第一，绿色生产指标。2017年中央一号文件在推进农业供给侧结构性改革中特别强调要积极推进农业的绿色生产方式，加快推进农业的绿色发展。在绿色生产指标这个二级指标的下面我们共选取了5个三级指标，分别是有效灌溉面积比重 $x_1$ 、单位面积农用薄膜使用量 $x_2$ 、单位耕地面积化肥施用量 $x_3$ 、绿色农作物种植面积 $x_4$ 、农业科技进步贡献率 $x_5$ 。其中，有效灌溉面积、绿色农作物种植面积和农业科技进步率从正面反映了农业生产过程中的绿色生产程度，单位面积农用薄膜使用量和单位耕地面积化肥施用量对农业的绿色生产起到了消极的作用，从反面体现了农业的绿色生产程度。根据这5个三级指标的计算公式，得到这些指标的基础数据，包括有效灌溉面积、耕地面积、农用薄膜使用量、农业化肥施用折纯量、绿色农作物种植面积，具体数据如表4-1所示。其中2015年农用薄膜使用量数据缺失，故用中位数填补法算出该数据；绿色农作物种植面积用绿色产地环境监测面积代表；对于耕地面积，采用中位数填补法获取2015年的数据。

**表4-1　绿色生产指标下三级指标基础数据**

| 年份 | 有效灌溉面积（千公顷） | 耕地面积（万公顷） | 农用薄膜使用量（吨） | 农业化肥施用折纯量（万吨） | 绿色农作物种植面积（千公顷） |
|---|---|---|---|---|---|
| 2006 | 55750.50 | 12186.09 | 1845481.83 | 4927.69 | 10005.00 |
| 2007 | 56518.34 | 12179.42 | 1937467.94 | 5107.83 | 15341.00 |
| 2008 | 58471.68 | 12200.00 | 2006924.27 | 5239.02 | 16675.00 |
| 2009 | 59261.40 | 13538.46 | 2079696.65 | 5404.40 | 16541.60 |
| 2010 | 60347.70 | 13526.83 | 2172991.39 | 5561.68 | 16008.00 |

续表

| 年份 | 有效灌溉面积（千公顷） | 耕地面积（万公顷） | 农用薄膜使用量（吨） | 农业化肥施用折纯量（万吨） | 绿色农作物种植面积（千公顷） |
|---|---|---|---|---|---|
| 2011 | 61681.56 | 13523.86 | 2294535.90 | 5704.24 | 16008.00 |
| 2012 | 62490.52 | 13515.85 | 2383002.28 | 5838.85 | 16008.00 |
| 2013 | 63473.30 | 13516.34 | 2493183.00 | 5911.86 | 19343.00 |
| 2014 | 64539.53 | 13505.73 | 2580211.00 | 5995.94 | 22678.00 |
| 2015 | 65872.64 | 13511.04 | 2536697.00 | 6022.60 | 17342.00 |

第二，绿色产品指标。近年来产品的质量、安全和营养价值一直是人们所关注和追求的，绿色产品刚好符合人们的需求。在绿色产品指标这个二级指标的下面共选取了5个三级指标，分别是农村人均道路里程数 $x_6$ 、禽畜粪便资源化率 $x_7$ 、产品质量合格率 $x_8$ 、绿色农产品占农业总产值的比重 $x_9$ 、农业灌溉用水有效利用系数 $x_{10}$ 。这5个三级指标均从正面反映了绿色产品指标，其中农村人均道路里程数反映了农产品运输过程中的绿色化，运输时间越短，产品质量和保鲜程度越高，也就越能体现农产品的绿色化程度；产品质量合格率和绿色农产品占农业总产值的比重从直观上体现了绿色产品的发展趋势；禽畜粪便资源化率为绿色产品的生产提供了基础条件，对禽畜粪便进行合理的处理，既能为农作物提供肥料，又能减少空气的污染，为绿色产品提供土壤和空气质量的条件；农业灌溉用水有效利用系数间接地反映了农业生产过程中产品的绿色化程度。根据这5个指标的计算公式，得到这些指标的基础数据，包括公路里程、乡村人口数、粪便清运量、粪便无害化处理量、绿色农产品产值、农业总产值，具体数据如表4-2所示。其中用中位数填补法求出2013年缺失的绿色农产品产值，农业总产值用农林牧渔业总产值来表示。

**表 4-2 绿色产品指标下三级指标基础数据**

| 年份 | 公路里程（万公里） | 乡村人口数（万人） | 粪便清运量（万吨） | 粪便无害化处理量（万吨） | 绿色农产品产值（亿元） | 农业总产值（亿元） |
|---|---|---|---|---|---|---|
| 2006 | 345.70 | 73160 | 2130.50 | 855.20 | 1500.00 | 40810.83 |
| 2007 | 358.37 | 71496 | 2506.30 | 908.30 | 1929.00 | 48892.96 |
| 2008 | 373.02 | 70399 | 2330.70 | 930.90 | 2597.00 | 58002.15 |
| 2009 | 386.08 | 68938 | 2141.00 | 846.10 | 3162.00 | 60361.01 |
| 2010 | 400.82 | 67113 | 1950.50 | 690.80 | 2823.80 | 69317.76 |
| 2011 | 410.64 | 65656 | 1962.90 | 652.80 | 3134.50 | 81303.92 |
| 2012 | 423.75 | 64222 | 1811.80 | 801.40 | 3178.00 | 89453.05 |
| 2013 | 435.62 | 62961 | 1682.40 | 677.80 | 4329.25 | 96995.27 |
| 2014 | 446.39 | 61866 | 1552.00 | 692.00 | 5480.50 | 102226.09 |
| 2015 | 457.73 | 60346 | 1436.80 | 673.70 | 4383.20 | 107056.36 |

第三，经济发展指标。经济发展是农业发展绿色化的基础，农业发展的绿色化反过来又促进经济的健康发展。在经济发展指标这个二级指标的下面共选取了 5 个三级指标，分别是人均农业总产值 $x_{11}$ 、劳动生产率 $x_{12}$ 、土地产出率 $x_{13}$ 、产业结构调整指数 $x_{14}$ 、单位面积农业 GDP 产值 $x_{15}$ 。这 5 个三级指标均从正面反映了经济发展效率水平，其中，人均农业总产值和单位面积农业 GDP 产值体现了农业经济的平均发展水平；劳动生产率和土地产出率体现了我国农业生产力水平，随着农业科技成果不断运用于农业生产的实际过程中，劳动生产率和土地生产率正在大幅度地提高，农业生产力水平也不断提高，人民收益得到增加，经济效率得到提升；产业结构调整指数反映了农村非农业产值占农业总产值的比重，我国经济发展已经进入了一个新时期，亟须进行产业结构调整以适应市场新需求，追求经济的平稳向上发展，产业结构调整指数正好可以体现这一点。根据这 5 个指标的计算公式，得到这些指标的基础数据，包括农业总产值、第一产业劳动人

口、农业产值增加值、农村劳动力总人数、农作物播种面积、农业总产值、国内总产值，具体数据如表 4-3 所示。其中第一产业劳动人口用第一产业就业人员表示，乡村劳动力总人数用乡村就业人员表示，农业总产值用农林牧渔业总产值表示。

**表 4-3　经济发展指标下三级指标基础数据**

| 年份 | 第一产业劳动人口（万人） | 农业产值增加值（亿元） | 农村劳动力总人数（万人） | 农作物播种面积（千公顷） | 农业总产值（亿元） | 国内总产值（亿元） |
|---|---|---|---|---|---|---|
| 2006 | 31940. 60 | 24036. 40 | 45348 | 152149. 00 | 40810. 83 | 219438. 50 |
| 2007 | 30731. 00 | 28623. 70 | 44368 | 153463. 93 | 48892. 96 | 270232. 30 |
| 2008 | 29923. 30 | 33699. 10 | 43461 | 156265. 70 | 58002. 15 | 319515. 50 |
| 2009 | 28890. 50 | 35223. 30 | 42506 | 158613. 55 | 60361. 01 | 349081. 40 |
| 2010 | 27930. 50 | 40530. 00 | 41418 | 160674. 81 | 69317. 76 | 413030. 30 |
| 2011 | 26594. 00 | 47483. 00 | 40506 | 162283. 22 | 81303. 92 | 489300. 60 |
| 2012 | 25773. 00 | 52368. 70 | 39602 | 163415. 67 | 89453. 05 | 540367. 40 |
| 2013 | 24171. 00 | 56973. 60 | 38737 | 164626. 93 | 96995. 27 | 595244. 40 |
| 2014 | 22790. 00 | 60165. 70 | 37943 | 165446. 25 | 102226. 09 | 643974. 00 |
| 2015 | 21919. 00 | 62912. 00 | 37041 | 166373. 81 | 107056. 36 | 689052. 00 |

第四，人民生活水平指标。农业的绿色发展归根结底还是为了提高人民的生活质量，因此，人民生活水平的高低在一定程度上体现了我国农业绿色发展水平的情况。在人民生活水平指标这个二级指标的下面共选取了 5 个三级指标，分别是农民人均纯收入 $x_{16}$ 、农业成灾面积占受灾面积的比重 $x_{17}$ 、耕种收综合机械化率 $x_{18}$ 、财政支农占一般预算支出之比 $x_{19}$ 、农村居民人均住房面积 $x_{20}$ 。其中，农民人均纯收入、耕种收综合机械化率、财政支农占一般预算支出之比和农村居民人均住房面积从正面反映了我国农民的生活质量。耕种收综合机械化率越高，说明农村劳动者的体力劳动

越少，农民的生活质量也就越高；财政支农占一般预算支出之比体现了政府对农业发展的支持力度，有利于提高农民的积极性，加速农业的快速发展，提高农民的生活质量；农民人均纯收入和农村居民人均住房面积反映了当前农村居民的平均收入水平以及住房条件，而收入水平和住房条件是体现人们生活质量的两个重要方面。而农业成灾面积占受灾面积的比重对人民生活水平起到了消极的影响，该指标的数值越大，代表农业受灾越严重，农民的收入大幅度减少，生活质量也会相应地降低。根据这 5 个指标的计算公式，得到这些指标的基础数据，包括农民人均纯收入、农业受灾总面积、成灾面积、农用机械总动力、地方财政一般预算支出、农林水事务支出，具体数据如表 4-4 所示。其中对于农民人均纯收入，由于从 2013 年起，国家统计局开展了城乡一体化住户收支与生活状况调查，2013 年及以后农民人均纯收入的数据来源于此项调查。与 2013 年之前的分城镇和农村住户调查的调查范围、调查方法、指标口径有所不同。因此，2006~2012 年，农民人均纯收入来源于农村居民家庭人均纯收入；2013~2015 年农民人均纯收入来源于农村居民人均可支配收入。关于农业成灾面积占受灾面积的比重，由于2006~2009 年农业受灾面积数据缺失，采用线性插值法给出 2006~2009 年的农业受灾面积数据；2006 年地方财政一般预算支出、农林水事务支出数据缺失，这里用 0 代表。

**表 4-4 生活水平指标下三级指标基础数据**

| 年份 | 农民人均纯收入（元） | 农业受灾总面积（千公顷） | 成灾面积（千公顷） | 农用机械总动力（万千瓦） | 地方财政一般预算支出（亿元） | 农林水事务支出（亿元） |
|---|---|---|---|---|---|---|
| 2006 | 3587.00 | 35877.388 | 24632 | 72522.12 | 0 | 0 |
| 2007 | 4140.40 | 35567.625 | 25064 | 76589.56 | 6354.07 | 3091.01 |
| 2008 | 4760.60 | 36187.05 | 22284 | 82190.41 | 7451.37 | 4235.63 |
| 2009 | 5153.20 | 34948.20 | 21234 | 87496.10 | 8080.00 | 6401.71 |

续表

| 年份 | 农民人均纯收入（元） | 农业受灾总面积（千公顷） | 成灾面积（千公顷） | 农用机械总动力（万千瓦） | 地方财政一般预算支出（亿元） | 农林水事务支出（亿元） |
|---|---|---|---|---|---|---|
| 2010 | 5919.00 | 37425.90 | 18538 | 92780.48 | 8499.74 | 7741.69 |
| 2011 | 6977.30 | 32470.50 | 12441 | 97734.66 | 10084.77 | 9520.99 |
| 2012 | 7916.60 | 24962.00 | 11475 | 102558.96 | 11702.14 | 11471.39 |
| 2013 | 9429.59 | 31349.80 | 14303 | 103906.75 | 12753.67 | 12822.64 |
| 2014 | 10488.88 | 24890.70 | 12678 | 108056.58 | 12217.07 | 13634.60 |
| 2015 | 11424.71 | 21769.80 | 12380 | 111728.07 | 12492.49 | 16641.71 |

第五，生态环境指标。农业的绿色发展对生态环境有着较高的要求，例如，农业的绿色生产对产地的土壤、水源以及空气质量都有一定的标准，因此，良好的生态环境可以有效地促进农业的绿色发展水平。在生态环境指标这个二级指标的下面共选取了5个三级指标，分别是森林覆盖率 $x_{21}$ 、化肥农药减少率 $x_{22}$ 、节水灌溉面积比重 $x_{23}$ 、农作物秸秆综合利用率 $x_{24}$ 、环境保护投入占财政总投入的比重 $x_{25}$ 。这5个三级指标均从正面反映了生态环境状况，其中，化肥农药减少率和农作物秸秆综合利用率反映了农业生产过程中土壤肥力与大气污染的情况，化肥农药减少率越高，越能培肥土壤地力，农作物秸秆综合利用率越高，越能提高农村大气环境质量，从而达到保护生态环境的目的。森林覆盖率从整体上反映了生态环境现状，当前，各个部门越来越重视森林覆盖率，许多地方都进行了合理的退耕还林还牧。节水灌溉面积比重反映了在农业生产过程中对水资源的合理利用，以最低限度的用水量来获取最大的收益，提高人们的节水意识，使生态环境与农业发展良性循环。根据这5个指标的计算公式，得到这些指标的基础数据，包括农药使用量、节水灌溉面积、耕地灌溉面积、国家财政环境保护支出、国家财政一般公共服务支出，具体数据如表4-5所示。与

以往年份相比，2007 年财政收支科目实施了较大改革，特别是财政支出项目口径变化很大，与往年数据不可比。2007 年起财政支出采用新的分类指标。因此，本书 2006 年国家财政环境保护支出和国家财政一般公共服务支出均取 2007 年的数值。

**表 4-5　生态环境指标下三级指标基础数据**

| 年份 | 农药使用量（万吨） | 节水灌溉面积（千公顷） | 耕地灌溉面积（千公顷） | 财政环境保护支出（亿元） | 财政一般公共服务支出（亿元） |
|---|---|---|---|---|---|
| 2006 | 153.71 | 22426 | 55750.5 | 995.82 | 8514.24 |
| 2007 | 162.28 | 23489 | 56518.3 | 995.82 | 8514.24 |
| 2008 | 167.23 | 22436 | 58471.7 | 1451.36 | 9795.92 |
| 2009 | 170.90 | 25755 | 59261.4 | 1934.04 | 9164.21 |
| 2010 | 175.82 | 27314 | 60347.7 | 2441.98 | 9337.16 |
| 2011 | 178.70 | 29179 | 61681.6 | 2640.98 | 10987.78 |
| 2012 | 180.61 | 31217 | 62490.5 | 2963.46 | 12700.46 |
| 2013 | 180.19 | 27109 | 63473.3 | 3435.15 | 13755.13 |
| 2014 | 180.69 | 29019 | 64539.5 | 3815.60 | 13267.50 |
| 2015 | 180.44 | 31060 | 65872.6 | 4802.89 | 13547.79 |

## 二、指标实际值计算

收集所有基础数据后，根据指标的计算公式，如表 4-6 所示，求出涉及的所有指标值，具体指标值如附录表 1 所示。其中 2006 年地方财政一般预算支出、农林水事务支出数据缺失，但可以看出财政支农占一般预算支出之比年均增长 1 个百分点，因此，不妨令 2006 年财政支农占一般预算支出之比为 0.3；2013~2015 年农村居民人均住房面积数据缺失，根据往年数据可以看出农村居民人均住房面积年均增长 1 个百分点，因此，按年均增长 1 个百分点填补 2013~2015 年的农村居民人均住房面积数据。

由附录表 1 可以看出，各个三级指标的数据差异较大，这是由于有些指标是有量纲的，而有些指标是无量纲的，这里，我们对指标实际值进行标准化处理。在求出各指标的实际值以后，用标准化方法将有量纲的数据的实际值转化为标准值。对于无量纲的数据也进行相同的处理。所以数据均保留三位小数。其中，标准化方法为最小—最大标准化、Z-score 标准化、按小数定标标准化。Z-score 标准化方法基于原始数据的均值（Mean）和标准差（Standard Deviation）进行数据的标准化。计算公式为新数据=(原始数据-均值)/标准差。本书运用 Z-score 标准化方法所有数据进行标准化处理。具体标准化后的数据如附录表 2 所示。

**表 4-6　各三级指标计算公式或说明**

| 一级指标 | 二级指标 | 三级指标 | 指标计算公式 |
| --- | --- | --- | --- |
| 中国农业绿色发展评价体系 | 绿色生产指标 | 有效灌溉面积比重 | 有效灌溉面积/耕地面积 |
| | | 单位耕地面积化肥施用量 | 化肥施用量/耕地面积 |
| | | 单位面积农用薄膜使用量 | — |
| | | 绿色农作物种植面积 | 有机食品+绿色食品+无公害食品种植面积 |
| | | 农业科技进步贡献率 | 农业总产值增长率-物质费用产出弹性×物质费用增长率-劳动力产出弹性×劳动力增长率-耕地产出弹性×耕地增长率 |
| | 绿色产品指标 | 产品质量合格率 | — |
| | | 农村人均道路里程数 | 公路里程/农村总人数 |
| | | 禽畜粪便资源化率 | — |
| | | 绿色产品占农业总产值的比重 | (绿色食品产量+有机食品产量)/农林牧渔产值 |
| | | 农业灌溉用水有效利用系数 | — |

续表

| 一级指标 | 二级指标 | 三级指标 | 指标计算公式 |
| --- | --- | --- | --- |
| 中国农业绿色发展评价体系 | 经济发展指标 | 人均农业总产值 | 农林牧渔业总产值/第一产业劳动人口 |
| | | 劳动生产率 | 农业产值增加值/农村劳动力总人数 |
| | | 土地产出率 | 农业总产值/农作物播种面积 |
| | | 产业结构调整指数 | (国内总产值-农业总产值)/农业总产值 |
| | | 单位面积农业 GDP 产值 | 农业 GDP 产值/耕地面积 |
| | 生活水平指标 | 农民人均纯收入 | — |
| | | 成灾面积占受灾面积的比重 | 成灾面积/农业受灾总面积 |
| | | 财政支农与一般预算支出之比 | 财政支农资金增加值/预算总支出增加值 |
| | | 农村居民人均住房面积 | — |
| | 生态环境指标 | 耕种收综合机械化率 | 30%机械耕作率×30%机械播种率×40%机械收获率 |
| | | 森林覆盖率 | 林木种植面积/土地总面积 |
| | | 节水灌溉面积比重 | 节水灌溉面积/农业灌溉总面积 |
| | | 化肥、农药减少率 | 单位化肥农药减少量/控制前单位化肥农药使用总量 |
| | | 农业作物秸秆综合利用率 | 秸秆利用数量/农作物秸秆生产数量 |
| | | 自选指标 | 国家财政环境保护支出/国家财政一般公共服务支出 |

注：三级指标计算公式为“—”的地方是指该三级指标的数据可以在权威网站或《统计年鉴》上直接找到。

## 第二节　中国农业绿色发展实证分析

中国是农业大国，农业的绿色发展对我国经济可持续发展和人民生活水平的提高起着至关重要的作用。近年来，国家各个部门越来越重视绿色发展、环境保护。2017 年首次正式提出要推进农业供给侧结构性改革，实施农业的绿色发展，并从多个角度进行了分析。农业的绿色发展体现在“绿”和“发展”两个方面，既要实现产品高品质、生态环境的良好发展，又要体现经济效率的逐渐提高，达到生态环境和农业经济的协调发展。从各个部门出台的政策来看，我国近年来加大了对绿色发展、生态环境保护的力度，农业的绿色发展水平从直观上来说应该是呈上升趋势。本节根据构建的农业绿色发展评价指标体系，运用中国 2006~2015 年相关数据，从实证结果粗略了解我国农业绿色发展水平状况。

### 一、层次分析法和专家咨询法

层次分析法是将定性和定量结合起来的方法，是解决复杂问题的一种有效方法。首先，要构造判断矩阵，运用两两比较判断构造判断矩阵，分层次地对各指标进行两两对比，对比的结果为判断矩阵中的元素。其次，计算权重并进行一致性检验，求判断矩阵的最大特征根以及对应的特征向量，进行一致性检验。若检验通过，则该特征向量即为权向量；若检验未通过，则需要重新构造判断矩阵。专家咨询法首先要确定影响农业绿色发展的因素，设计有关农业绿色发展分析对象征询意见表；其次是向专家提供农业绿色发展的背景资料，以匿名方式征询各个专家的意见，对专家意见进行分析汇总，将统计结果反馈给专家；最后专家根据反馈结果修正自己的意见，经过多轮匿名征询和意见反馈，形成最终分析结论。这里，根据层次分析法和专家咨询法计算出了中国农业绿色发展评价指数的权重。

具体数据如表 4-7 所示。

**表 4-7　中国农业绿色发展各指标权重**

| 一级指标 | 二级指标 | 二级占一级指标权重（%） | 三级指标 | 三级占二级指标权重（%） |
|---|---|---|---|---|
| 农业绿色发展评价指标体系 | 绿色生产 | 30.45 | 有效灌溉面积比重 | 1.2 |
| | | | 单位面积农用薄膜使用量 | 5.3 |
| | | | 单位耕地面积化肥施用量 | 7.12 |
| | | | 绿色农作物种植面积 | 12.78 |
| | | | 农业科技进步贡献率 | 4.05 |
| | 绿色产品 | 28.5 | 农村人均道路里程数 | 3.11 |
| | | | 禽畜粪便资源化率 | 4.6 |
| | | | 产品质量合格率 | 7.4 |
| | | | 绿色农产品占农业总产值比重 | 10.09 |
| | | | 农业灌溉用水有效利用系数 | 3.1 |
| | 经济发展 | 20.31 | 人均农业总产值 | 1.78 |
| | | | 劳动生产率 | 4 |
| | | | 土地产出率 | 6.28 |
| | | | 产业结构调整指数 | 4.73 |
| | | | 单位面积农业 GDP 产值 | 3.52 |
| | 生活水平 | 11 | 农民人均纯收入 | 2 |
| | | | 成灾面积占受灾面积的比重 | 3.41 |
| | | | 耕种收综合机械化率 | 2.37 |
| | | | 农林水财政支出与一般预算支出之比 | 2.18 |
| | | | 农村居民人均住房面积 | 1.04 |

续表

| 一级指标 | 二级指标 | 二级占一级指标权重（%） | 三级指标 | 三级占二级指标权重（%） |
|---|---|---|---|---|
| 农业绿色发展评价指标体系 | 生态环境 | 9.74 | 森林覆盖率 | 1.7 |
| | | | 化肥农药减少率 | 2.38 |
| | | | 节水灌溉面积比重 | 1.02 |
| | | | 农作物秸秆综合利用率 | 3.15 |
| | | | 环境保护支出占财政支出比重 | 1.49 |

## 二、中国农业绿色发展水平测量

依据本书确定的各指标权重，结合收集的各指标具体数据，可以计算出中国近年来农业绿色发展的整体状况。为了更清晰明确地看出我国在农业绿色发展方面所做的贡献，本书运用最小—最大标准化将中国农业绿色发展水平值标准化，将原始数据映射成［0，1］中的数值。所有数据均保留三位有效小数，具体数据如表 4-8 所示。

**表 4-8　2006~2015 年中国农业绿色发展水平**

| 年份 | 2006 | 2007 | 2008 | 2009 | 2010 | 2011 | 2012 | 2013 | 2014 | 2015 |
|---|---|---|---|---|---|---|---|---|---|---|
| 标准值 | 0 | 0.207 | 0.356 | 0.396 | 0.374 | 0.443 | 0.740 | 0.752 | 0.998 | 1 |

从表 4-8 中可以看出，2006~2015 年我国农业绿色发展呈上升趋势，其中，2011~2012 年农业的绿色发展水平大幅度提升。为了更直观地得出中国农业绿色发展水平趋势，本书画出 2006~2015 年中国农业绿色发展水平趋势图（见图 4-1）。从图 4-1 中可以看出，整体上农业绿色发展水平

波动性地提高，其中，2006~2010 年农业绿色发展水平缓慢提高，2010~2014 年农业绿色发展水平有了一个较大的提高，2014~2015 年农业绿色发展较为缓慢。

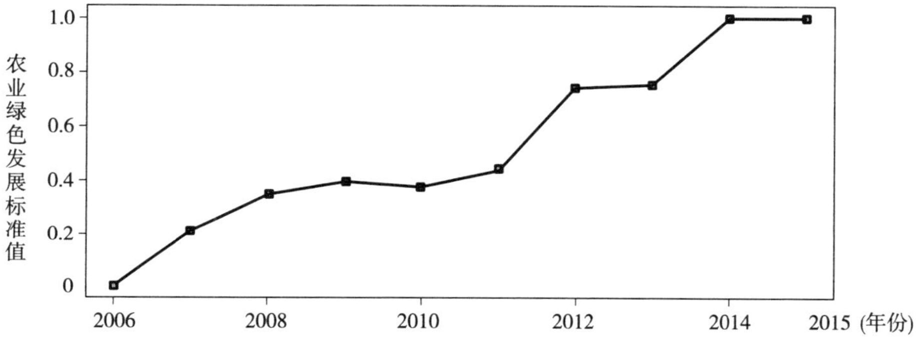


**图 4-1　2006~2015 年中国农业绿色发展水平**

## 三、各二级指标发展水平测量

在农业绿色发展指标体系一级指标的基础上，设定了绿色生产 $y_1$、绿色产品 $y_2$、经济效率 $y_3$、人民生活水平 $y_4$、生态环境 $y_5$这 5 个二级指标，我们不仅关注农业绿色发展水平的整体情况，也关注各个二级指标的发展状况，讨论分析各个二级指标的发展趋势，以及与一级指标的关系。本节根据收集到的 2006~2015 年各二级指标下的三级指标具体数据，分析近年来各个二级指标的发展水平情况。具体数据如表 4-9 所示，所有二级指标最终结果均进行标准化。为了更直观地观察各二级指标近年来的发展趋势，画出图 4-2。

表 4-9　2006~2015 年各二级指标发展水平

| 年份 | 2006 | 2007 | 2008 | 2009 | 2010 | 2011 | 2012 | 2013 | 2014 | 2015 |
|---|---|---|---|---|---|---|---|---|---|---|
| $y_1$ | 0 | 0. 344 | 0. 495 | 0. 288 | 0. 370 | 0. 484 | 0. 577 | 0. 791 | 1. 000 | 0. 784 |
| $y_2$ | 0 | 0. 009 | 0. 286 | 0. 563 | 0. 147 | 0. 084 | 0. 260 | 0. 481 | 0. 877 | 1. 000 |
| $y_3$ | 0 | 0. 126 | 0. 222 | 0. 294 | 0. 435 | 0. 585 | 0. 686 | 0. 801 | 0. 907 | 1. 000 |
| $y_4$ | 0 | 0. 171 | 0. 122 | 0. 261 | 0. 204 | 0. 150 | 0. 383 | 0. 495 | 0. 718 | 1. 000 |
| $y_5$ | 0 | 0. 100 | 0. 030 | 0. 536 | 0. 701 | 0. 676 | 0. 687 | 0. 547 | 0. 731 | 1. 000 |

从表 4-9 中可以看出，除经济发展指标外，其余各二级指标发展水平均随着时间的推移波动性地增加，这些指标在某些年份处于下降趋势，而经济发展指标在 2006~2015 年几乎呈线性增长趋势。图 4-2 中，z 代表中国农业绿色发展水平。2006~2015 年，经济效率和农业绿色发展几乎呈线性增长趋势，绿色生产、绿色产品、人民生活水平和生态环境发展水平呈波浪式上升。绿色生产水平在 2006~2008 年迅速提高，而在 2008~2009 年又有所降低，在 2014 年初达到最高点以后又有所下降；绿色产品发展水平在 2006~2009 年呈线性上升，在 2009 年中期达到最高点后缓慢下降，在 2011 年中期达到最低点，2011~2015 年又迅速提升；经济发展指标在 2006~2015 年一直较为稳定地呈线性趋势向上发展；人民生活水平在 2006~2015 年有两个下降的阶段，2007~2008 年、2009~2011 年人民生活水平均有所下降；生态环境水平在 2006~2015 年虽然整体上来看是提高的，但波动幅度较大，发展较为缓慢。绿色生产和农业绿色发展水平在 2008~2009 年呈反方向变化；绿色产品和农业绿色发展水平在 2009~2011 年呈反方向变化；生态环境在 2007~2008 年与农业绿色发展水平呈反方向变化。

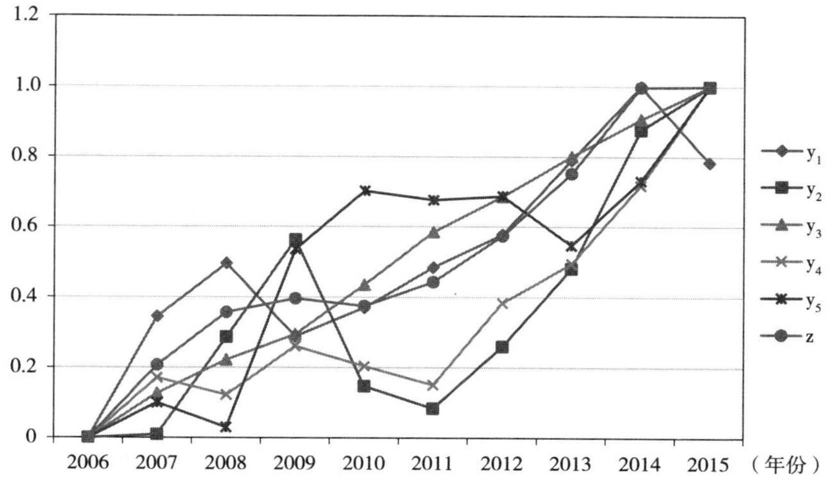


**图 4-2　一级指标和二级指标发展水平**

# 第三节　评价结果分析与建议

基于对 2006~2015 年中国农业绿色发展水平以及各二级指标水平的测量，我们对我国农业绿色发展水平趋势有了一个大致的了解，对绿色生产指标、绿色产品指标、经济发展指标、人民生活水平指标和生态环境指标发展趋势以及各指标对农业绿色发展水平的影响有了一定的认识。在对 2006~2015 年中国农业绿色发展水平以及各二级指标水平进行测量以后，根据测量结果来进行分析评价，结合目前中国农业绿色发展存在的问题，提出相应的建议。

## 一、评价结果分析

第一，整体而言，我国农业绿色发展水平自 2006 年以来一直保持上升趋势，2006~2010 年中国农业绿色发展水平缓慢提高；2010 年中期至 2014 年初农业绿色发展水平有了一个大幅度的提升，特别是 2011~2012 年表现得尤为明显；2014~2015 年农业绿色发展缓慢。可以看出近年来国家各个部门对农业的可持续发展、循环发展、绿色发展越来越重视，同时也采取了相应的措施、出台了相应的政策。

第二，绿色生产与农业绿色发展息息相关，绿色生产是农业绿色发展的一部分，2006~2008 年以及 2010~2014 年绿色生产水平与农业绿色发展水平同方向变化，即 2006~2008 年两者均缓慢地提高，而 2010~2014 年两者均有大幅度的提升。但在 2014~2015 年，绿色生产水平与农业绿色发展水平呈反方向变化，即绿色生产水平有所下降，而农业绿色发展水平迅速提高。这可能与其他二级指标的发展水平有关，例如，绿色生产水平在 2014~2015 年有所下降，但其余 4 个指标——绿色产品、经济效率、人民生活水平和生态环境在此时间段内均呈上升趋势，有可能拉动农业的绿色发展水平。

第三，绿色产品与农业绿色发展水平相比，波动幅度较大，2009~2011 年绿色产品水平与农业绿色发展水平反方向变动，即在绿色产品水平不断降低的同时农业绿色发展水平缓慢提高，可能在此段时间内，绿色产品指标并不是影响农业绿色发展的主要因素。但在 2006~2009 年、2011~2015 年这两个时间段，绿色产品与农业绿色发展水平同方向变动，即绿色产品与农业绿色发展水平均波动性地提高。

第四，经济效率与农业绿色发展水平在 2006~2015 年呈上升趋势，可以看出经济发展与农业绿色并不矛盾，实现农业绿色发展是可能的。经济的迅速发展是农业绿色发展的物质前提，为农业绿色发展提供了坚实的基础，农业的绿色发展是经济的可持续发展的必要条件，为经济的快速发展提供了厚实的土壤。

第五，人民生活水平虽然在 2007~2008 年、2009~2011 年这两个时间段有小幅度的下降，但总体而言，人民生活水平正在缓慢地提高。人民生活水平与农业绿色发展水平呈正比关系，在 2006~2015 年农业绿色发展水平不断提高的同时，人民生活水平也不断提升。因此，实现农业绿色发展是必要的，农业绿色发展不仅可以改善城乡居民居住环境，还可以促进经济的健康发展，进而提高人民的生活质量。

第六，生态环境与农业绿色发展水平在整体上均呈上升的趋势。2008~2010 年生态环境水平急剧提高，2010~2014 年农业绿色发展水平大幅提高；2007~2008 年、2012~2013 年两者反方向变动，即生态环境水平有所下降，而农业绿色发展水平快速提高；2014~2015 年生态环境水平急剧提高，而农业绿色发展水平缓慢上升。

第七，绿色生产、绿色产品、经济发展、人民生活水平和生态环境水平在 2006~2015 年整体上均呈上升趋势，但分开来看，在 2008~2009 年绿色生产与生态环境反方向变化，即绿色生产下降的同时生态环境不断改善。在 2008~2009 年绿色生产与经济发展、人民生活水平、生态环境呈反方向变化，即绿色生产缓慢下降的同时，经济发展、人民生活水平和生态环境不断提高。但从 2014 年开始，生态环境、绿色产品和农业绿色发展水平急剧提高。绿色生产指标、绿色产品指标是紧密相关的，而且两者的波动幅度较大，绿色生产在 2008~2009 年有所下降，紧接着绿色产品在 2009~2011 年出现了急剧下降，这时，农业绿色发展水平出现了小幅度下降，由此可以看出，绿色生产、绿色产品指标对农业绿色发展水平是至关重要的。

## 二、农业绿色发展现状及存在的问题

1. 农业绿色发展现状

中国农业部在 1992 年 11 月批准成立了“中国绿色食品发展中心”，实施绿色农业，生产绿色食品。通过二十几年的努力，中国的绿色农业发展有了显著的成效，2015 年，绿色农产品产值达到了 4383.2 亿元，绿色农产品产地监测面积达到了 17342 千公顷。目前，我国经济每年以 8%的增速增长，经济快速发展，人民收入大幅提高，人们开始更加关注生态环境和食品健康等问题，对食品的要求也从以前的数量满足转化为对食品质量的追求，绿色食品成为市场的宠儿。绿色食品成为一个新兴产业，它不仅能够改善生态环境、保护自然资源，还可以满足人们对无污染、安全、优质、有营养的食品的要求，对农业的可持续发展起到了非常重要的促进作用。

2016 年 12 月 17~18 日，在杭州市农业部召开了全国农药管理工作座谈会，会上总结了 2016 年农药管理的成绩和经验，并讨论和部署了 2017 年的重点工作。会议指出，各级农业部门在 2016 年农业管理工作上取得了重大成绩，2016 年全国的水果、茶叶、蔬菜农业残留监测合格率均达到了 96%。会议还提出要以绿色农业发展和现代农业发展为导向，推动 2017 年农药管理工作，并提出了四点要求：第一，适应绿色发展要求，建立风险分析制度，加强安全性评价；第二，加强日常管理，严把市场准入关，推进农产品一体化管理，努力建立全国统一的行政许可信息平台；第三，建立农药电子追溯监管制度，提高农药残留管控水平；第四，引导各企业去产能、补短板，推进农药供给侧结构性改革。

2017 年中央一号文件着重强调“以推进农业供给侧结构性改革为主线，围绕农业增效、农民增收、农村增绿，加强科技创新引领，加快结构调整步伐，提高农业综合效益”，并提出“优化产品产业结构，着力推进农业提质增效”。在国内方面，根据南北地区不同的地域性特征，对南北地区实施不同的农业产业发展规划。对不同的地区，因地制宜地发展特色农业，带动农业朝着高产高质的方向发展，优化产业区域结构。推进农业新产业、新业态的发展，拓展农业产业链、价值链。在国外方面，综合利用国际市场，优化国内农产品供给结构，建立良好农产品国际贸易环境。2017 年中央一号文件还明确提出了“补齐农业农村短板，夯实农村共享发展基础”，要加强建设和完善农村农业基础设施，深入开展美丽农村建设，积极推进垃圾分类和资源化利用；提出了“强化科技创新驱动，引领现代农业加快发展”，加快推广农业科技成果，开发农村人力资源，推进农业的可持续发展。

从中国这几十年的政策措施来看，我国对农业绿色发展是高度重视的。

2. 农业绿色发展存在的问题

中国是世界上的农业大国，且地域辽阔，在农业绿色发展过程中难免会遇到各种各样的难题。目前，我国虽然在绿色农业的理论研究、示范区等方面取得了一些成效，但不可否认，还存在着很多问题，正是这些问题阻碍了我国农业的绿色发展。

第一，我国农业生产过程科技含量低，设施装备水平落后，农业生产以人力为主，机械化作业水平低，且多为小型耕作机械，劳动强度大。相较于发达国家“高投入、高产出”的农业技术路线，出于技术方面的原因，我国采用的是“低投入、低消耗”的技术体系，农业生产设施主要以简易型为主，在保温、防雨、采光性能方面相对国外发达国家而言较差，土地利用率较低，在这种设施条件下农产品的品质始终未能达到高水平的状态。这对农业生产和农产品贸易格局有重要的影响。

第二，目前，绿色农业生产过程大多沿用传统的农业生产方式。绿色农业生产集约化、规模化、专业化水平不高，且由于绿色农业对农业生产基地的土壤、水源、空气质量等要求较高，而城市地区又无法满足这些标准，因此，大多绿色农业分布在较为边远的地区，品种单一，绿色农产品占农产品的比重较低，无法满足消费者在数量上和品种多样化上的要求。

第三，由于农民的环保意识不强，经过长时间的积累，农村生态环境日益恶化，制约了农业的绿色发展。禽畜粪便、居民生活垃圾、农业生产过程中产生的废弃物排放量大，且无害化处理率低，这导致水域受到污染，土壤肥力下降，空气质量变差。从而影响了农业的绿色生产，限制了农业的绿色发展进程。

第四，对绿色农产品从生产到流通再到销售的“一体化”过程的质量监控技术较低，难以保持同步。在农产品生产环节，对土壤污染程度、农药化肥施用量等的监测在技术方面存在一定的问题，有待进一步研究并开发，另外，已研究出来的农业科技难以真正令广大农民接受并运用；在产品流通环节，绿色农产品和普通农产品的保鲜防腐技术并无多大差别；在产品销售环节，绿色农产品与普通农产品看起来并无差别，消费者难以区分。另外，对于含有轻微有害物质的农产品，消费者食用后并不会产生什么不良的反应，质量监测技术可能无法监测出来。

第五，广大人民对农业的绿色发展、绿色农产品了解不够。从农民的角度来讲，农民对绿色、有机、无害化农产品的认识不足，在农业生产过程中习惯利用化肥农药来增产，导致农产品难以达到高品质状态。而化肥农药的过度使用也造成了环境污染。从消费者的角度来看，消费者对绿色食品的标识不是很熟悉，使绿色产品的较高价值无法实现。

第六，我国农业绿色发展起步较晚，市场体系尚未健全。绿色产品对产地和环境有一定的要求，与城市环境相比，农村环境更适合绿色产品的生产种植，因此，大部分绿色产品种植在较为边远的地区。而绿色农产品的需求者大都分布在城市，加上农村交通不便，绿色产品的运输是一个极为棘手的问题，制约了绿色产品市场的扩展。

## 三、建议

根据我国农业绿色发展的现状以及存在的问题，结合农业绿色发展水平及其二级指标水平的测量结果，可以看出这 5 个二级指标从整体而言与农业绿色发展呈正比关系。因此，本书提出如下建议。

1. 推进绿色生产方式

第一，我国地域辽阔，不同的区域有不同的生态环境和自然资源。要充分利用自然优势，开发绿色、有机、无公害农产品的生态环境和自然资源，使生态环境和自然资源利用循环发展，促进农业经济的可持续发展。第二，从源头治理和产地环境保护入手，加大面源污染的治理力度，综合治理农业生产过程中出现的生态突出问题。加快实施农药化肥的零增长行动，鼓励并引导用有机肥代替化肥，节制使用农药品种。第三，从农业生产者的教育入手，引导他们保护生态环境，合理开发利用自然资源，科学种植农产品，提高产品质量。第四，加强科技普及力度。

2. 拓展绿色产品规模

第一，建立并完善包括土壤、种子、化肥、农药、水源、空气在内的农产品种植、运输和销售全过程的质量标准体系，以及农产品安全和质量的监管体制。通过这些措施来实现农产品真正的安全、优质。第二，绿色产品要经过相关机构认证，满足其标准后才能进入流通市场，并在商场或农贸市场设立绿色产品专柜，逐步推进农产品质量安全的市场准入制。第三，合理建设养殖场，大幅度地减少禽畜粪便污染源，对禽畜粪便进行无害化处理。

3. 促进经济发展

第一，国家及各个部门对农业绿色发展这一工程加大资金支持力度，建立并完善农村各种基础设施。第二，加快推进新型职业农民培养，引导农民以“半农半读”方式接受职业教育，定向培养职业农民，办好农业职业教育，提高劳动生产率、土地生产率。第三，运用新材料技术、信息技术和生物技术等科学技术优化种子种苗、提升种植养殖水平，优化产品产业结构，提高农产品层次，增加农产品附加值。

4. 提高人民生活水平

第一，加强建设并完备农业机械装备，提高农业生产过程中的机械化程度，减少劳动者劳作强度，提升劳动者自身生活水平。第二，大力推进标准化农田建设，逐步建立集中连片、生态友好、稳产高产、旱涝保收的高标准农田，增加农民的收入。第三，结合各地经验，加大财政支农资金支持，优化财政支农资金的使用，建立并完善对农业绿色发展的扶持制度。第四，大力推进精准扶贫各项政策措施的实施，加快推进脱贫攻坚，补齐农村农业短板，激发农业内生发展动力，加快农业结构转型升级。

5. 修复并保护生态环境

第一，加强建设农村大中型沼气工程，推广秸秆回收，提高农作物秸秆综合利用率以及农业废弃物综合利用水平，实现生态农业的循环发展。第二，利用媒体、电视、广播等渠道，大力宣传农业绿色发展、生态环境保护，增强广大人民的环保意识、绿色农业意识，保护生物的多样性和土壤的肥力，促进生态、土壤等资源的良性循环。第三，鼓励并引导农民用生物和传统防治手段来处理农作物病虫害，这既保护了生态环境，又能从根本上解决农产品中农药残留问题。第四，根据各地的实际情况，因地制宜地开发利用清洁能源和可再生能源，大大降低农村的环境污染程度。

# 本章小结

本章主要讨论了我国2006~2015年农业绿色发展的情况，首先，本章通过各种途径收集到了我国2006~2015年各个三级指标的数据，为了避免数据数值的差异化和区域的差异化，对数据进行了标准化处理。为了利用收集到的数据，我们采用层次分析法，结合专家咨询法，对本书所建立的农业绿色发展评价指标体系的各个指标赋予权重。其次，所有的这些准备工作做好之后，我们开始对我国近年来农业绿色发展水平的状况进行评价，结果表明，我国农业绿色发展水平近年来一直呈上升趋势，揭示了我国各个部门对农业可持续发展的重视。为了更好地分析我国农业绿色发展水平，本章对农业绿色发展评价指标体系的各二级指标进行了比较分析，发现绿色生产指标、绿色产品指标是紧密相关的，而且两者的波动幅度较大，绿色生产在2008~2009有所下降，紧接着绿色产品在2009~2011年出现了急剧的下降，这时，农业绿色发展水平出现了小幅度的下降，由此可以看出，绿色生产、绿色产品指标对农业绿色发展水平是至关重要的。其他一些指标也在一定程度上影响着农业绿色发展水平。最后，根据近年来农业绿色发展水平状况、各个二级指标的比较分析情况，结合我国农业绿色发展中存在的问题，我们给出了相应的建议。

# 第五章　中国各区域农业绿色发展指数的实证研究

中国幅员辽阔，各个区域的自然资源、生态环境和政策各有不同。基于此，在了解中国近年来农业绿色发展情况之后，为了更细致地分析我国农业绿色发展现状，本章将改进后的农业绿色发展指标体系应用于我国各个区域，评价比较我国各个区域的农业绿色发展水平以及各二级指标的发展水平。

## 第一节　中国各区域农业绿色发展实证分析

中国地域辽阔，各个区域之间的气候、土壤、水源等自然资源与技术、人才、资金等社会资源都不相同，例如，西部地区的绿色资源丰富，而东部地区的技术、人才、资金充足，要因地制宜地发展农业，所采取的有关农业的地方政策也不尽相同。多数农业绿色发展项目分布在土壤、水、大气质量良好的地区，大部分贫困地区受工农业污染程度较轻，有相对洁净的环境资源，但由于缺少科学规划、科技素质低下、基础设施不完善、市场信息不灵，这些贫困地区只能出售绿色食品原料，效益不高，从而阻碍了农业经济的健康可持续发展，对绿色农业和经济发展的良性循环造成了不利的影响。因此，不同区域的农业绿色发展水平在一定程度上是有差异的。本节在农业绿色发展指标体系的基础上，对 2015 年中国各省份的农业绿色发展水平进行测量、排序，得出中国各省份农业绿色发展的状况，并将其与全国农业绿色发展状况进行比较，计算出各省份相较于全国而言的农业绿色发展水平。

## 一、中国各区域农业绿色发展指标体系说明

由于部分省份尚未公布指标体系中的某些指标数值，因此，本书对构建的农业绿色发展指标体系进行适当的改变，具体指标如表 5-1 所示。其中，对于绿色生产指标下的三级指标：绿色农作物种植面积用农作物播种面积表示；2015 年农用薄膜使用量用 2014 年的使用量表示；农业科技进步贡献率改为人均农、林、牧、渔业专利申请受理数。对于绿色产品指标下的三级指标：将绿色农产品占农业总产值的比重改为单位耕地面积绿色产品产量，各省 2015 年的绿色产品产量为各省的绿色食品与有机食品之和；由于农业灌溉用水有效利用系数数据缺失，考虑其在指标体系中的重要程度较小，将该指标从体系中删除。对于人民生活指标下的三级指标：农民人均纯收入用居民人均可支配收入表示；对于成灾面积占受灾面积的比重这个指标，由于天津受灾面积为零，故用零作为天津成灾面积占受灾面积的比重；将耕种收综合机械化率改为单位耕地面积农用机械总动力；删除农村居民人均住房面积这个指标。对于生态环境指标下的三级指标：由于大部分省份数据不全，删除化肥农药减少率和农作物秸秆综合利用率这两个指标。

为了准确地测量各省间的农业绿色发展水平，本书仍利用层次分析法和专家咨询法对改造后的农业绿色发展评价指标体系重新赋予权重，具体数值如表 5-1 所示。其中，改造后的指标体系共包含 1 个一级指标、5 个二级指标和 21 个三级指标。

**表 5-1　农业绿色发展评价指标体系**

| 一级指标 | 二级指标 | 二级占一级指标权重（%） | 三级指标 | 三级占二级指标权重（%） |
|---|---|---|---|---|
| 农业绿色发展评价指标体系 | 绿色生产 | 30.45 | 有效灌溉面积比重 | 1.2 |
| | | | 单位面积农用薄膜使用量 | 5.3 |
| | | | 单位耕地面积化肥施用量 | 7.12 |
| | | | 绿色农作物种植面积 | 12.78 |
| | | | 人均农业专利申请受理数 | 4.05 |
| | 绿色产品 | 28.5 | 农村人均道路里程数 | 3.11 |
| | | | 禽畜粪便资源化率 | 4.6 |
| | | | 产品质量合格率 | 7.4 |
| | | | 单位耕地面积绿色产品产量 | 13.19 |
| | 经济发展 | 20.31 | 人均农业总产值 | 1.78 |
| | | | 劳动生产率 | 4 |
| | | | 土地产出率 | 6.28 |
| | | | 产业结构调整指数 | 4.73 |
| | 生活水平 | 11 | 单位面积农业 GDP 产值 | 3.52 |
| | | | 农民人均纯收入 | 3.04 |
| | | | 成灾面积占受灾面积的比重 | 3.41 |
| | | | 单位耕地面积农用机械总动力 | 2.37 |
| | | | 农林水财政支出与一般预算支出之比 | 2.18 |
| | | | 森林覆盖率 | 4.85 |
| | 生态环境 | 9.74 | 节水灌溉面积比重 | 1.02 |
| | | | 环境保护支出占财政支出比重 | 3.87 |

## 二、中国各区域农业绿色发展指标的得分情况

根据收集到的各省的三级指标的数据，对有量纲的数据进行标准化处理，无量纲的数据不做任何处理。利用这些数据，结合农业绿色发展指标的权重，对各省份的农业绿色发展水平进行测量，将测量结果标准化，所有数据均保留三位有效小数，具体测量结果如表 5-2 所示。本章的测量结果只是针对中国各省份而言的，其中，测量结果为 1 表示 2015 年该省（区、市）在所有省份中农业绿色发展状况最好，测量结果为 0 表示 2015 年该省（区、市）在所有省份中农业绿色发展状况最差。

**表 5-2　中国各省份农业绿色发展水平及排序**

| 省份 | 测量结果 | 排序 | 省份 | 测量结果 | 排序 |
|---|---|---|---|---|---|
| 上海 | 1 | 1 | 西藏 | 0. 046 | 17 |
| 北京 | 0. 792 | 2 | 湖北 | 0. 043 | 18 |
| 天津 | 0. 415 | 3 | 河南 | 0. 043 | 19 |
| 浙江 | 0. 172 | 4 | 四川 | 0. 042 | 20 |
| 广东 | 0. 143 | 5 | 河北 | 0. 040 | 21 |
| 江苏 | 0. 115 | 6 | 吉林 | 0. 037 | 22 |
| 重庆 | 0. 078 | 7 | 安徽 | 0. 036 | 23 |
| 山东 | 0. 073 | 8 | 宁夏 | 0. 036 | 24 |
| 福建 | 0. 064 | 9 | 黑龙江 | 0. 033 | 25 |
| 山西 | 0. 061 | 10 | 广西 | 0. 028 | 26 |
| 内蒙古 | 0. 060 | 11 | 云南 | 0. 022 | 27 |
| 陕西 | 0. 054 | 12 | 贵州 | 0. 015 | 28 |
| 江西 | 0. 051 | 13 | 甘肃 | 0. 010 | 29 |
| 辽宁 | 0. 050 | 14 | 新疆 | 0. 004 | 30 |
| 青海 | 0. 050 | 15 | 海南 | 0 | 31 |
| 湖南 | 0. 0500 | 16 | | | |

从表 5-2 中可以看出，2015 年农业绿色发展水平排在前 10 位的省份分别是上海、北京、天津、浙江、广东、江苏、重庆、山东、福建、山西。2015 年农业绿色发展水平排在最后 10 位的省份分别是吉林、安徽、宁夏、黑龙江、广西、云南、贵州、甘肃、新疆、海南。上海、北京、天津在此次评价中排名前三，其中，上海的产业结构调整指数、农民人均纯收入、节水灌溉面积比重 3 个三级指标，北京的人均农业专利申请受理数、禽畜粪便资源化率、产品质量合格率、单位耕地面积绿色农产品产量、土地产出率、农民人均纯收入和环境保护支出占环境总支出比重 7 个三级指标，以及天津的单位耕地面积绿色农产品产量、产业结构调整指数 2 个三级指标，均为前三名。从直观上来说，上海、北京和天津的经济效率和人民生活水平一直以来与其他省份相比是较高的，再者北京和天津的农业绿色发展重要指标——单位耕地面积绿色农产品产量排名前 3，这些都拉动了上海、北京和天津的农业绿色发展水平。甘肃、新疆、海南在此次评价中排名较为靠后，分别为第 29、第 30、第 31 名，其多个三级指标排名较为靠后。就新疆而言，其单位耕地面积绿色农产品产量、人均农业总产值、产业结构调整指数、森林覆盖率、环境保护支出占财政总支出的比重等三级指标均为后三名，从实际情况来分析，虽然新疆受工农业污染程度轻，与其他省份相比，水、土壤和大气质量良好，绿色食品原料资源相对丰富，但该地区技术、人才、资金等社会资源稀缺，抗灾能力低，劳动生产率低，严重制约了其农业绿色发展水平。

## 三、中国各区域农业绿色发展状况

基于各省份的农业绿色发展水平测量结果排名能够对各省市的农业绿色发展水平有一个大致的了解。为了比较中国不同地区间农业绿色发展的差异，根据 31 个省份农业绿色发展水平的测量结果及排序，将各省份的农业绿色发展分为三个等级。将排在前 10 位的省份的农业绿色发展水平定义为良好，将排在后 10 位的省份的农业绿色发展水平定义为较差，其余省份的农业绿色发展水平定义为中等（见表 5-3）。

**表 5-3　中国各省份农业绿色发展测量结果区间**

| 农业绿色发展水平评级 | 农业绿色发展测量结果区间 |
| --- | --- |
| 良好 | ≥ 0.061 |
| 中等 | 0.037 ~ 0.061 |
| 较差 | ≤ 0.037 |

将全国 31 个省份的农业绿色发展水平评级以后得出，农业绿色发展水平等级良好的省份共 10 个，农业绿色发展水平等级较差的省份共 10 个，农业绿色发展水平等级中等的省份为 11 个，为了更直观地比较中国不同地区农业绿色发展的差异，更形象地描绘各省份农业绿色发展的状况，做如图 5-1所示的柱形图，这样可以清晰地得到农业绿色发展在各地域间的差异。

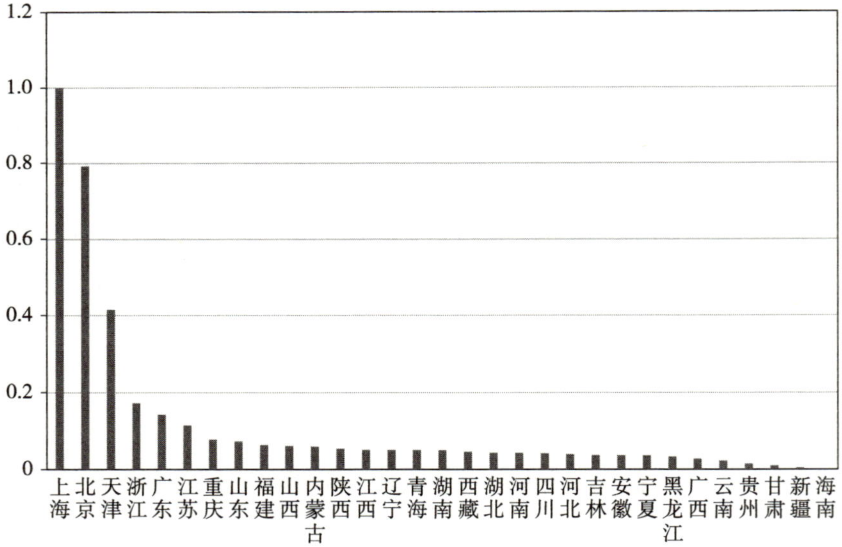


**图 5-1　各省份农业绿色发展水平等级图**

从图 5-1 中可以看出，我国各区域之间的农业绿色发展水平是存在差异的。整体来看，我国东部地区特别是沿海地区农业绿色发展水平较好。

一方面，东部地区相较其他地区而言经济较为发达，经济实力雄厚，能够以经济带动农业的绿色发展，如环境、农业方面的财政投入，促进农业科学技术的创新以及农业绿色技术知识的普及，都能提高农业科学技术成果转化率。另一方面，东部地区的经济不断发展，在其经济水平达到一定程度后，东部地区越来越重视资源环境与农业发展的协调，关注农业和环境的可持续发展，合理利用自然资源发展农业，提高农业生产效率，这有助于提高农业发展的绿色程度。我国农业绿色发展水平较差的省份主要集中在东北、西北地区。其中，对于东北地区而言，东北三省曾被誉为新中国的“工业摇篮”，其钢铁、能源、化工、汽车、造船、重型机械、飞机和军工等重大工业项目，奠定了中国工业化的初步基础。但近年来我国经济进入新常态，经济增长由原来的高速增长转化为中高速增长。东北地区至今没能很好地解决传统产业的发展、新兴产业发展、新旧增长动力接轨等根本性问题，导致东北地区经济增长速度下降明显高于全国下降幅度、经济效益下滑明显高于全国下滑幅度，影响了该地区农业发展的绿色程度。对于西北地区而言，中国多年来经济发展重心偏东，且西北地区生态环境脆弱，造成了西北地区相较其他地区而言农业绿色发展水平较差。我国中部地区农业绿色发展水平中等。

## 第二节　各二级指标的比较分析

从各省份的农业绿色发展测量结果排名及其分析可以对我国各区域的农业绿色发展水平有了一个大致的了解，但到底是哪个二级指标在农业绿色发展中发挥了重大作用呢？接下来我们比较分析各省份的二级指标发展情况，包括绿色生产指标、绿色产品指标、经济发展指标、人民生活水平指标和生态环境指标。

## 一、绿色生产指标

测量各个省份的绿色生产水平并进行排名，具体测量结果如表 5-4 所示。其中，测量结果为 1 表示该省份的绿色生产水平最佳，测量结果为 0 表示该省份的绿色生产水平最差。其中，绿色生产指标下共包含 5 个三级指标，分别为有效灌溉面积比重、单位面积农用薄膜使用量、单位耕地面积化肥施用量、绿色农作物种植面积和人均农、林、牧、渔业专利申请受理数。

**表 5-4　中国各省份绿色生产水平及排序**

| 省份 | 测量结果 | 排序 | 省份 | 测量结果 | 排序 |
|---|---|---|---|---|---|
| 黑龙江 | 1 | 1 | 山西 | 0. 479 | 17 |
| 河南 | 0. 728 | 2 | 重庆 | 0. 452 | 18 |
| 四川 | 0. 718 | 3 | 陕西 | 0. 438 | 19 |
| 内蒙古 | 0. 690 | 4 | 西藏 | 0. 425 | 20 |
| 安徽 | 0. 660 | 5 | 甘肃 | 0. 415 | 21 |
| 江苏 | 0. 599 | 6 | 辽宁 | 0. 401 | 22 |
| 河北 | 0. 597 | 7 | 浙江 | 0. 395 | 23 |
| 山东 | 0. 592 | 8 | 青海 | 0. 371 | 24 |
| 贵州 | 0. 592 | 9 | 宁夏 | 0. 359 | 25 |
| 湖南 | 0. 581 | 10 | 广东 | 0. 316 | 26 |
| 吉林 | 0. 574 | 11 | 天津 | 0. 302 | 27 |
| 湖北 | 0. 569 | 12 | 新疆 | 0. 302 | 28 |
| 云南 | 0. 567 | 13 | 北京 | 0. 222 | 29 |
| 上海 | 0. 520 | 14 | 福建 | 0. 021 | 30 |
| 广西 | 0. 496 | 15 | 海南 | 0 | 31 |
| 江西 | 0. 493 | 16 | | | |

从表 5-4 可以看出，2015 年绿色生产水平排名前 10 的省份分别是黑龙江、河南、四川、内蒙古、安徽、江苏、河北、山东、贵州、湖南，排名最后 10 位的省份分别是辽宁、浙江、青海、宁夏、广东、天津、新疆、北京、福建、海南。黑龙江在此次评价中排名第 1，主要是由于黑龙江相较其他省份而言绿色农作物种植面积较广，绿色农作物种植面积在绿色生产指标下所占权重最高。浙江、广东、天津、北京在此次评价中排名靠后，主要是因为其绿色农作物种植面积较少、单位面积农用薄膜使用量过多。从现实情况来看，浙江、广东、天津、北京这些地区工业较为发达，同时各行各业排放的污染物也相对较多，这些均制约了其绿色生产水平的提高。

根据各省份绿色生产水平排序，将各省份的绿色生产分为三个等级。排在前 10 位的省份的绿色生产水平定义为良好，排在后 10 位的省份的绿色生产水平定义为较差，其余省份的绿色生产水平定义为中等。为了更直观地比较中国不同地区绿色生产水平的差异，更形象地描绘各省份绿色生产水平的状况，做如图 5-2 所示的柱形图，这样可以清晰地得到农业绿色生产在各地域间的差异。整体来看，华东地区以北绿色生产水平良好，华

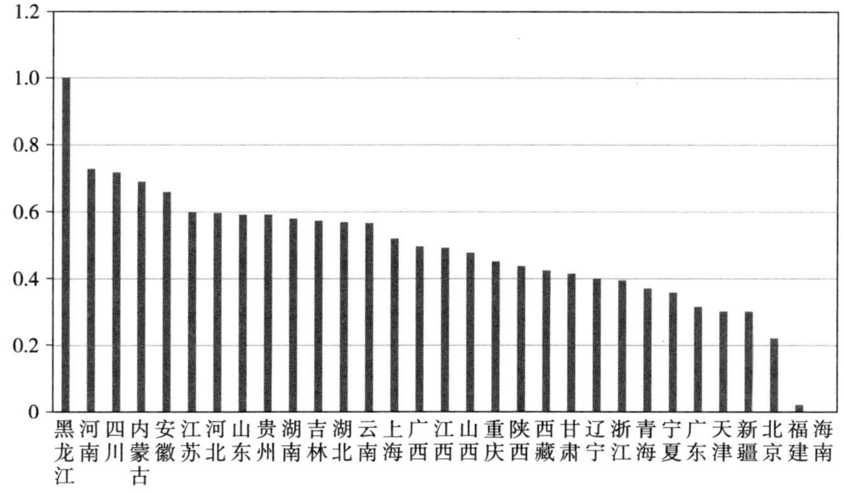


**图 5-2　各区域绿色生产指标发展水平等级图**

东地区自改革开放以来经济发展水平一直高于全国的经济发展水平，为发展绿色、低碳、可持续农业提供了物质条件。西北地区绿色生产水平较差。西北地区是我国贫困面最大、贫困程度最深的地区，且该地区的地貌以荒漠、高原、山地3类为主，生态环境脆弱，农业生产环境恶劣，导致农业发展的绿色程度相较于其他地区而言偏低。

## 二、绿色产品指标

测量各个省份的绿色产品水平并进行排名，具体测量结果如表5-5所示。其中，测量结果为1表示该省份的绿色产品水平最佳，测量结果为0表示该省份的绿色产品水平最差。其中，绿色产品指标下共包括农村人均道路里程数、粪便资源化率、农产品质量安全监测合格率和单位耕地面积绿色农产品产量这4个三级指标。

**表5-5 中国各省份绿色产品水平及排序**

| 省份 | 测量结果 | 排序 | 省份 | 测量结果 | 排序 |
|---|---|---|---|---|---|
| 北京 | 1. 000 | 1 | 吉林 | 0. 167 | 13 |
| 天津 | 0. 320 | 2 | 广西 | 0. 164 | 14 |
| 新疆 | 0. 278 | 3 | 广东 | 0. 144 | 15 |
| 陕西 | 0. 241 | 4 | 云南 | 0. 140 | 16 |
| 江西 | 0. 240 | 5 | 内蒙古 | 0. 137 | 17 |
| 宁夏 | 0. 240 | 6 | 西藏 | 0. 131 | 18 |
| 江苏 | 0. 220 | 7 | 四川 | 0. 130 | 19 |
| 山东 | 0. 213 | 8 | 黑龙江 | 0. 117 | 20 |
| 甘肃 | 0. 205 | 9 | 上海 | 0. 104 | 21 |
| 浙江 | 0. 199 | 10 | 湖北 | 0. 097 | 22 |
| 福建 | 0. 189 | 11 | 河南 | 0. 092 | 23 |
| 湖南 | 0. 186 | 12 | 辽宁 | 0. 087 | 24 |

续表

| 省份 | 测量结果 | 排序 | 省份 | 测量结果 | 排序 |
|---|---|---|---|---|---|
| 青海 | 0.078 | 25 | 海南 | 0.023 | 29 |
| 河北 | 0.074 | 26 | 山西 | 0.019 | 30 |
| 重庆 | 0.061 | 27 | 贵州 | 0 | 31 |
| 安徽 | 0.059 | 28 | | | |

从表 5-5 可以看出，2015 年绿色产品水平排名前 10 的省份分别是北京、天津、新疆、陕西、江西、宁夏、江苏、山东、甘肃、浙江，排名后 10 位的省份分别是湖北、河南、辽宁、青海、河北、重庆、安徽、海南、山西、贵州。北京在此次评价中排名第 1，主要是由于北京的多个三级指标排名比较靠前，禽畜粪便资源化率、农产品质量安全监测合格率、单位耕地面积绿色农产品产量均排在前 3 位，同时，北京是我国政治文化经济中心，对绿色产品的需求量较高，在产品质检方面也相对完善，促进了绿色产品水平的提高。贵州在此次评价中排在最后，主要是因为在绿色产品指标下的 4 个三级指标中，贵州的农村人均道路里程数、单位耕地面积绿色农产品产量均排在最后 3 位，其实，贵州的土地资源以山地、丘陵为主，平原较少，可用于农业开发的土地资源不多，另外，非农业用地以及人口增多，导致耕地面积不断缩小，土层厚、肥力高、水利条件好的耕地所占比重低。

根据各省份绿色产品水平排序，将各省份的绿色产品分为三个等级。排在前 10 位的省份的绿色产品水平定义为良好，排在后 10 位的省份的绿色产品水平定义为较差，其余省份的绿色产品水平定义为中等。为了更直观地比较中国不同地区绿色产品水平的差异，更形象地描绘各省份绿色产品水平的状况，做如图 5-3 所示的柱形图，这样可以清晰地得到农业绿色产品在各地域间的差异。整体来看，华东地区沿海省份的绿色产品水平良好。一方面，华东地区沿海省份经济发达，人们越来越关注食品的安全、健康和营养，带动农业朝着生产绿色产品方向发展。另一方面，华东地区气候适宜，为生产绿色产品提供了自然条件。华中地区某些省份的绿色产品水平较差。

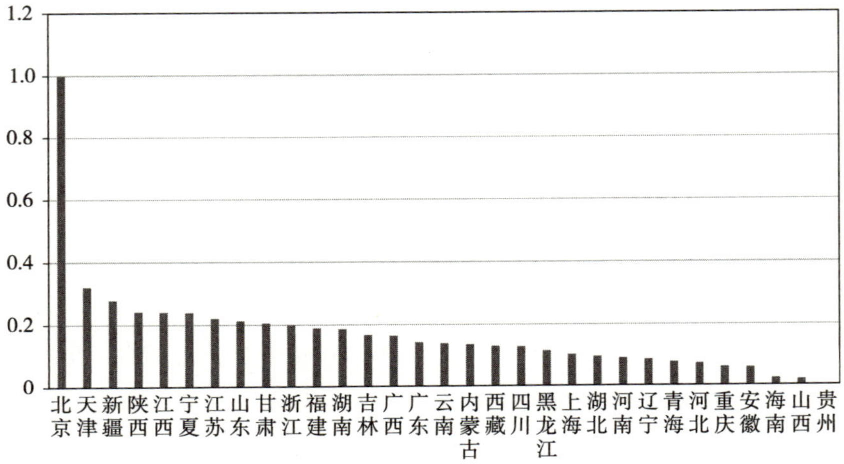


**图 5-3　各区域绿色产品指标发展水平等级图**

## 三、经济发展指标

经济发展指标是农业绿色发展的一部分，经济发展是农业绿色发展的源泉，为农业绿色发展提供了源源不断的动力，是农业绿色发展的有力支撑，反过来农业绿色发展促进了经济发展的持续力，使经济得以健康可持续发展。测量各个省份的经济发展水平并进行排名，具体测量结果如表 5-6所示。其中，测量结果为 1 表示该省份的经济发展水平最高，测量结果为 0 表示该省份的经济发展水平最差。其中，经济发展指标共包含 5 个三级指标，分别为人均农业总产值、劳动生产率、土地产出率、产业结构调整指数和单位面积农业 GDP 产值。

**表 5-6 中国各省份经济发展水平及排序**

| 省份 | 测量结果 | 排序 | 省份 | 测量结果 | 排序 |
|---|---|---|---|---|---|
| 上海 | 1. 000 | 1 | 宁夏 | 0. 032 | 17 |
| 北京 | 0. 758 | 2 | 湖北 | 0. 031 | 18 |
| 天津 | 0. 409 | 3 | 湖南 | 0. 031 | 19 |
| 浙江 | 0. 159 | 4 | 河北 | 0. 026 | 20 |
| 广东 | 0. 138 | 5 | 河南 | 0. 024 | 21 |
| 江苏 | 0. 096 | 6 | 安徽 | 0. 023 | 22 |
| 重庆 | 0. 075 | 7 | 吉林 | 0. 023 | 23 |
| 福建 | 0. 070 | 8 | 四川 | 0. 023 | 24 |
| 山西 | 0. 061 | 9 | 海南 | 0. 018 | 25 |
| 青海 | 0. 054 | 10 | 广西 | 0. 014 | 26 |
| 山东 | 0. 054 | 11 | 云南 | 0. 009 | 27 |
| 辽宁 | 0. 048 | 12 | 贵州 | 0. 009 | 28 |
| 内蒙古 | 0. 043 | 13 | 甘肃 | 0. 006 | 29 |
| 陕西 | 0. 043 | 14 | 新疆 | 0. 003 | 30 |
| 西藏 | 0. 043 | 15 | 黑龙江 | 0 | 31 |
| 江西 | 0. 034 | 16 | | | |

从表 5-6 可以看出，2015 年经济发展水平排名前 10 的省份分别是上海、北京、天津、浙江、广东、江苏、重庆、福建、山西、青海，排名后 10 位的省份分别是安徽、吉林、四川、海南、广西、云南、贵州、甘肃、新疆、黑龙江。上海、北京、天津在此次评价中排名前 3 位，原因在于上海、北京、天津是多年来中国经济发展的重要地区，且这三个地区的生产结构调整指数均排名前 3 位。黑龙江在此次评价中排名最后，原因在于黑龙江是中国重工业基地，工业门类以煤炭、木材、石油、机械和食品工业为主，在中国进入经济新常态后，黑龙江的传统产业和新兴产业未能得到

很好的调整，在经济发展指标下的 5 个三级指标中，黑龙江的人均农业总产值、产业结构调整指数、单位面积农业 GDP 产值均排在最后 3 位。

根据各省份经济发展水平排序，将各省份的经济发展分为三个等级。排在前 10 位的省份的经济发展水平定义为良好，排在后 10 位的省份的经济发展水平定义为较差，其余省份的经济发展水平定义为中等。为了更直观地比较中国不同地区经济发展水平的差异，更形象地描绘各省份经济效率发展的状况，做如图 5-4 所示的柱形图，这样可以清晰地得到农业经济发展在各地域间的差异。整体来看，华东沿海地区以及北京、天津经济发展良好。华东沿海地区、北京和天津地理位置优越、资源丰富、文化先进、重视教育、人才聚集，有利于经济的发展。

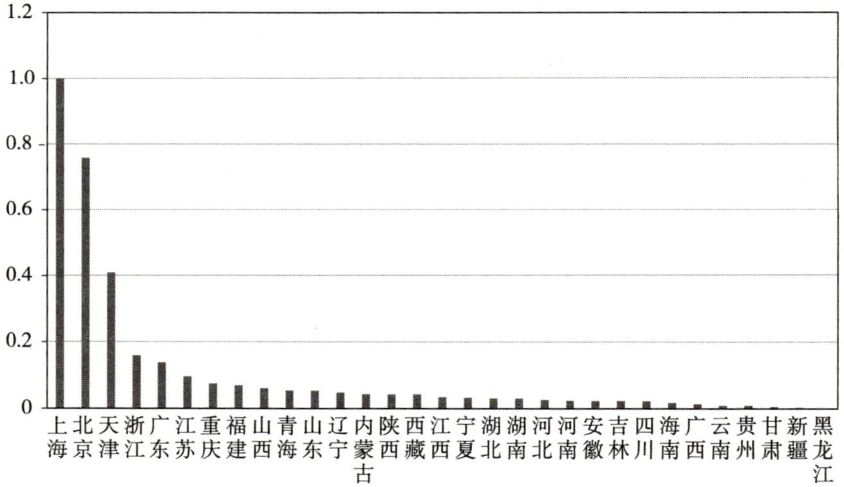


**图 5-4　各区域经济发展水平等级图**

## 四、人民生活水平指标

人民生活水平指标是农业绿色发展的一部分，影响着农业的绿色发展，而农业的绿色发展反过来又提升了人民的生活质量。测量各个省份的人民生活水平并进行排名，具体测量结果见表 5-7。其中，测量结果为 1

表示该省份的人民生活水平最好，测量结果为 0 表示该省份的人民生活水平最差。其中，人民生活水平指标共包括农民人均纯收入、成灾面积占受灾面积的比重、单位耕地面积农用机械总动力、财政支农资金与地方一般公共预算支出比例这 4 个三级指标。

**表 5-7 中国各省份人民生活水平及排序**

| 省份 | 测量结果 | 排序 | 省份 | 测量结果 | 排序 |
| --- | --- | --- | --- | --- | --- |
| 北京 | 1. 000 | 1 | 江西 | 0. 247 | 17 |
| 天津 | 0. 873 | 2 | 辽宁 | 0. 229 | 18 |
| 山东 | 0. 845 | 3 | 山西 | 0. 226 | 19 |
| 浙江 | 0. 838 | 4 | 内蒙古 | 0. 192 | 20 |
| 上海 | 0. 714 | 5 | 青海 | 0. 188 | 21 |
| 江苏 | 0. 700 | 6 | 陕西 | 0. 170 | 22 |
| 河北 | 0. 680 | 7 | 四川 | 0. 160 | 23 |
| 河南 | 0. 572 | 8 | 宁夏 | 0. 148 | 24 |
| 广东 | 0. 566 | 9 | 黑龙江 | 0. 134 | 25 |
| 湖南 | 0. 551 | 10 | 重庆 | 0. 125 | 26 |
| 福建 | 0. 513 | 11 | 吉林 | 0. 123 | 27 |
| 安徽 | 0. 337 | 12 | 新疆 | 0. 113 | 28 |
| 湖北 | 0. 332 | 13 | 云南 | 0. 053 | 29 |
| 西藏 | 0. 330 | 14 | 甘肃 | 0. 049 | 30 |
| 广西 | 0. 294 | 15 | 贵州 | 0 | 31 |
| 海南 | 0. 250 | 16 | | | |

从表 5-7 可以看出，2015 年人民生活水平排名前 10 的省份分别是北京、天津、山东、浙江、上海、江苏、河北、河南、广东、湖南，排名后 10 位的省份分别是陕西、四川、宁夏、黑龙江、重庆、吉林、新疆、云

南、甘肃、贵州。北京在此次评价中排名第1位，在人民生活水平指标下的4个三级指标中，农民人均纯收入所占权重较重。相较其他地区而言，北京的农民人均纯收入排名前3位。甘肃、贵州在此次评价中排名最后，通过人民生活水平指标下三级指标的排名得到，甘肃、贵州的农民人均纯收入排名均在最后3位中。其实，从《中国农村发展报告》（2016）发布的以新农村建设20字方针、绿色发展理念及城乡发展一体化战略为指导，由包括经济发展、社会发展、生活水平、生态环境和城乡一体化5个维度的27个指标构成的中国农村发展指数数据可以看出，2014年，贫困发生率超过15%的省市就包括甘肃（20.1%）和贵州（18.0%）。

根据各省份人民生活水平排序，将各省份的人民生活分为三个等级。排在前10位的省份的人民生活水平定义为良好，排在后10位的省份的人民生活水平定义为较差，其余省份的人民生活水平定义为中等。为了更直观地比较中国不同地区人民生活水平的差异，更形象地描绘各省份人民生活水平的状况，做如图5-5所示的柱形图，这样可以清晰地得到人民生活在各地域间的差异。整体来看，华东沿海地区、北京、天津人民生活水平

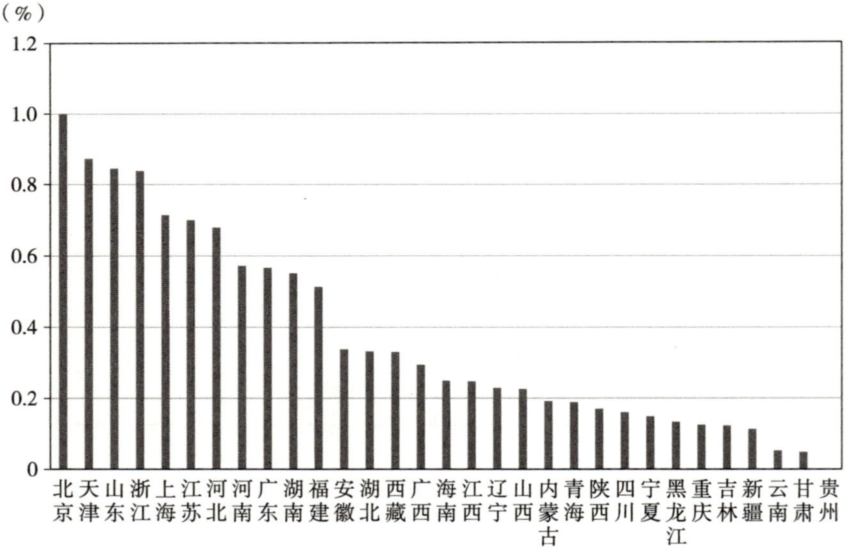


**图5-5 各区域人民生活水平等级图**

较高。华东沿海地区是我国最早实行对外开放的地区，自然条件优越、经济发达，因此，该地区的人均收入水平相对较高。西北、西南地区人民生活水平较差。西北地区生态环境恶劣，资源条件较差，经济发展滞后，人民生活水平有待进一步提高。西南地区交通建设较为落后，且自然灾害频发，阻碍了人民生活水平的进一步发展。

## 五、生态环境指标

生态环境指标是农业绿色发展的一部分，良好的生态环境为农业的绿色发展提供了基础条件，反过来农业的绿色发展保护并改善了生态环境，测量各个省份的生态环境水平并进行排名，具体测量结果见表 5-8。其中，测量结果为 1 表示该省份的生态环境水平最佳，测量结果为 0 表示该省份的生态环境水平最差。其中，生态环境指标共包含 3 个三级指标，分别是森林覆盖率、节水灌溉面积比重、环境保护支出占财政总支出的比重。

**表 5-8　中国各省份生态环境水平及排序**

| 省份 | 测量结果 | 排序 | 省份 | 测量结果 | 排序 |
|---|---|---|---|---|---|
| 福建 | 1. 000 | 1 | 重庆 | 0. 574 | 12 |
| 江西 | 0. 900 | 2 | 辽宁 | 0. 557 | 13 |
| 浙江 | 0. 891 | 3 | 湖北 | 0. 556 | 14 |
| 广西 | 0. 849 | 4 | 北京 | 0. 552 | 15 |
| 海南 | 0. 832 | 5 | 贵州 | 0. 536 | 16 |
| 广东 | 0. 765 | 6 | 四川 | 0. 503 | 17 |
| 云南 | 0. 750 | 7 | 安徽 | 0. 381 | 18 |
| 湖南 | 0. 710 | 8 | 河北 | 0. 349 | 19 |
| 黑龙江 | 0. 652 | 9 | 内蒙古 | 0. 300 | 20 |
| 陕西 | 0. 617 | 10 | 河南 | 0. 287 | 21 |
| 吉林 | 0. 605 | 11 | 山西 | 0. 235 | 22 |

续表

| 省份 | 测量结果 | 排序 | 省份 | 测量结果 | 排序 |
|---|---|---|---|---|---|
| 山东 | 0.211 | 23 | 上海 | 0.102 | 28 |
| 江苏 | 0.203 | 24 | 天津 | 0.096 | 29 |
| 西藏 | 0.153 | 25 | 青海 | 0.072 | 30 |
| 宁夏 | 0.150 | 26 | 新疆 | 0 | 31 |
| 甘肃 | 0.131 | 27 | | | |

从表 5-8 可以看出，2015 年生态环境水平排名前 10 的省份分别是福建、江西、浙江、广西、海南、广东、云南、湖南、黑龙江、陕西，排名后 10 位的省份分别是山西、山东、江苏、西藏、宁夏、甘肃、上海、天津、青海、新疆。福建、江西、浙江在此次评价中排名前 3 位，在生态环境的 3 个指标中，福建、江西、浙江的森林覆盖率均排名前 3 位，森林覆盖率是生态环境中最重要的指标。新疆在此次评价中排名最后，其三级指标的排名也比较靠后，森林覆盖率、环境保护支出占财政总支出的比重均排在最后 3 位。

根据各省份生态环境水平排序，将各省份的生态环境分为三个等级。排在前 10 位的省份的生态环境水平定义为良好，排在后 10 位的省份的生态环境水平定义为较差，其余省份的生态环境水平定义为中等。为了更直观地比较中国不同地区生态环境水平的差异，更形象地描绘各省份生态环境水平的状况，做如图 5-6 所示的柱形图，这样可以清晰地得到生态环境在各地域间的差异。整体来看，华南以及华东某些省份的生态环境发展水平良好。这些地区自然条件优越，且经济发展到一定程度后，越来越注重生态环境的良好发展以及人和自然的和谐相处。

从以上分析可知，华东沿海地区是绿色生产、绿色产品、经济效率、人民生活水平和生态环境这 5 个二级指标发展较好的地区，同时也是我国 2015 年农业绿色发展较好的地区。这 5 个指标相辅相成，绿色生产、绿色产品的提高，有利于生态环境的恢复和保护，为经济的可持续发展奠定了

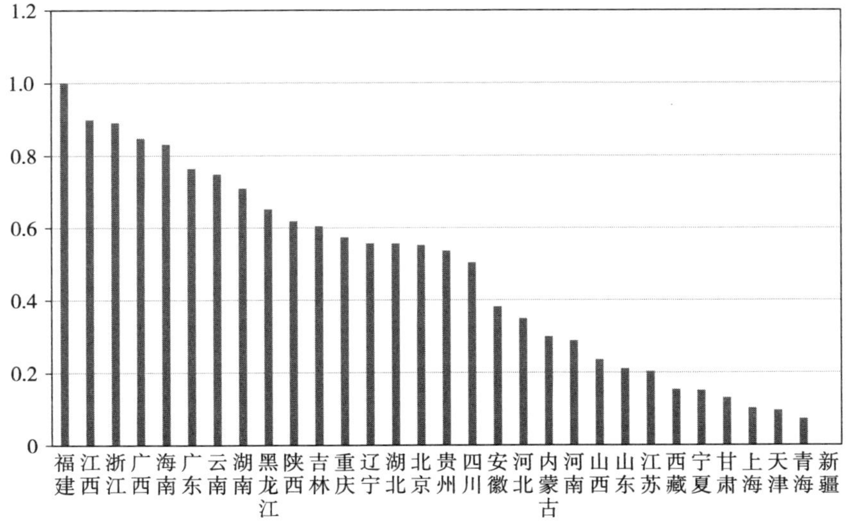


**图 5-6　各区域生态环境发展水平等级图**

基础，而农业经济的健康发展又促进了农民生活水平的提高，在生活水平提高后，人们会越来越关注产品的质量和营养价值，从而会推进生产的“绿色化”和产品的“绿色化”，形成一个良性循环发展系统，共同促进我国各个地区农业绿色发展。为了更直观地比较各省市农业绿色发展、绿色产品、绿色产品、经济效率、生态环境水平和生态环境的关系，从图 5-1~图 5-6 可以看出，整体上农业绿色发展与各二级指标的发展是同步的，即绿色生产、绿色产品、经济效率、生态环境水平和人民生活水平较高的省份的农业绿色发展水平较高，反之，这 5 个二级指标相对较低的省份的农业绿色发展水平相对较差。

以下选取农业绿色发展排在前 10 的省份，分别是上海、北京、天津、浙江、广东、江苏、重庆、山东、福建、山西，比较其农业绿色发展与 5 个二级指标之间的关系，如图 5-7 所示。选取农业绿色发展排在后 10 位的省份，分别是吉林、安徽、宁夏、黑龙江、广西、云南、贵州、甘肃、新疆、海南，比较这些省份的农业绿色发展和 5 个二级指标之间的关系，如图 5-8 所示。从图 5-7、图 5-8 可以看出，经济效率随着排名的靠后而

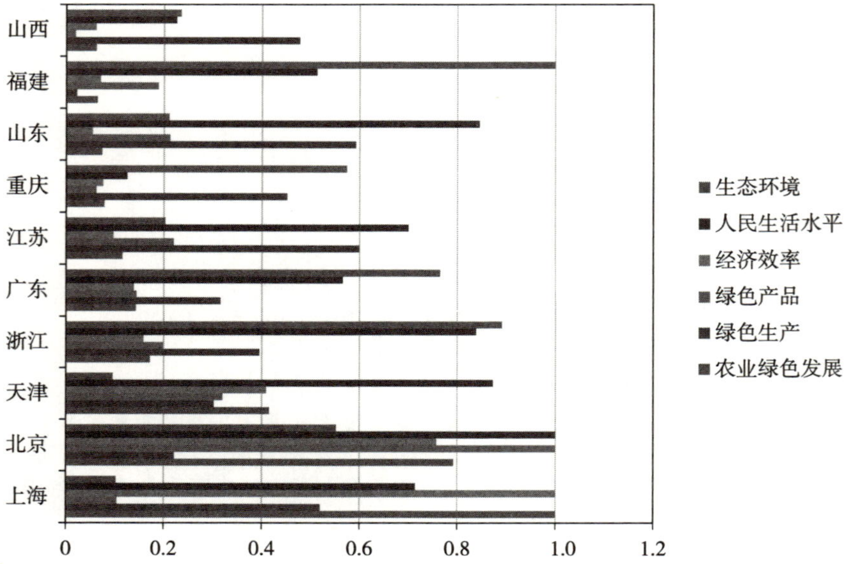


**图 5-7　农业绿色发展排名前 10 位的省份**

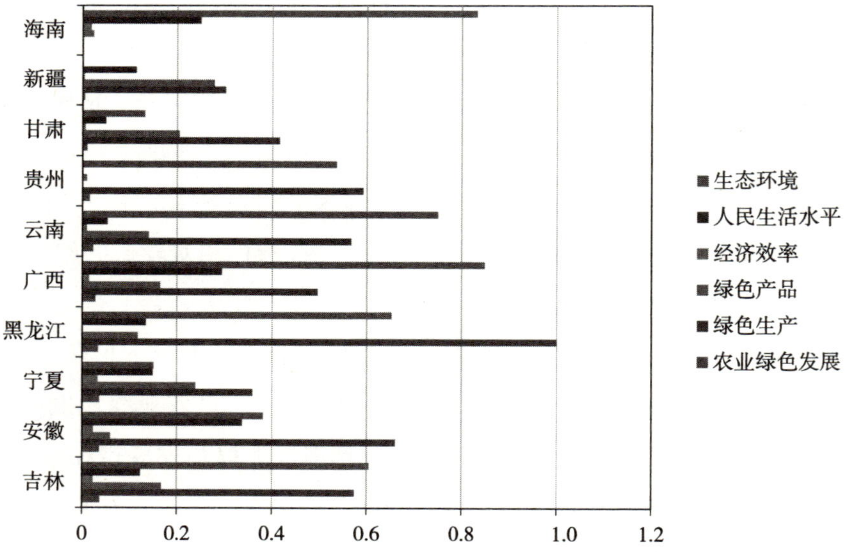


**图 5-8　农业绿色发展排名后 10 位的省份**

降低，表明经济效率是农业绿色发展的一个主要动力。经济发达地区较其他地区而言会投入更多的人力、物力、财力来推进农业发展与环境保护的协调，保障食品的质量、安全和营养，促进农业科技创新和应用等，这些都起到了促进农业绿色发展的作用。

## 第三节　评价结果分析与建议

农业绿色发展水平的地区差距是非常明显的，在区域层面，中西部和东北部地区的农业绿色发展明显落后于东部地区。根据各省份的农业绿色发展排名以及绿色生产、绿色产品、经济效率、人民生活水平和生态环境各二级指标的比较，结合目前农业绿色发展存在的问题，提出相应的建议。

### 一、评价结果分析

根据各省份的农业绿色发展排名以及绿色生产、绿色产品、经济效率、人民生活水平和生态环境各二级指标的比较，得出如下结果：

第一，根据各省份农业绿色发展的排名，整体来看，东部地区特别是沿海省份农业绿色发展较好，东北地区和西北地区农业绿色发展水平较差。

第二，根据各省份绿色生产指标的比较可以看出，绿色生产较好的省份主要集中在华东地区以北。西北地区虽然有丰富的自然资源，但该地区自然条件差、生态环境脆弱、水土流失严重，不利于农业生产，是绿色生产较差的地区。

第三，根据各省份绿色产品指标的比较可以看出，华东沿海地区是绿色产品发展较好的地区，华中某些省份的绿色产品发展较差。

第四，根据各省份经济发展指标的比较可以看出，华东沿海地区以及北京、天津的经济较为发达。

第五，根据各省份人民生活水平指标的比较可以看出，华东沿海地区以及北京、天津的人民生活水平较高，西北地区、西南地区是人民生活水平较差的地区。

第六，根据各省份生态环境指标的比较可以看出，华南地区以及华东某些省市的生态环境发展较好。

从以上结果可以看出，绿色生产、绿色产品、经济效率、生态环境水平和人民生活水平发展较好的地区均有华东地区，同时，华东地区也是农业绿色发展较好的地区。华东地区是我国东部地区的简称，自然环境条件优越，物产资源丰富，公路、铁路、航运、水路四通八达，是我国科技含量最高的地区，也是经济文化最为发达的地区。西北地区的绿色产品水平较差、生态环境水平较低，同时，该地区的农业绿色发展也较差。以下分析西北地区农业绿色发展存在的问题，并提出相应的建议。

## 二、农业绿色发展存在的问题

西北地区包括内蒙古西部、宁夏、青海、甘肃、新疆、陕西，该地区深居内陆，距海遥远，冬季严寒干燥，夏季高温干旱。年降水量自东向西递减，从东部的400毫米左右往西一直减到50毫米以下。该地区是一个较大的农业地域范围，在农业的绿色发展中难免会存在一些问题。

第一，水资源严重不足。西北地区的地貌以山地、高原和盆地为主，干旱是该地区的主要自然特征。该地区全年降雨稀少，蒸发量极大。同时，西北大部分地区的地下水资源和地表水相对缺乏。水资源的严重不足，制约了农业生产的发展。

第二，生态环境恶劣。西北地区早期为了快速发展经济，大面积地砍伐林木、过度放牧、污染和浪费水资源、终年不断开采各种矿产资源等自然资源，不合理地开采利用自然资源，破坏了生态环境，造成了环境污染、水土流失、土地沙漠化、自然灾害增多，生态环境日益恶化，至今都没能完全恢复。生态环境脆弱成为农业发展以及生态环境水平提高的一个严重的制约因素。

第三，农民素质偏低。近年来，西北地区的农民素质有所提高，但相较于全国水平而言，其农民素质偏低，使农业科学技术和农业绿色技术很难普及以及应用到农业生产过程中，造成了农业劳动生产力低下，阻碍了西北地区农业生产的进一步发展。

第四，生产经营规模偏小。西北某些地区地广人稀，农户一般分散经营，自给自足，导致农产品批量少，无法形成规模效益，小生产与大市场的矛盾日益突出。农业生产者利益过多流失，市场发展滞后，这些都严重地制约了生态环境水平的提高和农业的绿色发展。

第五，农民生产经营观念陈旧。西北地区长期处在以土为本的农耕文化和自给自足的生产形式的环境下，小农观念严重，经营方式陈旧，没有真正认识到市场行情的重要性。这严重阻碍了农业的进一步发展。

第六，基础设施落后，市场信息不灵。西北地区地处内陆，地形以山地、高原、盆地为主，使广大农村交通不便，市场信息不灵。另外，连接小生产和大市场的一些专业性中介机构发育滞后，不能及时给农户提供市场行情，也不能对其进行技术、资金上的扶持。这些都为西北地区的农业发展造成了不利的影响。

第七，农业科技发展落后。整个西北地区科技人员偏少，分布很不均匀，科研能力与全国相比，仍显得比较滞后，主要表现在难以产生解决西北干旱、半干旱地区的农业绿色发展问题的配套技术成果。

## 三、建议

西北地区农业的绿色发展，对促进西北地区经济发展、加强民族团结、维护社会稳定具有重要意义。针对西北地区农业绿色发展存在的问题，本书提出一些建议，以期促进西北地区的绿色生产、绿色产品、经济效率、生态环境和人民生活水平的提高，从而促进农业发展的绿色程度。

第一，针对西北地区干旱的自然特征，解决农业缺水问题尤为重要。第一，积极推进节水技术和节水装置的应用，加强对该地区水资源的管理，减少农业本身对水资源的浪费。第二，合理开发利用各种自然资源、植树造林，绿化荒山，在保护环境的同时提高土壤储水的功能。第三，建立水库等雨水收集装置，利用雨水来储存水资源。

第二，科学技术是第一生产力，积极推进农村科学服务和农业绿色技术的普及。①建立县、乡、镇农业技术服务中心，扩大服务领域，增强农业科学技术服务功能。②积极推进农业、科学和教育的结合，提高农民的整体素质，促进农业绿色技术和科学技术的普及。将生产、科研和培训紧密结合，建立农业科技服务体系。③西北地区较为贫困，政府及各个部门可以支出一部分资金，加强推进西北地区对农业科技成果的普及和应用。

第三，利用地域优势，建立绿色食品农业基地。①根据西北地区干旱区特有的绿洲优势，提高节水灌溉技术，建立农业生产基地。②控制水土流失、土壤侵蚀，建立新型草业基地，加强农牧业结合。③某些偏远地区的生态环境较好，能够满足绿色食品的种植要求。由于经济发达地区的消费者对绿色农产品的需求日益增多，可以建立绿色农产品基地。

第四，政府是农业投入的主要渠道，政府可以加大对农业绿色发展的资金投入。①政府可以设立农业开发专项资金，帮助西北地区农业区域的开发，促进农业生产的发展。②相对于其他地区而言，国家可以适当增加西北地区农业政策性贷款，给农业绿色发展提供有利的资金支持。③国家可以引导国内金融机构以及外商投资西北地区农业，并制定相关的优惠政策。

## 本章小结

本章主要从我国的各个省份出发，评价比较我国各个省份的农业绿色发展水平以及各二级指标的发展水平。首先，计算各个省份的农业绿色发展水平，并对农业绿色发展水平进行标准化，得到农业绿色发展水平的排名，可知上海、北京、天津、浙江、广东、江苏、重庆、山东、福建、山西是农业绿色发展水平良好的省份，吉林、安徽、宁夏、黑龙江、广西、云南、贵州、甘肃、新疆、海南是农业绿色发展水平较差的省份。其次，我们评价比较了各省份二级指标的发展水平，对于绿色生产指标，我们得到2015年绿色生产水平排名前10位的省份分别是黑龙江、河南、四川、内蒙古、安徽、江苏、河北、山东、贵州、湖南，排名后10位的省份分别是辽宁、浙江、青海、宁夏、广东、天津、新疆、北京、福建、海南，并从地理位置、气候、经济等方面对绿色生产良好和绿色生产较差的省份进行了分析；对于绿色产品指标，可得2015年绿色产品水平排名前10位的省份分别是北京、天津、新疆、陕西、江西、宁夏、江苏、山东、甘肃、浙江，排名后10位的省份分别是湖北、河南、辽宁、青海、河北、重庆、安徽、海南、山西、贵州，并进行了进一步的分析；对于经济发展指标，2015年经济发展水平排名前10位的省份分别是上海、北京、天津、浙江、广东、江苏、重庆、福建、山西、青海，排名后10位的省份分别是安徽、吉林、四川、海南、广西、云南、贵州、甘肃、新疆、黑龙江，并进一步分析了经济发展良好和经济发展较差的地区；对于人民生活水平指标，2015年人民生活水平排名前10位的省份分别是北京、天津、山东、浙江、上海、江苏、河北、河南、广东、湖南，排名后10位的省份分别是陕西、四川、宁夏、黑龙江、重庆、吉林、新疆、云南、甘肃、贵州，并进一步讨论了人民生活水平良好和人民生活水平较差的地区；对于生态环境指标，2015年生态环境水平排名前10位的省份分别是福建、江西、浙江、广西、海南、广东、云南、湖南、黑龙江、陕西，排名后10位的省份分别是山西、山东、江苏、西藏、宁夏、甘肃、上海、天津、青海、新疆，并从多个方面分析了生态环境指标。最后，我们根据各个省份农业绿色发展水平的排名以及各个二级指标的发展情况，结合中国各区域的地理位置、气候环境等方面，分析各个区域发展水平存在差异的原因，并给出相应的建议。

# 第六章　结论与展望

将供给侧结构性改革与农业绿色发展结合起来，依据国内外农业与生态环境和谐发展的理论以及绿色发展评价指标体系，构建农业绿色发展评价指标体系，将其运用于我国农业发展，并对结果进行分析。本章基于前五章的内容得出结论，进而对我国农业绿色发展进行展望。

## 第一节　结论

中国自古以来就是一个农业大国，农业在我国社会和经济发展过程中占据着重要位置。在农业的发展过程中，人们大量使用化肥和化学产品来提高农业的产量，导致环境污染、土壤退化、水土流失、水资源污染等许多负面影响和效应出现。如今，随着我国经济发展水平的不断提高，我国由关注农产品的产量转向了更为关注农产品的质量，这意味着我国农业需要改变传统的发展方式，以绿色发展理念为指导进行农业绿色生产，开发绿色食品，促进农业与生态环境的协调发展，推进经济的可持续发展，提高人民的生活水平。

2016 年中央一号文件明确指出，要“加强资源保护和生态修复，推动农业绿色发展”，并提出了从以下四个方面来推动农业绿色发展，分别是“加强农业资源保护和高效利用、加快农业环境突出问题治理、加强农业生态保护和修复、实施食品安全战略”。2016 年，我国在农业绿色发展方面已取得了相当不错的成绩，在2016年的基础上，2017年我国指出要以提高农业供给质量为主攻方向，以增加农民收入、保障有效供给为主要目标，加快推进农业供给侧结构性改革，追求农业的绿色生态可持续发展。同时，2017年中央一号文件明确提出“推行绿色生产方式，增强农业可持续发展能力”，其中，绿色生产方式主要包括以下四个方面：“推进农业清洁生产；大规模实施农业节水工程；集中治理农业环境突出问题；加大重大生态工程建设”。提高劳动生产率、土地产出率和资源利用率，满足广大人民群众对农产品质量的要求，促进农业发展方式的转型。

近年来，我国越来越关注农业的绿色发展，并制定了一定的政策和要求，促进农业农村的绿色生态可持续发展。本书在国内外研究成果的基础上，结合中国的实际情况，构建了中国农业绿色发展指标体系，共包含1个一级指标、5个二级指标和25个三级指标。在该指标体系的基础上分析我国2006~2015年农业绿色发展的情况，并对该指标体系进行适当的处理，来比较2015年我国各区域的农业绿色发展现状，得出以下结论。

## 一、中国近年来农业绿色发展状况

2006年是我国“十一五”规划的开局之年，提出了加强建设农业基础设施、提高国家支农资金、调整完善农业投资体制、增加农村教育等农业与农村的政策，促进农业农村的全面发展。2007年，我国农业整体上处于一个良好的发展环境，但也表现出了一些问题，如资源环境约束日益加剧等。因此，2007年中央主要以循环农业、现代农业为基础来制定农业与农村政策，关注农业的可持续发展。2008年我国主要通过结构优化来推进优质农产品生产和特色农业的发展。2009年，我国实施田、水、路、林综合治理，鼓励引导农民在农业生产过程中使用有机肥，并加快推进农业机械化。2010年，我国提出要“提高现代农业装备水平，促进农业发展方式转变”，建设并完善农产品质量安全检验检测体系，积极推进有机农产品、绿色食品以及无公害农产品的发展。2011年，中央提出要大力发展节水灌溉、提高农田有效灌溉面积、增加防汛抗旱能力，保障农业的进一步发展。2012 年，我国明确提出要以农业生产生态协调为要求，以提高劳动生产率、土地产出率和资源利用率为目的，加快推进农业科技创新以及农业技术转移和成果转化。同时也提出了要通过加快农村污水、垃圾处理，改善农村农民的居住环境，提高人民的生活水平。2013 年，我国主要围绕“保供给增收入”，加大农村改革力度，加强农村科技创新能力，进一步解放和发展农村社会生产力。2014 年，我国首次明确提出要建立农业可持续性发展长效机制，并提出了以下几点要求：①要落实环境保护制度、节约集约用地制度、监督考核制度和水资源管理制度，积极推进生态友好型农业发展；②对重要水源地和严重沙化耕地实施退耕还林还草，进行农业资源休养生息试点；③划定生态保护红线，加强生态保护。2015 年中央一号文件明确指出“围绕建设现代农业，加快转变农业发展方式”，并提出了具体措施：推进农业结构的调整；加强农业科学技术创新驱动作用；提高农产品质量的安全水平。走出一条环境友好、产品安全、资源节约的农业发展道路。2006~2015 年，国家以及人民群众越来越关注农业的可持续发展、绿色发展。本书根据构建的中国农业绿色发展指标体系，结合所收集到的数据，分析我国 2006~2015 年农业绿色发展的情况，得出如下结论：

第一，2006~2010 年中国农业绿色发展水平缓慢提高，2010~2014 年农业绿色发展水平迅速提升，而在 2012 年中期至 2013 年中期农业绿色发展水平有一个小幅度的下降，2014~2015 年农业绿色发展较为缓慢。整体来看，我国 2006~2015 年农业绿色发展呈上升趋势。2006 年是我国“十一五”规划的第一年，提出并制定了许多有利于农业农村发展的政策，但很少涉及我国农业的绿色发展。2007 年，由于出现了资源环境约束日益加剧等农业发展问题，国家开始注意到了农业的绿色发展，在一号文件中提出要发展循环农业、现代农业，促进农业的可持续发展。虽然 2008 年我国经历了金融危机、罕见的雨雪冰冻灾害、汶川大地震等重大灾害，但我国农业仍然保持良好的发展势头，取得了农民增收、农业增效的成绩。从 2006~2015 年历年的中央一号文件可以看出，中央越来越重视农业的可持续发展，并对农业生产、运输和销售方面提出了相应的措施。

第二，2006~2008年以及2010~2014年绿色生产水平与农业绿色发展水平同方向变化，即2006~2008年两者均缓慢地提高，而2010~2014年两者均有大幅度的提升。但在2014~2015年，绿色生产水平与农业绿色发展水平呈反方向变化，即绿色生产水平有所下降，而农业绿色发展水平呈上升趋势。整体来看，绿色生产与农业绿色发展是同方向变化的，绿色生产与农业绿色发展息息相关。农业绿色发展包括农业的绿色生产过程，绿色生产水平的提高会进一步加大我国农业发展的绿色程度，但农业发展绿色程度的增加并不仅仅受绿色生产水平这一个因素的影响。2017年中央一号文件明确提出积极推行化肥农药零增长行动，提高禽畜粪便资源化率，深入推进农业清洁生产、实施有效节水灌溉行动，大规模推进农业节水功能、适当地实施退耕还林还草，综合治理农业生产过程中突出的环境问题、系统修复山水林田湖，加强建设重大生态工程在内的绿色生产方式，积极推进农业的可持续发展、绿色发展。

第三，绿色产品与农业绿色发展水平的波动幅度类似，2009~2011年，绿色产品水平与农业绿色发展水平反方向变动，即绿色产品水平在不断降低的同时农业绿色发展水平缓慢提高。但2006~2009年、2010~2015年这两个时间段，两者的发展水平同方向变动，即绿色产品与农业绿色发展水平均波动性地提高，且波动的幅度相似。农业绿色发展包括绿色产品，绿色产品水平的提高会进一步加大我国农业发展的绿色程度，但农业发展绿色程度的增加并不仅仅受绿色产品水平这一个因素的影响。另外，通过过度开发耕地面积、过度使用自然资源以及一些不正当的方法，也可以提高绿色产品水平，但却会在一定程度上影响农业绿色发展，这也在某种程度上解释了2009~2011年绿色产品水平与农业绿色发展水平反方向变动。随着我国经济社会的快速发展，人们逐渐开始关注农业经济与生态环境的和谐发展，在不破坏生态环境的基础上，进行绿色产品的生产，增加农业发展的绿色程度。

第四，从整体上看，经济发展与农业绿色发展水平在2006~2015年呈上升趋势，且经济发展大于农业绿色发展水平。可以看出经济发展与农业绿色并不矛盾，实现农业绿色发展是可能的，也是必须的。经济的迅速发展是农业绿色的物质前提，为农业绿色发展提供了坚实的基础，农业的绿色发展是经济的可持续发展的必要条件，为经济的快速发展提供了厚实的土壤。当一个地区的经济发展水平达到一定程度后，人们会越来越关注食品的质量、安全以及营养价值，促进农业的绿色发展；我国是世界上的农业大国，农业对我国的经济发展至关重要，农业绿色发展主要体现在“绿色”和“发展”两个方面，在保障产品质量、保护生态环境的同时力求农业经济发展水平的提升，将我国的农业发展带入了一条可持续发展道路，从长远角度来看有利于与我国经济的健康发展。2017 年中央一号文件明确提出要提高我国土地产出率、劳动生产率和资源利用率，大力推进农业生产方式转型，促进农业朝着可持续、绿色的方向发展。既要以经济发展促进农业绿色发展，又要以农业绿色发展带动经济的发展。

第五，人民生活水平与农业绿色发展水平呈同方向变动，2006～2015 年农业绿色发展水平不断提高的同时，人民生活水平也在不断提升。因此，实现农业绿色发展是必要的，农业绿色发展不仅可以改善城乡居民居住环境，合理利用开发自然资源，保护生态环境，还可以促进经济的健康发展，进而提高人民的生活质量。同时，随着人民生活水平的提高，人们由关注农产品的产量开始逐渐转向关注农产品的质量，更加重视产品的安全和健康，市场上也更加需要高品质的、绿色的农产品。为了满足市场的需求，农业农村会朝着绿色的方向发展，从而促进我国农业的绿色发展。我国自改革开放以来，人民生活水平日渐提高，但由于以前为了农业的发展而过度地开采矿物资源、过度砍伐森林树木等，造成了自然资源的大量浪费。在自然资源条件趋紧的情况下，国家果断采取措施，调整农业生产结构，转变农业发展方式，引导农业农村朝着可持续的方向发展，进而带动了我国整个经济体系的健康发展。人民生活水平和农业绿色发展是相互影响、相互带动的。

第六，2008～2010 年生态环境水平急剧提高，2010～2014 年农业绿色发展水平大幅提高；2007～2008 年、2012～2013 年两者反方向变动，即生态环境水平有所下降，而农业绿色发展水平却呈上升趋势；2014~2015 年生态环境水平急剧提高，而农业绿色发展水平缓慢上升。整体来看，生态环境与农业绿色发展水平均呈上升的趋势。良好的生态环境可以为农业绿色发展提供相对的优势，目前，我国大部分的绿色产品基地集中在偏远地区，因为这些地区的生态环境还没有受到污染，种植农作物的土壤肥沃且没有受到污染，空气清新，水质良好，符合绿色产品的种植标准。良好的生态环境为农业绿色发展提供了条件，在一定程度上促进了我国的农业绿色发展。同时，农业绿色发展有利于改善我国的生态环境，农业绿色发展以农业的循环、可持续、绿色发展为目的，以农业经济和生态环境协调发展为要求，在农产品生产过程中使用绿色技术追求农产品的高效、优质和健康。因此，农业绿色发展水平的提高在一定程度上可以改善我国的生态环境。

第七，从各个二级指标和农业绿色发展的角度来看，2008~2009 年绿色生产与经济发展、人民生活水平、生态环境反方向变化，即绿色生产下降的同时，经济发展、人民生活水平、生态环境不断改善。2006~2011 年绿色产品与人民生活水平同方向变动，与经济发展、生态环境反方向变动，即绿色产品下降的同时，人民生活水平缓慢下降，经济发展水平、生态环境不断提高。但从 2014 年开始，生态环境、绿色产品和人民生活水平急剧提高。整体来看，绿色生产、绿色产品、经济发展、人民生活水平和生态环境水平在 2006~2015 年总体均呈上升趋势。绿色生产、绿色产品、经济发展、人民生活水平、生态环境和农业绿色发展是相互影响、相互促进的，但它们并不是各自唯一的影响因素，也不能起到立竿见影的效果。例如，良好的生态环境有利于农业的绿色生产，农业绿色生产的发展也可以在一定程度上改善生态环境，但它们并不是影响对方的唯一因素。2008~2009 年绿色生产下降的同时生态环境不断改善，中国近年来一直致力于综合治理、系统修复、全面保护我国生态环境，生态环境波动性地向好的方向发展，而农业的绿色生产在此段时间处于下降的趋势，这是由各种各样的原因导致的，有可能是 2008 年我国经历的罕见的雨雪冰冻灾害、汶川大地震等重大自然灾害，阻碍了绿色生产的发展。

## 二、中国各地区农业绿色发展状况

“十二五”以来，我国农业发展取得了很大的成效，如粮食连年增产、农民连年增收，但近年来，我国农业发展环境发生了很大的变化。一方面，市场对绿色农产品、无公害农产品、有机农产品的需求越来越大，已达到供不应求的状态；另一方面，农业自然资源约束日益趋紧，严重制约了我国农业农村的发展。这些变化都迫使我国实施农业绿色发展，农业绿色发展日益受到我国的关注。2016 年中央一号文件明确提出要“加强资源保护和生态修复，推动农业绿色发展”，紧接着，2017 年中央一号文件也提出了“推行绿色生产方式，增强农业可持续发展能力”。中国幅员辽阔，各个地区之间的地形、气候、资源以及生态环境均呈现出一定程度的地域差异，对农业发展的绿色程度有一定的影响，因此，农业绿色发展也存在一定的区域性差异。本书根据构建的中国农业绿色发展指标体系，并对其进行适当的修改，结合收集到的数据，进行 2015 年各省份的农业绿色发展排名以及绿色生产、绿色产品、经济效率、人民生活水平和生态环境各二级指标的比较，分析中国各地区农业绿色发展的状况，得出如下结论：

第一，根据各省份农业绿色发展的排名，可以看出，东部地区特别是沿海省份农业绿色发展较好，东北地区和西北地区农业绿色发展水平较差。我国东部地区地势平缓，面临大海、背负大陆，地理位置优越，有利于农业的发展；东部地区的气候以亚热带季风气候和温带季风气候为主，季风气候雨热同期，降水充足，有利于农作物的生长；东部地区有着丰富的盐、石油、水产品和铁矿等自然资源，农业科学技术较为发达，农民文化素质、专业素质高，有利于提高劳动生产率、土地产出率和资源利用率，保护生态环境，促进农业的绿色发展；东部地区是 20 世纪 70 年代以来优先发展的地区，经济实力雄厚，这是农业绿色发展一个很好的助力。我国西北地区地貌以高原、盆地为主，地势陡峭，远离海洋、深居内陆，自然条件恶劣，不利于农业的生产；西北地区的气候以温带大陆性气候为主，海洋上的湿润气流难以到达，干旱少雨，加之河流较少，造成水资源短缺，不利于农作物的生长；西北地区的植被以荒漠、草原为主，农业以畜牧业为主，经济总体来说比较落后，在一定程度上制约了农业的绿色发展。我国经济发展进入新常态，经济增速由原来的两位数下降到了一位数，但东北地区的经济增速下降幅度明显高于全国经济增速下降的幅度，这对农业绿色发展有一定的影响；东北地区至今没有很好地解决老工业基地以及传统产业的深层次矛盾，没有很好地促进新兴产业的发展，这在一定程度上不利于农业的绿色发展。

第二，根据各省份绿色生产指标的比较可以看出，绿色生产较好的省份主要集中在华东地区以北。西北地区虽然有丰富的自然资源，但该地区自然条件差、生态环境脆弱、水土流失严重，不利于农业生产，是绿色生产较差的地区。华东地区地貌以平原、盆地、丘陵为主，地势平缓，有利于农业生产；华东地区的气候主要是温带季风气候，雨量集中在夏季，水资源充足，有利于农作物的生长；华东地区农业科学技术和农业绿色技术的普及和应用较为广泛，劳动者的文化素质较高，农业机械化率较高，有利于农业的绿色生产过程。西北地区地处内陆、远离海洋，地势陡峭，河流较少且降水不足，对农业的绿色生产起到了一定的制约作用。西北地区植被稀少，以前过度放牧、过度开采，导致水土流失，生态环境脆弱，阻碍了农业的绿色生产；自改革开放以来，西北地区一直是我国经济发展比较滞后的地区，人们的文化教育也相对比较落后，劳动者的素质相对较低，这在一定程度上降低了土地产出率、资源利用率，不利于农业农村发展过程中的绿色生产。

第三，根据各省份绿色产品指标的比较可以看出，华东沿海地区是绿色产品发展较好的地区，华中某些省份绿色产品发展较差。华东沿海地区面向海洋、背靠大陆，地理位置优越；有着丰富的石油、水产品等自然资源，科学技术发达，是经济最发达的地区之一。当经济发展到一定程度后，人们从原来关注农产品的产量逐渐转向关注农产品的质量，追求安全、健康和有营养的食品，形成了绿色产品、有机产品、无公害产品的市场需求。这会促进农业的绿色发展和绿色产品的生产。华中地区农业科学技术和农业绿色技术发展水平一般，劳动者素质也有待进一步提高，农用机械化水平相对较低；华中地区的地形以平原、盆地、丘陵为主，其气候主要是亚热带气候，该气候有一定的敏感性，如2008年南方罕见的雨雪冰灾自然灾害，严重地影响了农业的绿色发展。

第四，根据各省份经济发展指标的比较可以看出，华东沿海地区以及北京、天津的经济较为发达。华东沿海地区背靠大陆、面临海洋，地理位置优越，交通便利，为经济的发展提供了很好的条件；华东沿海地区是人才聚集的地区，科学技术发达，劳动者的文化素质高，有效地促进了该地区的经济发展。北京是我国的首都，位于华北平原的北部，是我国的政治中心和文化中心，人们文化素质高，许多大型的国际活动都在北京举行，带动了北京的经济发展。天津是中国的直辖市之一，是中国国家中心城市、中国北方经济中心、环渤海地区经济中心、中国北方国际航运中心、中国北方国际物流中心、国际港口城市和生态城市、国际航运融资中心、中国中医药研发中心、亚太区域海洋仪器检测评价中心。天津的地位决定了天津的经济发展效率相较于其他省市而言要更高。

第五，根据各省份人民生活水平指标的比较可以看出，华东沿海地区以及北京、天津的人民生活水平较高，西北地区、西南地区是人民生活水平较差的地区。华东沿海地区背靠大陆、面临大海，交通四通八达，地理位置优越，是我国最早实行对外开放的地区，人才聚集、科学技术发达，这些都促进了该地区经济的迅速发展，增加了人们的收入，提高了人民的生活水平。北京、天津是中国的直辖市，北京是中国的政治中心和文化中心，天津是中国的中心城市和北方的经济中心，这两个地区的经济发展水平在我国一直处于领先地位，且越来越重视生态环境的良好发展，这些都有利于提高人民的生活水平。西北地区地处内陆，生态环境恶劣，植被以草原、荒漠为主，水土流失严重，经济发展较全国而言一直比较滞后，这些制约了该地区人民生活水平的提高。西南地区地形以高原、盆地、丘陵为主，地势陡峭，其气候主要是热带亚热带季风气候，降水充足，但该地区自然灾害、人为灾害频发，这些都不利于人民生活水平的提高。

第六，根据各省份生态环境指标的比较可以看出，华南地区以及华东某些省份的生态环境发展较好。华东地区经济实力雄厚，人们已从追求经济发展转向追求经济和生态环境的和谐发展，更加关注自身的居住环境，开始自觉地保护生态环境。同时，雄厚的经济实力为综合治理、系统修复和保护生态环境提供了一个很好的物质前提。我国华南地区的地形以丘陵为主，有小部分的平原和山地，面临南海，海洋资源丰富；地处热带、南亚热带，地理位置特殊，具有全国独一无二的水热资源，交通便利，这些都促进了该地区经济效率的提高，提升了农业发展水平，改善了生态环境。

## 第二节 展望

2006~2015 年我国农业绿色发展一直处于上升趋势，当今，国家越来越重视农业的绿色发展，农业的绿色发展水平有望进一步的提高。分地区来看，华东地区农业绿色发展良好，东北地区和西北地区农业绿色发展较差。农业绿色发展良好的地区应保持良好的发展趋势，农业绿色发展水平较差的地区要采取一定的措施，促进本地区的农业绿色发展。在分析近年来中国农业绿色发展状况以及中国各地区农业绿色发展状况的基础上，结合我国农业方面的实际情况，对我国中国整体农业绿色发展和中国各地区农业绿色发展做出如下展望。

### 一、中国整体农业绿色发展

2016 年中央一号文件明确指出了要“加强资源保护和生态修复，推动农业绿色发展”，2017 年我国指出要加快推进农业供给侧结构性改革，追求农业的绿色生态可持续发展。同时，2017 年中央一号文件明确提出“推行绿色生产方式，增强农业可持续发展能力”。从 2016 年、2017 年中央一号文件可以看出，我国越来越重视农业绿色发展。但是我国前期为了经济发展过度地开采各种自然资源，造成了资源环境约束趋紧，同时破坏了我国的生态环境，对农业绿色发展有一定的制约作用，农业的绿色发展还需要度过一个艰难的时期。整体来看，农业绿色发展应该呈上升的趋势，并带动生态环境、社会经济的共同发展。

### 二、中国各地区农业绿色发展

华东地区是我国农业绿色发展良好的地区，从绿色生产、绿色产品、经济发展、人民生活水平和生态环境可以看出，华东地区的农业绿色发展将保持良好的势头，进入一个良性循环的状态，即农业绿色发展意味着绿色生产、绿色产品的发展，带动了农业经济的健康发展，修复并保护了生态环境；而绿色生产、绿色产品发展水平的提高、经济的快速发展、生态环境的不断改善促进了农业绿色发展。西北地区是我国农业绿色发展较差的地区，该地区由于地理位置、气候条件、生态环境和历史遗留问题，农业绿色发展还将处于一个艰难的时期。国家应对该地区给予政策支持，促进该地区的农业绿色发展。

## 本章小结

本章主要根据农业绿色发展水平测量结果以及排名，总结我国 2006~2015 年农业绿色发展趋势和各二级指标的发展状况，以及 2015 年各区域农业绿色发展水平和各个二级指标发展水平等级排名。在此基础上，讨论分析中国近年来农业绿色发展状况，并对中国未来农业绿色发展进行展望。

# 附　录

## 我国农业绿色发展评价指标体系三级指标实际值

**附表 1　全国绿色发展评价指标体系三级指标实际值：绿色生产指标**

| 绿色生产指标 | | | | | |
|---|---|---|---|---|---|
| 2006 年 | 0. 045749 | 151. 4417 | 0. 40437 | 10005 | 48 |
| 2007 年 | 0. 046405 | 159. 0772 | 0. 419382 | 15341 | 49 |
| 2008 年 | 0. 047928 | 164. 502 | 0. 429428 | 16675 | 50 |
| 2009 年 | 0. 043773 | 153. 614 | 0. 399189 | 16541. 6 | 51 |
| 2010 年 | 0. 044613 | 160. 6431 | 0. 411159 | 16008 | 52 |
| 2011 年 | 0. 045609 | 169. 6658 | 0. 421791 | 16008 | 53. 5 |
| 2012 年 | 0. 046235 | 176. 3117 | 0. 432 | 16008 | 54. 5 |
| 2013 年 | 0. 04696 | 184. 457 | 0. 437386 | 19343 | 55. 2 |
| 2014 年 | 0. 047787 | 191. 0457 | 0. 443955 | 22678 | 55. 6 |
| 2015 年 | 0. 048755 | 187. 7499 | 0. 445754 | 17342 | 56 |

**附表 2　全国绿色发展评价指标体系三级指标实际值：绿色产品指标**

| 绿色产品指标 | | | | | |
|---|---|---|---|---|---|
| 2006 年 | 0. 004725 | 0. 401408 | 14. 4 | 0. 036755 | 0. 44 |
| 2007 年 | 0. 005012 | 0. 362407 | 14. 3 | 0. 039454 | 0. 436 |
| 2008 年 | 0. 005299 | 0. 399408 | 12. 1 | 0. 044774 | 0. 444 |
| 2009 年 | 0. 0056 | 0. 395189 | 11. 7 | 0. 052385 | 0. 452 |
| 2010 年 | 0. 005972 | 0. 354166 | 8. 8 | 0. 040736 | 0. 46 |
| 2011 年 | 0. 006254 | 0. 332569 | 9. 5 | 0. 038553 | 0. 468 |
| 2012 年 | 0. 006598 | 0. 442323 | 12. 2 | 0. 035527 | 0. 472 |
| 2013 年 | 0. 006919 | 0. 402877 | 5. 8 | 0. 044634 | 0. 48 |
| 2014 年 | 0. 007215 | 0. 445876 | 9. 8 | 0. 053612 | 0. 476 |
| 2015 年 | 0. 007585 | 0. 468889 | 92. 9 | 0. 040943 | 0. 478 |

**附表 3　全国绿色发展评价指标体系三级指标实际值：经济发展指标**

| 经济发展指标 | | | | | |
|---|---|---|---|---|---|
| 2006 年 | 1. 27771 | 0. 530043 | 0. 268229 | 4. 376967 | 1. 913411 |
| 2007 年 | 1. 590998 | 0. 645143 | 0. 318596 | 4. 527019 | 2. 281554 |
| 2008 年 | 1. 938361 | 0. 775387 | 0. 371176 | 4. 508684 | 2. 684689 |
| 2009 年 | 2. 089303 | 0. 828667 | 0. 380554 | 4. 783227 | 2. 523315 |
| 2010 年 | 2. 481866 | 0. 97856 | 0. 431429 | 4. 958334 | 2. 909965 |
| 2011 年 | 3. 057228 | 1. 172246 | 0. 501000 | 5. 018167 | 3. 413456 |
| 2012 年 | 3. 470805 | 1. 322375 | 0. 547396 | 5. 040793 | 3. 766119 |
| 2013 年 | 4. 012878 | 1. 47078 | 0. 589182 | 5. 136839 | 4. 093497 |
| 2014 年 | 4. 485568 | 1. 585686 | 0. 617881 | 5. 299507 | 4. 319907 |
| 2015 年 | 4. 884181 | 1. 698442 | 0. 643469 | 5. 436348 | 4. 504613 |

**附表 4　全国绿色发展评价指标体系三级指标实际值：生活水平指标**

| 生活水平指标 | | | | | |
|---|---|---|---|---|---|
| 2006 年 | 3587 | 0. 686562 | 43 | 0. 3 | 30. 7 |
| 2007 年 | 4140. 4 | 0. 704686 | 45 | 0. 486461 | 31. 6 |
| 2008 年 | 4760. 6 | 0. 6158 | 47 | 0. 568436 | 32. 4 |
| 2009 年 | 5153. 2 | 0. 607585 | 49 | 0. 792291 | 33. 6 |
| 2010 年 | 5919 | 0. 495325 | 52 | 0. 910815 | 34. 1 |
| 2011 年 | 6977. 3 | 0. 383148 | 54. 8 | 0. 944096 | 36. 2 |
| 2012 年 | 7916. 6 | 0. 459699 | 57 | 0. 980281 | 37. 1 |
| 2013 年 | 9429. 59 | 0. 456239 | 59 | 1. 005408 | 38 |
| 2014 年 | 10488. 88 | 0. 509347 | 61 | 1. 116029 | 39 |
| 2015 年 | 11421. 71 | 0. 568678 | 63. 8 | 1. 332137 | 40 |

**附表 5　全国绿色发展评价指标体系三级指标实际值：生态环境指标**

| 生态环境指标 | | | | | |
|---|---|---|---|---|---|
| 2006 年 | 18. 2 | 0. 033296 | 0. 402256 | 67. 5 | 0. 116959 |
| 2007 年 | 18. 2 | 0. 035808 | 0. 4156 | 68 | 0. 116959 |
| 2008 年 | 20. 4 | 0. 025182 | 0. 383707 | 67 | 0. 14816 |
| 2009 年 | 21. 6 | 0. 030321 | 0. 4346 | 69 | 0. 211043 |
| 2010 年 | 21. 6 | 0. 02827 | 0. 45261 | 70. 6 | 0. 261533 |
| 2011 年 | 21. 6 | 0. 024722 | 0. 473058 | 71 | 0. 240356 |
| 2012 年 | 21. 6 | 0. 02268 | 0. 499548 | 71 | 0. 233335 |
| 2013 年 | 21. 6 | 0. 011916 | 0. 427093 | 74. 1 | 0. 249736 |
| 2014 年 | 21. 6 | 0. 013694 | 0. 449632 | 75 | 0. 28759 |
| 2015 年 | 21. 6 | 0. 004258 | 0. 471516 | 80. 1 | 0. 354515 |

# 全国绿色发展评价指标体系三级指标标准值

附表 6　全国绿色发展评价指标体系三级指标标准值：绿色生产指标

| 绿色生产指标 | | | | | |
|---|---|---|---|---|---|
| 2006 年 | −0. 411 | −1. 282 | −1. 246 | −2. 071 | −1. 548 |
| 2007 年 | 0. 015 | −0. 75 | −0. 314 | −0. 394 | −1. 202 |
| 2008 年 | 1. 005 | −0. 372 | 0. 31 | 0. 025 | −0. 857 |
| 2009 年 | −1. 696 | −1. 13 | −1. 568 | −0. 017 | −0. 511 |
| 2010 年 | −1. 15 | −0. 641 | −0. 825 | −0. 184 | −0. 166 |
| 2011 年 | −0. 502 | −0. 013 | −0. 165 | −0. 184 | 0. 352 |
| 2012 年 | −0. 095 | 0. 45 | 0. 469 | −0. 184 | 0. 698 |
| 2013 年 | 0. 377 | 1. 017 | 0. 804 | 0. 863 | 0. 94 |
| 2014 年 | 0. 914 | 1. 476 | 1. 212 | 1. 911 | 1. 078 |
| 2015 年 | 1. 543 | 1. 246 | 1. 323 | 0. 235 | 1. 216 |

附表 7　全国绿色发展评价指标体系三级指标标准值：绿色产品指标

| 绿色产品指标 | | | | | |
|---|---|---|---|---|---|
| 2006 年 | −1. 444 | 0. 021 | −0. 182 | −0. 97 | −1. 241 |
| 2007 年 | −1. 147 | −0. 884 | −0. 186 | −0. 532 | −1. 482 |
| 2008 年 | −0. 85 | −0. 026 | −0. 271 | 0. 33 | −0. 1 |
| 2009 年 | −0. 537 | −0. 123 | −0. 286 | 1. 564 | −0. 518 |
| 2010 年 | −0. 151 | −1. 075 | −0. 397 | −0. 324 | −0. 036 |
| 2011 年 | 0. 141 | −1. 576 | −0. 371 | −0. 678 | 0. 446 |
| 2012 年 | 0. 498 | 0. 97 | −0. 267 | −1. 169 | 0. 687 |
| 2013 年 | 0. 83 | 0. 055 | −0. 513 | 0. 307 | 1. 169 |
| 2014 年 | 1. 138 | 1. 052 | −0. 359 | 1. 763 | 0. 928 |
| 2015 年 | 1. 521 | 1. 586 | 2. 832 | −0. 291 | 1. 048 |

**附表 8　全国绿色发展评价指标体系三级指标标准值：经济发展指标**

| 经济发展指标 | | | | | |
|---|---|---|---|---|---|
| 2006 年 | -1. 318 | -1. 393 | -1. 509 | -1. 508 | -1. 463 |
| 2007 年 | -1. 068 | -1. 112 | -1. 127 | -1. 082 | -1. 057 |
| 2008 年 | -0. 79 | -0. 791 | -0. 727 | -1. 134 | -0. 613 |
| 2009 年 | -0. 67 | -0. 664 | -0. 656 | -0. 355 | -0. 791 |
| 2010 年 | -0. 357 | -0. 298 | -0. 269 | 0. 141 | -0. 365 |
| 2011 年 | 0. 102 | 0. 174 | 0. 259 | 0. 311 | 0. 19 |
| 2012 年 | 0. 432 | 0. 541 | 0. 612 | 0. 375 | 0. 579 |
| 2013 年 | 0. 865 | 0. 903 | 0. 929 | 0. 647 | 0. 939 |
| 2014 年 | 1. 242 | 1. 183 | 1. 147 | 1. 109 | 1. 189 |
| 2015 年 | 1. 56 | 1. 458 | 1. 342 | 1. 497 | 1. 393 |

**附表 9　全国绿色发展评价指标体系三级指标标准值：生活水平指标**

| 生活水平指标 | | | | | |
|---|---|---|---|---|---|
| 2006 年 | -1. 235 | 1. 308 | -1. 423 | -1. 745 | -1. 409 |
| 2007 年 | -1. 034 | 1. 48 | -1. 151 | -1. 146 | -1. 131 |
| 2008 年 | -0. 808 | 0. 637 | -0. 869 | -0. 883 | -0. 885 |
| 2009 年 | -0. 665 | 0. 559 | -0. 587 | -0. 165 | -0. 515 |
| 2010 年 | -0. 386 | -0. 506 | -0. 164 | 0. 216 | -0. 361 |
| 2011 年 | -0. 001 | -1. 571 | 0. 231 | 0. 323 | 0. 287 |
| 2012 年 | 0. 341 | -0. 844 | 0. 541 | 0. 439 | 0. 564 |
| 2013 年 | 0. 892 | -0. 877 | 0. 824 | 0. 519 | 0. 842 |
| 2014 年 | 1. 278 | -0. 373 | 1. 106 | 0. 874 | 1. 15 |
| 2015 年 | 1. 618 | 0. 189 | 1. 5 | 1. 568 | 1. 458 |

**附表 10　全国绿色发展评价指标体系三级指标标准值：生态环境指标**

| | 生态环境指标 | | | | |
|---|---|---|---|---|---|
| 2006 年 | -1.83 | 1.017 | -1.094 | -0.942 | -1.378 |
| 2007 年 | -1.83 | 1.265 | -0.717 | -0.819 | -1.378 |
| 2008 年 | -0.282 | 0.214 | -1.619 | -1.065 | -0.969 |
| 2009 年 | 0.563 | 0.723 | -0.18 | -0.573 | -0.144 |
| 2010 年 | 0.563 | 0.52 | 0.329 | -0.18 | 0.518 |
| 2011 年 | 0.563 | 0.169 | 0.907 | -0.081 | 0.241 |
| 2012 年 | 0.563 | -0.033 | 1.656 | -0.081 | 0.148 |
| 2013 年 | 0.563 | -1.098 | -0.392 | 0.681 | 0.364 |
| 2014 年 | 0.563 | -0.922 | 0.245 | 0.923 | 0.86 |
| 2015 年 | 0.563 | -1.855 | 0.864 | 2.157 | 1.738 |

# 参考文献

［1］北京师范大学科学发展观与经济可持续发展研究基地，西南财经大学绿色经济与经济可持续发展研究基地，国家统计局中国经济景气监测中心. 2011 中国绿色发展指数报告——区域比较［M］. 北京：北京师范大学出版社，2011：7-20.

［2］曹茂莲，张莉莉，查浩. 国内外实施绿色 GDP 核算的经验及启示［J］. 环境保护，2014，42（4）：63-65.

［3］陈丽丽，刘宁，王远，等. 农村生态文明指标体系的构建［J］. 江苏科技信息，2015（22）：22-24.

［4］陈劭锋，刘扬. 绿色发展的一种综合评估方法及应用［J］. 科技促进发展，2013（4）：40-47.

［5］陈晓红，刘翔，胡东滨. "两型社会"建设成效评估体系及其应用［J］. 系统工程理论与实践，2014（1）：2565-2572.

［6］陈晓红，周智玉. 关于生态城镇化理论与实践的若干思考［J］. 湖南商学院学报，2015（1）：5-9.

［7］崔元峰，严立东，陆金铸，屈志光. 我国绿色农业发展水平综合评价体系研究［J］. 农业经济问题，2009（6）：78-83.

［8］冯华，宋振湖. 山东省农业循环经济发展评价［J］. 中国人口·资源与环境，2008，18（4）：94-98.

［9］高蕾. 陕西省绿色国民经济核算模型构建［J］. 科技信息，2012（11）：12-13.

［10］关海玲，陈建成，李卫芳. 我国都市农业评价指标体系的实证

研究——基于因子分析 [J]. 技术经济, 2011, 30 (4): 42-46.

[11] 郭菲菲, 滕琛. 矿产资源纳入绿色 GDP 核算对新疆 GDP 的影响分析 [J]. 绿色科技, 2012 (6): 235-236.

[12] 韩玉, 龙攀, 陈源泉, 等. 中国循环农业评价体系研究进展 [J]. 中国生态农业学报, 2013, 21 (9): 1039-1048.

[13] 胡鞍钢, 周绍杰. 绿色发展: 功能界定、机制分析与发展战略 [J]. 中国人口·资源与环境, 2014, 24 (1): 14-20.

[14] 黄和平. 基于生态效率的资源环境绩效动态评估——以江西省为例 [J]. 资源科学, 2010, 32 (5): 924-931.

[15] 黄羿, 杨蕾, 王小兴, 等. 城市绿色发展评价指标体系研究——以广州市为例 [J]. 科技管理研究, 2012, 32 (17): 55-59.

[16] 贾湖, 于秀丽. 基于 MCDM 的非货币化绿色 GDP 核算体系和六省市算例 [J]. 干旱区资源与环境, 2013, 27 (8): 6-13.

[17] 靳明. 绿色农业产业成长研究 [D]. 西北农林科技大学博士学位论文, 2006.

[18] 雷明, 胡宜朝. 地区投入产出表编制——宁夏 1997 年绿色投入产出表编制与分析 [J]. 统计研究, 2004 (6): 36-42.

[19] 黎捷, 王雪兰, 王琪. 中山市生态文明评价指标体系及模型构建研究 [J]. 安徽农业科学, 2014 (33): 11810-11812.

[20] 李德水. 努力探索中国绿色国民经济核算体系——在"建立绿色国民经济核算体系国际研讨会"开幕式上的讲话 [J]. 环境经济, 2004 (8): 3-4.

[21] 李琳, 楚紫穗. 我国区域产业绿色发展指数评价及动态比较 [J]. 经济问题探索, 2015 (1): 68-75.

[22] 刘翠莲, 杨柳, 刘健美. 云模型在港口低碳绿色发展评价中的应用 [J]. 上海海事大学学报, 2015, 36 (4): 31-36.

[23] 刘纪远, 邓祥征, 刘卫东, 等. 中国西部绿色发展概念框架 [J]. 中国人口·资源与环境, 2013, 23 (10): 1-7.

［24］刘西明. 绿色经济测度指标及发展对策［J］. 宏观经济管理，2013（2）：39-40.

［25］潘安兴，王芳. 基于熵值法的区域农业循环经济发展评价——以四川省为例［J］. 农机化研究，2008（7）：44-47.

［26］齐援军. 国内外绿色 GDP 研究的总体进展［J］. 经济研究参考，2004（88）：25~29.

［27］邱琼. 绿色 GDP 核算研究综述［J］. 中国统计，2006（9）：8-9.

［28］邱琼. 绿色 GDP 核算研究综述［J］. 中国统计，2006（9）：8-9.

［29］宋朝鹏，段史江，张文平，等. DEA 方法在现代烟草农业资源配置效率评价中的应用［J］. 云南农业大学学报，2011，26（2）：224-228.

［30］王金南，蒋洪强，曹东，等. 中国绿色国民经济核算体系的构建研究［J］. 世界科技研究与发展，2005，27（2）：83-88.

［31］王艳，王颖，郝有利，等. 三江平原农业循环经济的综合评价［J］. 黑龙江八一农垦大学学报，2011，23（2）：94-98.

［32］文春波，郝民杰，耿峰，等. 河南省生态文明指标体系研究［J］. 环境与可持续发展，2015，40（3）：169-171.

［33］吴优. 德国的环境经济核算［J］. 中国统计，2005（6）：46-47.

［34］肖宏伟，李佐军，王海芹. 中国绿色转型发展评价指标体系研究［J］. 当代经济管理，2013，35（8）：24-30.

［35］谢淑娟，匡耀求，黄宁生，等. 低碳农业评价指标体系的构建及对广东的评价［J］. 生态环境学报，2013，22（6）：916-923.

［36］许林，宋光辉. 珠三角都市型农业（UA）评价指标体系构建及实证研究［J］. 软科学，2010，24（5）：95-100.

［37］薛珑. 绿色经济发展测度体系的构建［J］. 统计与决策，2012（18）：21-24.

［38］袁润松，丰超，王苗，等. 技术创新、技术差距与中国区域绿色发展［J］. 科学学研究，2016，34（10）：1593-1600.

[39] 张宝东，孙占祥，白伟，等. 基于灰色关联度分析的辽西地区典型种植模式评价 [J]. 生态学杂志，2010，29（12）：2452-2456.

[40] 张臣民. 吉林省绿色农业发展研究 [D]. 东北师范大学硕士学位论文，2007.

[41] 张坤民，杜斌. 环境可持续性指数：尝试评价国家或地区环境可持续能力的指标 [J]. 环境保护，2002（8）：24-29.

[42] 赵焕臣，许树柏. 层次分析法 [M]. 北京：科学出版社，1986.

[43] 赵欣娜. 绿色核算下的双因素效率分析 [J]. 中国市场，2016（3）：34-35.

[44] 赵彦云，林寅，陈昊. 发达国家建立绿色经济发展测度体系的经验及借鉴 [J]. 经济纵横，2011，302（1）：34-37.

[45] 郑红霞，王毅，黄宝荣. 绿色发展评价指标体系研究综述 [J]. 工业技术经济，2013，2（232）：142-152.

[46] 郑瑞坤. 中国国民经济核算框架下的绿色增长估算研究 [J]. 生态经济，2015，31（8）：40-46.

[47] 中科院可持续发展战略研究组. 2006 中国可持续发展战略报告——建设资源节约型和环境友好型社会 [M]. 北京：科学出版社，2006.

[48] 周国梅，彭昊，曹凤中. 循环经济和工业生态效率指标体系 [J]. 城市环境与城市生态，2003（6）：201-203.

[49] 周国梅，周军. 绿色国民经济核算国际经验 [M]. 北京：中国环境科学出版社，2009：99-101.

[50] 朱斌，吴赐联，谢哲. 绿色经济发展的综合评判与发展对策研究 [J]. 长安大学学报（社会科学版），2015，17（4）：48-54.

[51] 朱绪荣，邓宛竹，张忠明. 现代农业示范区规划指标体系构建方法研究 [J]. 中国农学通，2012，28（35）：107-115

[52] A. Anjali, K. Govindan. Green Supplier Development Program Selection Using NGT and VIKOR under Fuzzy Environment [J]. Computers &

Industrial Engineering, 2016 (91): 100–108.

[53] Bureau of Economic Analysis (BEA). Integrated Economic and Environmental Satellite Accounts [J]. Survey of Current Business, 1994 (4): 33–49.

[54] B. Chiranjib, B. Sumit, R. Amitava, P. Krishna Murari. Optimal Green Energy Planning for Sustainable Development: A review [J]. Renewable & Sustainable Energy Reviews, 2017 (17): 796–813.

[55] Chen Liang, Jia Guozhu. Environmental Efficiency Analysis of China's Regional Industry: A Data Envelopment Analysis (DEA) Based Approach [J]. Journal of Cleaner Production, 2017, 2 (142): 846–853.

[56] Chinese Academy for Environmental Planning. Towards a China Environmental Performance Index (CEPI) [R]. CAEP, 2011.

[57] F. Chao, W. Miao, L. Guan–Chun, H. Jian–Bai. Green Development Performance and its Influencing Factors: A Global Perspective [J]. Journal of Cleaner Production, 2017 (144): 323–333.

[58] G. David, O' Neill, Kirstie. Future Green Economies and Regional Development: A Research Agenda [J]. Regional Studies, 2017, 51 (1): 161–173.

[59] G. Vlontzos, P. M. Pardalos. Assess and Prognosticate Green House Gas Emissions from Agricultural Production of EU Countries, by Implementing, DEA Window Analysis and Artificial Neural Networks [J]. Renewable and Sustainable Energy Reviews, 2017 (16): 155–162.

[60] Holm Kipka, Timothy R. Green, Olaf David, et al. Development of the Land–use and Agricultural Management Practice web–Service (LAMPS) for Generating Crop Rotations in Space and Time [J]. Soil and Tillage Research, 2016 (155): 233–249.

[61] Houquan Lu, Yihua Wu, Yijun Li, Yongqiang Liu. Effects of Meteorological Droughts on Agricultural Water Resources in Southern China [J].

Journal of Hydrology, 2017 (548): 419-435.

[62] Huang Mingqiang, Wang Bo. Factors Influencing $CO_2$ Emissions in China Based on Grey Relational Analysis [J]. Energy Sources Part A: Recovery, Utilization & Environmental Effects, 2016, 38 (4): 555-561.

[63] Kang Hou, Xuxiang Li, Jingjing Wang, Jing Zhang. Evaluating Ecological Vulnerability Using the GIS and Analytic Hierarchy Process (AHP) Method in Yan' an, China [J]. Polish Journal of Environmental Studies, 2016, 25 (2): 599-605.

[64] Kemp René, N. Babette. Green Transition, Industrial Policy, and Economic Development [J]. Oxford Review of Economic Policy, 2017, 33 (1): 66-84.

[65] K. H. Alfsen, T. A. Bye and L. Lorentsen. Natural Resource Accounting and Analysis: The Norwegian Experience 1978 - 1986 [R]. Statistisk Sentralbyrå, 1987.

[66] Li Ranran, Zou Zhihong, An Yan. Water Quality Assessment in Qu River Based on Fuzzy Water Pollution Index Method [J]. Journal of Environmental Sciences (Elsevier), 2016 (50): 87-92.

[67] Mathias Kirchner, Johannes Schmidt, Georg Kindermann, Veronika Kulmer, Hermine Mitter, Franz Prettenthaler, Johannes Rüdisser, Thomas Schauppenlehner. Ecosystem Services and Economic Development in Austrian Agricultural Landscapes-The Impact of Policy and Climate Change Scenarios on Trade-offs and Synergies [J]. Ecological Economics, 2015 (109): 161-174.

[68] M. Hájek, T. Hák, S. Janoušková, etal. Green Growth in the Czech Republic: Selected Indictors [R]. Czech Statistical Office, 2011.

[69] National Institute of Statistics and Geography of Mexico (INEGI). Green Growth Indicators for Mexico [R]. INEGI, 2011.

[70] NEXT10. 2012 California Green Innovation Index [R]. NEXT10, 2012.

[71] Shabanpour Hadi, Yousefi Saeed Saen Reza Farzipoor. Forecasting Efficiency of Green Suppliers by Dynamic Data Envelopment Analysis and Artificial neural Networks [J]. Journal of Cleaner Production, 2017, 2 (142): 1098-1107.

[72] Şişman, Bilal. Bulanık MOORA Yöntemi Kullanılarak Yeşil Tedarikçi Geliştirme Programlarının Seçimi ve Değerlendirilmesi [J]. Journal of Yasar University, 2016, 11 (44): 302-315.

[73] Statistics Canada. Concepts, Sources and Methods of the Canadian System of Environmental and Resource Account [R]. statcan. gc. ca, 2006.

[74] Stefanović Gordana, Milutinović Biljana, Vučić ević Biljana, et al. A Comparison of the Analytic Hierarchy Process and the Analysis and Synthesis of Parameters under Information Deficiency Method for Assessing the Sustainability of Waste Management Scenarios [J]. Journal of Cleaner Production, 2016 (130): 155-165.

[75] StrandJon, Carson Richard T., Navrud Stale et al. Using the Delphi Method to Value Protection of the Amazon Rainforest [J]. Ecological Economics, 2017 (31): 475-484.

[76] Sun Li-yan, Miao Cheng-lin, Yang Li. Ecological-economic Efficiency Evaluation of Green Technology Innovation in Strategic Emerging Industries Based on Entropy Weighted TOPSIS Method [J]. Ecological Indicators, 2017 (73): 554-558.

[77] S. Kalim U., A. Surendra, R. Meena. Aligning Corporate Social Responsibility with Green Economy Development Pathways in Developing Countries [J]. Sustainable Development, 2016, 24 (4): 237-253.

[78] S. Shuai, L. Ranran, Y. Zhenbing, L. Chengyu. Does Directed Technological Change Get Greener: Empirical Evidence From Shanghai´s Industrial Green Development Transformation [J]. Ecological Indicators, 2016 (69): 758-770.

[79] UNESCAP. Eco-efficiency Indicators: Measuring Resource-use Efficiency and the Impact of Economic Activities on the Environment [R]. UNESCAP, 2009.

[80] Xiaohong Zhang, Yanqing Wang, Yan Qia, Jun Wu, Wenjie Liao, Wei Shui, Yanzong Zhang, Shihuai Deng, Hong Peng, Xiaoyu Yu, Hui Qi. Evaluating the Trends of China's Ecological Civilization Construction Using a Novel Indicator system [J]. Journal of Cleaner Production, 2016 (133): 910-923.

[81] Xiuhong Wang, Jianxiu Shena, Wei Zhangc. Emergy Evaluation of Agricultural Sustainability of Northwest China before and after the Grain-for-green policy [J]. Energy Policy, 2014 (67): 508-516.

[82] Xiusheng Hou, E' e Zhang. Research on the Agriculture Production Structure in Shandong Province Based on the Grey Relational Dynamic Analysis [J]. Agricultural Science & Technology, 2016, 17 (7): 1753-1756.

[83] Zhang Jing, Zhang Lan-yue1, Du Ming, Zhang Wei, Huang Xin, Zhang Ya-qi, Yang Yue-yi, Zhang Jian-min, Deng Shi-huai, Shen Fei, Li Yuan-wei, Xiao Hong. Indentifying the Major Air Pollutants Base on Factor and Cluster Analysis, a Case Study in 74 Chinese Cities [J]. Atmospheric Environment, 2016 (144): 37-46.

[84] Zhu Yulin, Yang Jiahui, Hu Leyi, Chen Qianying. Calculation and Analysis of the Industrial Green Development Index in Hunan Province [J]. Meteorological & Environmental Research, 2014, 15 (11): 34-37.

# 后　记

食者生民之原，天下治乱，国家废兴存亡之本也。基于此种认识，自2003年5月从湖南省电信总公司长沙市电信分公司调入湖南商学院工作以来，笔者紧贴我国农业现代化的迫切需要和我校经济学科建设的现实要求，从农业经济领域寻找学术研究的生长点。笔者在完成《现代农产品市场体系构建研究》拙作的基础上，选择我国供给侧结构性改革背景下农业绿色发展评价指数问题进行思考和研究。基于复杂网络的思想，根据层次分析法和专家咨询法选取指标构建农业绿色发展评价指标体系，对我国各区域在供给侧结构性改革背景下的农业绿色发展水平近况进行了较深入的理论探讨，构建了我国农业绿色发展评价指标体系。在本书修改过程中，中国农业经济学科领域著名学者、国务院特殊津贴专家，也是我的博士生指导老师雷海章教授在百忙之中审读了初稿，提出了宝贵而切实的修改意见，并欣然应请为本书作序，为此，深表感谢！

同时，湖南商学院陈晓红校长、经济与贸易学院柳思维教授，对我苦心孤诣于学术研究，提供了难得的鼓励和指点。学院各位领导、同仁，对我的学习、研究提供了诸多的鼓励和帮助。谨此，诚致谢意！

在本书即将付梓之际，特别感谢爱侄女黄颖在我确定选题和提纲后，积极参与本书的研究和材料收集工作，其后，她又承担了本书第四章、第五章初稿的撰写和部分校对工作。与此同时，作为一位富于学术激情的年轻人，她甚至常常催促我加快研究和撰写的进度，从而使本书得以如期付梓。在此，对她为本书稿倾注的学术热情和大量精力表示由衷的感谢！

田野调查，埋头书斋，清贫而又充实，感谢家中亲爱的父母、婆婆和宝贝女儿均给予我的诸多理解与支持，并予以我道德信念和学术热情。此外，在我艰辛的学术生涯中，爱人徐能武承担着多份重任：工作、家务、辅导小孩等。所有这些使我得以坐拥书城而不倦，多思多想千古之文章。真情贯日月，甘苦两心知；人生在世，唯情足珍。

基于文责自负的原则，书中所有观点概由笔者本人负责。我国供给侧结构性改革背景下农业绿色发展评价指数问题研究是一项颇具挑战性的工作，难度很大，由于本人学术水平有限，难免存在偏颇或错误之处，敬请专家和同行批评指正。

在书稿写作和修改过程中，大量借鉴了国内外同行的相关研究成果，并参考了诸多文献，特表示感谢。如有疏漏而未列出之处，敬请谅解。

金赛美

2017 年 9 月 25 日定稿于长沙科大佳园